21世纪高等学校嵌入式系统专业规划教材

嵌入式系统软硬件协同设计教程

符意德 主编

清华大学出版社

北京

内 容 简 介

本书以 Xilinx 公司开发的 Zynq-7000 系列芯片为基础，系统地介绍了基于全可编程芯片(Zynq-7000)的嵌入式系统体系结构、接口技术、底层软件设计等。首先介绍了 Zynq-7000 芯片的架构及 Cortex-A9 微处理器核的体系结构，然后结合 Zynq-7000 芯片，介绍了嵌入式系统硬件平台设计技术、软件平台设计技术及接口技术。本书的设计示例多以 Zynq-7000 芯片为背景，目的是使原理概念具体化，并从具体个例中归纳出具有普遍指导意义的嵌入式系统软硬件协同设计原理和方法。这些原理和方法适用于多种微处理器芯片，而且长期有效。

本书适合作为高等院校计算机、电子信息相关专业的教材，也可供从事嵌入式软硬件设计、开发的技术人员参考。

图书在版编目(CIP)数据

嵌入式系统软硬件协同设计教程/符意德主编. —北京：清华大学出版社，2020.1(2024.4重印)
21世纪高等学校嵌入式系统专业规划教材
ISBN 978-7-302-53873-8

Ⅰ. ①嵌…　Ⅱ. ①符…　Ⅲ. ①微型计算机－系统设计－高等学校－教材　Ⅳ. ①TP360.21

中国版本图书馆 CIP 数据核字(2019)第 212923 号

责任编辑：付弘宇　赵晓宁
封面设计：常雪影
责任校对：时翠兰
责任印制：沈　露

出版发行：清华大学出版社
　　　　　网　　　址：https://www.tup.com.cn, https://www.wqxuetang.com
　　　　　地　　　址：北京清华大学学研大厦 A 座　　　　邮　　编：100084
　　　　　社 总 机：010-83470000　　　　　　　　　　　邮　　购：010-62786544
　　　　　投稿与读者服务：010-62776969，c-service@tup.tsinghua.edu.cn
　　　　　质量反馈：010-62772015，zhiliang@tup.tsinghua.edu.cn
　　　　　课件下载：https://www.tup.com.cn，010-83470236
印 装 者：三河市君旺印务有限公司
经　　销：全国新华书店
开　　本：185mm×260mm　　印　张：19.25　　　　字　　数：467 千字
版　　次：2020 年 5 月第 1 版　　　　　　　　　　　印　　次：2024 年 4 月第 4 次印刷
印　　数：2801～3100
定　　价：49.00 元

产品编号：074797-01

出 版 说 明

　　嵌入式计算机技术是 21 世纪计算机技术两个重要发展方向之一,其应用领域相当广泛,包括工业控制、消费电子、网络通信、科学研究、军事国防、医疗卫生、航空航天等方方面面。我们今天所熟悉的电子产品几乎都可以找到嵌入式系统的影子,它从各个方面影响着我们的生活。

　　技术的发展和生产力的提高,离不开人才的培养。目前国内外各高等院校、职业学校和培训机构都涉足了嵌入式技术人才的培养工作,高校及其软件学院和专业的培训机构更是嵌入式领域高端人才培养的前沿阵地。国家有关部门针对专业人才需求大增的现状,也着手开发"国家级"嵌入式技术培训项目。2006 年 6 月底,国家信息技术紧缺人才培养工程(NITE)在北京正式启动,首批设定的 10 个紧缺专业中,嵌入式系统设计与软件开发、软件测试等 IT 课程一同名列其中。嵌入式开发因其广泛的应用领域和巨大的人才缺口,其培训也被列入国家商务部门实施服务外包人才培训"千百十工程",并对符合条件的人才培训项目予以支持。

　　为了进一步提高国内嵌入式系统课程的教学水平和质量,培养适应社会经济发展需要的、兼具研究能力和工程能力的高质量专业技术人才。在教育部相关教学指导委员会专家的指导和建议下,清华大学出版社与国内多所重点大学共同对我国嵌入式系统软硬件开发人才培养的课程框架和知识体系,以及实践教学内容进行了深入的研究,并在该基础上形成了"嵌入式系统教学现状分析及核心课程体系研究""微型计算机原理与应用技术课程群的研究""嵌入式 Linux 课程群建设报告"等多项课程体系的研究报告。

　　本系列教材是在课程体系的研究基础上总结、完善而成,力求充分体现科学性、先进性、工程性,突出专业核心课程的教材,兼顾具有专业教学特点的相关基础课程教材,探索具有发展潜力的选修课程教材,满足高校多层次教学的需要。

　　本系列教材在规划过程中体现了如下一些基本组织原则和特点。

　　(1) 反映嵌入式系统学科的发展和专业教育的改革,适应社会对嵌入式人才的培养需求,教材内容坚持基本理论的扎实和清晰,反映基本理论和原理的综合应用,在其基础上强调工程实践环节,并及时反映教学体系的调整和教学内容的更新。

　　(2) 反映教学需要,促进教学发展。教材要适应多样化的教学需要,正确把握教学内容和课程体系的改革方向,在选择教材内容和编写体系时注意体现素质教育、创新能力与实践能力的培养,为学生知识、能力、素质协调发展创造条件。

　　(3) 实施精品战略,突出重点。规划教材建设把重点放在专业核心(基础)课程的教材建设上;特别注意选择并安排一部分原来基础比较好的优秀教材或讲义修订再版,逐步形成精品教材;提倡并鼓励编写体现工程型和应用型的专业教学内容和课程体系改革成果的教材。

　　(4) 支持一纲多本,合理配套。专业核心课和相关基础课的教材要配套,同一门课程可以有多本具有各自内容特点的教材。处理好教材统一性与多样化,基本教材与辅助教材、教学参考书,文字教材与软件教材的关系,实现教材系列资源的配套。

(5) 依靠专家,择优落实。在制定教材规划时依靠各课程专家在调查研究本课程教材建设现状的基础上提出规划选题。在落实主编人选时,要引入竞争机制,通过申报、评审确定主编。书稿完成后认真实行审稿程序,确保出书质量。

繁荣教材出版事业,提高教材质量的关键是教师。建立一支高水平的、以老带新的教材编写队伍才能保证教材的编写质量,希望有志于教材建设的教师能够加入我们的编写队伍中来。

21 世纪高等学校嵌入式系统专业规划教材

联系人:魏江江 weijj@tup.tsinghua.edu.cn

前　言

嵌入式系统是计算平台的一种体现形式,已被广泛地应用到工业控制、信息家电、通信设备、医疗仪器、军事装备等众多领域,其开发技术随着计算机理论及技术的发展而不断更新。早期的嵌入式系统,其应用领域主要局限在工业控制和一些数字式仪器仪表中,但是到了21世纪初,随着普适计算(Ubiquitous Computing,又称泛在计算)理论的出现,并伴随着智能手机、物联网等各种应用产品的涌现,嵌入式系统改变了以通用个人计算机为主的计算模式,使计算无处不在。而随着FPGA技术的发展,以及与通用微处理器的融合,在嵌入式系统的微处理器芯片中出现了一种全可编程芯片架构,利用这种架构,设计者在设计嵌入式系统时,可以灵活地确定软硬件功能,方便进行硬件功能更新及升级,并且可以优化系统性能,提高芯片的处理能力,解决大数据量的运算问题,并可利用内部的高速互联总线,解决I/O接口与存储器之间的数据传输瓶颈问题。

对于这种全可编程芯片,传统的嵌入式系统设计方法已不能满足其设计要求。因此,系统地开设嵌入式系统软硬件协同设计原理及设计方法的相关课程,培养计算机科学与技术、通信工程、电子工程等相关专业的本科生及研究生,使其能熟练掌握基于全可编程芯片的嵌入式系统设计方法,是十分必要的。基于全可编程芯片的嵌入式系统,其硬件构件较复杂,用户应用软件的复杂度也成倍增长,同时还涉及FPGA逻辑的设计。因此,要完整地学习嵌入式系统的软硬件协同设计知识,需要进行多门课程的学习。嵌入式系统软硬件协同设计教程中所涉及的知识点,是从事复杂嵌入式系统平台构建所必须掌握的基本知识。嵌入式系统涉及的知识点非常多,因此,对于初学者来说,如何结合自己的目标,找准学习嵌入式系统设计知识的切入点,是非常必要的。

本书重点介绍了基于全可编程芯片的嵌入式系统硬件平台组成及其接口技术,介绍了软件平台的构建,并列举了许多基于Zynq-7000芯片的设计示例。

本书共10章,由符意德主编,王丽芳参加了第1章的编写,彭凌霄参加了第4章的编写,符冠瑶参加了第7和第8章的编写,张蓉参加了第9章的编写,刘宏参加了第10章的编写。在本书的编写过程中,参考了许多专家学者的成果,在此向他们表示感谢!

感谢本书责任编辑的支持。感谢家人的关心和支持。

嵌入式系统目前还处于一个快速发展的阶段,新的技术和应用成果不断涌现,限于编者的水平,对于书中的不足之处希望广大读者批评、指正。

本书的课件和课后习题答案等配套资源可以从清华大学出版社网站下载,如果遇到问题,请发邮件至404905510@qq.com与编者联系。

编　者
2019年10月16日
于紫金山麓

目　　录

第1章　绪论 ··· 1

　1.1　嵌入式系统的发展概述 ······················· 1

　　1.1.1　嵌入式系统硬件平台的发展 ··········· 1

　　1.1.2　嵌入式系统软件平台的发展 ··········· 5

　1.2　嵌入式系统的应用 ······························· 10

　　1.2.1　嵌入式系统应用复杂度 ················· 10

　　1.2.2　嵌入式系统应用领域 ····················· 11

　1.3　嵌入式系统软硬件协同设计架构 ············· 15

　　1.3.1　软硬件协同设计方法 ····················· 16

　　1.3.2　软硬件协同设计架构——Zynq 芯片架构 ··· 17

　　1.3.3　协同设计架构的芯片类型 ··············· 19

　1.4　开发工具软件介绍 ······························· 20

　　1.4.1　Vivado 集成开发环境 ··················· 20

　　1.4.2　其他的集成开发环境 ····················· 21

　本章小结 ··· 24

　习题 1 ·· 25

第2章　Zynq 芯片的体系结构 ······················· 27

　2.1　Zynq 芯片的架构 ································· 27

　　2.1.1　Arm 微处理器内核架构类型 ··········· 27

　　2.1.2　Xilinx 的 FPGA ·························· 28

　　2.1.3　Zynq 芯片的引脚及信号 ················· 30

　　2.1.4　PS 的 I/O 端口 ·························· 32

　　2.1.5　Zynq 芯片运行的外部条件 ············· 33

　2.2　Cortex-A9 微处理器核 ························ 35

　　2.2.1　Armv7 架构概述 ························· 35

　　2.2.2　Cortex-A9 核的内部结构 ··············· 38

　　2.2.3　工作模式 ···································· 39

　　2.2.4　寄存器组织 ································· 40

　2.3　存储组织 ··· 43

　　2.3.1　Zynq 芯片的地址特征 ··················· 43

　　2.3.2　I/O 端口的访问方式 ····················· 44

　　2.3.3　地址分配及片内存储器 ················· 45

2.3.4 指令及数据缓存区 ·············· 47

2.3.5 存储组织的控制部件 ·············· 47

2.4 异常中断处理机制 ·············· 50

2.4.1 异常的种类 ·············· 50

2.4.2 异常的进入和退出 ·············· 51

2.4.3 Zynq 芯片的中断控制 ·············· 52

2.5 Armv7 指令集 ·············· 56

2.5.1 指令码格式及条件域 ·············· 56

2.5.2 寄存器装载及存储类指令 ·············· 58

2.5.3 影响状态标志位类指令 ·············· 60

2.5.4 分支类指令 ·············· 64

本章小结 ·············· 65

习题 2 ·············· 65

第 3 章 总线结构及存储器接口 ·············· 68

3.1 总线的作用及分类 ·············· 68

3.1.1 片内总线 ·············· 68

3.1.2 板级总线 ·············· 69

3.1.3 系统级总线 ·············· 71

3.2 AMBA 总线规范 ·············· 72

3.2.1 APB 总线规范 ·············· 73

3.2.2 AHB 总线规范 ·············· 74

3.2.3 AXI 总线规范 ·············· 77

3.3 Zynq 芯片的总线结构 ·············· 80

3.3.1 PS 部分的接口连接 ·············· 80

3.3.2 芯片内部 PS 和 PL 互联结构 ·············· 81

3.3.3 Zynq 芯片的板级总线 ·············· 83

3.4 存储器芯片的接口设计方法 ·············· 84

3.4.1 存储器芯片分类 ·············· 84

3.4.2 SROM 型存储器接口设计方法 ·············· 87

3.4.3 DRAM 型存储器接口设计方法 ·············· 89

3.4.4 NAND Flash 型存储器接口设计方法 ·············· 91

3.4.5 DDR 型存储器接口设计方法 ·············· 93

3.5 Zynq 芯片的外存储系统设计 ·············· 95

3.5.1 SROM 型存储系统设计 ·············· 95

3.5.2 4 倍-SPI Flash 存储系统设计 ·············· 97

3.5.3 DDR 存储系统设计 ·············· 98

本章小结 ·············· 100

习题 3 ·············· 100

第 4 章　外设端口及外设部件 ··· 102

4.1　GPIO 端口 ··· 102

4.1.1　I/O 端口的寻址方式 ··· 102

4.1.2　PS 的 GPIO 端口及其寄存器 ································· 104

4.1.3　GPIO 的驱动编程 ··· 107

4.1.4　外部中断 ··· 108

4.2　UART 通信端口 ··· 109

4.2.1　通信的基本术语 ··· 109

4.2.2　异步串行通信协议 ··· 110

4.2.3　Zynq 芯片的 UART 接口部件 ································· 113

4.2.4　UART 接口驱动编程 ··· 118

4.3　SPI 端口 ··· 120

4.3.1　SPI 基本原理 ··· 120

4.3.2　Zynq 芯片的 SPI 接口部件 ····································· 121

4.3.3　SPI 接口驱动程序设计 ··· 124

4.4　I^2C 总线端口 ··· 125

4.4.1　I^2C 协议结构 ··· 125

4.4.2　Zynq 芯片的 I^2C 接口部件 ································· 127

4.4.3　I^2C 接口驱动程序设计 ··· 131

4.5　定时器部件 ··· 132

4.5.1　定时器部件原理 ··· 132

4.5.2　看门狗定时器 ··· 133

4.5.3　Timer 部件 ··· 137

本章小结 ··· 138

习题 4 ··· 139

第 5 章　人机接口设计 ··· 142

5.1　IP 核的概述 ··· 142

5.1.1　IP 核的分类 ··· 142

5.1.2　IP 核的标准 ··· 143

5.2　键盘接口 ··· 144

5.2.1　按键的识别方法 ··· 144

5.2.2　基于 PS GPIO 的键盘接口 ····································· 147

5.2.3　基于 IP 核扩展的键盘接口 ····································· 150

5.3　LED 显示接口 ··· 151

5.3.1　LED 显示控制原理 ··· 151

5.3.2　基于 PS GPIO 的 LED 接口 ··································· 153

5.4　OLED 显示接口 ··· 157

　　　　　5.4.1　OLED 工作原理简介 ·················· 157
　　　　　5.4.2　基于 PS GPIO 的 OLED 接口 ·············· 159
　　本章小结 ·· 162
　　习题 5 ·· 163

第 6 章　软件平台的构建 ··································· 165
　　6.1　启动引导程序 ····································· 165
　　　　　6.1.1　Zynq 芯片的启动方式 ·················· 166
　　　　　6.1.2　Zynq 芯片的启动流程 ·················· 167
　　　　　6.1.3　BootROM 功能介绍 ····················· 168
　　　　　6.1.4　一个启动引导程序示例 ·················· 171
　　6.2　Linux 内核与移植 ································· 174
　　　　　6.2.1　Linux 内核概述 ······················ 174
　　　　　6.2.2　Linux 内核移植 ······················ 176
　　　　　6.2.3　Linux 内核编译 ······················ 177
　　6.3　根文件系统 ······································· 179
　　　　　6.3.1　Linux 文件管理组织 ··················· 179
　　　　　6.3.2　根文件结构 ·························· 180
　　　　　6.3.3　Linux 支持的文件系统类型 ·············· 181
　　　　　6.3.4　Linux 文件管理原理 ··················· 182
　　　　　6.3.5　Linux 根文件系统创建 ················· 184
　　6.4　应用软件的架构 ··································· 186
　　　　　6.4.1　应用的复杂度 ························ 186
　　　　　6.4.2　Linux 应用软件开发步骤 ··············· 188
　　本章小结 ·· 189
　　习题 6 ·· 189

第 7 章　Linux 驱动程序设计 ······························ 192
　　7.1　驱动程序概述 ····································· 192
　　　　　7.1.1　设备驱动原理 ························ 192
　　　　　7.1.2　驱动程序的开发任务 ··················· 194
　　　　　7.1.3　Linux 设备管理机制 ··················· 194
　　7.2　字符设备驱动设计 ································· 197
　　　　　7.2.1　字符设备驱动程序架构 ················· 197
　　　　　7.2.2　字符设备驱动程序示例 ················· 199
　　7.3　块设备驱动设计 ··································· 201
　　　　　7.3.1　块设备驱动程序架构 ··················· 201
　　　　　7.3.2　块设备驱动程序示例 ··················· 203
　　7.4　网络设备驱动设计 ································· 205

　　　7.4.1　网络设备驱动程序架构 ································· 205

　　　7.4.2　设备驱动层编程模式 ····························· 208

　　　7.4.3　网络设备驱动编程示例 ························· 209

　本章小结 ··· 211

　习题 7 ··· 211

第 8 章　有线通信网络接口 ·· 213

　8.1　嵌入式系统网络概述 ·· 213

　　　8.1.1　网络结构 ···································· 213

　　　8.1.2　网络分类 ···································· 214

　　　8.1.3　网络传输技术 ······························ 216

　8.2　RS-485 总线网络接口 ··· 218

　　　8.2.1　RS-485 总线协议 ································· 218

　　　8.2.2　MODBUS 协议 ·························· 219

　8.3　CAN 总线网络接口 ··· 221

　　　8.3.1　CAN 总线协议 ································· 221

　　　8.3.2　CAN 总线接口设计示例 ······················ 223

　8.4　以太网通信接口 ··· 225

　　　8.4.1　以太网接口电路 ······························ 226

　　　8.4.2　网络协议软件实现 ····························· 226

　　　8.4.3　工业以太网 ······························ 240

　本章小结 ··· 242

　习题 8 ··· 242

第 9 章　无线通信网络接口 ·· 245

　9.1　无线通信网络概述 ··· 245

　　　9.1.1　无线通信原理 ······························ 245

　　　9.1.2　无线通信网络结构 ····························· 249

　9.2　无线局域网接口设计 ·· 251

　　　9.2.1　WiFi 网络接口设计 ····························· 251

　　　9.2.2　ZigBee 网络接口设计 ·························· 257

　9.3　无线广域网接口设计 ·· 259

　　　9.3.1　4G 网络接口设计 ······························ 259

　　　9.3.2　窄带物联网 ······························ 262

　本章小结 ··· 264

　习题 9 ··· 265

第 10 章　软硬件协同设计示例 ······································ 267

　10.1　示例系统的总体设计 ··· 267

　　　10.1.1　系统软硬件功能划分 ·················· 267

　　　10.1.2　系统硬件总体结构 ····················· 268

　　　10.1.3　系统软件总体结构 ····················· 270

　　　10.1.4　系统运行的总流程 ····················· 271

　10.2　前端模块的详细设计 ························· 273

　　　10.2.1　图像采集功能的实现 ·················· 273

　　　10.2.2　图像格式转换功能的实现 ············· 277

　　　10.2.3　图像存储功能的实现 ·················· 279

　10.3　中端模块的详细设计 ························· 280

　　　10.3.1　DMA 传输控制模块实现 ·············· 281

　　　10.3.2　中值滤波模块实现 ····················· 283

　　　10.3.3　直方图均衡化模块实现 ··············· 285

　10.4　后端模块的详细设计 ························· 287

　　　10.4.1　VGA 显示控制实现 ···················· 287

　　　10.4.2　UART 传输图像数据的实现 ·········· 289

本章小结 ··· 289

习题 10 ··· 289

附录 ··· 291

参考文献 ·· 294

第1章 绪 论

嵌入式系统(Embedded System)是一种计算平台,是与应用目标紧密结合的专用计算机系统。它被广泛地应用于各种智能仪器及设备中,起监视、控制等作用。例如,日常生活中使用的智能手机、数码相机、汽车导航仪等;工作中使用的数字式仪器仪表、一些生产设备中的控制器等。本章回顾嵌入式系统的发展过程,描述嵌入式系统开发过程中软硬件协同设计的架构,并介绍一种嵌入式系统软硬件协同设计的开发工具——集成开发环境 Vivado。

1.1 嵌入式系统的发展概述

嵌入式系统是伴随着计算机理论及技术的发展而发展起来的。早在 20 世纪 70 年代初,随着微处理器的诞生,个人计算时代的到来,就出现了嵌入式系统,只是那时的嵌入式系统的应用领域主要局限在工业控制和一些数字式仪器仪表中。那个时代计算机的体现形式主要是通用个人计算机(即 PC),而不是嵌入式系统。但是到了 21 世纪初,随着普适计算(Ubiquitous Computing,又称泛在计算)理论的出现,并伴随着智能手机、物联网等各种应用产品的涌现,嵌入式系统改变了以通用个人计算机为主的计算模式,使计算无处不在。嵌入式系统成为当代计算机的主要体现形式。

1.1.1 嵌入式系统硬件平台的发展

嵌入式系统硬件平台的核心部件是各种类型的嵌入式微处理器。在嵌入式系统的发展过程中,每个发展阶段均有一些微处理器芯片作为这个阶段的主流芯片,而被大量使用在这个阶段的嵌入式系统产品上。但是,没有哪一个微处理器芯片处于绝对的垄断地位,这一点与通用个人计算机是不同的,这是由于嵌入式系统的应用需求多种多样,硬件平台很难统一。在我国出现过以下几种主流的嵌入式微处理器,被大量应用在各自阶段的嵌入式系统上。

1. Z80、Intel 8080、MC 6800 等

Z80 是美国 Zilog 公司于 1976 年推出的微处理器,其外形如图 1-1(a)所示;Intel 8080 是 Intel 公司于 1974 年推出的微处理器,其外形如图 1-1(b)所示;MC 6800 是 Motorola 公司于 1974 年推出的微处理器。这些微处理器的数据位均是 8 位,可直接寻址的存储器容量通常为 64KB。

上述 3 种微处理器芯片,在微处理器诞生的早期,即 20 世纪 70 年代中期至 90 年代初期,被广泛地用于企业生产过程及其设备的控制中,那时候嵌入式系统的产品形式主要是控制器,即嵌入在其他设备中,是起控制作用的专用计算机,如数控机床的控制器、数字式温控器等,如图 1-2 所示。

(a) Z80的外形　　　　　　　　　(b) Intel 8080的外形

图 1-1　早期的嵌入式微处理器

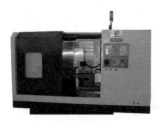

(a) 数控机床　　　　　　　　　　(b) 数字式温控器

图 1-2　早期的嵌入式系统产品

这个阶段设计嵌入式系统硬件平台时,由于微处理器芯片内部一般没有集成特定功能的部件,如定时器部件、UART 部件、AD 转换部件等,因此,需要外加专用功能的芯片来完成这些功能。并且,外围的其他组合逻辑电路及时序逻辑电路通常采用 74 系列的芯片来完成设计。

2. MCS-51 系列单片机

MCS-51 是 Intel 公司生产的一系列 8 位数据宽度的微处理器的统称,因为这些微处理器芯片中集成了存储器以及许多专用功能部件,如定时器部件、UART 部件、AD 转换部件等,因此被称为单片机。与上面的 Z80、Intel 8080 微处理器不同的是,它们有时又被称为嵌入式微控制器(MCU),是 MCU 的一种。该系列微处理器芯片包括许多型号,如 8031、8051、8052、8055 等。

自 20 世纪 80 年代,Intel 公司推出 MCS-51 系列单片机以来,该系列微处理器迅速在嵌入式系统中得到广泛的应用,并逐步取代了 Z80 等微处理器的地位,在工业控制器及智能仪器仪表等产品的硬件平台中,成为主流的微处理器芯片。并且在日常生活中,也涌现出许多以 MCS-51 系列单片机为核心的嵌入式系统产品,如用于公交车、食堂等场合的 IC 卡读卡器,用于小区、办公区等场合的门禁系统等,如图 1-3 所示。目前,MCS-51 系列微处理器芯片仍然在许多嵌入式系统产品中得到应用。

(a) IC卡读卡器　　　　　　　　(b) 门禁系统中的身份识别器

图 1-3　两种日常生活中常见的嵌入式系统产品

　　为了满足更高性能的计算要求，Intel 公司还推出了 MCS-96 系列单片机。该系列微处理器的数据宽度是 16 位，具有 16 位数据乘以 16 位数据的乘法指令，以及 32 位数据除以 16 位数据的除法指令，可以满足更高应用要求的嵌入式系统设计。

　　3. DSP 微处理器

　　DSP(Digital Signal Processing)微处理器是一系列适合完成数字信号处理技术的微处理器芯片的统称。数字信号处理指的是信号(如音频信号、视频信号)经过 A/D 转换后的后续处理，主要有数字滤波、编码解码等处理。这些信号处理技术需要涉及大量的乘法、加法运算。例如，数字滤波处理时需要涉及卷积运算，编码解码处理时需要涉及傅里叶变换和傅里叶反变换等，而卷积运算、快速傅里叶变换等算法均是采用多次乘法并累加来完成的。这些运算若采用普通的微处理器处理，需要执行的指令非常多(即通常需要采用多重循环结构来编程实现)，因此效率很低。而 DSP 类的微处理器，具有专门的指令，处理这些运算时，效率要高得多。因此，DSP 微处理器芯片在需要进行信号处理的应用场合得到了广泛使用，如数码相机、VoIP 电话机、机器人控制等领域，如图 1-4 所示。

(a) 数码相机　　　　　　　(b) VoIP电话机　　　　　　(c) 机器人

图 1-4　几种以 DSP 芯片为核心的嵌入式系统产品外形

　　目前，我国使用最多的 DSP 芯片是 TI 公司推出的 TMS320 系列的 DSP 芯片。TI 公司在 1982 年推出了其首款 DSP 芯片 TMS32010，以后又推出了多种型号的 DSP 芯片，以满足不同应用场合的需要。目前，TI 公司的 DSP 芯片主要有三大系列产品，它们分别如下。

　　(1) TMS320C2000 系列的 DSP 芯片。该系列 DSP 芯片适合应用在数字控制、运动控制的应用场合，主要包括的芯片型号有 TMS320C24x/F24x、TMS320LC240x/LF240x、TMS320C24xA/LF240xA、TMS320C28xx 等。

　　(2) TMS320C5000 系列的 DSP 芯片。该系列 DSP 芯片适合应用在手持设备、无线终端设备等需要低功耗的应用场合，主要包括的芯片型号有 TMS320C54x、TMS320C54xx、TMS320C55x 等。

　　(3) TMS320C6000 系列的 DSP 芯片。该系列 DSP 芯片适合应用在高性能、多功能、复杂的应用领域，主要包括的芯片型号有 TMS320C62xx、TMS320C64xx、TMS320C67xx 等。

　　除了 TI 公司的 DSP 芯片外，目前国内使用的 DSP 芯片还有美国模拟器件公司(ADI 公司)、摩托罗拉公司(Motorola 公司)、杰尔系统公司(Agere System 公司)等生产的 DSP 芯片。

　　4. Arm 系列微处理器

　　Arm 系列微处理器也是一类微处理器芯片的统称，它是指以 Arm 公司处理器核为中心、集成许多外围专用功能部件的芯片，如三星公司的 S3C2440、Atmel 公司的 AT91SAM9260、

Intel 公司的 PXA270 等。目前,主流的 Arm 系列微处理器的数据宽度为 32 位,主频在几百兆赫兹。它们在许多高端嵌入式系统产品中得到广泛应用,如智能手机、PDA、GPS 导航仪等,如图 1-5 所示。

(a) 智能手机

(b) PDA

(c) GPS导航仪

图 1-5　几种以 Arm 系列芯片为核心的嵌入式系统产品外形

由于嵌入式系统的应用目标是多种多样的,因此,Arm 公司为适应这种多样性的要求,开发出多种不同架构的处理器核。因此,Arm 系列微处理器根据其处理器核的架构不同,又分成了许多子系列。目前的子系列主要有 Arm9 系列、Arm9E 系列、Arm10 系列、Arm11 系列、Cortex 系列、XScale 系列等。并且,Arm 公司通过 Arm 架构授权、IP 核授权或应用级授权,使得 Arm 微处理器核被集成到许多智能移动芯片中,如高通公司的骁龙 835 芯片,内部就集成有 Cortex-A 架构的微处理器核。

5. SOPC

SOPC(System On a Programmable Chip,可编程片上系统)是一种新的计算机体现形式。它可以在一块 FPGA(Field Programmable Gate Array)芯片中,通过软硬件协同设计技术,来实现整个计算机应用系统的主要功能。它是嵌入式系统的一种特殊形式,也是嵌入式系统的一个发展方向。

SOPC 的实现需要基于一个超大集成规模的 FPGA 芯片来完成。通常,该 FPGA 芯片上需要集成至少一个微处理器核(硬核或者软核)、片上总线、片内存储器以及大量的可编程逻辑阵列等。

SOPC 上的微处理器核有硬核和软核两种,硬核是指微处理器核由一个专门的硅片实现,也就是由 FPGA 芯片中的一组专用的硬件电路实现。例如,Xilinx 公司推出的 Zynq-7000 系列芯片,内部集成了两个 Arm 公司的 Cortex-A9 微处理器硬核;Altera 公司推出的 Excalibur 系列芯片,内部集成了一个 Arm 920T 微处理器硬核。而软核是指 SOPC 中通过硬件描述语言(如 Verilog HDL)或者网表描述,利用 FPGA 芯片中的可编程逻辑部件实现的微处理器核。Nios Ⅱ 就是一个著名的微处理器软核。

Nios Ⅱ 是 Altera 公司于 2004 年推出的 32 位微处理器软核,具体包括 3 种软内核,即 Nios Ⅱ/f(一种最佳性能优化的软核,需要中等的 FPGA 逻辑部件使用量)、Nios Ⅱ/s(标准需求的软核,需要较低的 FPGA 逻辑资源使用量)、Nios Ⅱ/e(一种经济的软核,需要最少的 FPGA 逻辑资源使用量)。采用 Quartus Ⅱ 集成开发环境就可以方便地在 FPGA 芯片中构建 Nios Ⅱ 系统,以便支持 SOPC 的设计。

目前,国内使用的 FPGA 芯片主要是 Xilinx 公司和 Altera 公司提供的,如图 1-6 所示。另外,ACTEL 公司、Lattice 公司、ATMEL 公司等提供的 FPGA 芯片在我国也有一些特定的行业在使用。

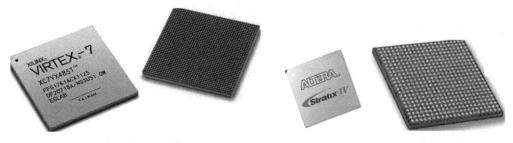

(a) Xilinx的一款FPGA芯片外形　　　　　　　(b) Altera的一款FPGA芯片外形

图 1-6　FPGA 芯片

　　开发基于 SOPC 的嵌入式系统,需要软硬件协同的综合设计。若嵌入式系统的应用功能需要用软件实现,则需要采用能支持 C、C++语言开发的软件工具,利用 C 语言或 C++语言等编程,设计完成该功能的软件代码。而若应用功能用硬件实现,则需要采用 Verilog HDL 语言或 VHDL 语言来完成硬件逻辑电路的设计,并且软硬件实现的功能可以融合在一起,在一块 FPGA 芯片上实现。本教材将以 Xilinx 公司推出的 Zynq-7000 系列芯片为背景,重点讲述基于 SOPC 的嵌入式系统开发技术。

　　上面概要地介绍了嵌入式系统的硬件平台发展过程。不同的硬件发展阶段,在我国的嵌入式系统产品中,广泛地使用了若干种嵌入式微处理器。这些微处理器有些已经被淘汰,如 Z80、Intel 8080、MC 6800 等芯片,有些还在继续使用。目前,基于 Arm+FPGA 的嵌入式系统结构,在嵌入式系统产品开发中得到了广泛使用,但其也不具备垄断地位,其他的嵌入式微处理器,如 MCS51 系列、DSP 系列、MIPS 系列以及 PowerPC 系列等,也在一些应用领域得到应用。

1.1.2　嵌入式系统软件平台的发展

　　嵌入式系统的硬件平台是嵌入式系统的基础,而软件则是嵌入式系统的灵魂。早期的嵌入式系统,由于应用需求简单,如整个系统的软件可以设计成单任务的、显示采用 LED 数码管或 LCD 简单字符显示、用 RS-485 总线进行联网等,因此,设计者往往不需要基于某个操作系统来进行嵌入式系统软件开发,而是把嵌入式系统的应用功能程序和硬件平台中各部件电路的驱动程序,以及存储单元的分配等融合在一个大的循环结构中实现。也就是说,对于简单应用要求的嵌入式系统,整个系统的软件均由设计者自行设计完成,不需要操作系统作为软件平台。

　　但是,随着嵌入式系统的需求越来越复杂,如需要嵌入式系统具有图形化的显示、需要与因特网联网功能、需要处理多媒体信息等,并且嵌入式系统的硬件结构也越来越复杂,这时,设计者往往需要基于某个操作系统来进行嵌入式系统软件开发,以便减少设计者的工作量,从而提高系统开发效率。设计者通过移植一个适合于该应用需求的嵌入式操作系统作为软件平台,然后基于此软件平台来开发应用程序。应用程序控制着嵌入式系统的动作和行为,也就是完成应用功能;而操作系统控制及管理着嵌入式系统硬件资源,并提供标准硬件资源操作的接口函数(即 API 函数),如图形显示的 API 函数、TCP/IP 的 API 函数等,应用程序借助嵌入式操作系统完成与硬件的交互作用。

目前,在嵌入式系统中使用的操作系统有许多种,没有哪一种嵌入式操作系统具有垄断地位,这一点与通用个人计算机中使用的操作系统有所不同。但无论采用哪一种嵌入式操作系统作为软件平台,嵌入式系统的软件要求具有以下共同特点。

(1) 所有软件代码均固化存储。软件代码固化存储是指系统程序代码(即操作系统等软件代码)和应用程序代码均需要烧写到非易失的存储器芯片中,如 Flash 芯片,而不是存储在磁盘等载体中。这主要是因为嵌入式系统通常不用磁盘等存储介质,同时也提高了软件执行速度和系统可靠性。

(2) 软件代码要求高效率、高可靠性。尽管半导体技术的发展使嵌入式微处理器速度不断提高、单片存储器容量不断增加,但在大多数应用中,存储空间仍然是宝贵的,还存在实时性的要求。为此要求程序编写和编译工具的效率要高,以减少程序二进制代码长度、提高执行速度。较短的代码同时也提高了系统的可靠性。

(3) 系统软件(OS)有较高的实时性要求。在多任务嵌入式系统中,对重要性各不相同的任务进行统筹兼顾的合理调度是保证每个任务及时执行的关键,单纯通过提高嵌入式微处理器速度是无法完成且没有效率的,这种任务调度只能由优化编写的系统软件来实现,因此对于许多嵌入式系统而言,其软件的实时性是基本要求。

可以说嵌入式系统的软件平台是随着嵌入式系统应用需求越来越复杂而发展起来的,虽然从 20 世纪 80 年代起,国际上就有一些 IT 组织和公司开始进行商用嵌入式操作系统的研发。但直到 21 世纪初,嵌入式操作系统在嵌入式系统的开发中才得到广泛应用,并在开发中起到了关键的作用。在我国比较流行的嵌入式操作系统有以下几种。

1. μC/OS-Ⅲ

μC/OS(Micro Controller Operating System,微控制器操作系统)是 Jean Labrosse 于 1992 年完成设计的,1998 年推出了 μC/OS-Ⅱ,并于 2000 年得到了美国航空管理局的认证,可以在飞行器中使用,足见其安全性能高。2009 年推出了 μC/OS-Ⅲ。

μC/OS-Ⅲ是在 μC/OS-Ⅱ基础上设计的新版本,是一个可移植、可裁剪的实时多任务内核,其内核源代码是公开的,非常适合于具有实时性要求的嵌入式系统使用。目前,μC/OS-Ⅲ被广泛应用在各类以 MCU 或 DSP 为核心开发的嵌入式系统中,如工业控制领域的控制器、医疗设备、飞行器控制器、路由器等。

为了适应移植的要求,μC/OS-Ⅲ绝大部分的代码是用 ANSI C 语言编写的,包含了一小部分汇编语言代码,其源代码文件下载的官方网页是 https://www.micrium.com/,如图 1-7 所示。在进行 μC/OS-Ⅲ移植时,设计者应根据自己开发的嵌入式系统硬件平台的具体情况,修改与硬件相关的文件中的源代码,使其适合在此硬件平台上运行。

图 1-7　可以下载 μC/OS 源代码的网页

需要指出的是,μC/OS-Ⅲ实际上是一个实时操作系统内核,它为其应用者提供了一组 C 语言函数库。也就是说,为基于其上开发应用程序的设计者提供了任务创建、消息发送、消息响应等内核功能函数,并附带有文件系统,以及图形界面、TCP/IP 协议栈等标准 I/O 接口部件的 API 函数,而对于非标准的 I/O 接口部件,开发应用程序时设计者需要自己设计相关驱动程序。

2. Linux

Linux 也是一种内核源代码开放的操作系统。严格地说,Linux 一词其本身只表示 Linux 内核,但在实际中,人们通常用 Linux 一词来泛指一类操作系统,这类操作系统是基于 Linux 内核的,并且使用 GNU 各种工具软件来完成其上的应用程序开发,即完成应用程序的编译、连接、调试等开发工作。

Linux 内核于 1991 年 10 月 5 日正式对外推出第一个版本——Linux 0.02 版本,以后借助因特网,在全世界各地计算机自由软件爱好者的共同努力下,Linux 内核得到了不断的改进和完善,相继推出 Linux 内核的其他版本。2003 年,Linux 2.6 版本正式发布,该版本的内核源代码是许多嵌入式系统开发者进行软件平台构建(即 Linux 移植)时的蓝本。

Linux 的标志是一个可爱的企鹅图标,如图 1-8 所示。其内核的版本格式是 Linux m.n.p,其中,m 表示主版本号,n 表示次版本号,p 表示该版本错误修补的次数。通常情况下,次版本号为奇数的是正在进行开发测试的版本,为偶数的是稳定的版本。例如,Linux 2.5.7 就是一个开发测试中的版本,Linux 2.6.34 就是一个对外发布的稳定版本,Linux 操作系统平台的构建工作应该基于稳定版本来进行。Linux 内核的稳定版本源代码可以通过其官方网站 http://www.kernel.org 来获得。

图 1-8　Linux 的标志

Linux 操作系统无论是在通用个人计算机上,还是在嵌入式系统中均得到了使用。在通用个人计算机上使用的 Linux 操作系统通常被称为桌面 Linux,我国比较著名的商用桌面 Linux 系统有 Red Hat 公司的 Red Hat Linux 以及其后的版本 Fedora、中国科学院的红旗 Linux、联想公司的幸福 Linux 等。

在嵌入式系统环境中运行的 Linux,通常被称为嵌入式 Linux。由于通用个人计算机上的操作系统被微软公司的 Windows 操作系统占据了统治地位,Linux 要打破这个僵局是非常困难的,而嵌入式系统是 Linux 的重要应用场合,尤其是在智能手机、平板计算机、PDA、GPS 导航仪等嵌入式系统产品中,由于 Linux 内核源代码开放,无版权使用费用,因而将其作为软件平台来降低产品的开发周期和费用。可以说 Linux 是嵌入式系统最重要的软件平台,但同时嵌入式系统也成就了 Linux。

目前,市场上基于 Linux 开源内核而开发出的嵌入式 Linux 操作系统有很多,如风河公司的商用嵌入式 Linux、诺基亚公司和 Intel 公司共同推出的 MeeGo 操作系统、Google 公司推出的 Android(安卓)操作系统等,其中,Android 操作系统是目前国内最著名的基于 Linux 内核的嵌入式操作系统,它被广泛应用在便携式设备上。

Android 操作系统最初由 Andy Rubin 开发,主要支持智能手机的应用。2005 年由 Google 收购注资,并组建开放手机联盟进行修改补充,2007 年 11 月 5 日正式对外展示,2008 年 9 月,正式发布了 Android 1.0 版本,这是 Android 操作系统最早的版本,从此,

图 1-9　Android 标志

Android 作为智能手机的开源操作系统平台逐渐流行起来,并逐渐推广到平板计算机及其他便携式设备上。Android 平台实际上不仅仅是一个操作系统,它还包含了用户界面、中间件以及一些应用程序,如 SMS 短消息程序、日历时钟、地图、浏览器等。Android 的标志是一个全身绿色的机器人,如图 1-9 所示。

作为软件平台,Android 提供了丰富的系统运行库,以供设计者开发 Android 应用程序时调用,并且提供了一种应用程序框架,便于 Android 应用程序设计者发布其所设计的功能模块,同时,通过应用程序框架,设计者可以使用系统核心应用软件的 API 函数以及其他设计者发布的功能模块。需要指出的是,Android 平台的应用程序开发工具不再是 GNU 工具,而是 Eclipse 集成开发环境以及相关的 SDK 软件包,这一点与传统的 Linux 应用程序开发有所不同。Eclipse 集成开发环境软件可以到其官方网站 http://www. eclipse. org/downloads/上下载,SDK 也可到 Android 相关网站下载。

无论采用哪种嵌入式 Linux 作为设计者自行开发的硬件平台上运行的软件平台,设计者的重要工作就是要基于 Linux 内核的某个版本进行移植、裁剪,使之适应于其需要运行的嵌入式系统硬件平台。本教材介绍的知识正是从事这个工作的重要基础。

3. FreeRTOS

FreeRTOS 是一种小型的(或称轻量级的)、完全免费的嵌入式操作系统,它可以运行在硬件资源相对匮乏的嵌入式系统上,如物联网应用中的各种微控制器。FreeRTOS 的源代码完全公开,开发者可以在其官方网站(https://www. freertos. org)上下载相关的源代码,然后根据自己的应用需求来进行定制和移植,从而实现在自己开发的系统上运行 FreeRTOS。FreeRTOS 官方网站的主页如图 1-10 所示。

图 1-10　FreeRTOS 官方网站

FreeRTOS 最早是由 Richard Barry 创始开发,并于 2003 年推出。为了让 FreeRTOS 的程序代码容易阅读,以便于嵌入式系统开发者将 FreeRTOS 移植到其系统上,Richard Barry 在编写 FreeRTOS 程序时,大部分代码采用了 C 语言编写,只有内核调度等功能函数采用汇编指令编写。2018 年亚马逊(Amazon)公司收购了 FreeRTOS,将其更名为 Amazon FreeRTOS,此后的官方网站为 https://aws. amazon. com/cn/freertos/。

Amazon FreeRTOS 基于 FreeRTOS 内核,仍然是免费开源的。其内核版本随着时间的推移及技术的发展,仍然在不断更新,但内核的基本特征没有改变。其内核的主要特征如下:

- FreeRTOS 内核系统简单、小巧、易用,内核代码占用 4～9KB 存储空间;
- FreeRTOS 内核支持抢占式、合作式和时间片的任务调度;
- FreeRTOS 内核具有高可移植性,代码主要由 C 语言编写;
- 任务与任务、任务与中断之间可以使用任务通知、消息队列、二值信号量、数值型信号量、互斥信号量等进行通信和同步;

- FreeRTOS 内核具有高效的软件定时器；
- FreeRTOS 内核具有堆栈溢出检测功能；
- FreeRTOS 内核的任务数量不限，任务优先级不限，多个任务可以分配相同的优先级。

FreeRTOS 的代码主要分成三大部分：任务、通信、硬件接口。任务是给定了任务优先级的、用户编写的应用函数。FreeRTOS 中的 task.c 和 task.h 提供了任务创建、调度和维护的功能函数，queue.c 和 queue.h 提供了任务间通信的功能函数。硬件接口是 FreeRTOS 代码中与硬件有关的那部分代码，进行 FreeRTOS 移植时，通常需要根据微处理器的体系结构以及目标系统的硬件组成来修改这部分代码。

一个典型的基于 FreeRTOS 的嵌入式应用系统，其架构分为四部分：硬件层、硬件相关层、硬件无关层、应用层，如图 1-11 所示。

| 应用层 |
| 硬件无关层 |
| 硬件相关层 |
| 硬件层 |

图 1-11　FreeRTOS 的应用系统架构

图 1-11 中，硬件层是指嵌入式微处理器、存储器、输入/输出部件以及晶振电路、电源电路等组成的目标系统硬件平台。硬件相关层是与目标系统的硬件平台有关的功能代码，对于不同硬件平台，该层代码是不同的。硬件相关层的主要功能包括：初始化 CPU，初始化中断及中断向量表，初始化堆栈指针，加载操作系统内核从而引导操作系统执行，并提供标准输入/输出接口的驱动程序。硬件无关层通常是指任务创建、任务间通信等功能代码函数。应用层是指用户创建的应用任务以及中断服务函数。用户创建任务时，需要指定任务的优先级。FreeRTOS 提供的优先级序号从 0 开始，0 是最低优先级的序号，最高优先级是常量 configMAX_PRIORITIES（该常量在 FreeRTOSConfig.h 中定义）所对应的设置值。

FreeRTOS 是目前被广泛使用的嵌入式实时操作系统（RTOS），特别是在物联网的应用领域。它支持 30 多种微处理器，包括 Arm、x86、Xilinx 等。其广阔的应用前景越来越受到嵌入式系统开发者的重视。

但是，FreeRTOS 也存在一些不足，主要有以下两点：

- FreeRTOS 的服务功能不足，只能提供消息队列和信号量的实现，无法用后进先出的顺序向消息队列发送消息；
- FreeRTOS 只是一个操作系统内核，需要外扩中间件，如 GUI（图形用户界面）、TCP/IP 协议栈、FS（文件系统）等。

4. VxWorks

VxWorks 是美国风河公司（WindRiver）于 1983 年推出的一种嵌入式实时操作系统，它具有高可靠性、高实时性，被广泛应用在航空、航天、通信等领域。例如，2008 年 5 月登陆火星的"凤凰号火星探测器"和 2012 年 8 月登陆的"好奇号火星探测器"等都使用了 VxWorks 作为其软件平台。图 1-12 所示为好奇号火星探测器。

VxWorks 内核的多任务调度功能，采用优先级抢占方式来进行任务调度，并支持同优先级任务间的时间片分时调度，这样可保证紧急事件的处理任务得到及时执行。VxWorks 除了提供基本的内核功能外，还提供与 ANSI C 兼容的输

图 1-12　好奇号火星探测器

入输出接口部件的驱动函数,这些驱动主要有键盘驱动、显示驱动、网络驱动和 RAM 盘驱动等,并提供多种文件系统。

为了适应嵌入式系统硬件平台的多样性,用于嵌入式环境中的操作系统均需要有很好的可移植性。VxWorks 的板级支持包(BSP)即提供了移植 VxWorks 操作系统的基础,它是操作系统上层功能程序与目标硬件平台的一个软件接口。换句话说,嵌入式系统设计者若需要在其设计的目标硬件平台上运行 VxWorks 操作系统,就需要修改 BSP,使其适合运行在该目标硬件平台上。

VxWorks 的 BSP 主要功能包括硬件平台初始化和标准输入输出接口部件的驱动加载,通常完成的功能如下。

(1) 目标系统加电后的硬件平台初始化。具体完成的操作如下。

① 异常向量表的处理。

② 禁止中断及看门狗部件(若有看门狗部件的话)。

③ 堆栈指针设置。

④ 初始化存储器的控制器。

⑤ 载入 VxWorks 段代码到 RAM 中。

⑥ 引导 VxWorks 的内核。

(2) 为 VxWorks 操作系统提供必要的硬件访问驱动函数,通常包括以下几个。

① 中断服务处理函数(ISR)。

② 定时器驱动。

③ 串行接口驱动。

④ Flash 存储器驱动。

⑤ LCD 接口驱动。

基于 VxWorks 操作系统开发,早期所使用的开发工具软件是 Tarnado 集成开发环境,目前多采用 Workbench 集成开发环境。

1.2　嵌入式系统的应用

嵌入式系统的应用领域是非常广泛的,已经渗透到人们的日常生活、工作、学习的各个方面。不同的应用领域,其应用需求也是各种各样,因而,具体的嵌入式系统产品的复杂度也就不同。不同复杂度的嵌入式系统开发时,其开发方法和使用的开发工具也是不同的。下面从应用复杂度和应用领域两个角度来介绍嵌入式系统的应用情况。

1.2.1　嵌入式系统应用复杂度

嵌入式系统应用复杂度指的是其应用功能需求的复杂程度,同时也是指其应用软件开发的复杂程度。虽然应用需求各种各样,但从软件开发的复杂程度来看,可以把嵌入式系统的应用分成以下三类(或称 3 个应用层面)。

(1) 第一类(或第一个应用层面)是其应用功能需求可以编写为单任务的程序,并且其显示要求不复杂(如只需要显示字符以及简单的图形),无联网功能要求或者联网功能要求不复杂(如联网采用 RS-485 总线即可)。这类应用需求,在企业生产设备控制、智能测试仪表、医用仪器、智能小区等应用领域比较多见。

针对第一层面的应用需求,其应用程序的开发复杂程度最低,通常不需要操作系统作为软件平台,而是把应用功能程序和硬件的控制及管理程序融合在一个循环结构中实现,并设计一些中断服务程序来完成那些有实时性要求的任务。这一层面的应用软件开发通常需要完成以下任务。

① 启动引导程序(BootLoader)设计(启动引导程序中引导的是应用程序主函数)。

② 应用程序设计(应用程序中还需融合直接进行读写硬件接口或其寄存器的程序语句)。

(2) 第二类(或第二个应用层面)是其应用功能需求通常需设计成多任务的,需要较为复杂的图形显示界面,或者需要以太网的联网等功能,但不需要支持复杂的数据管理功能(如不需要嵌入式数据库),不需要支持多媒体处理(如不需要处理音频/视频播放),不需要支持高层网络应用(如不需要连接因特网)。这类应用需求,在飞行器控制器、机器人控制器、图形化显示的智能仪器仪表等应用领域比较多见。

针对第二层面的应用需求,其应用程序的开发复杂程度较大,通常需要构建一个小型的嵌入式操作系统平台,如 μC/OS-Ⅲ,以便提高嵌入式系统开发效率,减少开发周期。这一层面的应用软件开发通常需要完成以下任务。

① 启动引导程序(BootLoader)设计。

② 操作系统移植(如移植 μC/OS-Ⅲ 等)。

③ 应用程序设计,包括操作系统未提供的硬件接口驱动程序设计。

(3) 第三类(或第三个应用层面)是其应用功能需求通常需设计成多任务的,需要丰富的图形人机操作界面,或者需要连接因特网功能,或者需要复杂的数据管理功能。这类应用需求,在智能终端、GPS 导航仪、通信设备等应用领域比较多见。

针对第三层面的应用需求,其应用程序的开发复杂度很大,通常需要构建一个嵌入式操作系统平台,如 Linux,以便提高嵌入式系统开发效率,减少开发周期。同时,采用成熟的、具有许多第三方功能软件支撑的操作系统平台,可以保证应用软件的安全性、可靠性。这一层面的应用软件开发通常需要完成以下任务。

① 启动引导程序(BootLoader)设计。

② 操作系统移植(如 Linux),包括根文件系统的建立。

③ 根据应用要求,完成支撑环境的构建,如图形界面的构建或嵌入式数据库管理系统的构建或嵌入式 Web 服务器的构建等。

④ 应用程序设计,包括操作系统未提供的硬件接口驱动程序设计。

1.2.2　嵌入式系统应用领域

按照嵌入式系统的应用领域来分,嵌入式系统应用可以大致分成以下几个大的应用领域。

1. 工业控制

工业控制领域是嵌入式系统的传统应用领域,也是当前嵌入式系统应用中最典型、最广泛的领域之一。工业生产中的许多数字化生产设备、检测设备或检测仪器仪表、生产流水线的控制器等,都是典型的嵌入式系统产品。这个领域中的嵌入式系统应用复杂度涉及 1.2.1 节中所提到的三个层面,既有相对简单应用需求的设备控制器,也有复杂应用需求的设备控制器(如基于嵌入式 Web 的可远程操控的设备控制器等)。

工业控制领域若按行业细分,又可以分成许多不同行业的应用领域,比较典型的工业行业应用有以下几个方面。

(1) 机械零件或整机生产行业中的自动化生产设备,如图 1-13(a)所示。该行业中的数控机床、装配机器人、焊接机器人等都是典型的嵌入式系统产品。

(2) 过程化生产行业的过程控制设备,如化工生产过程控制设备、制药生产过程控制设备、自来水生产过程设备等,如图 1-13(b)所示。

(3) 电力生产及智能电网控制及检测设备,如图 1-13(c)所示。

(a) 机械行业的自动化生产设备　　　(b) 化工生产过程控制设备　　　(c) 智能电网的控制设备

图 1-13　嵌入式系统在工业控制系统中的应用

除了上述生产行业外,还有许多其他的生产行业也都是嵌入式系统的应用领域,这里就不再一一叙述了。

2. 现代农牧业

现代农牧业是在传统农牧业基础上发展起来的,是相对于传统的、人力手工生产的农牧业而言的。现代农牧业采用了生物技术、信息技术以及生理学原理等来组织生产,生产中通常都采用了计算机管理及控制系统,使农牧业生产集约化、高效化,从而使得农牧业产品优质、高产。

例如,现代农业生产中的自动化控制滴灌系统,如图 1-14(a)所示。田间作物什么时候需要浇水、哪块地应浇水、浇多少水等,均由嵌入式系统进行信息的采集和控制,从而使得浇水工作及时、有效。

又如,家禽养殖中的一些控制系统。家禽什么时候喂食、喂水均由自动控制系统完成,所产蛋的流水包装线也均由自动包装设备完成,如图 1-14(b)所示。这些系统和设备均是

(a) 现代农业的生产控制设备　　　　(b) 现代畜牧业的生产控制设备

图 1-14　嵌入式系统在农牧业控制系统中的应用

由嵌入式系统进行控制的。

3. 智能交通及汽车电子

智能交通系统(Intelligent Transportation System,ITS)是物联网的一种重要应用形式,是交通系统的未来发展方向。它利用信息技术、传感器技术、通信技术、控制技术等,对一个大范围内的地面交通运输进行实时、准确、高效的综合管理和控制,从而减少交通负荷和环境污染、保证交通安全、提高运输效率。

在智能交通系统中,有许多子系统涉及嵌入式系统的应用,主要涉及车载电子设备和车辆控制系统、交通监控系统、电子收费系统等,如图 1-15(a)所示。

另外,汽车产业是我国飞速发展的一个行业,汽车上 70% 的创新来源于汽车电子,汽车电子具有巨大的发展空间。汽车电子包括车载音响、车载电话、防盗系统等产品,还包括汽车仪表、导航系统、发动机控制器(如空燃比控制、点火正时控制)、底盘控制器(如制动防抱死控制、驱动防滑控制、车辆稳定性控制)等技术含量高的产品,如图 1-15(b)所示。在将来,汽车将成为娱乐中心和移动办公中心,汽车电子的各组成部分将要建立在标准通信协议

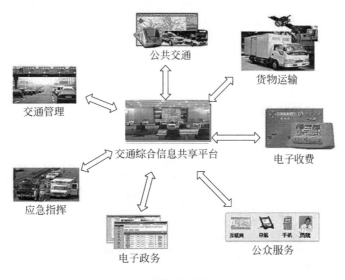

(a) 智能交通系统

(b) 汽车电子系统

图 1-15 嵌入式系统在智能交通系统中的应用

基础上。随着控制单元 MCU 应用需求的提高,嵌入式系统在汽车电子中将有新的要求,如可靠性和温度特性都不同于消费电子。嵌入式 Linux 等操作系统也将在汽车电子中得到广泛使用。

4. 智能小区及智能家居

智能小区(Intelligent Residential District)是指城市中由若干住宅楼群组成的,采用计算机技术、自动控制技术、IC 卡技术、网络通信技术来构建其综合物业管理系统的人居区域。我国相关管理部门对智能小区所具备的功能有明确的要求,即智能小区的主要功能应有: 水、电、气(主要是煤气,北方城市还包括暖气)集中抄表,小区配电自动化,自动门禁系统,电动车自动充电桩,光纤到户,智能家居服务等,如图 1-16 所示。

智能家居是智能小区的重要组成部分,是以一户家庭的住宅为平台,利用综合布线技术、网络通信技术、嵌入式计算技术、自动控制技术等,把家居生活中有关的家电、照明、安全防范等设施集成,构建一个安全的、便利的、舒适的居住环境。

智能家居又称智慧家居或智能住宅,国外常用 Smart Home 表示。信息家电是构成智能家居的重要元素。信息家电是指所有能提供信息服务或通过网络系统交互信息的消费类电子产品。例如,电视机、冰箱、微波炉、电话等都将嵌入计算机,并通过家庭服务器与 Internet 连接,转变为智能网络家电,还可以实现远程家电控制、远程教育等新功能。

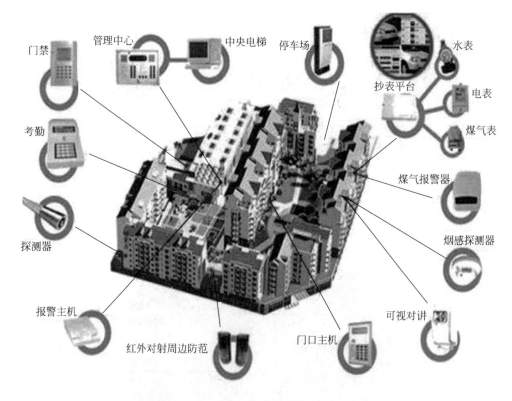

(a) 智能小区功能组成

图 1-16　嵌入式系统在智能小区中的应用

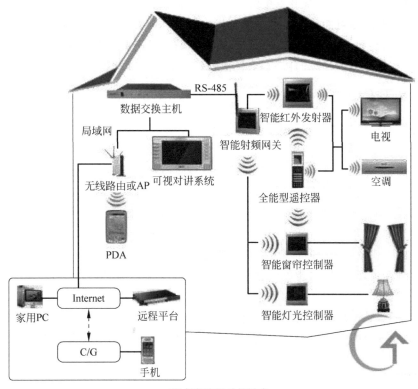

(b) 智能家居功能组成

图 1-16　（续）

5. 移动智能终端

移动智能终端包括智能手机、PDA、平板计算机等。中国拥有世界上最大的手机用户群,智能手机已向着具有强大计算功能的方向发展,而不仅仅只用于通信。未来,新的移动、手持式设备将会得到极大的发展,通过这些设备人们可以随时随地进行互联访问。

6. 军事领域

嵌入式系统最早出现在 20 世纪 70 年代的武器控制中,后来用于军事指挥控制和通信系统,所以军事国防历来就是嵌入式系统的一个重要应用领域。现在各种武器控制(如火炮控制、导弹控制和智能炸弹的制导、引爆),以及坦克、军舰、战斗机、雷达、通信装备等陆海空多种军用装备上,都可以看到嵌入式系统的影子。

1.3　嵌入式系统软硬件协同设计架构

嵌入式系统的设计任务,往往既要完成嵌入式系统的硬件设计,又要满足应用需求的功能软件设计。传统的嵌入式系统开发中,在系统总体设计阶段,需要进行软硬件协同设计,即需要综合设计哪些功能由硬件完成,哪些功能由软件完成。但在系统实现阶段,通常是先实现硬件,然后再实现软件,并集成。经过反复调试、修改,最终完成整个系统的实现。若硬件设计有缺陷,就需要重新制作硬件,这样就使嵌入式系统的开发周期及开发成本大幅增加。为了解决传统嵌入式系统开发中的这些问题,需要最大限度地挖掘嵌入式系统软硬件设计之间的并发性,尽可能地在硬件功能开发和软件功能开发上进行协同,以避免由于独立设计实现硬件功能和软件功能而带来的弊端。本教材所介绍的嵌入式系统软硬件协同设计,不仅是在系统总体设计时的协同,也包括硬件功能实现和软件功能实现阶段的协同。

1.3.1　软硬件协同设计方法

软硬件协同设计是嵌入式系统一种新的设计方法,同时也可以看成一种嵌入式系统新的开发技术。它主要是指以全可编程芯片(如 Zynq 系列芯片)为核心来设计嵌入式系统的一种设计方法,该方法的核心是在嵌入式系统开发过程中,强调硬件功能模块与软件功能模块均可编程实现,并相互反馈、协同修正、并行进行。

全可编程(All Programmable)芯片是指在一块芯片上集成了通用 CPU 硬核、FPGA 逻辑电路等硬件部件,基于其上开发的嵌入式系统功能均可通过编程方式实现。也就是说,基于该芯片的嵌入式系统,其硬件、软件、I/O 部件的功能均可编程实现,即硬件功能可通过硬件描述语言编程实现,软件功能可通过 C 或 C++语言等编程实现。

前面已经提到,嵌入式系统的功能通常可以划分成若干硬件功能模块或软件功能模块。开发传统的嵌入式系统时,通常是先实现硬件功能模块,然后再在硬件平台上实现软件功能,这两类功能模块的实现过程相对独立。传统的嵌入式系统开发流程如图 1-17 所示。

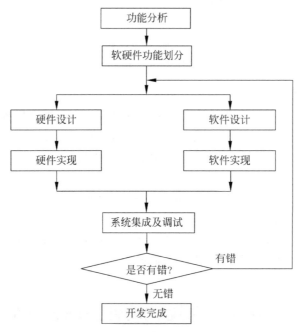

图 1-17　传统的嵌入式系统开发流程

由于硬件模块和软件模块的设计相对独立,硬件设计时只是粗略地分析了软件任务的需求,而缺乏对软件任务实现的清晰了解。因此,硬件设计时就具有一定的盲目性,并且硬件实现时通常选用专用功能的芯片或模块来构建硬件平台,这样就很难发挥软硬件的综合优势。在系统整体优化时,通常只能改善软件的性能,而无法充分地利用硬件的资源。

而软硬件协同设计的方法,就是让硬件模块和软件模块作为一个整体来进行设计,找到一个软硬件功能划分的最佳点,从而使系统性能最优。嵌入式系统软硬件协同设计的开发流程如图 1-18 所示。

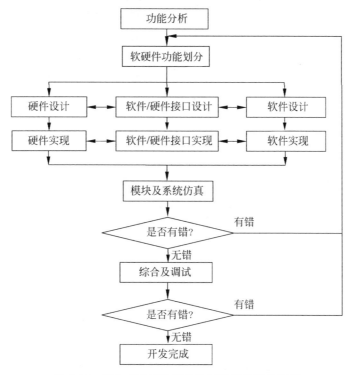

图 1-18　嵌入式系统软硬件协同设计的开发流程

软硬件协同设计方法的主要优点是,在整个嵌入式系统开发过程中,硬件设计和软件设计是相互协调的,特别是通过仿真阶段,可以综合评价整个系统的性能,尽可能早地发现硬件和软件之间的协调问题,并且由于硬件平台的构建采用了 FPGA 可编程逻辑阵列,使得重新构建更适合软件的硬件平台较为方便,从而提高了系统的开发效率。

下面介绍 Xilinx 公司推出的一种支持软硬件协同设计的架构。

1.3.2　软硬件协同设计架构——Zynq 芯片架构

Xilinx 公司推出的 Zynq-7000 系列芯片是基于全可编程 SoC 架构上的,它内部集成了 Arm 公司的 Cortex-A9 CPU 内核以及 FPGA 逻辑电路。其中,基于 Cortex-A9 CPU 内核的微处理器系统是芯片内部的主系统,在芯片内部,微处理器系统通过互联总线,与 FPGA 模块互联。利用这种架构,使得设计者在设计嵌入式系统时,可以灵活地确定软硬件功能,方便进行硬件功能更改及升级,并且可以优化系统性能。例如,设计者可以利用 FPGA 的并行处理能力,解决大数据量的运算问题,并可利用内部的高速互联总线,解决 I/O 接口与存储器之间的数据传输瓶颈问题。

Zynq-7000 系列芯片的内部电路被分成两大部分,其内部结构如图 1-19 所示。其中,一部分称为 PS(Processing System,图 1-19 中虚线以上部分);另一部分称为 PL(Programmable Logic,图 1-19 中虚线以下部分)。

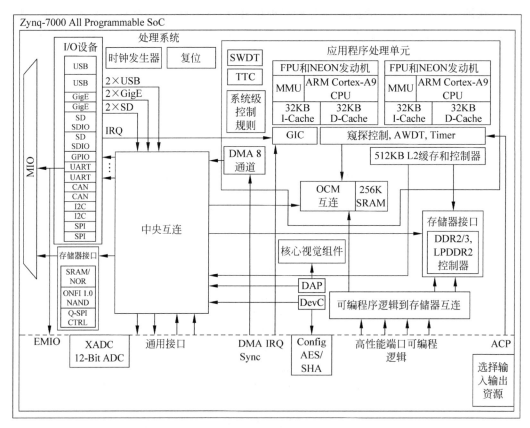

图 1-19　Zynq-7000 系列芯片内部结构

PS 部分实际上就是以两个 Cortex-A9 为核心的微处理器系统,类似于通用 CPU。从图 1-19 中可以看到 PS 部分包括应用处理单元 APU(Application Processor Unit)、通用外部设备及接口(如 GPIO、两个 UART、两个 USB 等)以及外部存储器芯片接口(Memory Interfaces)、模拟/数字信号转换接口 XADC 等。PL 部分实际上就是可编程逻辑部分,即 FPGA 部分。

PS 部分的应用处理单元 APU 内部包含两个 Cortex-A9 处理器核,它们共享一个 512KB 的二级高速缓存(L2 Cache),并各自有两个 32KB 的一级缓存,分别用来进行数据缓存和指令缓存。APU 内部还包含一个侦测控制单元(Snoop Control Unit,SCU)、256KB 的片上存储器(OCM)、一个 PL 部分与 APU 之间的接口(Accelerator Coherency Port,ACP)等。Cortex-A9 处理器核能执行 32 位的 Arm 指令或 16 位及 32 位 Thumb 指令。指令流水采用了高级取指及指令预测技术。

PS 部分的通用外部设备及接口主要有 DDR 存储器的控制器、静态存储器的控制器、Quad-SPI(4 倍 SPI) Flash 控制器、SD 外设控制器、GPIO 控制器、USB 主机、USB 设备、吉比特以太网控制器、SPI 控制器、CAN 控制器、UART 控制器、I^2C 控制器和 ADC 控制器等。

PL 部分的 FPGA 根据芯片的型号不同,采用不同的 FPGA 系列。其中,Zynq-7010、Zynq-7020 型号的芯片,内部采用 Artix-7 系列的 FPGA。Zynq-7030、Zynq-7045 型号的芯片,内部采用 Kintex-7 系列的 FPGA。PL 部分包含大量的可编程资源,如可编程的逻辑块(CLB)、端口和数据宽度可配置的块存储器(BRAM)、DSP 切片以及 25bit×18bit 的乘法器。

Zynq 芯片内部的 PS 部分和 PL 部分均可以独立使用。PS 部分独立使用时,即相当于通用的 CPU 芯片。PL 部分独立使用时,即相当于普通的 FPGA 芯片。但这两部分又可以深度地融合在一起,由 PS 作为主控部分,为完成一个应用任务,软硬件协同配合高速且高效地进行处理。

这里所提的"深度融合",是指 PS 部分和 PL 部分之间具有片内的高速数据交互通道(如 DMA、AXI、EMIO 等,这些高速数据交互通道将在第 3 章进行详细介绍),因此,PL 部分不仅可以作为 PS 部分的外设使用,更重要的是它们可以协同工作,来完成一些需要大数据量运算的算法,从而提高算法的执行速度。

Zynq-7000 系列芯片架构的特点在于以下几点。

① 提供了微处理器核、硬 IP 核外设接口、可编程逻辑阵列的紧密集成,具有可配置性和可重构性。这个特点有别于普通的嵌入式微处理器芯片,类似于普通嵌入式微处理器芯片+FPGA 芯片的组合。

② Zynq-7000 系列芯片内部是由 Arm Cortex-A9 微处理器核控制的,换句话说,即 Arm Cortex-A9 微处理器核为芯片的主系统,系统开机/复位时,可以引导操作系统或应用程序,然后根据需要来配置可编程逻辑阵列。这一点有别于普通的 FPGA 芯片,并且也有别于具有软核的 FPGA 芯片(SOPC 芯片)。

1.3.3 协同设计架构的芯片类型

支持嵌入式系统软硬件协同设计架构的芯片,主要有 Xilinx 公司的和 Altera 公司的。Xilinx 公司推出的 Zynq-7000 系列芯片,是目前国内主要采用的软硬件协同设计架构的芯片。该系列芯片根据其内部所集成的 FPGA 逻辑模块的系列和规模,分成多种型号,如表 1-1 所示。

表 1-1 Zynq-7000 系列芯片型号表

型号	内含 FPGA 的类型	L1 缓存	L2 缓存/KB	主要外设接口
7010	Artix-7	32KB 指令 32KB 数据	512	UART、GPIO、I^2C、USB、以太网等
7020	Artix-7	32KB 指令 32KB 数据	512	UART、GPIO、I^2C、USB、以太网等
7030	Kintex-7	32KB 指令 32KB 数据	512	UART、GPIO、I^2C、USB、以太网等
7045	Kintex-7	32KB 指令 32KB 数据	512	UART、GPIO、I^2C、USB、以太网等
7100	Kintex-7	32KB 指令 32KB 数据	512	UART、GPIO、I^2C、USB、以太网等

在表 1-1 中,型号为 Zynq-7010、Zynq-7020 的芯片中集成了 Artix-7 系列的 FPGA 可编程逻辑,适合低功耗、低成本的嵌入式系统。型号 Zynq-7030、Zynq-7045、Zynq-7100 中集成

了 Kintex-7 FPGA 系列的可编程逻辑,适合于更高性能的、更高 I/O 的高端嵌入式系统应用。

另外,国内有些领域还使用了 Altera 公司的 SOPC,该类型的芯片也支持嵌入式系统软硬件协同设计方法。只是这种类型的芯片,是在 Altera 公司的 FPGA 上定制了一个 Nios Ⅱ 的 CPU 软核,以及应用中所需要的外设接口。Nios Ⅱ 的 CPU 软核可以根据应用需要来配置,结合 Altera 公司提供的大量成熟外设 IP 核,可以非常方便地构建微处理器系统,并可利用 FPGA 逻辑电路来进行系统功能扩展,这样就提高了嵌入式系统的开发效率,缩短了开发周期。

由于本教材后续章节所涉及的示例是以 Xilinx 公司的 Zynq-7000 系列芯片为背景的,因此,后面章节中所涉及的支持嵌入式系统软硬件协同设计方法的芯片均为 Zynq-7000 系列芯片。

1.4　开发工具软件介绍

嵌入式系统的开发通常都需要借助开发工具及平台,一个好的开发工具能够有效地帮助嵌入式系统设计者加快其产品的开发周期,缩短产品的开发时间,并帮助提高产品的质量和性能。

嵌入式系统的开发工具主要包括工程项目管理器、编辑器、编译/连接器、调试器、模拟器、分析工具、建模工具等软件工具,以及一些必要的硬件调试、观测设备,如 JTAG 接口仿真器、逻辑分析仪、示波器等。通常,开发工具软件供应商会把多种工具软件集成在一起,构成一个高效的、图形化的嵌入式系统开发平台,这个开发软件平台通常称为嵌入式系统的集成开发环境(Integrated Development Environment,IDE)。也就是说,集成了代码编写功能、分析功能、编译功能、调试功能等工具软件的开发软件包,都可被称为集成开发环境。

不同的嵌入式系统应用需求,所选用的微处理器芯片以及以此芯片为核心开发出的硬件平台也就不同,因此,选用的集成开发环境也就不同。嵌入式系统的集成开发环境有许多种,由于后续章节内容是以 Xilinx 公司的 Zynq-7000 系列芯片为背景来介绍的,因此,开发工具软件的介绍主要以 Vivado 为主,并介绍几种国内流行的集成开发环境。

1.4.1　Vivado 集成开发环境

Vivado 集成开发环境是 Xilinx 公司提供的新一代设计工具套件,它不同于 Xilinx 公司的前期设计工具(如 ISE),是一种超越可编程逻辑,能够进行"全编程"器件开发的设计工具。

Vivado 设计套件有许多版本,本教材简介的是 Vivado-2017.1,其运行后的首个界面如图 1-20 所示。通过该界面,可以进入新建工程或打开现有工程等操作界面。

Vivado 集成开发环境可以支持 Zynq-7000 系列芯片中的 PS 和 PL 这两部分功能开发,该工具软件的功能特点主要有以下几个。

(1) 可以用一个工程的形式,来管理应用系统所需的功能设计文件,这些设计文件主要包括以下内容。

图 1-20　Vivado 运行时的首界面

① 用 Verilog 或 VHDL 语言设计的硬件逻辑功能的设计文件。

② 用 C、C++等语言编写的源程序文件,其代码运行在 Cortex-A9 核上。

③ 约束文件。

④ 库文件。

⑤ IP 核。

⑥ 仿真文件。

(2) 可以独立设计基于 Cortex-A9 核运行的,以 C、C++等语言设计的应用程序;也可以独立设计基于 FPGA 的 RTL 级逻辑电路,其设计语言采用 Verilog 或 VHDL 语言;还可以进行应用程序和 RTL 级逻辑电路这两种功能的混合设计。

(3) 具有仿真功能。能够支持 Verilog 语言或 VHDL 语言设计的逻辑功能的仿真,并能支持 Verilog 的时序仿真。

(4) 具有高层次综合功能,对算法加速的设计非常方便。即在软件算法设计时,可设计一个用 C、C++等语言描述的算法(包含其表达式),然后通过高层次综合来生成其 RTL 级逻辑。

Vivado 集成开发环境的具体使用可参见与本教材配套的实验教材——《嵌入式系统软硬件协同设计实践教程》。

1.4.2　其他的集成开发环境

针对不同的嵌入式系统应用,开发时选用的集成开发环境也将不同。下面介绍几种在国内嵌入式系统应用开发中,经常采用的开发工具软件。

1. Keil 集成开发环境

Keil 集成开发环境是 Keil Software 公司推出的,主要针对以 MCS-51 系列单片机芯片或其兼容芯片为硬件平台核心的、采用 C 语言开发其程序的开发工具软件包,其编译连接时的运行界面如图 1-21 所示。Keil 集成开发环境中包含 C51 编译器、宏汇编、连接器以及项目管理器、实时操作系统的库管理和仿真调试器等，拥有友好的用户界面和强大的仿真调试功能。其集成开发环境的名称为 Keil μVision x（注：x 代表版本号），如 Keil μVision2 是 51 系列单片机开发时常用的软件工具版本。

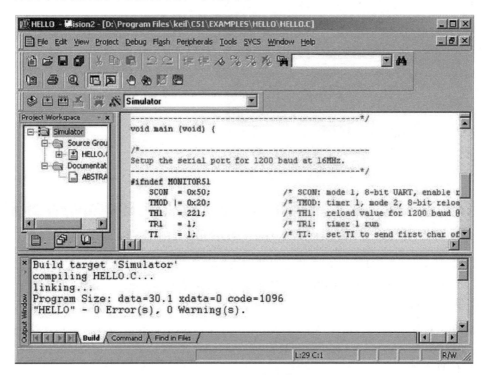

图 1-21　Keil μVision2 编译连接时运行界面

2007 年 Arm 公司收购了 Keil 公司，通过这次收购，Keil 集成开发工具开始向 32 位微处理器工具软件市场进军，先后推出了 Keil μVision3 和 Keil μVision4 工具软件包。这些工具软件包集成了业内领先技术，具有强大的设备模拟、性能分析功能，它们是 Arm 公司后续推出的，针对 Arm 微处理器的开发工具软件包 RealView MDK 的蓝本。

2. RVDS 集成开发环境

RVDS(RealView Development Suite)集成开发套件(或称为 RVDS 集成开发环境)，是 Arm 公司推出的基于 Arm 系列 CPU 进行开发的工具套件。它支持全系列 Arm 架构的微处理器开发，如 Arm9、Cortex-M、Cortex-R 等。RVDS 集成开发环境中集成了以下 4 个主要的功能模块。

(1) 源代码的编辑与管理模块。RVDS 中集成了开源的 Eclipse 集成开发环境的代码编辑与管理功能，以工程项目的形式管理源代码文件，支持语句编辑时的高亮度显示和多颜色显示，支持第三方的 Eclipse 功能插件。

(2) RealView 编译工具链。RVDS 中集成了 RealView 开发工具中的 RVCT 编译器、Arm 汇编器、Arm 连接器等，支持汇编、C 和 C++语言。

(3) 调试模块 RVDS。RVDS 中集成了一个功能强大的调试工具，支持多种调试手段、快速错误定位、多核调试以及 Flash 的烧写。

（4）指令集模拟器 RVISS。RVDS 中集成了一个指令集模拟器 RVISS，它可以使得基于 Arm 的嵌入式系统开发时，软件开发和硬件开发同步进行，加快软件开发速度。并且 RVISS 支持代码性能分析，从而也可提高所开发代码的效率。

RVDS 汇聚了 Eclipse 系列开发工具中优良的源代码编辑与管理工具，以及 RealView 系列开发工具中优良的编译、调试工具。因此，RVDS 具有非常友好的人机操作界面以及强大的代码调试、分析功能。RVDS 开发工具与 ADS 1.2 开发工具比较而言，其编译器的编译效率更高，图 1-22 所示为 Arm 公司所做测试的结果。从图中可以看到，RVCT 2.0 编译器比 ADS 1.2 编译器所编译的代码，在所需存储容量大小以及代码执行效率等方面均要好。

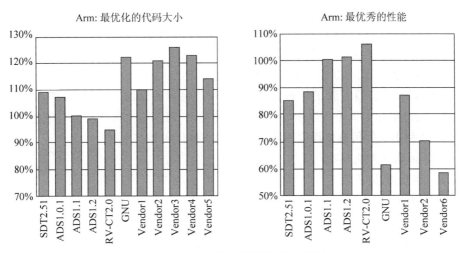

图 1-22　几种开发工具的性能测试结果

Eclipse 系列开发工具来源于 Java 的开发工具套件，是一个开放源代码的开发环境框架及一组服务，可通过第三方的插件组件来构建一个集成开发环境。Eclipse 附带有一个标准的插件集，主要是针对 Java 的开发工具，如 JDK(Java Development Kit)。还附带有一个插件开发环境 PDE(Plug-in Development Environment)，允许第三方来开发插件，使其也适合作其他集成开发环境用，许多嵌入式系统的软件开发工具提供商均基于 Eclipse 的框架来开发自己的 IDE，如 RVDS。

RealView 系列开发工具是 Arm 公司推出的，包括编译器、调试器和模拟器等工具，它需要结合其他的源代码编辑与管理工具，才能构建成一个集成开发环境。RVDS 即是其与 Eclipse 完美结合而构建的 IDE 平台。Arm 公司还把它与 Keil μVision4 结合，构建了称为 RealView MDK 的 IDE 平台。

3. GNU 集成开发环境

GNU(GNU'S Not Unix)是一种常用于开发基于 Linux 操作系统的嵌入式软件的工具套件简称。该工具套件是由 Richard Stallman 提出的 GNU 计划中的几个开源工具组成，包括编译器、连接器以及文本编辑器、语法除错等工具。

GCC 是 GNU 开发工具套件中的核心工具软件。它通常有两个含义：一个是指 GNU C Compiler 的首字母组合，即 GNU C 语言编译器的简称；另一个是指 GNU Compiler Collection 首字母的组合，即 GNU 编译器集合，泛指对用 C 语言或者 C++语言、Java 语言等编写的程序进行编译的编译器工具集。GCC 所编译的目标机的处理器包括 x86、Arm、PowerPC 等体系结构的处理器,如 Arm_Linux_GCC 即是指针对 Arm 体系结构的目标机的编译工具。下面所用到的 GCC 名称,没有特殊说明时,均是指 GNU C 语言编译器。

GCC 是一种针对 Linux 操作系统环境下的内核及应用程序的编译工具,它能将 C 语言、C++语言、汇编语言编写的源程序以及库文件编译连接成可执行文件。它由源文件生成可执行文件的过程是由 4 个相关联的阶段组成,即预处理、编译、汇编、连接。

使用 GCC 编译时,其命令采用的是命令行形式,因此,要想熟练地使用 GCC 工具,就必须熟练地记住其命令格式。GCC 的命令及其参数有 100 多个,许多参数是可选项。GCC 的基本命令格式是:gcc [options] [filenames],其中,符号 options 代表参数、filenames 代表文件名,包括文件存储的路径。

GDB 是 GNU 开发工具套件中的程序调试工具,它可以提供单步执行和断点执行功能,并观察程序执行时变量值的变化。GDB 命令采用的是命令行形式,在命令行上输入 gdb 并按 Enter 键后,就可以进入 GDB 运行环境。

为了使 GDB 能进行正常的调试,在编译时应该包含调试信息,即在编译命令中加入-g 参数。调试信息实际上就是程序中的每个变量的类型、可执行文件内的地址映射、源代码的行号等,GDB 利用这些信息使源代码与执行时的机器代码相关联。

4. Eclipse 集成开发环境

Eclipse 集成开发环境广泛地应用于嵌入式系统的应用软件开发中,如开发基于 Android 操作系统的应用程序。

在 1.4.2 节"2. RVDS 集成开发环境"中已经提到,Eclipse 本身只是一个框架平台,但它可以通过支持众多的插件,来构建一个完整的集成开发环境。由于它自带支持 Java 语言开发的标准插件集,最初主要用来支持 Java 语言开发。但它还可以通过添加其他的插件,使其作为其他语言的开发环境,如 C++的开发环境。另外,还有许多嵌入式芯片设计厂商,如 Arm、Xilinx、TI 等,也提供各种针对本公司芯片的 Eclipse 插件来构建开发平台。例如,Arm 公司提供了许多插件,在 Eclipse 架构上构建了 RVDS 的开发平台。另外,嵌入式操作系统的公司,如风河公司(Wind River)的 VxWorks 操作系统的应用程序开发平台(Workbench 2.0),就是完全基于 Eclipse 架构,通过提供插件的方式来构建的。

总之,在整个嵌入式系统开发领域中,从硬件 FPGA 的设计工具,到软件的编译连接工具,再到基于某个操作系统的应用软件开发工具,都已经有了基于 Eclipse 架构的开发平台。可以预见,在嵌入式系统的开发中,设计者将普遍使用基于 Eclipse 架构的开发工具,并可定制适合自身的开发工具。

本 章 小 结

嵌入式系统是以应用为目标的专用计算机系统,它体现了软、硬件可裁剪、可定制,软件固化的特征,其应用领域非常广泛。在开发嵌入式系统时,要求做到软硬件一体化的协同设计、系统软件和应用软件一体化设计。在嵌入式系统的发展过程中,流行过多种嵌入式微处理器芯片、嵌入式操作系统以及开发工具,设计者在进行嵌入式系统开发时,一定要根据自己所设计的系统需要,选择合适的微处理器芯片、嵌入式操作系统以及开发工具,这样才能高效、可靠、经济地开发出自己的嵌入式系统产品。

习　题　1

1. 选择题

(1) "嵌入式系统"这个名词的来源最早可以追溯到(　　)。

    A. 20 世纪 70 年代　　　　　　　　　　B. 20 世纪 80 年代

    C. 20 世纪 90 年代　　　　　　　　　　D. 21 世纪初

(2) 嵌入式系统的硬件发展过程中,出现过多种流行的微处理器系列芯片,下面列出的微处理器芯片型号中,(　　)不是用于嵌入式系统的微处理器。

    A. 8052　　　　　B. TMS32010　　　C. 酷睿 i5-8250U　　D. S3C2440

(3) Xilinx 公司推出的 Zynq-7000 系列芯片,内部集成了两个(　　)微处理器硬核和 FPGA 逻辑功能部件。

    A. Arm7　　　　　B. Arm9　　　　　C. Cortex-M3　　　D. Cortex-A9

(4) 某嵌入式系统中,想采用 Windows CE 操作系统作为其软件平台,现要完成 BSP 移植、操作系统移植和定制等工作,开发者应选用(　　)集成开发环境来作为其开发工具。

    A. ADS1.2　　　　B. RVDS　　　　　C. GNU　　　　　D. PB

(5) 在开发基于 Zynq-7000 系列芯片为核心的嵌入式系统时,开发者选用的开发工具软件应该是(　　)。

    A. Keil　　　　　B. Vivado　　　　　C. Eclipse　　　　D. RVDS

(6) 在智能手机这样的嵌入式系统产品中,广泛使用 Android 操作系统。Android 操作系统的内核实际上是(　　)。

    A. Linux 内核　　　　　　　　　　　B. Windows CE 内核

    C. VxWorks 内核　　　　　　　　　　D. QNX 内核

(7) Zynq-7000 系列芯片内部包含有 PS 部分和 PL 部分。其中 PS 部分指的是(　　)部分。

    A. 微处理器　　　B. 可编程逻辑　　　C. 通用接口　　　D. 串行接口

(8) 嵌入式系统的开发需要借助许多开发工具,以便对嵌入式系统的软件和硬件进行调试。下面所列的工具中,不是开发工具的是(　　)。

    A. 编辑器　　　　B. 调试器　　　　　C. 示波器　　　　D. 浏览器

(9) FPGA 逻辑电路的设计可以通过硬件描述语言编程来实现,下面所列出的语言中,是硬件描述语言的有(　　)。

    A. C++语言　　　B. Verilog 语言　　　C. Java 语言　　　D. Python 语言

(10) 目前,嵌入式系统的应用领域非常广泛。但通常把(　　)领域称为嵌入式系统的传统应用领域。

    A. 移动终端　　　B. 工业控制　　　　C. 现代农业　　　D. 智能交通

2. 填空题

(1) 目前,我们把以应用为中心,以计算机技术为基础,其软硬件可裁剪,_____的专用计算机系统称为嵌入式系统。

(2) VxWorks 是美国风河公司推出的嵌入式操作系统,其内核采用了_____来进行任务调度,并支持同优先级任务间的时间片分时调度,以保证紧急事件的任务及时执行。

(3) 嵌入式系统的应用需求多种多样,复杂程度也不一样。若需要构建一个 Linux 操作系统作为目标机的软件平台,需要完成启动引导程序设计、_____、根文件系统建立等工作。

(4) 所谓全可编程(All Programmable)芯片是指在一块芯片上集成了_____、FPGA逻辑电路等硬件部件,基于其上开发的嵌入式系统功能均可通过编程方式实现。

(5) SOPC 是嵌入式系统的一种体现形式。它是基于一个超大集成规模的_____上,该芯片上通常集成有至少一个微处理器核(硬核或者软核),以及片上总线、存储器、大量的可编程逻辑阵列等。

(6) 软硬件协同设计的方法,就是让硬件模块和软件模块作为一个整体来进行设计,找到一个_____划分的最佳点,从而使系统性能最优。

第 2 章　Zynq 芯片的体系结构

了解清楚微处理器芯片的体系结构,是构建以此芯片为核心的嵌入式系统平台的基础。Zynq 芯片是指由 Xilinx 公司推出的 Zynq-7000 系列芯片的统称,其内部融合了 Arm 公司的 Cortex-A9 微处理器核和 Xilinx 公司的 FPGA 逻辑电路以及某些外围接口的 IP 核,特别适用于设计高性能、低功耗、需灵活配置硬件的嵌入式系统。

2.1　Zynq 芯片的架构

在 1.3.2 节中已经了解到 Xilinx 公司推出的 Zynq-7000 系列芯片内部由 PS 和 PL 两部分组成,如图 1-19 所示。PS 部分是以 Arm 公司的 Cortex-A9 CPU 核为核心的微处理器系统,PL 部分是 FPGA 逻辑电路。本节先对 Arm 微处理器内核架构类型、Xilinx 的 FPGA 类型进行介绍,然后对 Zynq 芯片的内部硬件资源、芯片运行条件及启动流程进行介绍。

2.1.1　Arm 微处理器内核架构类型

Arm 既是一个微处理器行业知名公司的名称,也是一类微处理器芯片的统称。Arm 公司总部位于英国剑桥,是一家微处理器架构的设计公司,自己并不生产任何系列的 Arm 微处理器芯片。它和全球的许多半导体厂商、软件厂商、OEM 厂商合作,出售其微处理器核设计技术,从而使得 Arm 系列的微处理器芯片迅速打开了市场,成为 32 位 RISC 微处理器的主流芯片,在移动智能终端、工业控制、通信网络系统等领域得到广泛应用。与 Arm 公司合作,持有 Arm 公司授权的半导体芯片制造的厂商主要有三星电子(Samsung)、Atmel、英特尔(Intel)、飞思卡尔(Freescale,原摩托罗拉半导体部)、恩智浦(NXP,一个从飞利浦公司独立出来的半导体电子公司)、得州仪器(TI)、赛灵思(Xilinx)等公司。

Arm 微处理器核的体系结构从出现至今,经过了多次较大的改进,并还在不断地完善和发展中,且其指令集也在不断地修改和增加。不同的内核体系结构对应着不同的指令集,Arm 公司给这些在不同阶段中使用的指令集定义了版本号,版本号的名称为 Armv$x$(符号 x 代表数字,即 1,2,3,…),如 Armv5、Armv6、Armv7 等即是 Arm 的指令集版本号。

早期使用较广泛的 Arm9、Arm10、Xscale 等系列的微处理器芯片采用了 Armv5 版本指令集,Arm11 系列的微处理器芯片采用了 Armv6 版本指令集。目前广泛使用的 Cortex 系列微处理器芯片采用了 Armv7 版本指令集。

Cortex 是 Arm 公司为其微处理器核系列命名的一个符号,自采用 Armv7 指令集版本的微处理器核开始,其名称前缀均采用 Cortex,而不再采用 Arm。换句话说,Arm11 是以 Arm 为前缀的最后一个微处理器核系列的名称,以后不再沿用这种命名方式,而是以 Cortex 来命名。Cortex 系列微处理器核有 3 个子系列类型,分别是 Cortex-A、Cortex-R、Cortex-M。

1. Cortex-A 系列

Cortex-A 系列的微处理器核有许多种类型,如 Cortex-A5、Cortex-A8、Cortex-A9 等。字符"A"表示面向高性能应用的,能提供完全虚拟内存功能的微处理器核类型,它们能支持运行复杂的操作系统,主要应用在需要高性能计算要求的嵌入式系统产品中,如高档智能手机、平板计算机、智能机器人控制器等。典型的 Cortex-A 系列微处理器芯片有以下几种。

① Xilinx 的 Zynq-7000 全可编程芯片(内含两个 Cortex-A9 核)。

② 三星公司的 Exynos 4210 微处理器芯片(双 Cortex-A9 核)。

③ 得州仪器的 AM437x 系列微处理器芯片(Cortex-A9 核)等。

2. Cortex-R 系列

Cortex-R 系列的微处理器核是面向实时应用要求的嵌入式系统,其型号也有许多种,如 Cortex-R4、Cortex-R4F 等。该系列微处理器主要应用在汽车发动机控制、汽车刹车控制等汽车电子产品中,也被用于硬盘控制、打印机控制等领域。典型的 Cortex-R 系列微处理器芯片有得州仪器的 TMS570 微处理器芯片。

3. Cortex-M 系列

Cortex-M 系列微处理器核是面向对产品成本有较高要求的微控制器应用领域,如工业生产设备的控制器、智能玩具、汽车锁、家庭智能设备等。Cortex-M3 是采用 Armv7-M 指令架构的第一款微处理器核,具有极高的性价比,是在某些对价格敏感的控制器设计时首先采用的微处理器。

例如,得州仪器(TI)公司推出的 Stellaris 系列微处理器芯片,如 LM3S101,其内部集成有一个 Cortex-M3 微处理器核,拥有 32 位的指令集,但其每片市场价格约为 1 美元,物美价廉。它们是 8 位、16 位微控制器芯片(如 MCS-51 系列)的有力竞争者,正逐步蚕食这些 8 位、16 位微控制器的应用市场。图 2-1 所示为一款 LM3S101 微处理器芯片外形。典型的 Stellaris 系列微处理器芯片还有 LM3S316、LM3S9b95 等。

另外,典型的 Cortex-M 微处理器芯片还有恩智浦的 LPC1800(Cortex-M3 核)、飞思卡尔的

图 2-1　Stellaris 系列芯片

Kinetis 微处理器(Cortex-M4 核)、Atmel 公司的 SAM4SD32(Cortex-M4 核)等。

2.1.2　Xilinx 的 FPGA

FPGA 是现场可编程门阵列,其内部有许多可配置的逻辑单元(Configurable Logic Block,CLB),而逻辑单元 CLB 中通常包含若干个查找表(Look-Up-Table,LUT)和 D 触发器。这里所说的"可编程"是指 FPGA 内部的逻辑单元 CLB,其逻辑功能不是固定的,是可以利用硬件描述语言(如 Verilog)编程来配置的,既可以配置成组合逻辑,也可以配置成时序逻辑。例如,一个 CLB 可以编程配置成"与门",也可编程配置成"或门",或其他的逻辑电路。

　　Xilinx 公司 Zynq 芯片内部包含的 FPGA 是其 7 系列的 FPGA,7 系列的 FPGA 又分成了 3 个子系列,即 Artix-7 系列、Kintex-7 系列、Virtex-7 系列。不同型号的 Zynq 芯片,内部包含的 FPGA 系列不同。例如,Zynq-7010、Zynq-7020 型号的芯片内部包含了 Artix-7 系列的 FPGA;Zynq-7030、Zynq-7045 型号的芯片内部包含了 Kintex-7 系列的 FPGA。表 2-1 是这 3 个 FPGA 系列的硬件资源信息表。

表 2-1　3 个系列的硬件资源信息

型号	逻辑单元	块存储器/MB	DSP 切片	串行收发器	I/O 引脚数	存储器接口的速率/(Mb·s^{-1})
Artix-7	360 000	13	1040	16	500	1066
Kintex-7	478 000	34	1920	32	500	1866
Virtex-7	1 955 000	68	3600	96	1200	1866

　　表 2-1 中所列的 3 个 FPGA 系列,其内部架构都是一样的,只是内部的硬件资源不同,因此,它们可以采用统一的开发平台来进行开发。其中,Artix-7 系列适合低成本、低功耗的应用场合,Virtex-7 系列适合高性能计算要求的应用场合,Kintex-7 系列介于两者之间。

　　表 2-1 中所列的 FPGA 硬件资源主要包括逻辑单元(CLB)、块存储器(BRAM)、DSP 切片(数字信号处理器)、可配置的 I/O 引脚数、存储器接口速率等。

　　1. 逻辑单元(CLB)

　　逻辑单元 CLB 是可编程配置的,CLB 的多少反映了 PL 部分的能力,不同型号中 CLB 的容量是不同的,如表 2-1 所示。Zynq-7000 系列芯片中的一个 CLB 由两片(Slice)组成,而一片由 4 个 LUT、8 个触发器、多路复用器和算术进位逻辑构成。Zynq-7000 系列芯片中的 LUT 可以配置成 1 输出、6 输入的 LUT,或者配置成两个具有独立输出的 5 输入 LUT。

　　2. 块存储器(BRAM)

　　Zynq-7000 系列芯片,根据型号的不同,其内部拥有 60～465 个双端口的 BRAM,每个 BRAM 的容量是 36Kb。每个端口可以配置成 32Kb×1、16Kb×2、8Kb×4、4Kb×8(或 9)、2Kb×16(或 18)、1Kb×32(或 36)、512b×64(或 72)等。两个端口可以有不同的宽度,相互之间是独立的。

　　每个 BRAM 还可以分割成两个独立的 18Kb BRAM,每个 18Kb BRAM 也可以配置成多种字长,即范围为 16Kb×1～512b×36。并且两个相邻的 36Kb BRAM 可以合并成一个 64Kb×1 的双端口 RAM。

　　3. DSP 切片

　　DSP 适合完成数字信号处理中的傅里叶变换、数字滤波等算法,具有大量的二进制乘法器和累加器。Zynq-7000 系列芯片中的每个 DSP 片(Slice)由一个专用的 25×16bit 的补码乘法器以及一个 48bit 的累加器组成。

　　FPGA 芯片的逻辑功能,在初始时是空白的。在加电时需要从非易失性存储器中读取编程数据到片内 RAM 中,然后根据编程数据来配置其逻辑功能,并确定逻辑单元与逻辑单元之间、逻辑单元与 I/O 模块之间的连接关系,最终确定 FPGA 的逻辑功能,使 FPGA 进入相关逻辑功能的运行状态。但关电后,片内 RAM 中的数据会丢失,FPGA 芯片内部逻辑关系将消失,其又恢复初始状态。若需要改变 FPGA 芯片的逻辑功能,只需修改写入片内 RAM 的编程数据即可。

2.1.3　Zynq 芯片的引脚及信号

Zynq 芯片根据其型号和封装的不同,引脚数量也不相同,但 Zynq 系列芯片中 PS 部分是相同的,只是 PL 部分和 I/O 资源有所不同。因此,它们的基本引脚种类是相同的。Zynq 芯片的引脚种类一般包括 PS 的 I/O 引脚、PL 的 I/O 引脚、JTAG 类引脚、高速串行通信引脚、数模转换引脚以及电源、地引脚等。

1. PS 的 I/O 引脚

PS 的 I/O 引脚是以 Cortex-A9 核为核心的微处理器专用引脚,包括 PS 部分与 DDR 存储器之间的数据、地址等引脚,PS 部分的多功能 I/O 引脚(MIO),以及 PS 部分的复位、时钟等信号引脚。具体引脚及功能如表 2-2 所示。

表 2-2　PS 的 I/O 引脚

引 脚 名 称	方　　　向	类　　　型	备　　　注
PS_CLK	I	专用引脚	系统时钟
POR_B	I	专用引脚	上电复位,低电平有效。当电压及时钟信号稳定后需变为高电平
STSR_B	I	专用引脚	系统复位,低电平有效。有效时 PS 复位
MIO[53:0]	I/O	多功能引脚	引脚的功能可编程配置。根据 Zynq 芯片的型号和封装不同,此类引脚的数量会不同
MIO_VREF	电源电压	专用引脚	RGMII(吉比特介质独立接口)的电源
DDR_DQ[31:0]	I/O	专用引脚	DDR 存储器的数据线
DDR_DM[3:0]	O	专用引脚	DDR 数据掩蔽(Data Mask)
DDR_DQS_P[3:0]	I/O	专用引脚	DDR 数据选通信号＋
DDR_DQS_N[3:0]	I/O	专用引脚	DDR 数据选通信号－
DDR_BA[2:0]	O	专用引脚	DDR 块地址线
DDR_A[14:0]	O	专用引脚	DDR 行或列地址线
DDR_RAS_B	O	专用引脚	DDR 行地址选通信号
DDR_CAS_B	O	专用引脚	DDR 列地址选通信号
DDR_CS_B	O	专用引脚	DDR 地址片选信号
DDR_WE_B	O	专用引脚	DDR 写使能信号
DDR_ODT	O	专用引脚	DDR 终端控制信号
DDR_DRST_B	O	专用引脚	DDR 复位信号
DDR_CK_P	O	专用引脚	DDR 差分时钟＋
DDR_CK_N	O	专用引脚	DDR 差分时钟－
DDR_CKE	O	专用引脚	DDR 时钟使能
DDR_VRP	I/O	专用引脚	参考电压＋
DDR_VRN	I/O	专用引脚	参考电压－
DDR_VREF[1:0]	电源电压	专用引脚	DDR 接口的参考电压

2. PL 的 I/O 引脚

PL 的 I/O 引脚是 FPGA 逻辑部分对应的可配置 I/O 引脚。根据 Zynq 芯片的类型不同,PL 部分的硬件资源是不同的。虽然 Zynq 芯片根据型号和封装的不同,PL 的 I/O 引脚个数有所不同,但它们的功能种类是相同的,通常包括电源引脚、专用功能配置引脚以及用户可配置功能的 I/O 引脚。

PL 的 I/O 引脚是按组构成的,每一组有 50 个 I/O 引脚,并且每组有一个公共的电源引脚(V$_{\text{cco\_\#}}$)给输出驱动供电。PL 的 I/O 引脚分成单端输入输出、双端差分输入输出等两种。单端输入输出即是单个 PL 的 I/O 引脚作为输入输出引脚,具有上拉电阻或下拉电阻,并具有高阻状态。输出的驱动电平高,可达到 V$_{\text{cco}}$ 的电压,低可以是 0 电压。双端差分输入输出是把两个 PL I/O 引脚配置成差分的输入输出。差分信号的正端(+)用 P 表示,差分信号的负端(−)用 N 表示。表 2-3 列出的是用户可配置功能的 PL 的 I/O 引脚及其说明。

表 2-3　用户可配置的 PL 的 I/O 引脚

引脚名称	方向	类型	备注
IO_LXXY_# IO_XX_#	I/O	用户可配置引脚	#表示块号,XX 表示该引脚在块里的序号,Y 表示是 P 端还是 N 端

3. 高速串行通信引脚

高速串行通信引脚是配置成专用功能的 PL 的 I/O 引脚。表 2-4 列出了高速串行通信引脚及其说明。

表 2-4　高速串行通信引脚

引脚名称	方向	类型	备注
MGTXRXP	I	专用引脚	差分接收端+
MGTXRXN	I	专用引脚	差分接收端−
MGTXTXP	O	专用引脚	差分发送端+
MGTXTXN	O	专用引脚	差分发送端−
MGTAVCC_G#	I	专用引脚	1.0V 发送器和接收器的内部电路模拟供电电压
MGTAVTT_G#	I	专用引脚	1.2V 发送驱动器的模拟供电电压
MGTVCCAUX_G#	I	专用引脚	1.8V 发送器的 4 倍-PLL 辅助模拟供电电压
MGTREFCLK0/1P	I	专用引脚	发送器的参考时钟+
MGTREFCLK0/1N	I	专用引脚	发送器的参考时钟−
MGTAVTTRCAL	N/A	专用引脚	内部校准用的精度参考电阻连接引脚
MGTRREF	I	专用引脚	内部校准用的精度参考电阻连接引脚

4. 模数转换引脚

模数转换接口(XADC)是 Zynq-7000 系列所有类型芯片均具备的,它包含两个 12 位的 ADC,其采样速率为 1M SPS(每秒采样次数)。片上模拟多路选择器可支持 17 路外部模拟信号输入,外部模拟信号的带宽可达 500kHz。表 2-5 列出 XADC 接口所包含的引脚。

表 2-5　XADC 引脚

引脚名称	方向	类型	备注
VP_0	I	专用引脚	模拟信号差分输入+
VN_0	I	专用引脚	模拟信号差分输入−
AD[15:0]P	I	多功能引脚	模拟信号[15:0]差分输入+
AD[15:0]N	I	多功能引脚	模拟信号[15:0]差分输入−

引 脚 名 称	方　　向	类　　型	备　　注
VCCADC_0	电源电压	专用引脚	XADC 的模拟信号端电源
GNDADC_0	电源电压	专用引脚	XADC 的模拟信号端地
VREFP_0	电源电压	专用引脚	1.2V 参考电源
VREFN_0	电源电压	专用引脚	1.2V 参考电源的地

5. JTAG 引脚

Zynq-7000 系列芯片支持 JTAG 标准的调试接口,其中 PS 部分的调试访问接口是 DAP(Debug Access Port),PL 部分的调试接口是 TAP(Test Access Port)。Zynq 芯片的 JTAG 支持两种工作模式:一种称为级联的 JTAG;另一种称为独立的 JTAG。它们由模式引脚(MIO[2]引脚)来确定,MIO[2]引脚为 0 时选择的是级联模式,MIO[2]引脚为 1 时选择的是独立模式。

在级联 JTAG 模式下,通过外部的 JTAG 调试工具,可以看到 DAP 和 TAP 的状态,JTAG 调试工具是通过 JTAG 电缆,与 PL 端的 JTAG 接口信号连接,但可以同时访问 PS 部分和 PL 部分。

在独立 JTAG 模式下,JTAG 调试工具连接到 JTAG 接口信号上时,只能看到 PL 部分的 TAP 状态,即只能调试 PL 部分。若要调试 PS 部分的软件,必须通过 MIO 或 EMIO 引脚,连接到 DAP 信号上,同时,PL 内需例化一个软核。表 2-6 列出了专用 JTAG 的引脚。

表 2-6　JTAG 引脚

引 脚 名 称	方　　向	类　　型	备　　注
PL_TCK	I	专用引脚	JTAG 的时钟信号
PL_TMS	I	专用引脚	JTAG 的选择信号
PL_TDI	I	专用引脚	JTAG 的数据输入
PL_TDO	O	专用引脚	JTAG 的数据输出

2.1.4　PS 的 I/O 端口

Zynq-7000 系列芯片内部的 PS 部分包含许多 I/O 端口,这些 I/O 端口类似于通用微处理器的 I/O 端口,端口中包含控制寄存器、数据寄存器等,可以通过编程(用汇编语言或 C 语言,而不是 Verilog 语言)来对这些寄存器进行读写,从而控制 I/O 端口的功能操作。在芯片内部这些寄存器通过 APB 总线与 PS 部分的主控模块进行连接,这些寄存器被分配有地址,从而方便了读写。表 2-7 中列出了一些 I/O 端口寄存器的地址范围。

表 2-7　I/O 端口的基地址

寄存器组的基地址	备　　注
0xE0000000 和 E0001000	UART0 部件的控制器和 UART1 部件的控制器
0xE0002000 和 E0003000	USB0 的控制器和 USB1 的控制器
0xE0004000 和 E0005000	I^2C 接口 0 的控制器和 I^2C 接口 1 的控制器
0xE0006000 和 E0007000	SPI 接口 0 的控制器和 SPI 接口 1 的控制器

寄存器组的基地址	备　注
0xE0008000 和 E0009000	CAN 接口 0 的控制器和 CAN 接口 1 的控制器
0xE000A000	GPIO 接口控制器
0xE000B000 和 E000C000	以太网接口 0 的控制器和以太网接口 1 的控制器
0xE000D000	4 线-SPI 接口控制器
0xE000E000	静态存储器控制器 SMC
0xE0100000 和 E0101000	SDIO 接口 0 的控制器和 SDIO 接口 1 的控制器

表 2-7 中的 I/O 端口将在第 4 章详细介绍其功能和驱动程序的编程。

2.1.5　Zynq 芯片运行的外部条件

Zynq 芯片在上电后是否能正确地启动运行,还需要看连接到芯片相关引脚上的电源、时钟、复位等外部信号是否满足条件。同时,启动时还应根据模式配置引脚 MIO 的信号,来选择启动模式。

1. 电源条件

Zynq 芯片中的 PS 部分和 PL 部分是相互独立供电的,在上电时应保证 PS 部分先供电,PL 部分后供电。若 Zynq 芯片在第一阶段启动(First Stage BootLoader,FSBL)时未对 PL 部分进行配置,那么,PL 部分可以不需要供电。表 2-8 列出了 Zynq 芯片的供电引脚及正常工作时需要的电压值。

表 2-8　Zynq 芯片的供电引脚

被供电逻辑	引脚名	电压/V	备　注
PS 部分	V_{CCPINT}	1.0	PS 的内部逻辑供电电压
	V_{CCPAUX}	1.8	PS 的辅助电压,用于 I/O 缓冲区
	V_{CCAUX}	1.8	PS 的辅助电压,用于 I/O 缓冲区预驱动器
	$V_{CCO\text{-}DDR}$	1.2~1.8	DDR 存储器接口的供电电压
	$V_{CCO\text{-}MIO0}$	1.8~3.3	MIO0 的供电电压
	$V_{CCO\text{-}MIO1}$	1.8~3.3	MIO1 的供电电压
	V_{CCPLL}	1.8	PS 的 PLL 电压,需要连接 0.47~4.7μF 电容
PL 部分	V_{CCINT}	1.0	内部核逻辑的供电电压
	$V_{CCO\_\#}$	1.8~3.3	每组 I/O 输出驱动电压
	$V_{CC\_BATT\_0}$	1.5	解密密钥存储器备用电源,若不用则接地
	V_{CCBRAM}	1.0	PL 部分 BRAM 的供电电压
	$V_{CCAUX\_IO\_G\#}$	1.8~2.0	辅助 I/O 电路的供电电压

当 Zynq 芯片中 PS 部分和 PL 部分相关电源引脚上的电压,稳定地达到需要值时,芯片才具备正常运行条件的其中一条。当芯片的时钟引脚信号和复位引脚信号也达到要求时,芯片才能正常运行。

2. 时钟条件

Zynq 芯片的相关电源引脚在拥有了稳定的电压后,还必须保证在 POR_B(复位引脚)引脚被设置为高电平前,PS_CLK 引脚(时钟引脚)上有稳定的时钟信号。PS_CLK 引脚的时钟信号频率一般为 33.3MHz 或 50MHz,然后通过芯片内部的 PLL 电路给内部逻辑部件提供时钟。

PS 部分的时钟是由 3 个可编程的 PLL 电路生成,它们是 Arm PLL、DDR PLL、I/O PLL。其中,Arm PLL 提供 Cortex-A9 核以及内部总线的时钟,DDR PLL 提供 DDR DRAM 控制器及 AXI_HP 接口的时钟,I/O PLL 提供 I/O 外部设备接口的时钟。I/O 外部设备接口的时钟主要包括 UART、USB、Ethernet、SPI、SDIO 和 CAN 等外设接口时钟。

在大多数情况下,给 PS 部分的 Cortex-A9 核提供最高频率的时钟,将会提高系统的总体性能。但在某些情况下,Cortex-A9 核的时钟频率并不是影响系统性能最关键的因素,而内部互联总线的频率才是影响系统性能的关键因素。因此,在这种情况下,通常会给 Cortex-A9 核设置一个合适的时钟频率,以便使系统总体性能最优。

PL 部分有自己的时钟管理器,但需要从 PS 部分的时钟产生器中接收 4 个时钟信号,即 FCLKCLK0、FCLKCLK1、FCLKCLK2、FCLKCLK3。这 4 个时钟信号之间是完全异步的,相互之间没有关联。

3. 复位条件

Zynq 芯片的复位包括硬件复位、看门狗定时器复位、JTAG 复位以及软件复位。硬件复位是指电源上电复位以及系统"复位按键"复位,对应的复位信号引脚分别是 POR_B 和 SRST_B。看门狗定时器复位通常用来防止系统"死锁",PS 部分具有 3 个看门狗定时器部件,在设计者设定的时间间隔到后,可以产生复位信号。JTAG 复位只能对调试部分进行复位或产生一个系统级复位信号。软件复位可以通过指令对某个功能模块进行复位。

上电复位可以对 Zynq 芯片的所有逻辑进行复位,当上电复位信号引脚 POR_B 上的电平由低电平拉到高电平后,且电压、时钟信号符合要求,Zynq 芯片将启动工作,执行 BootROM 的代码。表 2-9 列出了各种复位功能引起的复位结果。

表 2-9　复位结果

复位来源	复位名称	备　　注
POR_B 引脚	上电复位	整个芯片复位,包括片内所有 RAM 清除、PL 恢复原始状态
SRST_B 引脚	系统复位	除了调试寄存器和一些持久性寄存器外,其他逻辑部件均复位,包括片内所有 RAM 清除、PL 恢复原始状态
JTAG 调试接口	系统调试复位	
系统看门狗定时器 SWDT	系统看门狗复位	
CPU 看门狗定时器 AWDT slcr. RS_AWDT_CTRL{1,0}=0	CPU 看门狗复位	
软件复位 SLCR	软件复位	
CPU 看门狗定时器 AWDT slcr. RS_AWDT_CTRL{1,0}=1	CPU 看门狗复位	只复位两个 Arm CPU 核
JTAG 调试接口	调试逻辑复位	只复位 JTAG 调试逻辑
软件复位 SLCR	外设复位	只复位被选择的外部设备

看门狗定时器的功能和驱动程序编程将在第 4 章详细介绍。

4. 模式引脚设置

Zynq 芯片的启动模式有多种,除了 JTAG 启动模式外,还有 4 种非 JTAG 模式的启动模式,即 4 倍-SPI 启动模式、NAND Flash 启动模式、NOR Flash 启动模式、SD 卡启动模式。系统具体采用哪种启动模式,是由 Zynq 芯片的模式引脚确定的。表 2-10 列出了模式引脚的信号组合与启动模式的对应关系。

表 2-10　模式引脚信号组合与启动模式对应关系

| 启动模式 | mode[4] | mode[3] | mode[2] | mode[1] | mode[0] |
	MIO[6]	MIO[2]	MIO[5]	MIO[4]	MIO[3]
JTAG	×	0	0	0	0
NOR Flash	×	×	0	0	1
NAND Flash	×	×	0	1	0
保留	×	×	0	1	1
4 倍-SPI	×	×	1	0	0
保留	×	×	1	0	1
SD 卡	×	×	1	1	0
保留	×	×	1	1	1
使用 PLL	0	×	×	×	×
旁路 PLL	1	×	×	×	×

从表 2-10 中可以看出,模式引脚 mode[4]～mode[0]实际上就是芯片引脚 MIO[6]、MIO[2]、MIO[5]～MIO[3]等。MIO[2]引脚确定 JTAG 模式,MIO[5]～MIO[3]引脚选择其他启动模式,MIO[6]使能 PLL 电路。

2.2　Cortex-A9 微处理器核

Zynq 芯片内部的 PS 部分实际上就是处理器系统,其中应用处理单元 APU 包含两个 Cortex-A9 核,如图 1-19 所示。Cortex-A9 微处理器核采用 Arm MPCore(Multi-Processor Core)技术,在 MPCore 架构下,芯片上电初始时,会有一个微处理器核作为主处理器(Primary Processor)核来引导加载系统。下面对 Cortex-A9 核内部结构及工作原理进行介绍。

2.2.1　Armv7 架构概述

Cortex-A9 核采用的是 Armv7 架构。Armv7 架构有三大子系列,即 Armv7-A 系列、Armv7-R 系列和 Armv7-M 系列,分别对应着 Cortex 微处理器系列中的 Cortex-A、Cortex-R 和 Cortex-M。Cortex-A9 核即是基于 Armv7-A 架构系列的。Armv7 的 3 个子系列的功能分工非常明确,Armv7-A 系列主要面向高性能应用,支持基于虚拟内存的操作系统运行,大多应用于智能手机、汽车导航仪等领域;Armv7-R 系列主要面向实时性能要求高的应用场合,如汽车安全控制器、多媒体播放器等领域;Armv7-M 系列主要面向成本有要求的应用,即要求成本较低的应用,针对的是微控制器的应用场合,如工业设备控制器、智能仪器仪表等领域。

Armv7-A 架构支持传统的 Arm 指令集和 Thumb 指令集,并且采用 Thumb-2 技术和

NEON 技术等,使得代码压缩性能得到提高,减少了代码占用内存的容量,并且提高了多媒体处理能力。

1. Thumb-2 技术

Arm 指令集是 32 位的,而 Thumb 指令集既有 32 位的又有 16 位的。Thumb 指令集是 Arm 指令集的一个子集,是为了提高代码密度而设置的。在 32 位微处理器结构中,采用 16 位的指令集,其优点是能提供比 32 位指令集更高的代码密度,同时,又能比 16 位体系结构微处理器中的 16 位指令有更高的性能。

Armv7 架构中的 Thumb-2 技术是 Arm 公司在 32 位的微处理器架构中,结合了 Arm 指令集和 Thumb 指令集的特点,在 Arm 指令集的性能和 Thumb 指令集的代码密度方面进行折中处理,使得 Thumb-2 指令集中的指令性能可达到 Arm 指令集性能的 98%,又能降低 30% 的代码密度。

也就是说,Thumb-2 技术改进并扩展了 Arm 微处理器架构,其指令集综合了 Arm 指令集和 Thumb 指令集的特点,扩充了一些新的 16 位 Thumb 指令来改进程序的执行流程,并增加了新的 32 位 Thumb 指令以实现 Arm 指令的专有功能,Thumb-2 指令集的指令可以达到 Arm 指令 98% 的性能。因此,在容量有限的嵌入式系统开发中,设计者只要使用 Thumb-2 指令集中的指令来编程,就可以满足系统性能要求,而不需要混合使用 Arm 指令集和 Thumb 指令集来编程,这样也就使得设计者不需要进行 Arm 状态和 Thumb 状态的切换,简化了编程复杂度。

2. NEON 技术

NEON 技术是一种单指令多数据(Single Instruction,Multiple Data,SIMD)处理技术,在 Armv7 架构中是可选组件,它是针对多媒体应用程序、信号处理应用程序而设置的,适合对大量数据运算的加速处理。实际上,NEON 技术就是一种并行处理技术,相对于单指令单数据(Single Instruction,Single Data,SISD)而言,它一次可以处理多组数据。

例如,普通的算术运算类指令即是 SISD 类型操作,源操作数是一组 32 位的寄存器;而 SIMD 类型操作,源操作数可以看成是多组 32 位的寄存器,它们操作的示意图如图 2-2 所示。

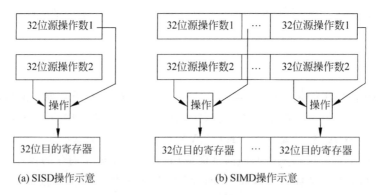

(a) SISD操作示意　　　　　　　　　(b) SIMD操作示意

图 2-2　SISD 和 SIMD 操作示意

Armv7-A 架构中,采用的是 128 位 SIMD 操作结构。Cortex-A9 核中包含 NEON 协处理器,该协处理器有自己独立的寄存器组和独立的通道,独立的寄存器组中有 16 个 128 位的寄存器或者 32 个 64 位的寄存器,极大地提高了 Cortex-A9 核处理音频、视频、3D 图形等多媒体数据的能力。

3. Armv7 指令执行的特点

Armv7 架构的指令执行采用超标量指令流水技术,并且利用动态预测和可变长流水线功能,可以在一个周期内预取 2~4 条指令,完整地完成两条指令的译码,并且指令的执行是无序的。

指令流水处理技术在当今的微处理器设计中被广泛使用,目的是为了提高微处理器的指令吞吐率,从而提高微处理器的效率。传统的指令流水把指令分成取指、译码、执行 3 个阶段,后来又进行了改进,把指令的流水分得更细,如典型的指令流水分成指令预取、指令读取、指令译码、寄存器读取、指令发出、执行、存储器访问、寄存器写回等阶段,并且有的微处理器中具有多条指令流水线,即超标量指令流水。

通常微处理器的指令执行细节,对嵌入式系统平台的设计者来说是透明的。也就是说,在构建嵌入式系统硬件平台及软件平台时,设计者并不需要更多地关注指令是如何执行的,只需要关注指令的功能即可。但是,在 Armv7 架构的微处理器中,内部有一个控制指令流水的部件是可以进行操作的。这个部件就是程序计数器 PC(R15 寄存器),这是 Armv7 架构延续了以前的 Arm 微处理器架构功能。在 Arm 微处理器架构中,PC 寄存器指向当前执行指令的后两条指令。设计者在程序的分支处理、异常事件的处理上,就需要关注指令流水的一些细节。

前面提到,Armv7 架构的指令执行中采用了动态预测技术,即对程序分支进行预测。分支预测是为了提高微处理器的指令吞吐率。因为一条有条件的分支语句,其执行的结果要么是程序跳转到目标地址处执行,要么是继续执行其后面的指令。若不进行预测,则只有等待分支指令执行完成后才能确定指令流水的操作。若进行跳转,则需要清空原有的流水,建立新的流水。Armv7 架构采用分支指令的历史信息,通过设置分支目标地址缓存区,来获得更好的分支预测精度,提高了 Cortex-A 系列微处理器的性能。

但是,PC 寄存器是可以被用户改写的,即可以通过一些普通的指令,如 MOV、SUB、LDR、POP 等指令,修改 PC 寄存器的值,这样也会引起程序的分支。这种类型的程序分支,通常在引起分支的指令执行完成前,是不知道分支的目标地址的,因此,也难以在硬件上进行预测。

另外,在 Armv7 架构中,有一种分支可以采用优化的方法来预测,即设置一个含有 8 个单元的先出后进的堆栈,Armv7 架构中称其为"返回堆栈"。实际上就是,Armv7 架构中带链接的分支指令(BL 指令或 BLX 指令),这种指令执行时,微处理器就把其下一条指令的存储地址压入"返回堆栈"中,当遇到 BX LR 指令或修改 PC 寄存器值的指令时,就可以从"返回堆栈"中弹出(POP)指针所指向的堆栈单元内容,然后与指令生成的地址比较,若不同(即未命中)则清空现有的流水线,重新从正确的位置开始执行。

对于嵌入式系统的底层程序设计者来说,了解微处理器的指令流水细节是非常有必要的,这样有助于其设计正确、高效的底层程序代码,特别是在处理程序分支、异常响应时。2.6 节还将详细介绍 Armv7 架构的 Arm 指令集中指令的功能。

2.2.2 Cortex-A9 核的内部结构

Cortex-A9 微处理器核是 Zynq 芯片中 PS 部分的核心,其内部主要有指令预取模块、双指令译码模块、通用寄存器池及寄存器虚拟映射模块、调度模块、执行模块、寄存器写回模块等。Cortex-A9 微处理器核的内部结构如图 2-3 所示。

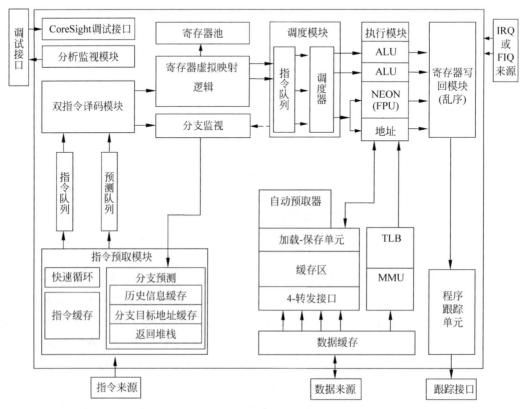

图 2-3 Cortex-A9 核内部结构

从图 2-3 中可以看到,指令代码通过预取模块传送到译码模块,在预取模块中采用了分支预测技术。指令队列分成两个队列,分别传送到对应的译码模块,即译码模块是双指令译码模块,可以在一个周期内完成两个指令的译码。

Cortex-A9 微处理器核内部的寄存器,采用了虚/实映射的架构。也就是微处理器核中设计了一个物理寄存器池,软件设计者通过指令读写的寄存器是虚拟的寄存器,由核中寄存器虚拟映射逻辑,把指令中的寄存器动态地映射到寄存器池中某个物理寄存器上,软件设计者只能读写虚拟的寄存器。2.4 节还将详细介绍虚拟寄存器集中各寄存器的功能。

调度模块将根据指令码的操作类型,从指令队列中将相关指令分配给执行模块,执行模块中有不同的执行逻辑单元。执行逻辑单元实际上就是 ALU、FPU 等运算部件,完成指令所要求的算术、逻辑等运算。运算得到的结果,由寄存器写回模块写入目的寄存器中。寄存器写回模块支持乱序写回。

另外,Cortex-A9 微处理器核内部还有各种异常的处理部件,以及支持 CoreSight 调试(片上调试和跟踪)的部件。

2.2.3　工作模式

Cortex-A9 微处理器核共支持 9 种工作模式,它们的符号及意义如表 2-11 所示。不同的工作模式下,指令操作所涉及的通用寄存器组有可能不同。Cortex-A9 微处理器核中每组通用寄存器有 16 个,整个 Cortex-A9 核共有 31 个通用寄存器,这些寄存器的作用将在2.2.4 节中详细介绍。这里对 Cortex-A9 微处理器核工作模式进行介绍。

表 2-11　Cortex-A9 的工作模式

处理器模式	符　号	意　　义
用户模式	USR	正常执行用户程序时的处理器模式,非特权模式
系统模式	SYS	特权模式,需访问系统硬件资源的操作系统任务运行模式
管理模式	SVC	系统复位或执行了软中断指令时,系统进入的模式
中止模式	ABT	指令或数据预取操作中止时的模式,该模式下实现虚拟存储器或存储器保护
未定义模式	UND	当执行未定义的指令时进入该模式
IRQ 模式	IRQ	响应普通中断时的处理模式
FIQ 模式	FIQ	响应快速中断时的处理模式
监视模式	MON	安全扩展的模式
HYP 模式	HYP	虚拟化扩展的模式

表 2-11 所示的 9 种工作模式中,除用户模式外,其他 8 种工作模式统称为特权模式,其中,又把管理模式、中止模式、未定义模式、IRQ 模式、FIQ 模式等 5 种工作模式统称为异常模式。之所以设计多种工作模式,主要是安全性以及提高某些模式下的程序响应。例如,通常应用程序运行在用户模式下,它就不能读写管理模式下的私有寄存器,从而对管理模式下的程序起到保护作用。又如,FIQ 模式下,有较多的私有寄存器,因此,从用户模式下切换到FIQ 模式时,响应可以更快。

Cortex-A9 微处理器核的工作模式是可以通过软件设置来改变的,而且外部中断信号或系统异常处理也可以使工作模式发生改变。通常情况下,系统的应用程序是在用户模式下执行。当工作在用户模式下时,Cortex-A9 微处理器核所执行的程序是不能访问那些被保护的系统资源(如 MMU 中寄存器的访问),也不能用指令改变微处理器核的工作模式。但是,当系统发生异常时,Cortex-A9 微处理器核的工作模式就会自动改变。

当某种异常发生时,Cortex-A9 微处理器核即进入相应的工作模式。例如,若发生 IRQ中断并响应 IRQ 中断,则 Cortex-A9 微处理器核将进入 IRQ 模式。每种工作模式下均有其某些附加的通用寄存器,因此,即使异常情况发生,异常模式下的处理程序也不至于破坏用户模式的状态及数据。

对于系统模式来说,其通用寄存器组与用户模式下的通用寄存器组是完全相同的,但它是一种特权模式,供需要访问系统资源的操作系统任务使用。系统模式不能由任何异常进入,在系统模式下应该避免使用与异常模式有关的通用寄存器,这样可以保证当任何异常出现时,不至于使系统模式的状态或数据遭到破坏,从而导致系统模式下任务的状态不可靠,导致系统崩溃。

从 Cortex-A9 微处理器核所执行的程序指令代码角度看,其有两种工作状态,即 Arm状态和 Thumb 状态。Cortex-A9 微处理器核在上电或复位时,应该处于 Arm 状态。在程序的执行过程中,Cortex-A9 微处理器核可以随时在两种工作状态下切换,并且微处理器工作状态的转变不影响微处理器的工作模式和相应的寄存器内容。

2.2.4　寄存器组织

在 2.2.2 节中提到,Cortex-A9 微处理器核的寄存器组织是采用了虚/实映射的架构,嵌入式系统底层软件设计者所见的寄存器是虚拟寄存器池中的寄存器,物理寄存器池对底层软件设计者是不可见的。虚拟寄存器池又称为架构寄存器池。

Cortex-A9 微处理器核的架构寄存器池中共有 42 个 32 位的寄存器,如表 2-12 所示。按照工作模式的不同,这些寄存器被分成 8 组,其中用户模式和系统模式共用一组寄存器映像,其他工作模式各有一组寄存器映像。其他工作模式下的寄存器映像中,均有一些私有的寄存器,如表 2-12 中带 * 的。即只有微处理器核处于该工作模式下,才能对此寄存器进行读写。程序代码运行时,所读写的工作寄存器组是由 Cortex-A9 微处理器核的工作模式确定的。

表 2-12　不同工作模式下的寄存器分组

用户/系统	管理	中止	未定义	IRQ	FIQ	监视	HYP
R0	R0	R0	R0	R0	R0	R0	R0
R1	R1	R1	R1	R1	R1	R1	R1
R2	R2	R2	R2	R2	R2	R2	R2
R3	R3	R3	R3	R3	R3	R3	R3
R4	R4	R4	R4	R4	R4	R4	R4
R5	R5	R5	R5	R5	R5	R5	R5
R6	R6	R6	R6	R6	R6	R6	R6
R7	R7	R7	R7	R7	R7	R7	R7
R8	R8	R8	R8	R8	R8_fiq *	R8	R8
R9	R9	R9	R9	R9	R9_fiq *	R9	R9
R10	R10	R10	R10	R10	R10_fiq *	R10	R10
R11	R11	R11	R11	R11	R11_fiq *	R11	R11
R12	R12	R12	R12	R12	R12_fiq *	R12	R12
R13	R13_svc *	R13_abt *	R13_und *	R13_irq *	R13_fiq *	R13_mon *	R13_hyp *
R14	R14_svc *	R14_abt *	R14_und *	R14_irq *	R14_fiq *	R14_mon *	
R15	R15	R15	R15	R15	R15	R15	R15
CPSR	CPSR	CPSR	CPSR	CPSR	CPSR	CPSR	CPSR
	SPSR_svc	SPSR_abt	SPSR_und	SPSR_irq	SPSR_fiq	SPSR_mon	SPSR_hyp

注:表中 * 号,表明用户或系统模式下的一般寄存器已被异常模式下的另一个物理寄存器所替代。

表 2-12 中的 R0~R15 称为通用寄存器,其中,R0~R7 是不分组的通用寄存器;R8~R12 是根据工作模式进行分组的通用寄存器;R13 是堆栈指针,R14 是链接寄存器,这两个寄存器也是分组的;R15 是程序计数器,是不分组的;CPSR(Current Program Status Register)寄存器称为当前程序状态寄存器,SPSR(Saved Program Status Register)寄存器用于保存进入各异常模式前的程序状态,是分组的。下面对表 2-12 中的各寄存器功能进行介绍。

1. R0～R15 寄存器的功能

通用寄存器的功能通常是作为指令操作数或操作结果的存储单元。在 R0～R15 寄存器中,有些是不分组的,有些是分组的。不分组是指在所有的工作模式下,它们是同一个寄存器映像,如 R0～R7 寄存器。也就是说,若要访问 R0 寄存器,不管哪种工作模式下,访问到的都是同一个寄存器映像 R0。注意:这些在所有工作模式下共享的寄存器,若发生工作模式之间的切换时,通常需要进行压栈保护,以防止不同工作模式下操作该寄存器而产生数据冲突。

分组是指 Cortex-A9 微处理器核工作在该模式下,才能对其模式下的寄存器映像进行读写,工作模式的切换,其对应的寄存器映像会随着一起自动进行切换。例如,R8～R14 是分组寄存器,它们中的每一个寄存器根据当前工作模式的不同,所访问的寄存器映像可能不同。如表 2-12 所示,R8～R12 寄存器各分成了两组寄存器映像:一组工作在 FIQ 模式下,另一组工作在除 FIQ 以外的其他工作模式下。工作在 FIQ 模式下访问的是 R8_fiq～R12_fiq 寄存器映像,工作在其他模式下访问的是另一组 R8～R12 寄存器映像。

R13 寄存器和 R14 寄存器分别有 8 组不同的寄存器映像,其中一组寄存器映像工作于用户模式和系统模式,其他 7 组寄存器映像分别工作于 5 种异常模式和两种扩展模式,如表 2-12 所示。对 R13 和 R14 访问时,需要指定它们的工作模式,即具体是哪组寄存器映像,表 2-12 中为了区别不同工作模式下的 R13 和 R14,在其名称后分别加上工作模式的符号,即

R13_< mode >或 R14_< mode >

其中:< mode >可以是 svc、abt、und、irq、fiq、mon 和 hyp 等 7 种模式中的一个。

R13 寄存器又作为堆栈指针用,称为 SP。每种异常模式都有对应于该模式下的 R13 寄存器映像。R13 寄存器在初始化时,应设置为指向本异常模式下分配的堆栈空间的入口地址。在进入异常服务程序时,异常服务程序需将用到的其他寄存器值保存到堆栈中。异常服务程序返回时,重新将堆栈中值加载到对应的寄存器中。

R14 寄存器被称为链接寄存器(Link Register,LR),实际上就是用作子程序调用时或异常引起的程序分支时的返回链接寄存器。当 Cortex-A9 微处理器核执行带链接的分支指令(如 BL 指令)时,R14 保存了 R15 的值。另外,当异常发生时,相应工作模式下的寄存器分组,即 R14_svc、R14_abt、R14_und、R14_irq 和 R14_fiq 用来保存 R15 的返回值。其他情况下,R14 可作为通用寄存器用。也就是说,R14 具有以下两种特殊功能。

① 每种工作模式下所对应的那个 R14 寄存器可用于保存子程序的返回地址。

② 异常出现时,该异常模式下的那个 R14 寄存器被设置成异常返回地址。异常返回与子程序返回性质相同,但通常使用的指令不同。

R15 寄存器的功能是程序计数器,又称为 PC,是程序执行时的取指指针。在 Arm 状态下,R15 寄存器的[1:0]位为二进制的 00,[31:2]位是 PC 的值;在 Thumb 状态下,R15 寄存器的[0]位为二进制的 0,[31:1]位是 PC 值,这样就保证了取指时的地址对准。对于读 R15 的指令操作结果是:所读到 R15 的值为该指令存储地址加 8。写 R15 指令的执行结果是将写入 R15 中的值作为新的地址,并转移到此地址继续执行指令,这样会阻塞当前指令流水,而构建新的指令流水,该指令的结果类似于不带链接的分支指令。应该注意写到 R15 中的值,其[1:0]位应是二进制的 00,这是因为 Arm 状态要求字对准。

2. CPSR 寄存器的功能

CPSR 寄存器是当前程序状态寄存器。在所有工作模式下,CPSR 都是同一个寄存器映像,它保存了程序运行的当前状态,其中包括各种条件标志、IRQ 和 FIQ 禁止/允许位、处理器模式位以及其他状态和控制信息。在各种异常模式下,均有一个 SPSR 寄存器用于保存进入异常模式前的程序状态,即当异常出现时,SPSR 中保留了当前 CPSR 的值。CPSR 和 SPSR 均为 32 位的寄存器,该寄存器中主要的信息如下(注:寄存器的第 27～8 位信息省略,没有介绍):

31	30	29	28	27	···	8	7	6	5	4	3	2	1	0
N	Z	C	V		···		I	F	T	M4	M3	M2	M1	M0

1) 各种条件标志

条件标志包括 N 标志(negative)、Z 标志(zero)、C 标志(carry)和 V 标志(overflow),它们的具体含义如下。

N 标志,当指令执行结果是带符号的二进制补码时,若结果为负数,则 N 标志位置 1;若结果为正数或 0,则 N 标志位置 0。

Z 标志,又称为零标志,当指令执行结果为 0 时,Z 标志置 1;否则 Z 标志置 0。

C 标志,又称进位标志。对 C 标志产生影响的方式根据指令的不同有所不同。若是加法指令以及比较指令 CMN,当指令执行结果产生进位时,则 C 标志置 1;否则 C 标志置 0。若是减法指令以及比较指令 CMP,当指令执行结果产生借位时,则 C 标志置 0;否则 C 标志置 1。若是带有移位操作的非加法/减法指令,C 标志值为移出的最后一位的值;若指令是其他非加法/减法指令,C 标志不会改变。

V 标志又称溢出标志。对 V 标志产生影响的方式根据指令的不同而有所不同。若是加法指令或减法指令,当指令执行结果产生带符号溢出时,V 标志置 1;若是非加法/减法指令,V 标志不会改变。

上述 4 种标志可用于条件判断,以决定带相应条件判断的指令是否执行。

2) 各种控制位

CPSR 寄存器的第 7～第 0 位分别是 I、F、T 和 M[4:0],它们均用作控制位。当 Cortex-A9 微处理器核进入某个异常时,会改变控制位的值,在特权模式下也可用软件改变。其中,I 和 F 分别是 IRQ 异常和 FIQ 异常的禁止/允许位。当 I 置 1 时,禁止 IRQ 异常;否则允许 IRQ 异常。当 F 置 1 时,禁止 FIQ 异常;否则允许 FIQ 异常。T 位是微处理器状态位,当 T 置 0 时,指示为 Arm 状态,当 T 置 1 时,指示为 Thumb 状态。M4、M3、M2、M1、M0 是工作模式位,它们决定了 Cortex-A9 微处理器核的工作模式,如表 2-13 所示。注意,表中未列出的二进制组合是不可用的。

Cortex-A9 微处理器核的 NEON 部件是针对多媒体信号处理的应用,虽然该部件是作为 Cortex-A9 微处理器核的一部分,但它的执行通道和寄存器组是独立的。NEON 的寄存器组与上面介绍的寄存器组是不同的。也就是说,NEON 支持的整数、定点和浮点单精度 SIMD 指令采用的是其独立的寄存器组,而不是通用寄存器组。NEON 的寄存器组在此就不作介绍。

表 2-13　模式位对应的工作模式

M[4:0]	模式	可访问的寄存器
10000	用户	PC、R14～R0、CPSR(注：不可写入模式位和 I、F、T 位)
10001	FIQ	PC、R14_fiq～R8_fiq、R7～R0、CPSR、SPSR_fiq
10010	IRQ	PC、R14_irq、R13_irq、R12～R0、CPSR、SPSR_irq
10011	管理	PC、R14_svc、R13_svc、R12～R0、CPSR、SPSR_svc
10111	中止	PC、R14_abt、R13_abt、R12～R0、CPSR、SPSR_abt
11011	未定义	PC、R14_und、R13_und、R12～R0、CPSR、SPSR_und
11111	系统	PC、R14～R0、CPSR
10110	监控	PC、R14_mon、R13_mon、R12～R0、CPSR、SPSR_mon
11010	HYP	PC、R13_hyp、R12～R0、CPSR、SPSR_hyp

2.3　存储组织

　　Zynq 芯片的 PS 部分，其存储系统的组织结构按功能可以划分为 4 级，即寄存器组、指令及数据缓存区(cache)、片内存储器和片外存储器，如图 2-4 所示。

　　在图 2-4 中，寄存器组是指令操作数及操作结果的存储单元，在 2.2.4 节中已经作了详细介绍。片外存储器将在第 3 章中详细介绍。本节将详细介绍 Zynq 芯片的存储系统的地址特征，以及地址分配、片内存储器、存储组织的控制部件等内容；并对指令及数据缓存区作简要介绍，因为对于嵌入式系统平台设计者来说，指令及数据缓存区的运行是透明的。

图 2-4　存储器组织结构

2.3.1　Zynq 芯片的地址特征

　　Zynq 芯片的 Cortex-A9 微处理器核允许 32 位长的地址，它把片内存储器以及 I/O 端口中寄存器等，看成是从 0x00000000 地址开始的字节单元的线性组合，即一个地址对应于一个存储字节，其整个地址范围是 2^{32} 字节，即 4GB。

　　Cortex-A9 微处理器核的每个地址是对应于一个存储字节而不是一个存储字，但 Cortex-A9 微处理器核可以访问存储字，访问存储字时，其地址应该是字对准的，即字地址可以被 4 整除。也就是说，若第 1 个字在存储空间中是在第 0 个地址对应的单元(32 位)，那么，第 2 个字则应在第 4 个地址对应的单元，第 3 个字在第 8 个地址对应的单元，以此类推。一个字(32 位二进制数)是由 4 字节组成，假如某个字的地址是 X(X 能被 4 整除)，那么，该字的 4 字节对应的地址是 X、$X+1$、$X+2$、$X+3$。

　　Cortex-A9 微处理器核中的 PC 寄存器(即 R15 寄存器)是 32 位的，地址通常是无符号的整数形式，因此地址计算时会产生在地址空间中上溢或下溢的情况。若产生地址上溢或下溢，PC 寄存器中的值又会从 0x00000000 开始。

　　程序中若遇到分支指令，Cortex-A9 微处理器核是通过把指令中所给出的偏移量加到

PC 寄存器的值上来计算目的地址,然后把计算结果写回到 PC 寄存器,此时 PC 寄存器中的值就不再是顺序的,当前的指令流水被阻塞,微处理器核根据新的 PC 值,转向对应的存储单元中去取指令,建立新的指令流水,从而实现程序分支。目的地址的计算公式为

目的地址＝PC 值＋偏移量＝当前执行的指令地址＋8＋偏移量

利用上面的公式,若计算出的目的地址大于 0xFFFFFFFF 或者小于 0x00000000 时,则产生地址上溢或下溢,程序分支将不可控制。因此,向前转移时目的地址不应超出 0xFFFFFFFF,向后转移时目的地址不应超出 0x00000000。

若程序是顺序执行,则每条顺序执行的指令执行后,其下一条需顺序执行的指令地址计算公式为

下一条需顺序执行的指令地址＝当前执行指令的地址＋4

或者说,每条顺序执行的指令执行后,PC 寄存器的值均顺序加 4。

Cortex-A9 存储器系统的存储单元与地址的对应方式采用了小端存储系统,如图 2-5 所示。

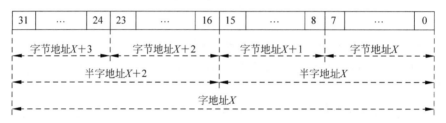

图 2-5　小端存储系统

图 2-5 所示的小端存储系统中,字地址对应的是该字中最低有效字节所对应的地址;半字地址对应的是该半字中最低有效字节所对应的地址。也就是说,32 位数据的最高字节存储在高地址中,而其最低字节则存放在低地址中。

Cortex-A9 微处理器核体系结构对于存储器单元的访问需要适当地对准,若访问字存储单元时,字地址应该字对准(即地址能被 4 整除);若访问半字存储单元时,半字地址应该半字对准(即地址能被 2 整除)。没有按照这种方式对准的存储单元访问,称为非对准的存储器访问。非对准的存储器访问可能会引起不可预知的状态。

2.3.2　I/O 端口的访问方式

对于 I/O 端口的访问,Cortex-A9 微处理器核是使用存储器映射的方法来实现的。存储器映射法为每个 I/O 端口分配一组特定的存储器地址,这些地址不能再分配给存储器单元,当从这些地址读出或向这些地址写入时,实际完成的是输入或者输出功能。即对存储器映射的 I/O 地址上进行读取操作时即是输入,而向存储器映射的 I/O 地址上进行写入操作时即是输出。

存储器映射的 I/O 端口,其读写(即输入输出)操作指令与存储器单元的读写操作指令是相同的,但行为通常不同。例如,若对一个存储器单元进行连续两次读取操作,每次读到的数据应该是一样的,除非在两次读取操作中间插入了一个对该存储器单元进行写入的操作。但对存储器映射的 I/O 端口进行连续两次的读取,其值可能不相同。

这些行为的差异主要会影响到存储系统中高速缓存和写缓存的使用。也就是说,通常

将存储器映射的 I/O 端口标识为非高速缓存的和非缓冲的,以避免改变其访问模式数目、类型、顺序或定时。

2.3.3　地址分配及片内存储器

Zynq 芯片的地址空间范围是 0x00000000～0xFFFFFFFF。表 2-14 列出了整个芯片的地址映射关系,表中灰色的部分,表示该范围的地址不能被对应的总线主设备访问。

表 2-14　Zynq 芯片的地址空间分配

地 址 范 围	访问地址空间的主设备			备　　注
	CPU 和 ACP	AXI_HP	其他总线主设备	
0x00000000～0x0003FFFF	OCM	OCM	OCM	地址没有被 SCU 过滤,OCM 被映射到低地址范围
	DDR	OCM	OCM	地址被 SCU 过滤,OCM 被映射到低地址范围
	DDR			地址被 SCU 过滤,OCM 没有被映射到低地址范围
				地址没有被 SCU 过滤,OCM 没有被映射到低地址范围
0x00040000～0x000FFFFF	DDR	DDR	DDR	地址被 SCU 过滤
		DDR	DDR	地址没有被 SCU 过滤
0x00100000～0x3FFFFFFF	DDR	DDR	DDR	互联的主设备均可访问
0x40000000～0x7FFFFFFF	PL		PL	PL 通用端口 0 的地址范围
0x80000000～0xBFFFFFFF	PL		PL	PL 通用端口 1 的地址范围
0xE0000000～0xE02FFFFF	IOP		IOP	I/O 外设的寄存器地址范围
0xE1000000～0xE5FFFFFF	SMC		SMC	SMC 寄存器地址范围
0xF8000000～0xF8000BFF	SLCR		SLCR	SLCR 寄存器地址范围
0xF8001000～0xF880FFFF	PS		PS	PS 部分的寄存器地址范围
0xF8900000～0xF8F02FFF	CPU			CPU 私有寄存器地址范围
0xFC000000～0xFDFFFFFF	4 线-SPI		4 线-SPI	4 线-SPI 的线性地址
0xFFFC0000～0xFFFFFFFF	OCM	OCM	OCM	OCM 被映射到高地址范围
				OCM 没有被映射到高地址范围

注:表中 SCU 是 Snoop Control Unit 的缩写,中文名为:侦听控制单元。

　　 OCM 是 On-Chip Memory 的缩写,中文名为:片上存储器。

　　 SMC 是 Static Memory Controller,中文名为:静态存储器控制器。

在表 2-14 中,可以访问这些地址的模块有 CPU(Cortex-A9 微处理器核)、ACP 接口、AXI_HP 以及其他总线主设备。其他总线主设备是指 DMA 控制器、带有 DMA 传输功能的各种控制器(包括以太网接口控制器、USB 接口控制器等)以及 DAP 控制器、S_AXI_GP 接口等。

从表 2-14 中可以看到,有些地址被系统预留,因此,在表 2-14 中就未列出其地址范围,如 0xC0000000～0xDFFFFFFF、0xE0300000～0xE0FFFFFF 等,这些地址不能被任何总线主控制器访问。

Zynq 芯片内的片内存储器包括 256KB 的 RAM 和 128KB 的 ROM,如图 1-19 所示。

128KB 的 ROM 存放了系统的启动代码,即 BootROM,用户对这 128KB 的存储空间是不能访问的。256KB 的 RAM 被分成 4 个 64KB 的存储区域,它们的地址范围可以映射到系统地址空间的最低端地址,或者最高端地址。如表 2-14 所示的地址范围为 0x00000000～0x0003FFFF 或者 0xFFFC0000～0xFFFFFFFF。这样配置 OCM 的地址范围,是为了适应 Cortex-A9 微处理器核的低异常向量模式或高异常向量模式。

表 2-14 中的 SLCR(System-Level Control Register),称为系统级控制寄存器,它包括表 2-15 所列的寄存器,是用于控制 PS 操作的。这些寄存器可以通过加载/存储类指令进行访问,各寄存器的基地址如表 2-15 所示。

表 2-15　SLCR 寄存器的基地址

寄存器组的基地址	备　　注
0xF8000000	SLCR 写保护锁定和安全
0xF8000100	时钟控制和状态
0xF8000200	复位控制和状态
0xF8000300	APU 控制
0xF8000400	TrustZone 控制
0xF8000500	CoreSight SoC 调试控制
0xF8000600	DDR DRAM 控制器
0xF8000700	MIO 引脚配置
0xF8000800	MIO 并行访问
0xF8000900	杂项控制
0xF8000A00	片上存储器(OCM)控制
0xF8000B00	用于 MIO 引脚和 DDR 引脚的 I/O 缓冲区

表 2-14 中的 PS 部分寄存器地址如表 2-16 所示。这些寄存器通过 AHB 总线进行访问,表 2-16 中给出了它们的基地址和对应的功能寄存器。

表 2-16　PS 部分寄存器的基地址

寄存器组的基地址	备　　注
0xF8001000 和 0xF8002000	三重定时器/计数器 0 和三重定时器/计数器 1
0xF8003000	安全时,DMAC
0xF8004000	非安全时,DMAC
0xF8005000	系统看门狗定时器 SWDT
0xF8006000	DDR DRAM 控制器
0xF8007000	设备配置接口
0xF8008000	AXI_HP0 高性能 AXI 接口
0xF8009000	AXI_HP1 高性能 AXI 接口
0xF800A000	AXI_HP2 高性能 AXI 接口
0xF800B000	AXI_HP3 高性能 AXI 接口
0xF800C000	片上存储器
0xF800D000	保留

表 2-14 中的 CPU 私有寄存器基地址如表 2-17 所示。这些寄存器只能通过 CPU 内部私有总线进行访问,表 2-17 中给出了它们的基地址和对应的功能寄存器。

表 2-17 CPU 私有寄存器的基地址

寄存器组的基地址	备　注
0xF8900000~0xF89FFFFF	顶层互联配置及全局编程器查看 GPV
0xF8F00000~0xF8F000FC	SCU 控制和状态
0xF8F00100~0xF8F001FF	中断控制器
0xF8F00200~0xF8F002FF	全局定时器
0xF8F00600~0xF8F006FF	私有定时器和私有看门狗定时器
0xF8F01000~0xF8F01FFF	中断控制器分配器
0xF8F02000~0xF8F02FFF	L2 缓存控制器

2.3.4　指令及数据缓存区

高速缓存机制是作为微处理器体系结构的一部分,它对软件设计者来说是透明的,用于提高微处理器核访问代码和数据存储器的效率。因为高速缓存中单元的访问速度快,而访问不在高速缓存中的单元就会慢些,但总地来说,高速缓存能够减少代码和数据存储器的平均访问时间,使系统性能得到提高。但同时也带来了数据不一致等问题。

高速缓存是一种小型、快速的存储器,但价格较贵,在系统中它的容量不可能设计得很大,通常为几十千存储单元或几兆存储单元。因而,所需访问的代码或数据很大时,不能全部放入高速缓存中,高速缓存中只保留了存储器中部分代码或数据的副本。当微处理器核经常访问的是相对较小的一部分存储器单元时,高速缓存机制就会很有意义。

Zynq 芯片的内部有两级指令及数据缓存区,一个称为 L1 高速缓存,另一个称为 L2 高速缓存,如图 1-19 所示。芯片内部的两个 Cortex-A9 微处理器核各自拥有 L1 高速缓存,并共享一个 L2 高速缓存。L1 高速缓存又分成指令高速缓存(容量为 32KB)和数据高速缓存(容量为 32KB)。L1 的指令高速缓存区负责提供给 Cortex-A9 微处理器核的指令代码,它直接与预取指令模块连接。L1 的数据高速缓存区负责暂存 Cortex-A9 微处理器核所使用的数据,支持加载/存储指令的连续操作。

L2 高速缓存的容量为 512KB,可用于指令或数据的缓存。它具有与片内存储器 OCM 以及片外 DDR 存储器的接口,且 L1 高速缓存与 L2 高速缓存具有互斥操作。

Zynq 芯片在默认情况下是禁止 L2 高速缓存功能的。通过对 L2 缓存控制寄存器位 0 的设置,可以允许 L2 高速缓存功能。

2.3.5　存储组织的控制部件

Zynq 芯片内部与存储组织有关的控制部件主要有存储管理单元(MMU)、侦听控制单元(SCU)以及加速器一致性接口(ACP)。

1. 存储管理单元

存储管理单元(MMU)的主要功能是进行地址转换和存储器保护,它也可以控制对外部存储器的访问。具体的功能主要有以下几个。

① 将代码及数据存储器的地址从虚拟存储空间映射到物理存储空间。

② 存储器访问权限控制。

③ 设置虚拟存储空间的缓冲特性等。

图 2-6 所示为虚拟地址存储系统示意图。图中显示,存储管理单元(MMU)从微处理器核获得逻辑地址,内部用表结构把它们转换成同实际代码及数据存储器相对应的物理地址。通过改变这些表,可以改变程序驻留的物理单元而不必改变程序的代码或数据。

图 2-6　虚拟地址存储系统

Zynq 芯片中的 MMU 实现的是 Armv7-A MMU 的架构,采用了分页虚拟存储管理方式。它把虚拟存储空间分成一个个固定大小的页,把物理存储器的空间也分成同样大小的一个个页,要求支持 4KB、64KB、1MB、16MB 的页表。

虚拟地址到物理地址的变换是通过查询页表来实现的,其地址转换原理如图 2-7 所示。逻辑地址分成两个部分,即页号和页内偏移量。页号用作页表的索引,页表保存每页起始的物理地址。由于每页大小是一样的,并且很容易确保页的边界落在正确的边界上,因此,存储管理单元只需要拼接页的起始地址的高几位和偏移量的低几位就可以得到物理地址。页表一般保存在主存储器中,这意味着地址转换需要访问主存储器。

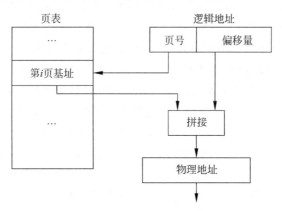

图 2-7　分页方式地址转换原理框图

但由于页表存储在主存储器中,查询页表所花的代价很大,因此,通常又采用快表技术(Translation Lookaside Buffer,TLB)来提高地址变换效率。TLB 技术中,将当前需访问的地址变换条目存储在一个容量较小(通常为 8~16 个字)、访问速度更快(与微处理器核中通用寄存器速度相当)的存储器件中。当微处理器需访问代码及数据存储器时,先在 TLB 中查找需要的地址变换条目,如果该条目不存在,再从存储在主存储器中的页表中查询,并添加到 TLB 中。这样,当微处理器核下一次又需要该地址变换条目时,可以从 TLB 中直接得到,从而提高了地址变换速度。

表 2-18 所示为 Zynq 芯片中协处理器 CP15 与 MMU 操作相关的寄存器。设计者编程控制这些寄存器,则可以相应地控制 MMU 操作。具体的寄存器格式可参见《Cortex-A9 用户参考手册》。

表 2-18　与 MMU 操作相关的寄存器

寄　存　器	作　　用
寄存器 C1 中某些位	用于配置 MMU 中的一些操作
寄存器 C2	保存主存中页表的基地址
寄存器 C3	设置域（domain）的访问控制属性
寄存器 C4	保留
寄存器 C5	主存访问失效状态指示
寄存器 C6	主存访问失效时的地址
寄存器 C7	物理地址寄存器
寄存器 C8	控制和清除与 TLB 内容相关的操作
寄存器 C10	控制和锁定与 TLB 内容相关的操作

2. 侦听控制单元

Zynq 芯片的两个 Cortex-A9 微处理器核共用一个侦听控制单元（SCU），如图 1-19 所示。它分别与两个 Cortex-A9 微处理器核及其 L2 高速缓存、片上存储器等相连，用于保证两个 Cortex-A9 微处理器核之间、微处理器核与片上存储器之间以及 PL 的 ACP 接口之间数据的一致性。它为 Cortex-A9 微处理器核管理总线仲裁、通信、系统内存间的传输、高速缓存一致性等功能，并且具有地址过滤功能。

SCU 模块的地址过滤功能，是对那些基于微处理器核和 ACP 接口地址的访问进行过滤，并把该地址需访问的存储单元映射到相应的片上存储器或者 L2 高速缓存中。SCU 模块的地址过滤粒度（即容量的大小）是 1MB，因此，基于微处理器核的存储单元访问或者通过 ACP 接口的存储单元访问，其地址容量大小应在 1MB 内，若地址在 1MB 内，其访问的目标存储单元是在片上存储器中或者是 L2 控制器。在默认情况下，SCU 模块将 Cortex-A9 微处理器核可访问的 4GB 地址空间内的高 1MB 和低 1MB 地址映射到片上存储器，剩余的地址映射到 L2 高速缓存的控制器。

3. ACP 接口

ACP 接口（称为加速器一致性接口）是 Zynq 芯片中 PS 部分提供给 PL 部分的一个访问接口，它是 64 位的 AXI 总线从接口，允许 PL 部分作为 AXI 总线的主设备，通过其控制访问片上存储器和 L2 高速缓存，并保证与 L1 高速缓存的一致性。ACP 接口与 PS 部分及 PL 部分之间的逻辑关系如图 2-8 所示。

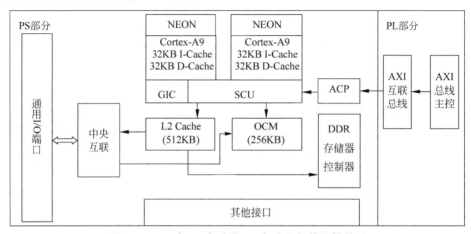

图 2-8　ACP 与 PS 部分及 PL 部分之间的逻辑关系

2.4　异常中断处理机制

异常指由内部或外部产生一个引起微处理器核处理的事件,换句话说,也就是指正常的程序执行流程被暂时中断而引发的过程。例如,外部中断信号会引起一个异常产生,或微处理器核执行一个软中断指令也会引起一个异常产生。微处理器核进入异常处理之前,其状态必须保留,以便在异常处理程序完成后,被中断的程序能够重新执行。当多个异常同时发生时,微处理器核将按固定的优先级来进行处理。

2.4.1　异常的种类

Cortex-A9 微处理器核的异常有 11 种类型,如表 2-19 所示。异常产生后,若异常被允许,那么,当前指令流水将被阻塞,程序需要转移,此时,微处理器核的 PC 值将被强制赋予该异常所对应的向量地址,微处理器核将转移到此向量地址处开始执行异常服务程序。这些异常服务程序的入口地址通常称为异常向量。注意,表 2-19 中有些异常的向量地址是相同的。

表 2-19　异常处理模式

异 常 名 称	对应工作模式	正 常 向 量	优先级
复位	管理	0x00000000	1
未定义指令	未定义	0x00000004	6
SVC 调用/HVC 调用/MVC 调用	管理/Hyp/Mon	0x00000008	6
预取中止(取指令存储器中止)	中止	0x0000000C	5
数据中止	中止	0x00000010	2
Hyp 捕获/Mon 捕获	Hyp/Mon	0x00000014	6
IRQ(中断)	IRQ	0x00000018	4
FIQ(快速中断)	FIQ	0x0000001C	3

注:表中优先级 1 表示中断优先级最高,6 为最低。

微处理器在进入异常服务程序前,该异常所对应的工作模式下的 R14 会保存断点处的返回值(注意:返回值与当前 PC 寄存器值之间关系要视异常类型确定),SPSR 保存断点处的 CPSR 值;当结束异常服务程序返回时,再把 SPSR 的内容赋予 CPSR,R14 的内容赋予 PC。下面对几种基本的异常作进一步的解释。

1. 复位异常

当系统上电及按下复位按键时,Cortex-A9 微处理器核上会收到一个复位信号。当微处理器核收到复位信号后,产生复位异常,将中断执行当前指令,并在禁止中断的管理模式下从其向量地址 0x00000000 处开始执行程序。

2. SVC 调用异常

SVC 调用异常是操作系统中使用 SVC 指令而引起的异常,当微处理器核执行 SVC 指令时即产生异常,微处理器核进入管理模式,以请求特定的管理(操作系统)函数。SVC 调用异常产生后,微处理器核的 PC 值被赋予 0x00000008,将从此地址处开始执行指令。微处理器核处理完异常后,需把 R14_svc 中的值赋予 PC,并把 SPSR_svc 中的值赋予 CPSR。微处理器则返回到 SVC 指令的下一条指令开始执行。

3. IRQ(中断请求)

IRQ 异常是由外部中断信号引起的。当外部部件在 Cortex-A9 微处理器核的 nIRQ 引脚上施加一个有效信号(即中断请求信号)时,IRQ 异常将发生。IRQ 异常发生后,微处理器核的 PC 值将被赋予 0x00000018,微处理器核将从此地址处开始执行程序。由于 IRQ 异常的优先级比 FIQ 异常的优先级低,因此,当进入 FIQ 异常处理后,IRQ 异常将被屏蔽。

另外,将 CPSR 寄存器的 I 位置 1,可以禁止 IRQ 异常;但将 I 位置 0,则允许 IRQ 异常。当 IRQ 异常被允许时,Cortex-A9 微处理器核在当前正在执行的指令执行完后,检查 IRQ 引脚上的输入信号,以判断是否产生 IRQ 异常。当 IRQ 异常服务程序完成需返回时,用指令:

　　SUBS PC,R14,♯4　　　　　　;此处的 R14 具体是 R14_irq

即,从 R14_irq 寄存器恢复 PC 的值,从 SPSR_irq 寄存器恢复 CPSR 的值,返回到断点处重新执行程序。

4. FIQ(快速中断请求)

FIQ 异常也是由外部中断信号引起的。当外部部件在 Cortex-A9 微处理器核的 nFIQ 引脚上施加一个有效信号时,FIQ 异常产生。FIQ 异常模式下有足够的私有寄存器,且支持数据传送和通道处理方式,从而,当异常发生进入异常服务时,可避免对寄存器压栈保存的需求,减少了进入异常或退出异常过程中的总开销。

将 CPSR 寄存器的 F 位置 1,可以禁止 FIQ 中断;但将 F 位置 0,则允许 FIQ 异常。当 FIQ 异常被允许时,Cortex-A9 微处理器核在指令执行完检查 FIQ 引脚上的输入信号,以判断是否产生 FIQ 异常。当 FIQ 异常服务完成需返回时,用指令:

　　SUBS PC,R14,♯4　　　　　　;此处的 R14 具体是 R14_fiq

即,从 R14_fiq 寄存器恢复 PC 的值,从 SPSR_fiq 寄存器恢复 CPSR 的值,返回到断点处重新执行程序。

从表 2-19 中可以看到,FIQ 异常向量被放在所有异常向量的最后。这样做的目的是可以将 FIQ 异常处理程序直接存放在地址 0x0000001C 开始的存储器单元处,而不必在 FIQ 异常向量地址处设置跳转指令,因此提高了其响应速度。

2.4.2　异常的进入和退出

异常发生将会使正常的程序流水被暂时中止,而转去建立异常服务程序的执行流水。例如,Cortex-A9 微处理器核响应 IRQ 异常时,即中断了当前程序,而转去执行 IRQ 异常处理程序。微处理器核进入异常处理程序前,应该保存其当前的状态,以便当异常处理程序完成后,微处理器核能回到原来程序的断点处重新执行。

1. 进入异常

当异常产生,微处理器核进入一个异常服务程序时,需进行以下操作。

(1) 把断点处需要返回的指令地址保存到相应的 R14 寄存器(即 LR 寄存器)中。若在 Arm 状态下进入异常,那么,根据引起程序转移的异常类型不同,保存到 R14 寄存器中的内容就有所不同,具体如表 2-20 所示(注:在 Thumb 状态下进入异常,保存到 R14 寄存器中的内容也有所不同)。R14 寄存器所保存的值使得异常处理结束后,微处理器核能够回到原来发生转移的位置处接着开始运行。

(2) 把状态寄存器 CPSR 的值自动复制到对应工作模式下的 SPSR 寄存器中,以保存断点处的状态。

(3) 根据异常的模式,自动把 CPSR 寄存器的模式位 M[4:0] 设置成对应的值(表 2-13),并使得微处理器核工作在相应的工作模式下。

(4) 自动使 PC 指向相关的异常向量,从该向量地址处取一条指令执行。

2. 退出异常

当异常处理完成后,Cortex-A9 微处理器核需退出异常,返回原来断点处继续执行。退出异常将进行以下操作。

(1) 将保存在 R14 寄存器的值,再回送到 PC 中。具体回送的指令可以参考表 2-20 所示的指令设计,当然也可以采用其他的指令来实现返回(如通过压栈和出栈来实现)。发生异常转移的条件不同,则回送 PC 的指令有所不同。例如,在 IRQ 异常情况下,通过指令:

SUBS PC,R14,#4　　　　　;此处 R14 具体是 R14_irq

或

SUBS PC,LR,#4

来返回到被 IRQ 异常中断的指令处重新开始执行。

(2) 再将 SPSR 寄存器的值回送 CPSR 寄存器中。

(3) 对中断禁止位标志进行清除。

表 2-20　转移发生时的 R14 内容及回送指令

发生转移条件	LR 回送 PC 的指令	转移时 R14 寄存器所保存的值	
		Arm 状态	Thumb 状态
子程序调用	MOVS PC,R14	当前指令地址+4	当前指令地址+2
软件中断异常	MOVS PC,R14	当前指令地址+4	当前指令地址+2
未定义异常	MOVS PC,R14	当前指令地址+4	当前指令地址+2
FIQ 异常	SUBS PC,R14,#4	当前指令地址+8	当前指令地址+6
IRQ 异常	SUBS PC,R14,#4	当前指令地址+8	当前指令地址+6
指令预取中止异常	SUBS PC,R14,#4	当前指令地址+8	当前指令地址+6
数据预取中止异常	SUBS PC,R14,#8	当前指令地址+12	当前指令地址+10
复位			

注:不同工作模式下,指令中具体的 R14 寄存器(即 LR 寄存器)实际上是不同的物理寄存器。

表 2-20 中显示了不同异常引起的转移条件下,发生转移时保存在相应 R14 寄存器中的 PC 值,以及异常服务程序结束后推荐使用的回送指令(即返回异常断点处的指令),以实现微处理器核正确返回断点处。

2.4.3　Zynq 芯片的中断控制

Zynq 芯片的中断控制系统结构如图 2-9 所示。该中断控制系统把中断信号按两级来进行控制,一级是采用通用中断控制器(Generic Interrupt Controller,GIC)来接收 I/O 端口发来的中断信号或软件生成的中断信号,并对这些中断信号的响应进行允许或禁止以及进行优先级设置,然后向 Cortex-A9 微处理器核提出 IRQ 或 FIQ 异常请求。另一级即是 Cortex-A9 微处理器核异常响应机制,它接收 GIC 的异常请求,在 IRQ/FIQ 异常被允许的情况下产生 IRQ/FIQ 异常,并进入相关的工作模式运行异常服务程序。

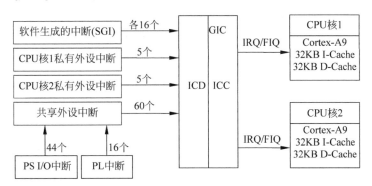

图 2-9　Zynq 芯片的中断控制系统结构框图

1. 通用中断控制器

Zynq 芯片中的通用中断控制器采用 GIC P1390 逻辑模块,管理着来自 PS 部分 I/O 外设的中断请求、PL 部分的中断请求、软件中断请求以及 Cortex-A9 微处理器核的私有功能部件的中断请求等。

1) 软件中断请求

软件生成的中断请求,是指利用软件指令向 ICDSGIR 寄存器内部写入软中断号而引起的中断请求。每个 Cortex-A9 微处理器核均有 16 个软件中断(Software Generated Interrupt,SGI),分别对应的软件中断号(SGI 中断号)为 0,1,…,15。所有的软件中断均是上升沿触发,并且触发方式用户不能改变。

2) 私有外设中断

私有外设中断(Private Peripheral Interrupt,PPI)是指两个 Cortex-A9 微处理器核各自私有的外设中断,也就是说,若某个微处理器核的私有外设产生中断请求信号,只能引起对应的微处理器核进行响应。每个微处理器核均有 5 个私有外设中断,包括全局定时器、PL 部分产生的 FIQ、私有定时器、私有看门狗定时器、PL 部分产生的 IRQ 等中断方式,它们分别对应的中断号为 27、28、29、30、31(注:中断号 16~26 是保留中断号)。前 3 个私有外设中断是上升沿触发,后两个是低电平触发,并且触发方式用户不可改变,如表 2-21 所示。

表 2-21　私有外设中断(PPI)

中断来源名称	PPI 编号	中断号	中断触发类型	描　　述
保留		16~26		
全局定时器中断	0	27	上升沿	来自全局定时器
nFIQ	1	28	低电平	来自 PL 部件的快速中断
私有定时器中断	2	29	上升沿	来自微处理器核的私有定时器
私有看门狗中断	3	30	上升沿	来自微处理器核的私有看门狗
nIRQ	4	31	低电平	来自 PL 部件的普通中断

3）共享外设中断

共享外设中断（Shared Peripheral Interrupt，SPI）是指中断请求信号能同时引起两个 Cortex-A9 微处理器核的响应，当然也可以只引起一个微处理器核进行响应，或者引起 PL 部分响应。共享外设中断共有 60 个，如表 2-22 所示。这些中断信号可以由 I/O 外设产生，也可以由 PL 部分产生。其中 I/O 外设中断共有 44 个，PL 部分中断共有 16 个。另外，I/O 外设的中断请求信号也可以发送给 PL 部分。

表 2-22　共享外设中断（SPI）

中断来源名称	PS 或 PL 的信号名	中断号（SPI ID）	中断触发类型	输入输出
APU 的 L1 缓存		32,33	上升沿	
APU 的 L2 缓存		34	高电平	
APU 的 OCM		35	高电平	
保留		36		
PMU[1,0]		37,38	高电平	
XADC		39	高电平	
DVI		40	高电平	
SWDT		41	高电平	
定时器 TTC0		42,43	高电平	
保留		44		
DMAC 退出	IRQP2F[28]	45	高电平	输出
DMAC[3:0]	IRQP2F[23:20]	46~49	高电平	输出
SMC（存储器）	IRQP2F[19]	50	高电平	输出
4 倍-SPI（存储器）	IRQP2F[18]	51	高电平	输出
CTI（调试）	IRQP2F[17]		高电平	输出
GPIO	IRQP2F[16]	52	高电平	输出
USB0	IRQP2F[15]	53	高电平	输出
以太网 0	IRQP2F[14]	54	高电平	输出
以太网 0 唤醒	IRQP2F[13]	55	高电平	输出
SDIO0	IRQP2F[12]	56	高电平	输出
I^2C0	IRQP2F[11]	57	高电平	输出
SPI0	IRQP2F[10]	58	高电平	输出
UART0	IRQP2F[9]	59	高电平	输出
CAN0	IRQP2F[8]	60	高电平	输出
PL 部分的 FPGA[7:0]	IRQP2F[7:0]	61~68	高电平	输入
定时器 TTC1		69~71	高电平	
DMAC[7:4]	IRQP2F[27:24]	72~75	高电平	输出
USB1	IRQP2F[7]	76	高电平	输出
以太网 1	IRQP2F[6]	77	高电平	输出
以太网 1 唤醒	IRQP2F[5]	78	高电平	输出
SDIO1	IRQP2F[4]	79	高电平	输出
I^2C1	IRQP2F[3]	80	高电平	输出
SPI1	IRQP2F[2]	81	高电平	输出
UART1	IRQP2F[1]	82	高电平	输出
CAN1	IRQP2F[0]	83	高电平	输出
PL 部分的 FPGA[15:8]	IRQP2F[15:8]	84~91	高电平	输入
SCU 奇偶校验		92	上升沿	

在表 2-22 中,中断号 36 和中断号 44 是保留的,其他中断号对应的中断源可以发出中断请求信号。通用中断控制器 GIC 接收这些中断请求信号,并通过相关寄存器来管理中断的优先级、控制中断使能位的设置和清除等。

2. 中断控制相关的寄存器

通用中断控制器 GIC P1390 中有许多寄存器,可用于对 SPI、PPI、SGI 三种类型的中断资源进行管理。其主要寄存器的名称如表 2-23 所示。

表 2-23　GIC 的中断管理寄存器

	寄存器名称	功 能 描 述	是否写保护
ICC	ICCICR	与微处理器接口的控制寄存器	是,除了 EnableNS
	ICCPMR	中断优先级屏蔽	
	ICCBPR	用于中断优先级	
	ICCIAR	中断应答	
	ICCEOIR	中断结束	
	ICCRPR	运行优先级	
	ICCHPIR	最高待处理的中断	
	ICCABPR	别名非安全的二进制小数点	
ICD	ICDDCR	安全/非安全模式选择	是
	ICDICTR,ICDIIDR	控制器实现	
	ICDISR[2:0]	中断安全	是
	ICDISER[2:0]	中断设置使能	是
	ICDICER[2:0]	中断清除使能	
	ICDISPR[2:0]	中断设置待处理	是
	ICDICPR[2:0]	中断清除待处理	
	ICDABR[2:0]	中断活动	
	ICDIPR[23:0]	中断优先级,8 比特位域	是
	ICDIPTR[23:0]	中断处理器目标,8 比特位域	是
	ICDICFR[5:0]	中断触发类型,2 比特位域(电平/边沿,正/负)	是
状态	PPI_STATUS	PPI 状态	
	SPI_STATUS[2:0]	SPI 状态	
ICDSGIR		软件产生的中断	
禁止写访问 APU_CTRL		禁止一些写访问	

注:安全中断模式可以有 FIQ 和 IRQ,非安全中断模式只有 IRQ。

表 2-23 中的寄存器主要分成了两类:一类是 GIC 与微处理器的接口控制寄存器 ICC (Interrupt Controller CPU);另一类是中断分配器 ICD(Interrupt Controller Distributor)。

ICC 类的寄存器主要用于接收 ICD 分配来的中断,然后向其对应的微处理器(CPU)提出 IRQ 异常或 FIQ 异常,同时还可以使能或禁止中断,并完成中断响应及中断结束的处理。当禁止中断时,即使 ICD 分配来一个中断请求信号,ICC 也不会向对应的微处理器申请 IRQ 或 FIQ 异常。若微处理器响应中断,会向 ICC 反馈一个应答信号,ICC 获得应答信号后,会向 ICD 传递该信号,并使 IRQ 或 FIQ 异常信号无效。中断结束后,需通过写入中断结束寄存器来通知 ICC,微处理器处理中断结束,并通知 ICD 修改中断状态,以便接收下一次中断。

ICD 类的寄存器主要用于检测各中断源的状态,控制各中断源的触发条件及优先级,选择最高优先级的待处理中断分配给一个或多个 CPU 接口。ICD 也可以允许或禁止中断,其允许或禁止中断的级别有两种,一是全局中断的允许/禁止,二是具体针对某一个中断源的允许/禁止。若全局中断进行了禁止,那么所有中断源的中断将被禁止。

3. 中断编程模式

Zynq 芯片的 I/O 端口或部件若采用中断方式控制操作时,其编程的内容通常需要涉及以下 4 个部分。

(1) 建立系统异常向量表,并设置 Cortex-A9 微处理器核的程序状态寄存器 CPSR 中的 F 位和 I 位。一般情况下,异常服务程序均需使用数据栈,因此,还需建立用户数据栈。这部分内容对应的程序指令,通常编写在系统启动引导程序中。

(2) 根据 Zynq 芯片中断源的类型及中断号,来确定当前中断源所对应的中断服务程序入口。通常应用程序设计者涉及的中断源是 SPI 类型的,中断号是 32~91。

(3) 中断控制初始化。主要是初始化 GIC 内部的中断控制寄存器,即 ICC 和 ICD 的寄存器。针对某个具体的中断源,设置其中断控制模式、中断是否屏蔽、中断优先级等。

(4) 完成 I/O 端口或部件具体操作功能的中断服务程序。中断服务程序中,在返回之前必须写入中断结束寄存器来通知 ICC 中断结束。

上述 4 个部分的程序,第一部分应属于系统引导程序完成的功能。设计者在开发嵌入式系统时若使用的是现成硬件平台,则设计者对第一部分的程序通常不需要进行编写,因为现成的硬件平台已带有系统引导程序,通常也会带有第二部分的函数(即根据中断号识别中断源的识别函数),设计者主要需编写的是后两部分的程序,即在其应用程序中,根据应用需要完成中断控制初始化,并编写相关的中断服务程序。但是,对于嵌入式系统平台构建者来说,完整地了解中断的处理过程及其 4 个部分的编程是非常必要的。

2.5　Armv7 指令集

前面已经了解到,Cortex-A9 微处理器核采用的是 Armv7 指令集,具有 Arm 状态和 Thumb 状态,Thumb 状态下采用 Thumb-2 技术,因此,其指令系统也对应有 32 位的 Arm 指令集,和 32 位或 16 位的 Thumb 指令集,并且还有 SIMD 指令。下面仅对 Arm 指令集中的常用指令功能进行分类介绍,其他的指令细节可参考 Arm 公司的说明文档。

2.5.1　指令码格式及条件域

Armv7 指令集的 32 位指令码格式如图 2-10 所示。图 2-10 中"保留"的指令码是没有被定义的。因此,应避免使用这类指令码,因为它们有可能会改变后续汇编指令的执行。

从图 2-10 中可以看到,32 位的 Armv7 指令集的基本指令由 14 种类型组成。指令码中的 Cond 子域是条件域,它表明 Armv7 指令集中的所有基本指令是有条件执行的指令。指令执行的条件是根据 CPSR 寄存器中的状态标志位和指令的条件域确定的。条件域(指令码中的位[31:28])确定该指令在什么环境下被执行,如果 CPSR 寄存器中的标志位 C、N、Z 和 V 的值满足条件域的条件,则指令被执行;否则,指令不被执行。

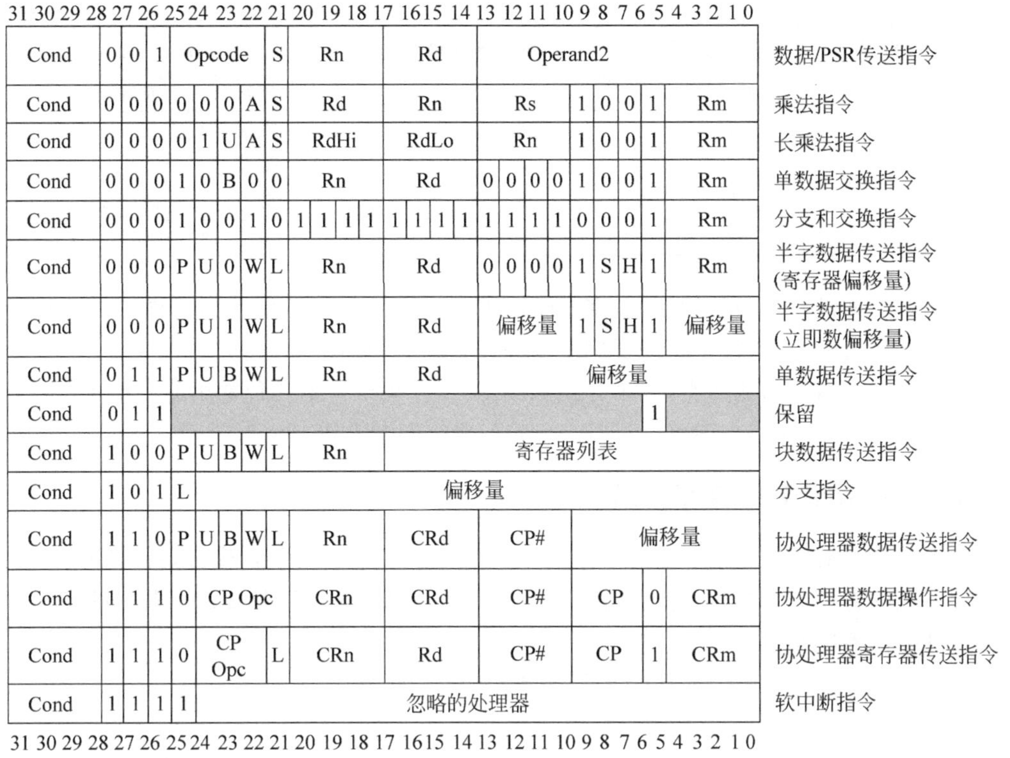

31 30 29 28	27 26 25	24 23 22 21 20	19 18 17 16	15 14 13 12	11 10 9 8 7 6 5 4 3 2 1 0	
Cond	0 0 1	Opcode　S	Rn	Rd	Operand2	数据/PSR传送指令
Cond	0 0 0 0 0 0 A S	Rd	Rn	Rs	1 0 0 1　Rm	乘法指令
Cond	0 0 0 0 1 U A S	RdHi	RdLo	Rn	1 0 0 1　Rm	长乘法指令
Cond	0 0 0 1 0 B 0 0	Rn	Rd	0 0 0 0	1 0 0 1　Rm	单数据交换指令
Cond	0 0 0 1 0 0 1 0	1 1 1 1	1 1 1 1	1 1 1 1　0 0 0 1　Rm	分支和交换指令
Cond	0 0 0 P U 0 W L	Rn	Rd	0 0 0 0 1 S H 1　Rm	半字数据传送指令(寄存器偏移量)
Cond	0 0 0 P U 1 W L	Rn	Rd	偏移量	1 S H 1　偏移量	半字数据传送指令(立即数偏移量)
Cond	0 1 1 P U B W L	Rn	Rd	偏移量	单数据传送指令
Cond	0 1 1			1	保留
Cond	1 0 0 P U B W L	Rn	寄存器列表	块数据传送指令
Cond	1 0 1 L	偏移量	分支指令
Cond	1 1 0 P U B W L	Rn	CRd	CP#	偏移量	协处理器数据传送指令
Cond	1 1 1 0 CP Opc	CRn	CRd	CP#	CP 0　CRm	协处理器数据操作指令
Cond	1 1 1 0 CP Opc L	CRn	Rd	CP#	CP 1　CRm	协处理器寄存器传送指令
Cond	1 1 1 1	忽略的处理器	软中断指令

31 30 29 28 27 26 25 24 23 22 21 20 19 18 17 16 15 14 13 12 11 10 9 8 7 6 5 4 3 2 1 0

图 2-10　Armv7 指令码的基本格式

指令的条件域共有 15 种组合,每种组合表示一个条件,汇编指令中通常用两个字符来表示一个条件,也就是说,用两个字符作为指令执行条件的助记符,代表条件的两个字符添加在指令助记符的后面,构成一个带条件执行的指令。例如指令:

BEQ label

上述指令是 B 指令(跳转指令,又称不带链接的分支指令)加上了条件后缀 EQ,表示若相等则跳转到 label 处执行。这里的"相等"是根据 CPSR 寄存器的 Z 标志位判断的,若 Z 标志位为"1",则满足"相等"条件,发生跳转。条件码及其后缀助记符如表 2-24 所示。

表 2-24　条件码及其助记符

[31:28]的值	条件助记符	判断的条件	备　注
0000	EQ	Z=1	相等
0001	NE	Z=0	不等
0010	CS/HS	C=1	大于或等于(无符号数)
0011	CC/LO	C=0	小于(无符号数)
0100	MI	N=1	负
0101	PL	N=0	正或零
0110	VS	V=1	溢出
0111	VC	V=0	未溢出
1000	HI	C=1 且 Z=0	大于(无符号数)
1001	LS	C=0 且 Z=1	小于或等于(无符号数)

[31:28]的值	条件助记符	判断的条件	备　　注
1010	GE	N＝V	带符号大于或等于
1011	LT	N≠V	带符号小于
1100	GT	Z＝0 且 N＝V	带符号大于
1101	LE	Z＝1 或 N≠V	带符号小于或等于
1110	AL	无条件	总是(通常省略)

若指令后面没有加条件后缀,大多数情况下其指令的条件域默认为后缀 AL,表明该指令是无条件执行的,是否执行不需要判断 CPSR 寄存器中的条件标志。

下面将按照指令功能的类别,来介绍 Armv7 指令集架构中几种常用的汇编指令及其功能,其他的汇编指令及其功能可参见《Armv7-A 架构参考手册》。

2.5.2　寄存器装载及存储类指令

这类指令是最常用的指令之一。它们把数据从存储器单元中装载(读入)到 Cortex-A9 微处理器核的寄存器(即 R0～R15)中,或者把 Cortex-A9 微处理器核寄存器中的数据存储(写入)到存储器单元中。

1. 单一数据加载/存储指令: LDR/STR

LDR 是从存储器单元中加载一个字或字节到寄存器的指令助记符,而 STR 是把寄存器中的一个字或字节存储到存储器单元的指令助记符。若操作数是字节时,32 位存储单元中的其他位用"0"填充。

LDR/STR 指令的寻址是非常灵活的,LDR/STR 指令的句法形式有以下 4 种。

LDR/STR{条件码}{B} Rd,[Rn]
LDR/STR{条件码}{B} Rd,[Rn,Flexoffset] {!}
LDR/STR{条件码}{B} Rd,label
LDR/STR{条件码}{B} Rd,[Rn],Flexoffset

下面对上述句法形式中所用到的几种符号进行解释。

大括号({})内的内容是可选的。若需要时,可以加上相应的字符(即条件码助记符或字符"B"),与前面的指令助记符构成一个完整的指令符号,如 LDREQ,就是加上了条件码助记符"EQ",构成了带条件执行的 LDR 指令。

B 表示字节操作的后缀,是可选的。若指令助记符后面有字符"B",则执行的是字节加载或存储功能,如 STRB。

Rd 代表 Cortex-A9 微处理器核的内部寄存器(即 R0～R15),作为加载或存储操作的目的或源。

Rn 加载或存储操作的源或目的,也是 Cortex-A9 核内部寄存器,作为存储器的地址寄存器或基址寄存器。一般情况下,Rn 和 Rd 最好不要相同。

Flexoffset 表示地址偏移量。它与 Rn 寄存器的值相加后得到有效的存储操作数的单元地址。该偏移量可以是下面两种形式之一。

① 立即数,该立即数的取值范围为－4095～＋4095 的整数。这种形式的偏移量书写格式为: ♯常数或♯常数表达式。

② 内含偏移量的寄存器 Rm,它不能是 R15 寄存器。这种形式的偏移量书写格式为:
{一} Rm {,shift}。shift 代表 Rm 的可选移位方法,是下列中的一种。

ASR n　算术右移 n 位($1 \leqslant n \leqslant 32$)

LSL n　逻辑左移 n 位($0 \leqslant n \leqslant 31$)

LSR n　逻辑右移 n 位($1 \leqslant n \leqslant 32$)

ROR n　循环右移 n 位($1 \leqslant n \leqslant 31$)

RRX　　循环右移 1 位,带扩展

label 表示一个偏移量的表达式。该偏移量值加上 PC 的值后,得到操作数的有效存储地址。注意,该地址必须是在当前指令的上下 4KB 内。

!表示写回新地址的后缀,是可选的。若带有后缀"!",则表示数据加载或存储完成后,将包含偏移量的新地址写回到 Rn。注意,Rn 若是 R15 寄存器,则不要用该后缀;否则会引起指令流水的阻塞,从而发生不可预知的错误。

需注意,在 LDR 指令中,若 Rd 是 R15 寄存器(即 PC 寄存器)时,则加载操作将会引起程序执行的转移,转移的目的地址是所加载内容为地址的单元处。通常应避免对 R15 进行加载或存储操作。

下面是几条 LDR/STR 指令书写的示例:

LDR	R2,[R5]	;无偏移量,R2←[R5]
LDREQ	R5,[R6,♯28]!	;(若相等)R5←[R6+28],R6←R6+28
LDR	R8,label	;加载一个字到 R8,该字存储于 label 对应单元处
STR	R1,[R3],♯ -6!	;R1→[R3],R3←R3-6
STRB	R0,[R3,-R8 ASR ♯2]	;R0 的最低字节→[R3-R8/4]单元的低字节

单一数据加载/存储指令还可以完成带符号的 8 位字节、带符号和无符号的 16 位半字以及双字操作。对于带符号的 8 位字节或带符号的 16 位半字加载时,把符号位填充到 32 位的高字节中;对无符号的 16 位半字加载时,用"0"填充到高字节中。其句法形式如下:

LDR/STR{条件码}type　Rd,[Rn]

LDR/STR{条件码}type　Rd,[Rn,Flexoffset] {!}

LDR/STR{条件码}type　Rd,label

LDR/STR{条件码}type　Rd,[Rn],Flexoffset

上述指令句法形式中的符号 type 表示操作数的形式,必须是下面字符之一。

SH　带符号半字。

H　　无符号半字。

SB　带符号字节。

D　　双字。

2. 多数据加载/存储指令:LDM 和 STM

LDM 指令是把多个存储器单元的内容加载到多个寄存器中;STM 指令是把多个寄存器的内容存储到多个存储器单元中,这多个寄存器是 R0~R15 的任意组合。其句法如下:

LDM/STM{条件码}类型　Rn{!},寄存器列表{^}

句法中的几个符号解释如下,未解释的符号与前面的符号解释相同。

类型　指的是存储器地址变化的方式。也就是说,每加载或者存储完一个寄存器后,存

储器的地址需要自动变化,如何变化则由指令助记符后面所跟的类型确定。类型可以是下列情况之一:

　　IA　　每次数据传送后存储器的地址加 4。

　　IB　　每次数据传送前存储器的地址加 4。

　　DA　　每次数据传送后存储器的地址减 4。

　　DB　　每次数据传送前存储器的地址减 4。

　　FD　　满递减堆栈。

　　ED　　空递减堆栈。

　　FA　　满递增堆栈。

　　EA　　空递增堆栈。

　　Rn 表示内部寄存器,但不允许是 R15 寄存器。Rn 在此作为存储器地址指针。若是堆栈操作时,通常是 R13 寄存器,即堆栈指针。

　　寄存器列表包含在大括号中的内部寄存器。寄存器与寄存器之间用逗号分开,若是连续序号的寄存器,则可以只写最前和最后的寄存器,中间用“-”符号连接。例如:

```
STMFD   R13!,{R0-R12,R14}        ;寄存器进栈
...
LDMFD   R13!,{R0-R12,PC}         ;寄存器出栈,返回
```

　　利用 STM 指令把存储在 LR 寄存器中的当前 PC 值保存到存储器中时,同时还保存了 CPSR 寄存器的值。在用 LDM 指令重新装载 PC 寄存器时,除非设计者在指令中写上相应的符号;否则不会恢复 CPSR 的值。所写的符号是在寄存器列表后跟随一个“^”符号。例如:

```
STMFD   R13!,{R0-R12,R14}        ;寄存器进栈
...
LDMFD   R13!,{R0-R12,PC}^        ;寄存器出栈,返回,同时恢复 CPSR
```

　　3. 单一数据交换指令:SWP

　　该指令完成在寄存器和存储器之间进行数据交换的功能,其句法如下:

```
SWP{条件码}{B}   Rd,Rm,[Rn]
```

　　若指令助记符中加上可选后缀 B,则交换的是字节数据;否则交换的是字数据。该指令的具体作用是数据从存储单元加载到 Rd 寄存器中,Rm 寄存器的内容存储到存储单元中,该存储单元的地址是 Rn 寄存器的值。本指令中,Rd 寄存器和 Rm 寄存器可以是同一个寄存器,但 Rn 寄存器必须与 Rd、Rm 不同。

2.5.3　影响状态标志位类指令

　　CPSR 寄存器是 Cortex-A9 微处理器核中保存状态标志位的寄存器,其中 N、V、C、Z 标志是由指令执行结果确定的,能影响这些标志生成的指令或读写 CPSR 寄存器的指令如下。

　　1. ADC、ADD、SBC、SUB、RSC 和 RSB 指令

　　(1) ADC:带进位的加法指令,其句法如下:

```
ADC{条件码}{S}   dest,Op1,Op2
```

句法中的几个符号解释如下,未解释的符号与前面的符号解释相同。

S:该后缀是可选的。若指令助记符号后面带有后缀 S,那么操作结果将影响 CPSR 寄存器中的条件标志。

dest:目标寄存器,是 R0~R15 中的任意一个。

Op1、Op2:两个操作数。

本指令完成的功能:dest=Op1+Op2+进位位。

ADC 指令将两个操作数加起来,并把结果放置到目的寄存器中。它使用一个进位标志位,这样就可以做比 32 位大的加法。下列例子完成两个 128 位的数相加。其结果也是 128 位的。第一个 128 位数存放于 R4、R5、R6 和 R7,第二个 128 位数存放于 R8、R9、R10 和 R11,结果存放于 R0、R1、R2 和 R3。

```
ADDS    R0,R4,R8              ;加低端的字
ADCS    R1,R5,R9              ;加下一个字,带进位
ADCS    R2,R6,R10             ;加第三个字,带进位
ADCS    R3,R7,R11             ;加高端的字,带进位
```

注意:不要忘记设置 S 后缀来更改进位标志。

(2) ADD:加法指令,但不带进位。其句法如下:

ADD⟨条件码⟩⟨S⟩　dest,Op1,Op2

该条指令的功能:dest=Op1+Op2。

ADD 指令将两个操作数加起来,把结果放置到目的寄存器中。操作数 1(Op1)是一个寄存器,操作数 2(Op2)可以是一个寄存器或被移位的寄存器或一个立即数。例如:

```
ADD    R0,R1,R2              ;R0=R1+R2
ADD    R0,R1,#256            ;R0=R1+256
ADD    R0,R2,R3,LSL#1        ;R0=R2+(R3<<1)
```

(3) SBC:带借位的减法指令,其句法如下:

SBC⟨条件码⟩⟨S⟩　dest,Op1,Op2

该条指令的功能:dest=Op1-Op2-!carry。

SBC 完成带借位的两个操作数相减,把结果放置到目的寄存器中。它使用进位标志来表示借位,这样就可以做大于 32 位的减法。SBC 生成进位标志的方式不同于常规的,如果产生借位则把进位标志置 0。所以,指令中要对进位标志进行一个非操作,即在指令执行期间自动地把此位变反。

(4) SUB:减法指令,但不带借位。其句法如下:

SUB⟨条件码⟩⟨S⟩　dest,Op1,Op2

该条指令的功能:dest=Op1-Op2。

SUB 用操作数 1 减去操作数 2,把结果放置到目的寄存器中。操作数 1 是一个寄存器,操作数 2 可以是一个寄存器或被移位的寄存器或一个立即数。例如:

```
SUB    R0,R1,R2              ;R0=R1-R2
SUB    R0,R1,#256            ;R0=R1-256
```

SUB　　R0,R2,R3,LSL♯1　　　　　;R0＝R2－(R3≪1)

（5）RSC：带借位的反向减法指令，其句法如下：

RSC{条件码}{S}　dest,Op1,Op2

该条指令的功能：dest＝Op2－Op1－!carry。此指令与SBC同，但倒换了两个操作数的前后位置。

（6）RSB：反向减法指令，但不带借位。其句法如下：

RSB{条件码}{S}　dest,Op1,Op2

该条指令的功能：dest＝Op2－Op1。此指令与SUB同，但倒换了两个操作数的前后位置。

2．AND、ORR、EOR和BIC指令

（1）AND：逻辑与指令，其句法如下：

AND{条件码}{S}　dest,Op1,Op2

该条指令的功能：dest＝Op1 AND Op2。

AND指令完成两个操作数逻辑与的功能，结果放置到目的寄存器中。这条指令对于需要屏蔽寄存器中的某些位是很有用的。操作数1是一个寄存器，操作数2可以是一个寄存器或被移位的寄存器或一个立即数，例如：

AND　R0,R0,♯3　　　　　　　　　;保留R0中位0和位1的原始值，其他位置0

（2）ORR：逻辑或指令，其句法如下：

ORR{条件码}{S}　dest,Op1,Op2

该条指令的功能：dest＝Op1 ORR Op2。

ORR指令完成两个操作数逻辑或的功能，结果存到目的寄存器中。操作数1是一个寄存器，操作数2可以是一个寄存器或被移位的寄存器或一个立即数。例如：

ORR　　R0,R0,♯3　　　　　　　;把R0中位0和位1置1，其他位保持不变

（3）EOR：逻辑异或指令，其句法如下：

EOR{条件码}{S}　dest,Op1,Op2

该条指令的功能：dest＝Op1 EOR Op2。

EOR指令完成两个操作数逻辑异或功能，结果存到目的寄存器中。操作数1是一个寄存器，操作数2可以是一个寄存器或被移位的寄存器或一个立即数。例如：

EOR　　R0,R0,♯3　　　　　　　;把R0中的位0和位1进行反转

（4）BIC：位清除指令，其句法如下：

BIC{条件码}{S}　dest,Op1,Op2

该条指令的功能：dest＝Op1 AND（!Op2）。

BIC指令完成在一个字中把某些位进行清0的功能，与ORR指令的位置1功能是相反的操作。操作数2是一个32位的位掩码（mask）。如果在掩码中某一位是1，则操作数1对

应的位被清 0。而掩码中不是 1 的位,操作数 1 对应的位保持不变。例如:

```
BIC     R0,R0,#%1011              ;R0 中的位 0、位 1 和位 3 清 0,其他位不变
```

3. MOV 和 MVN 指令

(1) MOV: 寄存器与寄存器间的传送指令,其句法如下:

```
MOV{条件码}{S}   dest,Op1
```

MOV 指令把一个寄存器或被移位的寄存器或一个立即数传送到一个目的寄存器中。编程时可以把目的寄存器和源寄存器指定为相同的寄存器,来达到 NOP 指令(空操作指令)的效果,也可以用该指令完成对某个寄存器进行移位操作,例如:

```
MOV     R0,R0                    ;R0 传送到 R0,相当于 NOP 指令
MOV     R0,R0,LSL#3              ;R0 左移 3 位
```

如果 R15 是目的寄存器,则会修改程序计数器 PC 的值或标志,这一点可用于子程序返回。方法是把链接寄存器 R14 的内容传送到 R15 中,例如:

```
MOV     PC,R14                   ;返回到调用的地方
MOVS    PC,R14                   ;返回到调用的地方并恢复标志位
```

(2) MVN: 寄存器与寄存器间传送取反值的指令,其句法如下:

```
MVN{条件码}{S}   dest,Op1
```

MVN 指令把一个寄存器或被移位的寄存器或一个立即数的各位求反后,传送到目的寄存器中。它与 MOV 指令的不同之处是在数据传送之前各位被求反了,所以传送到目的寄存器中的数是原来数的反转值。这实际上就是逻辑非操作,例如:

```
MVN     R0,#4                    ;R0 中为 0b11111111111111111111111111111011,数−5
MVN     R0,#0                    ;R0 中为 0b11111111111111111111111111111111,数−1
```

4. MRS 和 MSR 指令

(1) MRS: 只能完成 CPSR 寄存器和 SPSR 寄存器的读操作,其句法如下:

```
MRS{条件码}   Rd,CPSR|SPSR
```

该条指令的功能是把 CPSR 寄存器或者 SPSR 寄存器中的内容读取到 Rd 中,Rd 可以是内部寄存器 R0~R14 中的一个,不允许是 R15,通常也不要用 R13、R14。

(2) MSR: 只能完成 CPSR 寄存器和 SPSR 寄存器的写操作,其句法如下:

```
MSR{条件码}   CPSR_<field>|SPSR_<field>,source
```

该条指令的功能是把 source(源)中的内容写入 CPSR 寄存器或者 SPSR 寄存器中,source 可以是内部寄存器 R0~R14 中的一个,也可以是立即数,但不允许是 R15,通常也不要用 R13、R14。句法中的符号介绍如下。

<field>　表示的是需要写入的域,即 CPSR 或 SPSR 中的那几位。表示域的具体符号有以下几个。

• c　控制域(对应状态寄存器中的位 7~0)。

- x 扩展域(对应状态寄存器中的位 15～8)。
- s 状态域(对应状态寄存器中的位 23～16)。
- f 标志域(对应状态寄存器中的位 31～24)。

source 表示源数据,可以是一个内部寄存器,也可以是一个立即数。

MRS 和 MSR 指令实际完成的是读取状态位或者设置控制位及模式位的功能,该指令不要在用户模式和系统模式下使用,即不要在此两个工作模式下进行 CPSR 和 SPSR 的读写操作。例如:

```
MRS   R10,CPSR            ;读取 CPSR 寄存器的值到 R10 中
MRS   R8,SPSR             ;读取某工作模式下 SPSR 寄存器的值到 R8 中
MSR   CPSR_c,#080         ;CPSR 寄存器中的 I 位置 1,其他域不被写入
```

2.5.4　分支类指令

分支类指令将会引起程序执行流水的改变,使 Cortex-A9 微处理器核重新建立指令流水。下面介绍两类常用的分支指令。

1. B 指令

B:分支指令,又称为不带链接的分支指令,其句法如下:

```
B{条件码}   destadd
```

B 指令是最简单的分支指令。Cortex-A9 微处理器核一旦遇到一个 B 指令,将立即跳转到指令中给定的目的地址处继续执行。需注意,分支指令中目的地址 destadd 实际上是相对当前的 PC 寄存器值的一个偏移量,而不是一个绝对地址。destadd 的值将由汇编器来计算,它是 24 位有符号数,左移两位后有符号扩展为 32 位,表示的有效偏移为 26 位(+/－32M)。例如:

```
B        destadd1
BEQ      destadd2
```

下面再来看一个实例。判断一个存储单元的内容是否为 0,若为 0 则程序转移到标号为 Zero 处执行;否则顺序执行。

```
        LDR   R0,[R1]
        CMP   R0,#0
        BEQ   Zero
        STR   R0,[R1,#2]
Zero
        MOV   PC,R14
        B
```

上例并没有突出 Cortex-A9 指令的特点,不是一个很好的例子。在 Cortex-A9 汇编程序设计时,设计者应该尽量构想如何更好地使用条件执行而不是分支。实际上如果有大段的代码或者代码使用了状态标志,那么,可以使用条件执行来实现各类分支,这样可以采用一条简单的条件执行指令来替代在其他处理器中存在的所有分支和跳转指令,使程序简洁、高效。采用条件执行重新编写上述例子如下:

```
LDR        R0,[R1]
CMP        R0,#0
STRNE      R0,[R1,#2]
MOV        PC,R14
```

2. BL

BL：带链接的分支指令，其句法如下：

BL⟨条件码⟩   destadd

BL 指令是带链接的分支指令，即需要返回的分支指令。该分支指令在分支之前 R14
寄存器（即 LR 寄存器）中会装载上需要返回的地址，如 R15 寄存器（即 PC 寄存器）的内容
减 4。若要从分支处返回发生转移的地方，可以通过重新把 R14 寄存器的内容装载到 R15
寄存器中来实现，Cortex-A9 微处理器核返回到这个分支指令之后的第一条指令处继续执
行。该指令完成的功能实际上是子程序调用的功能。例如：

```
BL         destadd3
BLLT       destadd4
```

本 章 小 结

微处理器是嵌入式系统的核心，了解微处理器的体系结构特征是构建嵌入式系统硬件
平台和软件平台的关键基础知识，没有这方面的知识，则无法从事嵌入式系统的平台构建工
作。Zynq 系列芯片是全可编程的 32 位嵌入式微处理器，本章介绍了其体系结构的特征及
其相关的汇编指令集。主要体系结构特征有以下几个。

（1）Zynq 系列芯片内部集成有 PS 和 PL 两部分，PS 部分类似于普通的微处理器，PL
部分是 FPGA 逻辑。

（2）PS 部分是以 Arm 公司的 Cortex-A9 CPU 核为核心的微处理器系统，该微处理器
核具有 9 种工作模式，每种模式下均有一组寄存器 R0～R15 和 CPSR 寄存器。其中 R13、
R14 在各工作模式下均拥有物理上相互独立的寄存器，因此，堆栈指针的设置和程序转移后
的返回，编写其指令时需要注意微处理器的工作模式。

（3）Cortex-A9 微处理器核具有 11 种异常，采用了固定异常向量的方式，来保证异常产
生后微处理器能够正确地转移到其异常服务程序处。目标系统的启动引导程序中，异常向
量表的设计由该特征确定。

习　题　2

1. 选择题

（1）Cortex 系列微处理器芯片是 Arm 公司继 Arm 系列芯片之后推出的 CPU 芯片系
列，其中 Cortex-A 采用了（　　）版本的指令集架构。

　　A. Armv4　　　　　　B. Armv5　　　　　　C. Armv6　　　　　　D. Armv7

（2）Zynq-7000 系列芯片内部的 PS 部分具有通用的输入输出接口,这些接口中的寄存器可以通过（　　）语言来读写。（注:该题为多选）

A. 汇编语言　　　　　B. VHDL 语言　　　　　C. Verilog 语言　　　　　D. C 语言

（3）若一条分支指令为 B next,next 为偏移量,其值等于 0x000080,该指令在存储器中存储单元的地址若为 0x00000018,那么该指令执行后,将转移到地址为（　　）处接着执行指令。

A. 0x00000080　　　　　B. 0x00000088　　　　　C. 0x00000098　　　　　D. 0x000000A0

（4）Zynq 芯片中的 Cortex-A9 核可以访问字节,即一次读写 8 位二进制数；也可以访问字,即一次读写 32 位二进制数。下面可以作为字地址的是（　　）。

A. 0x30008233　　　　　B. 0x30008232　　　　　C. 0x30008231　　　　　D. 0x30008230

（5）下面对 Zynq 芯片描述的语句中,错误的是（　　）。

A. Zynq 芯片中的 PS 部分和 PL 部分是相互独立供电

B. Zynq 芯片中的 PS 部分和 PL 部分均不能相互独立工作

C. Zynq 芯片上电或复位后,PS 部分首先启动工作

D. PL 部分的配置可以由 PS 部分进行

（6）下面的寄存器中,（　　）寄存器在 FIQ 模式下所使用的寄存器,与用户模式下所使用的寄存器,物理上是独立的。

A. R1　　　　　B. R6　　　　　C. R12　　　　　D. R15

（7）Cortex-A9 微处理器核支持 11 种异常,这 11 种异常的优先级是固定的,下面有关优先级的说明语句中,错误的是（　　）。

A. 复位异常的优先级最高

B. FIQ 异常的优先级低于 IRQ 异常

C. 数据中止异常优先级高于指令中止异常

D. SVC 调用异常优先级与未定义指令异常相同

（8）当 Cortex-A9 微处理器核响应异常时,当前 PC 的值将保存到（　　）寄存器中,以便异常服务完成后,返回到断点处接着执行。

A. R12　　　　　B. R13　　　　　C. R14　　　　　D. R15

（9）Zynq 芯片在上电后,是否能正确地启动运行,需要看连接到芯片相关引脚上的外部信号是否满足条件。这些相关引脚是（　　）。

A. 电源、时钟、复位、模式配置引脚　　　　　B. 电源、时钟、地址、模式配置引脚

C. 电源、地址、GPIO、模式配置引脚　　　　　D. 电源、地址、数据、模式配置引脚

（10）Zynq 芯片的启动模式有多种。下面所列的启动模式中,（　　）模式不是 Zynq 芯片的启动模式。

A. NOR Flash 启动　　　　　B. NAND Flash 启动

C. SD 卡启动　　　　　D. SIM 卡启动

（11）下面对 Zynq 芯片的中断控制系统描述的语句,错误的是（　　）。

A. Zynq 芯片中的通用中断控制器采用了 GIC P1390 逻辑模块

B. 私有外设中断只能引起对应的 Cortex-A9 微处理器核进行响应

C. Zynq 芯片中的中断控制器只管理来自 PS 部分 I/O 外设的中断请求

　　D. PS 部分 I/O 外设的中断请求可以引起 Cortex-A9 微处理器核的 IRQ 异常

（12）Cortex-A9 微处理器的汇编指令 LDREQ R5，[R6，♯28]! 的功能是（　　）。

　　A. （若相等）完成 R5←[R6+28]，并 R6←R6+28

　　B. （若相等）完成 R5←[R6]，并 R6←R6+28

　　C. 完成 R5←[R6+28]，并 R6←R6+28

　　D. （若相等）完成 R5←[R6+28]

（13）若要把一个立即数 10 传输给 Cortex-A9 微处理器的内部寄存器 R2,下面几条汇编指令或伪指令中,不能完成此功能的是（　　）。

　　A. MOV　R2，♯10　　　　　　　　B. LDR　R2，♯10

　　C. LDR　R2，=0x0a　　　　　　　D. MOV　R2，♯5，LSL ♯1

（14）Cortex-A9 微处理器的指令 MOV R3，♯0x81，ROR ♯31 完成的是给 R3 寄存器赋予一个数值,其值为（　　）。

　　A. 0x81　　　　　　B. 0x102　　　　　　C. 31　　　　　　D. 129

（15）下面对 Cortex-A9 微处理器的汇编语言描述的语句中,不正确的是（　　）。

　　A. Cortex-A9 微处理器核采用的是 Armv7 指令集

　　B. Cortex-A9 微处理器核的指令工作状态有 Arm 状态和 Thumb 状态

　　C. Cortex-A9 微处理器核支持的 Thumb 状态下指令是 32 位的,不能是 16 位的

　　D. Cortex-A9 微处理器核的汇编指令均可以是有条件执行的指令

2. 填空题

（1）以 Cortex-A9 微处理器为核心的嵌入式系统中,若字地址对应的是该字中的最低 8 位,那么,该嵌入式系统采用了_____存储方式。

（2）在管理模式下,可通过设置 CPSR 寄存器中最后 5 位的二进制值,使得 Cortex-A9 微处理器核进入相应的工作模式。若想使微处理器核进入 IRQ 模式,那么这 5 位二进制值应该是_____。

（3）当 Cortex-A9 微处理器响应 IRQ 异常后,异常服务程序完成后,利用指令_____来实现返回断点处。

（4）Zynq 芯片内部包含有 FPGA,其中,Zynq-7010、Zynq-7020 型芯片内部包含的 FPGA 是_____,Zynq-7030 型芯片内部包含的 FPGA 是 Kintex-7 系列。

（5）Zynq 芯片根据其型号和封装的不同,引脚数量也不相同。但无论是哪种 Zynq 芯片的型号,其中_____部分是相同的,而_____部分和 I/O 资源有所不同。

（6）Zynq 芯片启动时,芯片首先从其内部的_____开始执行代码,然后加载引导程序镜像,完成启动。

（7）Zynq 芯片的共享外设中断是指中断请求信号能同时引起两个 Cortex-A9 核的响应,Zynq 芯片的共享外设中断有 60 个,这些中断请求信号可以由 I/O 外设产生,也可以由_____产生。

（8）基于 Cortex-A9 微处理器的目标系统引导程序中,堆栈指针的设置需按工作模式来进行。例如,若要设置 IRQ 模式下的堆栈指针,那么需用指令_____和 MSR CPSR_cxsf,R1 来使微处理器核进入 IRQ 模式,然后再给 SP 寄存器赋值作为该模式下的堆栈指针。注：R0 保存有 CPSR 原始值。

第3章 总线结构及存储器接口

总线是把微处理器核与存储器、I/O 端口以及外部设备相连接的信息通道,但总线并不仅仅指的是一束信号线,而应包含相应的通信协议和规则。由于嵌入式系统中所采用的微处理器芯片大多是高集成度的 SoC 系统级芯片,芯片内部除了有微处理器核外,还集成有许多片内存储器、I/O 接口部件,因此,在微处理器芯片内部就需要高性能的总线,把这些部件连通起来,Zynq 芯片内部即是如此。本章在介绍总线的分类后,主要介绍了 Zynq 芯片内部的片内总线(AMBA 总线)、基于 Zynq 芯片引脚的板级总线及片外存储器的接口设计。

3.1 总线的作用及分类

在嵌入式系统中,按照总线的使用场合不同,可以把总线分成片内总线、板级总线和系统级总线等几类总线。片内总线即微处理器芯片内部的总线,典型的如 Arm 公司提出的 AMBA(Advanced Microcontroller Bus Architecture)总线。板级总线是指板卡中芯片与芯片之间,或者板卡与板卡之间的连接总线,有的书又称其为内总线,典型的如 PC-104 总线、PCI 总线等。但是,嵌入式系统由于受到应用条件的限制,特别是体积方面的限制,因此,在构建板级目标系统时,往往并未采用标准化的总线,而是以微处理器芯片引脚为基准,直接完成芯片与芯片引脚之间的连接。系统级总线是指系统与系统之间的连接总线,典型的如 RS-232 总线(或 RS-485 总线)、CAN 总线和 USB 总线等。

以 Zynq 芯片为核心的嵌入式系统开发中,在构建硬件平台时所涉及的总线主要是片内总线和板级总线。板级总线与 Zynq 芯片的引脚有关(Zynq 芯片的引脚介绍见 2.1.3 节),其必须具备以下几种基本的功能。

① 提供地址信号、数据信号的传输通道。

② 提供总线定时功能,即同步定时、异步定时或半同步定时。大多数微处理器总线中这 3 种定时方式都提供。

③ 提供中断机制的仲裁信号通道,即 I/O 端口或设备能通过微处理器总线中的某些信号线向微处理器核提出中断请求,并且微处理器核可通过信号线向 I/O 端口或设备应答。

下面分别对 3 种总线的作用进行简要介绍。

3.1.1 片内总线

片内总线是 SOPC 类型芯片的内部总线,它把集成在芯片内部的各功能模块连接起来,用于完成芯片内部功能模块之间的数据、地址、控制等信号的交互。Arm 公司提出的片内总线标准 AMBA 是 SOPC 类型芯片广泛使用的总线标准,用于设计高性能的嵌入式微处理器,被众多芯片厂商所采用,Xilinx 公司的 Zynq 芯片内部即采用了 AMBA 总线标准。

以 AMBA 总线架构所设计的 SOPC 芯片,其内部功能模块的连接结构如图 3-1 所示。

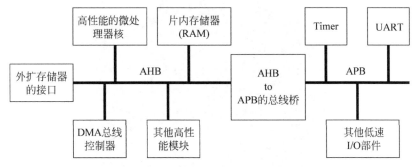

图 3-1　典型的基于 AMBA 总线的连接结构

从图 3-1 中可以了解到,SOPC 芯片内部的微处理器核、DMA 控制器、片内存储器以及其他的高性能系统部件均通过 AHB(AMBA High-performance Bus)总线连接在一起,较低速度的 I/O 部件,如 UART、Timer、GPIO、看门狗部件等均通过 APB(Advanced Peripheral Bus)总线连接在一起,并通过一个总线桥与 AHB 总线连通。

APB 总线主要用于连接芯片内部低速率的 I/O 功能模块,具有低功耗、单总线主控器、非流水线结构的特点,所有信号仅与时钟上升沿相关,每个信息的传送时间至少需要两个时钟周期。

AHB 总线主要用于连接芯片内部高速率的功能模块,解决高性能可同步的设计要求。其总线特点是单时钟周期边沿操作、支持字和字节传输、支持突发传输、支持多总线主控器、非三态方式等。

AMBA 总线规范的具体细节将在 3.2 节中介绍。

3.1.2　板级总线

板级总线有时又称为内总线。在某些嵌入式系统的应用场合中,如某些工业设备的控制器中,由于嵌入式系统通常由若干块板卡构造而成,因此,板卡与板卡之间就要设计信号连接的通道,即设计板级总线(或称内总线)来连通各个板卡。为了方便工业化的生产,便于不同厂家生产的板卡能融合在一个系统中,国际上的一些标准化组织推出了一些总线标准,其中在嵌入式系统中使用的内总线标准主要有 PC-104 总线、STD 总线和 PCI 总线等。当然,由于有些嵌入式系统受到应用条件(体积方面)的限制,因此,在构建板级目标系统时,往往并未采用标准化的总线,而是以微处理器芯片引脚为基准,直接完成芯片与芯片引脚之间的连接。

下面将对嵌入式系统中 3 种主要的板级总线标准进行介绍,而基于 Zynq 芯片引脚的板级总线(非标准化的总线)将在 3.3.2 节介绍。

1. PC-104 总线

PC-104 总线是专门为控制领域的应用而定义的嵌入式系统总线,它支持采用堆栈结构的总线形式,通过 PC-104 总线可以把各板卡叠加在一起,从而构建小型、高可靠性的嵌入式系统,如图 3-2 所示。PC-104 总线是嵌入式系统中应用得比较多的内总线标准之一。

图 3-2　基于 PC-104 的嵌入式系统

1992 年由 RTD 公司和 AMPRO 公司联合 12 家从事嵌入式系统生产的厂商组建了国际 PC-104 协会,并于 2003 年推出了 PC-104 总线标准,该总线标准得到了众多其他嵌入式系统厂商的支持。PC-104 总线的特点有以下几个。

① 板卡尺寸小型化,仅为 90mm×96mm。

② 堆栈式连接,使得连接可靠,抗震能力强,并有效地减少了系统占用空间。

③ 模块可自由扩展,运行设计者互换及配置各种功能板卡。

2. STD 总线

STD 总线也是在工业控制领域被使用的一种嵌入式系统板级总线(内总线)标准,如图 3-3 所示。早在 1987 年,STD 总线就被国际标准化组织批准为国际标准 IEEE-961。到 1989 年又推出了兼容 32 位微处理器的 STD32 总线标准。STD 总线的特点有以下几个。

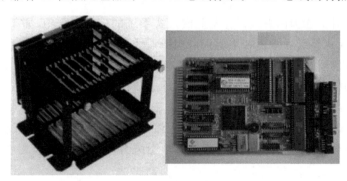

图 3-3　基于 STD 总线的嵌入式系统

① 采用无源母板结构,其他功能板卡(包括微处理器的板)垂直插入母板。

② 支持多处理器系统。

③ 易于扩展,维护性好。

④ 有 6 根逻辑电源线,4 根辅助电源线,可以做到数/模电源隔离,抗干扰性能好。

⑤ 具有丰富的 OEM 板卡。

3. PCI 总线

PCI(Peripheral Component Interconnect)主要是通用个人计算机(PC)中被广泛使用的板级总线(内总线)标准。在有些嵌入式系统中,也会采用 PCI 总线作为其板级总线,如图 3-4 所示。PCI 总线的特点有以下几个。

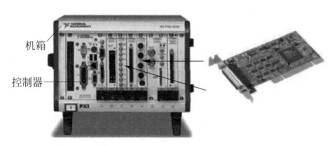

图 3-4　基于 PCI 总线的嵌入式系统

① 具有良好的即插即用特性,即板卡插入总线槽时不会产生硬件资源上的冲突。

② 数据传送高速性,具有非常高的数据传输效率。

③ 具有自动配置功能,当 PCI 板卡插入总线系统时,系统将会根据读到的该卡有关信息,结合系统中的实际情况,为该板卡分配地址、中断请求信号以及某些定时信号。

④ 支持地址线和数据线公用一组物理线路的多路复用技术。

⑤ 具有良好的可扩展性能。

3.1.3　系统级总线

系统级总线又称为外总线,它通常用于系统与系统,或者系统与智能模块之间的连接,其示意图如图 3-5 所示。系统级总线中,数据的传送通常采用串行方式,而片内总线和板级总线中,数据的传送通常是并行方式。

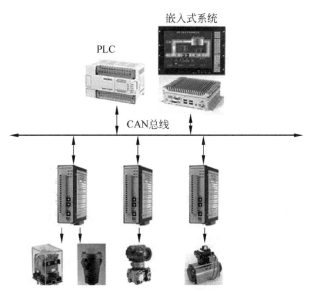

图 3-5　系统级总线的使用示意图

系统级总线的标准有许多,不同行业内,其采用的系统级总线标准会有所不同。下面按照使用的场合,分成以下 3 类来简要介绍系统级总线标准,第 4 章将选取一些系统级总线标准进行详细介绍。

1. 异步串行总线

异步串行通常是指数据传送时所需要的同步时钟,在发送方和接收方可以是不同的时钟源,但其时钟频率的标称值应该相同。异步串行通信简单、灵活,对同步时钟的要求不高,其在数据传输时,数据比特流不需要保持连续,而是以较短的二进制位数为一帧,按照一定的格式要求传输。但其传输效率较低,因此常用于传输信息量不大的场合。

异步串行总线标准有许多种,如 RS-232 总线、RS-422 总线和 RS-485 总线等。其中,RS-232 总线标准是在工业领域最基础的,也最常用的一种系统级总线标准,在 4.2 节中将详细对其进行介绍。

2. 系统与智能模块间的总线

在嵌入式系统的硬件平台构建时,除了要设计微处理器芯片与存储器芯片等功能芯片的连接电路外,有时还要设计与某些功能的模块连接电路,如摄像头模块、4G 通信模块、GPS 模块等。微处理器芯片与其他芯片的连接通常用板级总线,而与这些智能模块之间连接采用系统级总线,这类总线标准主要有: I^2C 总线、SPI 总线、SD 总线等,这些总线中的数据传送通常采用同步串行方式。4.3 节和 4.4 节将详细介绍 I^2C 总线、SPI 总线。

3. 系统与系统间的总线

系统与系统之间的连接总线,常用的总线标准有 CAN 总线、工业以太网和 USB 总线等。CAN 总线和工业以太网主要应用于企业生产设备之间的互联,USB 总线主要应用于嵌入式系统与外部智能设备之间的互联。

工业生产设备的控制是嵌入式系统中非常重要的应用领域。因此,了解并掌握工业现场环境下的系统级总线标准是非常必要的。在 8.3 节和 8.4 节中将详细介绍 CAN 总线、工业以太网总线。

3.2　AMBA 总线规范

AMBA(Advanced Microcontroller Bus Architecture)是一种开放的,用于高性能嵌入式系统中的片内总线规范,它在 Zynq 系列的全可编程芯片中被广泛采用,同时也广泛地在其他类型的 SoC 芯片中采用。

1996 年 Arm 公司推出了 AMBA 总线规范的第一个版本;1999 年推出了总线规范的 2.0 版本,该版本的规范中比前一个版本增加了 AHB(AMBA High-performance Bus)总线规范;2003 年推出了总线规范的 3.0 版本,它又增加了高级可扩展接口 AXI(Advanced Extensible Interface),用于更高性能的互联;2009 年与 Xilinx 公司合作,对 AXI 规范进行了修订,定义了基于 FPGA 的、高性能系统的 AXI 4 规范。AMBA 总线规范的主要内容包含 APB、AHB、AXI 等部分的总线规范。

① APB 是用于 SoC 芯片内较低性能的 I/O 部件或模块的连接,一般作为 Arm 系列微处理器芯片中二级总线用。

② AHB 是用于 SoC 芯片内高性能系统模块连接的总线,支持突发模式数据传输和事务处理。

③ AXI 是用于 SoC 芯片内更高性能系统模块连接的总线,是单向、多通道传输总线,支持多项数据交互,支持并行执行突发模式。

3.2.1　APB 总线规范

APB 总线是 AMBA 总线结构之一,是用来连接低速 I/O 部件或 I/O 端口的信息通道。它不支持多个总线主控器,APB 总线结构中只有一个总线主控器,就是 AHB 到 APB 的总线桥(下面简称 APB 桥),APB 桥同时又是 AHB 总线结构中的从模块,如图 3-1 所示。APB 桥的主要功能是实现 AHB 总线规范到 APB 总线规范的转换,它接收并锁存 AHB 总线上发来的地址、数据和控制信号,并提供二级地址译码来产生选择信号,以便选中连接在 APB 总线上的某个 I/O 部件,同时向其转发数据信号。

APB 总线的特性是:总线结构上不需要总线仲裁器,采用两个时钟周期完成传输,不需要等待周期,也不需要接收方的应答。总线中的控制逻辑简单,共有 4 个控制信号,即 PSEL、PENABLE、PCLK、PWRITE,简介如下。

① PSEL 信号的作用是通知 APB 总线上的从模块,有传输要开始,其目的是用来选中低速的 I/O 部件,使其做好传输数据的准备,即具有地址锁存功能,PSEL 信号为高时有效,使 APB 总线的地址信号 PADDR 被锁存。

② PENABLE 信号的作用是使能传输,即使得 APB 总线上的传输正式开始。其作用是使参与传输的双方同步,PENABLE 信号为高时有效。

③ PCLK 信号是 APB 总线系统的时钟信号,AHB 总线系统中采用的是 HCLK 时钟信号。

④ PWRITE 信号是读写命令信号,用来确定 APB 总线上数据是输入还是输出。

APB 总线上的数据传输,其状态图如图 3-6 所示。从图中可以看出 APB 总线的具体数据传输原理。

① APB 总线的初始状态为"空闲状态"(即 IDLE 状态),此时没有传输操作,也没有任何 I/O 部件被选中。

② 当 APB 桥要发起传输时,PSEL 信号置高(PSEL=1),PENABLE 信号置低(PENABLE=0),APB 总线系统进入"准备状态"(即 SETUP 状态),且只在此状态停留一个时钟周期,当时钟 PCLK 的下一个上升沿到来时,系统进入"使能状态"(即 ENABLE 状态)。

③ APB 总线系统进入"使能状态"时,之前在"准备状态"时的 PADDR 地址信号、PSEL 信号、PWRITE 信号等将维持不变,而 PENABLE 信号将置高。总线上的数据传输也将只维持一个时钟周期即完成。传输完成后,若没有后续的数据要传输,即进入"空闲状态";否则进入"准备状态"。

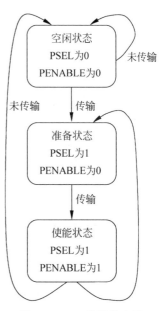

图 3-6　APB 传输状态图

3.2.2　AHB 总线规范

AHB 总线系统主要由 3 个部分组成,即主模块(Master)、从模块(Slave)和基础结构(Infrastructure),其结构示意图如图 3-7 所示。主模块是总线的主控器,整个 AHB 总线上的信息传输均是由主模块发起。从模块是总线的受控器,它们响应总线主模块发起的总线传输,根据总线主模块发出的控制信号,完成相应的数据读写操作。基础结构则是由总线仲裁器、译码器、多路选择器等模块组成。

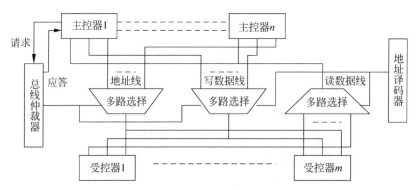

图 3-7　AHB 总线结构示意图

如图 3-7 所示,一个 AHB 总线结构中,可以支持多个总线主控器(最多 16 个主控器)和多个总线受控器(受控器个数不限)。由于有多个总线主控器,因此,结构中需要一个总线仲裁器,以便当多个主控器同时需要访问总线时,由总线仲裁器根据优先级来确定哪个主控器可以访问总线,并且确保不允许被中断的连续数据传输时的数据传输安全。

AHB 总线在 SoC 芯片内部将微处理器核(CPU)、片内 RAM、外部 DDR 芯片接口、DMA 总线主控器等连接起来,并通过 APB 桥可以和 APB 总线系统连接,是 SoC 芯片内部信息通道的骨架。AHB 总线主要由 3 类信号线组成,即地址总线(HADDR)、写数据总线(HWDATA)、读数据总线(HRDATA),这 3 类信号线是相互独立的、互不干扰的,如图 3-7 所示。在某个时刻,这 3 类总线只能由一个总线主控器或受控器来独占。选择哪一个总线主控器或受控器来独占总线是由总线仲裁器来决定的,它控制多路选择器来选择获得控制权的那个模块发送地址和数据。

1. AHB 总线的信号线

AHB 总线中除了有地址信号线、写数据信号线、读数据信号线外,还有一些用于控制数据传输的控制信号线。AHB 总线的信号线如表 3-1 所示。

表 3-1　AHB 总线信号线列表

信号线名称	信号发起者	信号有效	信号功能
HADDR[31:0]	总线主控器		32 位地址总线
HWDATA[31:0]	总线主控器		32 位写数据总线
HRDATA[31:0]	总线受控器		32 位读数据总线
HCLK	时钟源电路	上升沿	总线的时钟信号
HRESETn	复位电路	低电平	系统复位信号

续表

信号线名称	信号发起者	信号有效	信 号 功 能
HWRITE	总线主控器	高电平时为写，低电平时为读	传输方向控制信号
HTRANS[1:0]	总线主控器		AHB 总线的传输类型，有 4 种类型
HSIZE[2:0]	总线主控器		一次传输时的字节大小，最大可达 1024 位
HBURST[2:0]	总线主控器		AHB 总线的突发传输类型，有 8 种类型
HSELx	译码器		总线受控器的选择信号
HREAD	总线受控器	低电平	总线传输延时请求。当总线受控器需要数据传输延时若干周期时，应将该信号拉成低电平
HRESP[1:0]	总线受控器		总线受控器发给主控器的应答信号
HPROT[3:0]	总线主控器		保护控制信号
HBUSREQx	总线主控器	高电平	总线主控器的总线请求信号，最多支持 16 个
HLOCKx	总线主控器		总线主控器的总线锁定请求信号
HGRANTx	总线仲裁器	高电平	总线仲裁器发出的总线使用授权信号。当 HREAD 和 HGRANTx 同时为高电平时有效
HMASTER[3:0]	总线仲裁器		总线仲裁器给每个总线主控器分配的 ID 号
HMASTLOCK	总线仲裁器		当前总线主控器正在执行总线锁定操作的指示信号
HSPLITx	总线受控器		总线受控器(具有 SPLIT 操作)提供的仲裁控制信号

2. AHB 总线的传输

AHB 总线传输开始前，必须有某个总线主控器向总线仲裁器提出总线请求信号 HBUSREQx，并获得总线仲裁器的授权信号 HGRANTx。被授权的总线主控器发出地址信号(HADDR[31:0])和控制信号启动 AHB 总线传输。控制信号包括数据传输方向(即写数据 HWDATA[31:0]还是读数据 HRDATA[31:0])、数据传输宽度 HSIZE[2:0]以及是否是突发传输。

写数据总线是用于总线主控器发数据给总线受控器，数据传输方向是从主控器到受控器。读数据总线是用于总线主控器接收总线受控器发出的数据，数据传输方向是从受控器到主控器。图 3-8 是一个简单的数据写/读时序。

从图 3-8 中可以看到，一个数据传输(数据写/读)由两个阶段的操作完成，一个阶段是在一个 HCLK 周期内完成地址及控制信号的发送；另一个阶段是在一个 HCLK 周期(也可以是多个 HCLK 周期)内完成数据传输。若需要多个 HCLK 周期来完成数据传输时，总线受控器必须使 HREADY 信号线为低电平，即要求在数据传输时插入等待周期。

从图 3-8 中还可以看到，在 HCLK 时钟信号的上升沿，总线主控器向总线上发送地址和控制信号，在下一个 HCLK 时钟信号的上升沿，总线受控器获取地址及控制信号，然后使 HREADY 信号线为高电平，并发送对应的响应信号。在第二个 HCLK 时钟周期内，完成数据的传输。数据的传输分成两种情况：一种是写操作，总线主控器在第二个 HCLK 时钟信号的上升沿向总线上发送数据；另一种是读操作，总线受控器将 HREADY 信号线拉高后，向总线上传输数据。在第三个 HCLK 时钟信号的上升沿，总线主控器采集到 HREADY 信号线为高电平，一次传输完成。

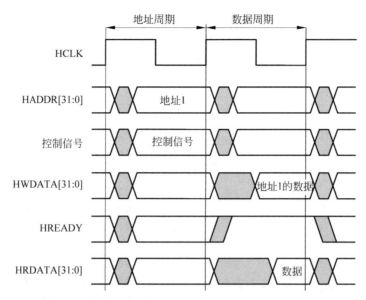

图 3-8　一个简单的 AHB 写/读时序（没有插入等待周期）

实际上，AHB 总线允许更高性能的传输，在一个 HCLK 时钟周期内可以同时传输一个地址和一个数据，即在传输一个地址信号的同时传输前一个地址对应的数据信号，这也体现了 AHB 总线的流水线特征。图 3-9 是一个典型的基于 AHB 总线流水的数据传输时序图。

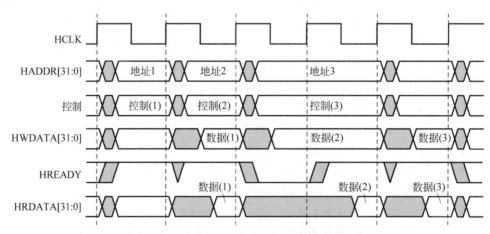

图 3-9　一个典型的 AHB 总线流水数据传输时序图

在图 3-9 中，第二个 HCLK 时钟开始，地址信号与数据信号同时传输，体现了总线流水特征，并且在第二个数据传输时，总线受控器将 HREADY 信号线拉低，发出了总线传输延时请求，这时的传输延时了一个 HCLK 时钟周期，传输结束后，再把 HREADY 信号线拉高。

传输中的控制信号包括传输方向（HWRITE）、保护控制（HPROT）和传输大小（HSIZE），它们与地址信号的时序是相同的。HWRITE 为高电平时，表示传输方向为写操作，即总线主控器通过写数据线 HWDATA[31:0]向总线受控器发数据；HWRITE 为低电平时,表示传输方向为读操作,即总线受控器通过读数据线 HRDATA[31:0]向总线主控器发数据。HPROT 提供总线保护的附加信息,若没有必要,请不要使用该信号。

传输的大小由 HSIZE 信号确定,共有 8 种大小,由 3 根 HSIZE 信号线确定。表 3-2 是 HSIZE 信号与传输大小的对应关系。

表 3-2　HSIZE 信号与传输大小的对应关系

HSIZE[2]	HSIZE[1]	HSIZE[0]	传输大小(单位是二进制位)
0	0	0	8 位(即字节)
0	0	1	16 位(即半字)
0	1	0	32 位(即字)
0	1	1	64 位
1	0	0	128 位(即 4 字)
1	0	1	256 位(即 8 字)
1	1	0	512 位
1	1	1	1024 位

AHB 总线的其他信号线(包括传输类型、突发传输类型以及一些总线仲裁信号)的作用及时序在此就不一一详细介绍了,读者可参考 AMBA 总线规范的相关文档。

3.2.3　AXI 总线规范

AXI 总线是 SoC 芯片中的可扩展接口总线,是在 AMBA 3.0 版本中被提出的,在 AMBA 4.0 版本中被升级为 AXI 4,它向下兼容 APB 和 AHB 的接口。AXI 4 总线规范是基于突发传输方式的,采用了独立的地址/控制和数据传输周期,并且具有 5 个不同的信息通道,这 5 个独立的信息通道是读地址通道、写地址通道、读数据通道、写数据通道和写响应通道。AXI 4 总线标准被许多第三方厂商支持,提供了许多成熟的 IP 核,使得该总线接口被广泛使用。

1. AXI 4 总线的信号线

AXI 4 总线规范有 3 种接口信号集,一种称为 AXI Full(又称为 AXI 4),另两种分别是 AXI 4-Lite 和 AXI 4-Stream。AXI 4-Lite 和 AXI 4-Stream 的信号可以说是 AXI Full 信号的子集,AXI 4-Lite 用于主模块与 I/O 端口间的地址/单数据传输,AXI 4-Stream 用于基于 FPGA 设计的大数据突发传输,传输时不需要地址信号。下面就 AXI 4(即 AXI Full)的信号进行介绍,AXI 4 的信号除了一些全局性的信号线外,主要是按照通道来构成相关的信号集。AXI 4 总线信号的列表如表 3-3 所示。

表 3-3　AXI 4 总线信号

信号集名称	信号名称	信号发起者	信号功能
全局信号	ACLK	时钟源电路	全局时钟信号,所有的信号由其上升沿触发
	ARESETn	复位电路	全局复位信号,低电平复位
低功耗接口信号	CSYSREQ	时钟控制器	低功耗请求信号,将使 I/O 设备进入低功耗状态
	CSYSACK	I/O 设备或模块	低功耗请求响应
	CACTIVE	I/O 设备或模块	I/O 设备请求时钟信号

续表

信号集名称	信号名称	信号发起者	信号功能
读地址通道信号	ARID[3:0]	总线主控器	读地址的 ID 号,用于标注一组读地址
	ARADDR[31:0]	总线主控器	读地址信号线,用于在一次突发读传输时给出读地址的首地址
	ARLEN[7:0]	总线主控器	突发传输的长度,用于确定突发传输的次数
	ARSIZE[2:0]	总线主控器	突发传输的数据大小,用于确定每次突发传输的数据宽度,数据宽度种类同表 3-2
	ARBURST[1:0]	总线主控器	突发传输类型
	ARLOCK	总线主控器	总线锁信号
	ARCACHE[3:0]	总线主控器	缓存类型
	ARPROT[2:0]	总线主控器	保护类型
	ARVALID	总线主控器	读地址有效,用于确定读地址线上的地址有效,以及控制信号有效。该信号应一直保持有效,直到 ARREADY 为高
	ARREADY	总线受控器	读地址准备好,用于确定总线受控器可以接收地址和相关的控制信号
	ARQOS[3:0]	总线主控器	用于每次读传输地址通道上的 4 位 QoS 标识符,可以作为优先级标志
	ARREGION[3:0]	总线主控器	用于每次读传输地址通道上的域标识符
写地址通道信号	AWID[3:0]	总线主控器	写地址的 ID,用于标注一组写地址
	AWADDR[31:0]	总线主控器	写地址信号线,用于在一次突发写传输时给出地址的首地址
	AWLEN[7:0]	总线主控器	突发传输的长度,用于确定突发传输的次数
	AWSIZE[2:0]	总线主控器	突发传输的数据大小,用于确定每次突发传输的数据宽度,数据宽度种类同表 3-2
	AWBURST[1:0]	总线主控器	突发传输类型
	AWLOCK	总线主控器	总线锁信号
	AWCACHE[3:0]	总线主控器	缓存类型
	AWPROT[2:0]	总线主控器	保护类型
	AWVALID	总线主控器	写地址有效,用于确定写地址线上的地址有效,以及控制信号有效。该信号应一直保持有效,直到 AWREADY 为高
	AWREADY	总线受控器	写地址准备好,用于确定总线受控器可以接收地址和相关的控制信号
	AWQOS[3:0]	总线主控器	用于每次写传输地址通道上的 4 位 QoS 标识符,可以作为优先级标志
	AWREGION[3:0]	总线主控器	用于每次写传输地址通道上的域标识符
读数据通道信号	RID	总线受控器	一次读数据的 ID 号
	RDATA[31:0]	总线受控器	读数据总线
	RRESP	总线受控器	读响应信号
	RLAST	总线受控器	最后一个读突发传输的指示信号
	RVALID	总线受控器	读数据有效的指示信号
	RREADY	总线主控器	准备好信号,表示总线主控器可以读数据

续表

信号集名称	信号名称	信号发起者	信号功能
写数据通道信号	WID	总线主控器	一次写数据的 ID 号
	WDATA[31:0]	总线主控器	写数据总线
	WSTRB[3:0]	总线主控器	写数据有效字节的指示信号线,表明哪 8 位有效
	WLAST	总线主控器	最后一个写突发传输的指示信号
	WVALID	总线主控器	写数据有效的指示信号
	WREADY	总线受控器	准备好信号,表示总线受控器可以接收写数据
写响应通道信号	BID	总线受控器	写响应 ID
	BRESP	总线受控器	写响应信号
	BVALID	总线受控器	写响应有效的指示信号
	BREADY	总线主控器	准备好信号,表示总线主控器可以接收写响应

表 3-3 表明,所有 AXI 4 总线上的模块均使用同一个时钟信号 ACLK,模块是在 ACLK 时钟的上升沿对输入信号进行采样,或在 ACLK 时钟的上升沿之后发出输出信号。复位信号也是所有总线上连接的模块共用的,复位时各信号线的状态如下。

① 总线主控器控制信号线:ARVALID、AWVALID、WVALID 的状态为低电平。

② 总线受控器控制信号线:RVALID、BVALID 的状态为低电平。

③ 其他信号线的状态为任意电平,既有可能是高电平,也有可能是低电平。

2. AXI 4 总线的传输

AXI 4 总线上的总线主控器和总线受控器之间的传输,需要在它们之间先通过握手信号建立连接。AXI 4 总线中 5 个传输通道的握手信号线分别是该通道对应的 VALID 信号线和 READY 信号线(表 3-3),只有当 VALID 和 READY 信号同时有效,才能进行有效的传输。一个典型的 AXI 4 总线基于握手方式的传输时序图如图 3-10 所示。

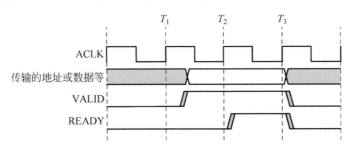

图 3-10　AXI 4 总线基于握手方式的传输时序

AXI 4 总线的传输是突发式的,突发传输发生时,总线主控器只给出第一个地址,由总线受控器计算后续的地址。AXI 4 总线的其他信号线(包括突发传输的长度、突发传输的大小、突发传输类型等)的作用及要求在此就不一一详细介绍了,读者可参考 AMBA 总线规范的相关文档。

3.3　Zynq 芯片的总线结构

以 Zynq 芯片为核心所开发的嵌入式系统,是基于 Zynq 芯片的总线结构来构建的,如图 3-11 所示。其总线结构中包括芯片内部的互连总线,以及芯片与其他芯片或模块之间的连接总线(即板级总线)。Zynq 芯片内部包含 PS 部分和 PL 部分,为了使 PS 部分的 Cortex-A9 微处理器核与 PL 部分的 FPGA 能有效融合在一个芯片内,就需要设计它们之间的高效互连总线;否则,若它们之间互连总线传输效率低,那么将 Cortex-A9 微处理器核与 FPGA 集成在一个芯片中的优势就不能充分发挥。下面详细介绍 Zynq 芯片内部各部件间的互连结构以及 Zynq 芯片与外部模块的接口。

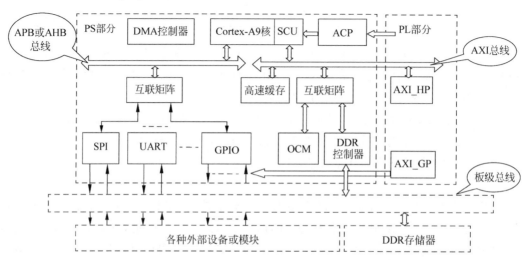

图 3-11　以 Zynq 芯片为核心的系统总线结构

3.3.1　PS 部分的接口连接

Zynq 芯片的 PS 部分包含许多 I/O 端口及存储器接口,它们的功能与其他嵌入式 CPU 芯片内部的 I/O 端口功能一样,用于连接外部设备或模块。但是,这些 I/O 端口除了 PS 部分的 Cortex-A9 微处理器核可以通过指令进行读写外,还可以使用 PL 部分来访问。I/O 端口的引脚是通过芯片 MIO 类型的引脚引出的,可以进行动态配置其功能。若配置成 GPIO 引脚,则最多可以配置 54 个该类型引脚。另外,通过 EMIO 功能,还可以把 I/O 端口引脚扩展到 PL 部分的引脚上,若该类型引脚配置成 GPIO 引脚,最大可配置成 64 个输入、128 个输出。图 3-12 是 PS 部分的 I/O 接口连接情况。

在图 3-12 中,MIO(Multiuse I/O)是 PS 部分的多功能 I/O 引脚,即其功能可进行配置。EMIO(Extendable Multiplexed)被称为可扩展的 MIO,是将 I/O 端口的输入输出引脚连接到 PL 的引脚上,主要用于当 MIO 引脚不够用时来扩展输入输出引脚。

用于连接外部 DDR 存储器芯片的引脚,在 Zynq 芯片的引脚上是专用的引脚,而不是通过 MIO 或 EMIO。这类引脚的接口将在 3.4 节介绍。

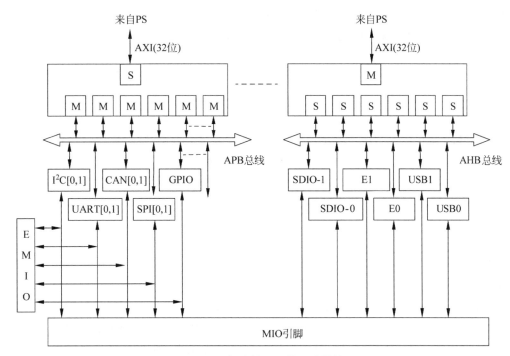

图 3-12 PS 部分的 I/O 接口连接情况

3.3.2 芯片内部 PS 和 PL 互联结构

Zynq 芯片内部有许多功能部件,如 Cortex-A9 微处理器核、DMA 控制器及片上存储器 (OCM)、DDR 控制器、多个接口功能部件(如 GPIO、SPI、UART、I²C、CAN)等。这些部件在芯片内部按照 AMBA 3.0 总线规范进行互联,构建了它们之间的高速数据通路。其中,Zynq 芯片内的 PL 与 PS 之间的互联是基于 AXI 4.0 规范的,它们之间的 AXI 互联接口有 3 种类型,即 AXI_GP 接口、AXI_HP 接口和 AXI_ACP 接口,下面对它们进行分别介绍。

1. AXI_GP 接口

AXI_GP 接口(GP 是 General Purpose 的缩写)被称为通用的 AXI 总线接口,主要是用于连接 PS 部分中的各种 I/O 端口部件。AXI_GP 接口共有 4 个,其中两个是 32 位的总线主控器接口,另两个是 32 位的总线受控器接口。

PS 部分中 APU 采用 AXI_GP 接口的总线主控器接口,就可以把 PL 部分当作 I/O 部件来访问,这时完成的数据传输需要 Cortex-A9 微处理器核执行数据传送指令来完成,数据的吞吐率较低。若 APU 采用的是 AXI_GP 接口的总线受控器接口,则 PL 部分可以访问 PS 部分的 I/O 端口。

AXI_GP 接口的典型应用就是用于控制数据量不大的普通传输,如用于步进电机控制或温度传感器等这样的接口电路设计,它们需要传输的数据通常只是控制命令或少量的参数数据。

2. AXI_HP 接口

AXI_HP 接口被称为高带宽的接口,主要用于 PL 访问 PS 中的 OCM(片上存储器)和 DDR 控制器。即用 PL 中 FPGA 设计的功能模块(如 DMA 控制器)作为总线主控器,可以直接访问 PS 部分中的 OCM 和 DDR 控制器,向相关存储器内传送数据或读取数据,而不需要通过 APU 来控制。除了访问 OCM 和 DDR 控制器,AXI_HP 接口不能访问其他的片内部件。

AXI_HP 接口有 4 个,每个接口均可编程设置为 32 位或 64 位的数据宽度,并且每个接口有一个读 FIFO 缓冲区和一个写 FIFO 缓冲区,这些 FIFO 为大数据量的突发传输提供缓冲。

AXI_HP 接口的典型应用就是进行大数据量突发式传输控制。例如,用于一个视频信号的采集电路中,若图像采集模块(即摄像头)的数据传输接口采用 AXI_HP,并利用 PL 中的 FPGA 设计 DMA 传输的控制器作为 AXI 总线的主控器,就可以不需要 APU 参与控制,把采集到的图像数据高速地传输到 DDR 存储器中。

3. AXI_ACP 接口

AXI_ACP 接口被称为加速器一致性接口,是 PL 部分与 PS 部分之间最紧密的接口。PL 部分通过该接口,可以访问 PS 中的数据缓存区(32KB D_Cache),并且可由 SCU 模块保证数据缓存的一致性。

AXI_ACP 接口和 AXI_HP 接口的作用有些类似,均是提供一个高带宽的数据传输通道,以提高数据的吞吐率。它们之间的差别是 AXI_ACP 接口连接到了 SCU 模块上,因而可以直接访问高速缓存中的数据,且能保证缓存一致性操作,而 AXI_HP 接口只能访问片内存储器和片外的 DDR 存储器。

但是,由于 AXI_ACP 接口访问数据缓存区,可能会导致 APU 中的 Cortex-A9 微处理器核访问数据缓存区的延时,从而降低了 CPU 的效率。因此,AXI_ACP 接口更适合数据量中等的传输场合,而数据量大的传输场合建议采用 AXI_HP 接口。AXI_ACP 接口的典型应用是用 FPGA 来设计算法加速器的场合。

上面提到的 3 种 AXI 接口均是点对点的主/从式接口,当需要多个接口来进行数据传输时,需要加入 AXI 互联开关(AXI Interconnect)模块。其作用是提供将一个或多个 AXI 总线主控器连接到一个或多个 AXI 总线受控器的交换矩阵。

综上所述,PL 部分与 PS 部分之间的数据通道有多种接口方式。表 3-4 列出了几种接口方式及其作用。

表 3-4　PL 与 PS 间的数据接口方式

接口及控制方式	特　　点	典 型 应 用	数据速率/(MB·s⁻¹)
AXI_GP(采用 CPU 读写指令控制)	PL 为受控器,占用的 PL 资源少,设计简单。但吞吐率低	I/O 控制	<25
AXI_HP(采用 DMA 控制)	PL 为主控器,吞吐率高,有多个接口。但只能访问 OCM/DDR,且用 PL 设计主控器时设计复杂	用于大数据量突发传输	1200(每个接口)
AXI_ACP(采用 DMA 控制)	PL 为主控器,吞吐率高,可访问高速缓存,且传输延时低。但可能引起高速缓存振荡,且用 PL 设计主控器时设计复杂	用于数据量中等,且要求数据一致性的数据传输	1200

续表

接口及控制方式	特　点	典型应用	数据速率/(MB·s^{-1})
AXI_GP(采用 DMA 控制)	中等的吞吐率。但用 PL 设计主控器时设计复杂	PS 中 I/O 端口访问 PL 到 PS 控制功能	600
PS DMA	中等的吞吐率,具有多个通道,用 PL 设计受控器时设计简单。但需要编程来控制 DMA 操作		600

3.3.3　Zynq 芯片的板级总线

嵌入式系统的板级目标系统硬件平台设计时,主要完成的任务是把微处理器芯片与其他功能芯片进行有机地连接。因此,了解基于芯片引脚的板级总线,是设计嵌入式系统板级硬件平台的关键。本书中的许多示例所涉及的微处理器芯片是 Xilinx 公司的 Zynq 芯片,因此,本小节将分别介绍基于 Zynq 芯片的板级总线。

Zynq 芯片的板级总线即是基于 Zynq 芯片引脚的,在 2.1.3 节中已经列出了 Zynq 芯片的引脚。在此,按照功能的分类对 Zynq 芯片的引脚再进行归纳。

Zynq 芯片的引脚主要分成 PS 部分的引脚和 PL 部分的引脚,按照功能分类主要是专用的地址类信号引脚、数据类信号引脚、控制类信号引脚以及 PS 部分的 I/O 引脚和 PL 部分的 I/O 引脚等。下面就几类主要的信号引脚加以介绍。

1. 地址类信号引脚

该类引脚是 PS 部分的专用引脚,Zynq 芯片的地址类信号引脚有以下几个。

① 块地址信号引脚 DDR_BA2~DDR_BA0。

② 行或列地址信号引脚 DDR_A14~DDR_A0。

③ 行选通信号引脚 DDR_RAS_B。

④ 列选通信号引脚 DDR_CAS_B。

⑤ 片选信号引脚 DDR__CS_B。

上述的信号引脚将作为地址总线与片外 DDR 存储器芯片连接,也可作为其他需要地址信号的片外 I/O 功能芯片的地址总线。

2. 数据类信号引脚

该类引脚是 PS 部分的专用引脚,Zynq 芯片的数据类信号引脚有以下几个。

① 数据信号引脚(即数据总线)DDR_DQ31~DDR_DQ0。

② 数据选通信号引脚(正极)DDR_DQS_P3~DDR_DQS_P0。

③ 数据选通信号引脚(负极)DDR_DQS_N3~DDR_DQS_N0。

④ 数据掩码信号引脚 DDR_DM3~DDR_DM0。

Zynq 芯片的数据总线是 32 位的,支持 32 位数据宽度,可用作连接片外存储器芯片的数据总线,也可用作其他需要数据总线的片外 I/O 功能芯片的数据线。数据选通信号即数据的同步信号,该信号确保数据接收方安全读取数据。数据掩码信号用于选择数据是否被屏蔽。这些信号引脚是专用于与 DDR 寄存器芯片的数据信号传输。

3. 控制类信号引脚

Zynq 芯片的控制类信号又分成以下几个子类。

　　1) DDR 存储器芯片的控制信号

① DDR 差分时钟信号引脚(正)DDR_CK_P。

② DDR 差分时钟信号引脚(负)DDR_CK_N。

③ DDR 时钟使能信号引脚 DDR_CKE。

④ 写使能信号引脚 DDR_WE_B。

⑤ DDR 复位信号 DDR_DRST_B。

　　2) PS 部分系统控制信号

① 系统时钟信号引脚 PS_CLK。

② 系统上电复位信号引脚 POR_B。

③ 系统复位信号引脚 STSR_B。

4. I/O 部件接口引脚

PS 部分的 I/O 部件引脚是 MIO53~MIO0(注：根据 Zynq 芯片的型号不同,这些引脚的数量有所不同)。这种类型的引脚是多功能的,可以通过 MIO 引脚的配置寄存器来设置其功能。例如,UART 的串口通信的引脚 TXD、RXD,即可通过软件把它们配置到相应的 MIO 引脚上。

5. PL 类引脚

PL 部分的引脚是 FPGA 逻辑电路对应的 I/O 引脚,其功能可配置,并且通过 EMIO 模块扩展成 PS 部分的 I/O 端口引脚。这类引脚的数量根据 Zynq 芯片的类型不同而有所不同。在 Zynq 芯片上,这类引脚的符号是 IO_××_#(注：#表示块号,××表示该引脚在块内的序号)。

6. 其他功能类引脚

其他功能类引脚主要包括 JTAG 调试接口引脚、复位引脚、时钟电路引脚及电源引脚等。详细的引脚功能可参见 2.1.3 节,这里不再进行介绍。

3.4　存储器芯片的接口设计方法

在设计嵌入式系统时,若程序代码及数据量大时,通常片内存储器的容量不足以存储这些代码或数据,需要设计片外存储器。而片外存储器芯片有多种类型,不同类型的存储器芯片,其接口电路有所不同。本节先了解存储器芯片的分类,然后将根据存储器芯片分类来介绍其对应的接口电路设计方法。

3.4.1　存储器芯片分类

存储器通常分成两大类别,即随机存储器(RAM)类和只读存储器(ROM)类。RAM 类存储器芯片通常是易失性存储器,用作存储动态数据,或者运行时的代码存储区域。ROM 类存储器芯片是非易失性存储器,通常用作代码静态时的存储区域或常数的存储区域。

1. 随机存储器

随机存储器可以被读出数据,也可以向其内部写入数据,之所以称为随机,是因为在读写数据时,可以从存储器的任意地址处进行,而不必从开始地址处顺序地进行。随机存储又分为两大类,即静态随机存储器(Static Random Access Memory,SRAM)和动态随机存储器(Dynamic Random Access Memory,DRAM)。这两者相比较具有以下差别。

① SRAM 读写速度比 DRAM 读写速度快。

② SRAM 比 DRAM 功耗大。

③ DRAM 的集成度可以做得更大,则其存储容量更大。

④ DRAM 需要周期性地刷新,而 SRAM 不需要。因为 SRAM 中的存储单元内容在通电状态下始终是不会丢失的,因而,其存储单元不需要定期刷新。

在实际设计中,由于 DRAM 的集成度高、功耗低,因此,主存储器中所需的 RAM 型存储器芯片均采用 DRAM 型芯片,特别是一种称为同步动态随机存储器(Synchronous Dynamic Random Access Memory,SDRAM)型的存储芯片。只有在低端嵌入式系统中,由于需求的存储容量不是很大,而会选用 SRAM 型存储器芯片。有时 SRAM 还用于作二级高速缓存。

图 3-13(a)所示为一款 SRAM 存储器芯片,存储容量为 32KB。图 3-13(b)所示为一款 DRAM 存储器芯片,存储容量为 64MB。

(a) 一款SRAM存储器芯片　　　　(b) 一款DRAM存储器芯片

图 3-13　随机存储器

2. 只读存储器

只读存储器(ROM)是指其内部存储单元中的数据不会随失电而丢失的存储器。在嵌入式系统中,只读存储器中通常存储程序代码和常数。

只读存储器通常又分成 EPROM、EEPROM 和闪存(Flash)。目前,闪存作为只读存储器在嵌入式系统中被大量采用,闪存使用标准电压即可擦写和编程。因此,闪存在标准电压的系统内就可以进行编程写入。但它们的写入操作是按块顺序进行的,而不能随机地写入任何地址单元。

NOR 和 NAND 是现在市场上两种主要的非易失性闪存技术。Intel 于 1988 年首先开发出 NOR Flash 技术,彻底改变了嵌入式系统中原先由 EPROM 和 EEPROM 一统天下的局面。紧接着,1989 年,东芝公司发表了 NAND Flash 结构,强调降低每比特的成本,更高的性能,并且像磁盘一样可以通过接口轻松升级。

在嵌入式系统的存储系统设计时,采用 NAND Flash 还是 NOR Flash 需根据实际要求确定,两类 Flash 各有优、缺点。即使在嵌入式系统中两者均采用,它们起的作用也不同。NAND Flash 和 NOR Flash 比较,有以下特点。

(1) NOR Flash 的读取速度比 NAND Flash 稍快,NAND Flash 的擦除和写入速度比 NOR Flash 快很多。

(2) Flash 芯片在写入操作时,需要先进行擦除操作。NAND Flash 的擦除单元更小,因此相应的擦除电路更少。

（3）接口方面它们也有差别。NOR Flash 带有 SRAM 接口，有足够的地址引脚来寻址，可以很容易地存取其内部的每一字节，可以像其他 SRAM 存储器那样与微处理器连接；NAND Flash 器件使用复杂的 I/O 接口来串行地存取数据，各个产品或厂商的方法还各不相同，因此，与微处理器芯片的接口电路复杂。

① NAND Flash 读和写操作采用 512B 的块，这一点类似硬盘管理操作，显然，基于 NAND Flash 的存储器就可以取代硬盘或其他块设备。

② NAND Flash 的单元尺寸几乎是 NOR Flash 器件的一半，即 NAND Flash 结构可以在给定的尺寸内提供更高的存储容量，也就相应地降低了价格。

③ NAND Flash 中每个块的最大擦写次数是 100 万次，而 NOR Flash 的擦写次数是 10 万次。

④ 所有 Flash 器件都受位交换现象的困扰。在某些情况下，NAND Flash 发生的次数要比 NOR Flash 多。

⑤ NAND Flash 中的坏块是随机分布的。需要对介质进行初始化扫描以发现坏块，并将坏块标记为不可用。在已制成的系统中，若没有可靠的方法进行坏块扫描处理，将导致系统高故障率。

⑥ NAND Flash 的使用复杂，必须先写入驱动程序才能继续执行其他操作。向 NAND Flash 写入信息需要相当高的技巧，因为设计者绝不能向坏块写入，这就意味着在 NAND Flash 上自始至终都必须进行虚拟映射。

图 3-14(a)所示为一款 NOR Flash 存储器芯片，存储容量为 2MB。图 3-14(b)所示为一款 NAND Flash 存储器芯片，存储容量为 1GB。

(a) NOR Flash存储器芯片　　　　　(b) NAND Flash存储器芯片

图 3-14　Flash 存储器芯片

3. DDR 存储器

DDR 存储器是双倍数据流的 SDRAM，对应的英文是 Double Data Rate SDRAM，它在传统的 SDRAM 类存储器基础上进行了改进。DDR 存储器和传统的 SDRAM 存储器的主要区别就在于，DDR 存储器在一个时钟周期内，时钟的上升沿和下降沿各进行一次数据传输，而传统的 SDRAM 存储器只在时钟上升沿进行一次数据传输。

DDR 存储器技术还在不停地改进和发展中，从 1997 年推出 DDR 类型的存储器芯片开始，经过 DDR2(2001 年推出)、DDR3(2008 年推出)、DDR4(2011 年推出)，到当今推出了 DDR5。本书主要以 DDR3 为背景来介绍其存储接口电路设计。

DDR3 存储器主要有以下几个特点。

① 芯片的功耗低，且发热量小。

② 工作频率高,采用差分时钟信号,其时钟频率是第一代 DDR 芯片的 4 倍,其数据传输速率是传统 SDRAM 芯片的 8 倍。

③ 存储容量密度大,每个存储芯片(或称存储颗粒)规格多为 32M×32bit。

④ 通用性能好,与 DDR2 在引脚、封装方面是兼容的。

3.4.2　SROM 型存储器接口设计方法

SROM 型存储器是 SRAM 型存储器、EPROM 型存储器、NOR Flash 型存储器的统称。其中,EPROM 型芯片只在低端的嵌入式系统中使用,大多数嵌入式系统中已不再使用该类型的存储器芯片,而是使用 NOR Flash 型存储器芯片。在实际的接口电路中,这 3 类存储器芯片与微处理器之间的接口电路设计方法是相似的。微处理器与 SROM 型存储器接口一般有以下几种信号线。

(1) 片选信号线 CE。有的书上又标记为 CS,用于选中该存储器芯片。若 CE=0 时,该存储器芯片的数据引脚被启用;若 CE=1 时,该存储器芯片的数据引脚被禁止,对外呈高阻状态。

(2) 读写控制信号线。控制 SROM 芯片数据引脚的传送方向。若是读有效,则数据引脚的方向是向外的,微处理器从其存储单元读出数据;若是写有效,则数据引脚的方向是向内的,微处理器向其存储单元写入数据。通常,SRAM 芯片是可以随机写的,而 EPROM 芯片、NOR Flash 芯片是不能够随机写的。

(3) 若干根地址线。用于指明读写单元的地址。地址线是多根,应与存储器芯片内部的存储容量相匹配。

(4) 若干根数据线。双向信号线,用于与微处理器之间的数据进行交换。数据线上的数据传送方向由读写控制信号线控制。数据线通常有 8 根或 16 根或 32 根,由微处理器的数据宽度确定。

一个典型的微处理器与 SROM 型存储器的接口电路原理框图如图 3-15 所示。

SROM 型存储器芯片中存储的内容,在上电时通常是不会丢失的,并且地址引脚的根数是与芯片内部存储容量相对应的。例如,若一个 SROM 型存储芯片的容量为 64KB,那么其地址引脚就有 16 根(A0～A15)。因此,微处理器与其接口电路相对来说比较简单,接口电路中不需要刷新电路,设计时重点考虑的是地址分配,即如何

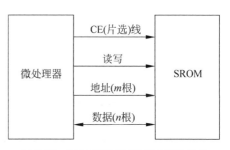

图 3-15　微处理器与 SROM 接口电路

用地址信号控制芯片的片选信号,并满足微处理器读写周期的时序要求。SROM 型的读写时序如图 3-16 所示。

设计 SROM 型存储器芯片的地址分配电路时,还需要考虑数据总线的宽度,即读写一次的数据位数是字节(8 位)、半字(16 位)或者字(32 位)。采用不同的数据总线宽度,在设计地址分配电路时,微处理器地址信号线与存储器芯片地址信号线的对应关系会有些不同。图 3-17 至图 3-19 分别给出数据总线宽度为 8 位、16 位、32 位的 SROM 型芯片接口地址分配示意图。

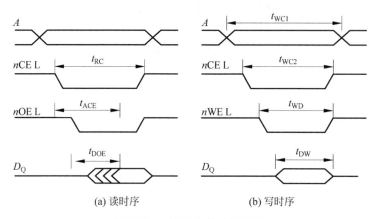

(a) 读时序　　　　　　　　(b) 写时序

图 3-16　SROM 型的读写时序

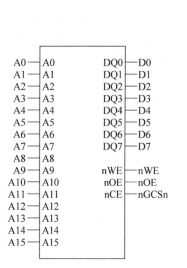

图 3-17　8 位(64KB 容量)的 SROM
地址分配示意图

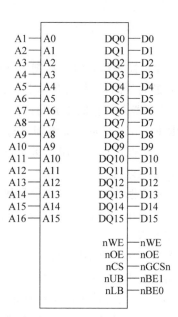

图 3-18　16 位(128KB 容量)的 SROM
地址分配示意图

在图 3-17 中,长方形框内部符号 A0～A15、DQ0～DQ7、nWE、nOE、nCE 等代表存储器芯片的引脚信号,长方形框外部符号表示微处理器的信号。图 3-18 与图 3-19 中类同。可以看到,地址分配主要是完成微处理器的地址信号线与存储器芯片的地址信号线的连接,同时需要完成存储器片选信号线的连接。在微处理器的地址信号线与存储器地址信号线的连接关系上,受存储器数据总线宽度的影响。但无论数据总线宽度如何,即无论是 8 位、16 位还是 32 位,地址均按顺序对应连接。

另外,需提出的是,在嵌入式系统中,片外存储器系统是由多片存储器芯片组成,以满足系统对存储器容量、存储器类别的要求。这时,对有些嵌入式微处理器来说,其地址分配电路中应该包含一个高位地址译码电路,通过对微处理器高位地址进行译码,产生的译码信号分别用于控制不同存储器芯片的片选信号,从而达到给不同芯片分配不同地址范围的目的。

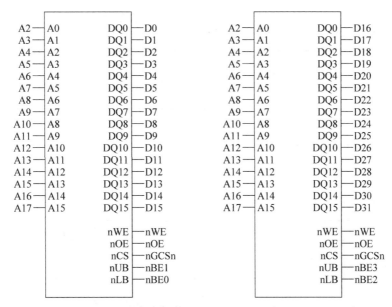

图 3-19 32 位(256KB 容量)的 SROM 地址分配示意图

而有些嵌入式微处理器其外围可能就不需要加译码电路,因为其内部已把存储空间映射成几个独立的存储块,换句话说,它的内部已经集成有译码电路。

3.4.3 DRAM 型存储器接口设计方法

DRAM 型的存储器芯片里的存储单元内容,在通电状态下,随着时间的推移会丢失,因而,其存储单元需要定期刷新。微处理器与该类型存储器芯片接口的信号线,除了有与 SROM 型存储器芯片相同的信号线外,还有 RAS(行地址选择)信号线和 CAS(列地址选择)信号线。需要这些信号的原因是可以减少芯片地址引脚数(这样只需要一半地址引脚),并且方便刷新操作。在微处理器读写 DRAM 时,其地址按下面时序提供。

首先,微处理器输出地址的高位部分出现在 DRAM 芯片的地址引脚上,此时,RAS 信号线置成有效,把地址引脚上的地址作为行地址锁存在 DRAM 芯片内部。

随后,微处理器输出地址的低位部分出现在 DRAM 芯片的地址引脚上,此时,CAS 信号线置成有效,把地址引脚上的地址作为列地址锁存在 DRAM 芯片内部。注意,此时 RAS 信号线应保持有效。

DRAM 的刷新是通过执行内部读操作来完成的,一次刷新一行,刷新应该在完成一次读写操作后进行,微处理器与 DRAM 的接口电路中应设计有控制刷新的逻辑。图 3-20 所示为典型的微处理器与 DRAM 接口电路。

典型 DRAM 的刷新、写、读时序如图 3-21 所示。

进行 DRAM 的地址分配电路设计时,也需考虑数据总线宽度的影响。图 3-22 和图 3-23 分别给出数据总线宽度为 16 位和 32 位的 DRAM 接口

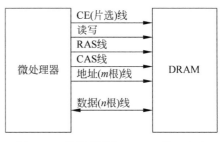

图 3-20 微处理器与 DRAM 接口电路

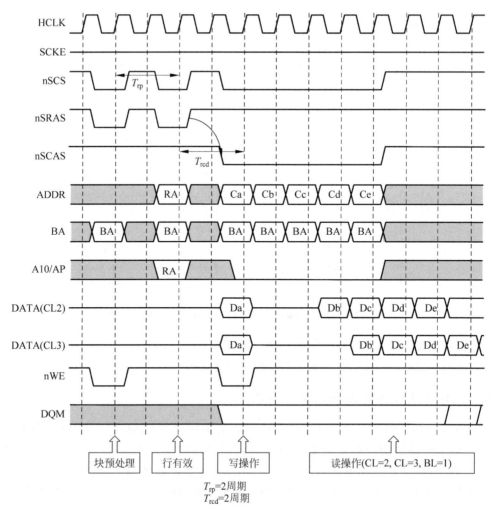

图 3-21　DRAM 时序图

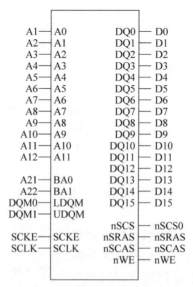

图 3-22　16 位 DRAM 的地址分配

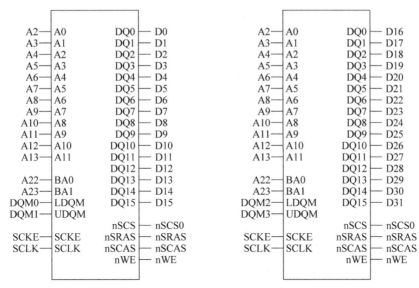

图 3-23　32 位 DRAM 的地址分配

地址分配示意图。图中采用的 DRAM 芯片数据宽度为 16 位,容量为 $1M \times 16 \times 4$ 块,即 8MB。A22、A21 控制块地址 BA1、BA0。

　　从图 3-22 和图 3-23 中可以看出,DRAM 存储器地址分配主要也是完成微处理器的地址信号线与存储器芯片的地址信号线的连接,同时需要完成存储器片选信号线的连接。但 DRAM 的地址信号分成行地址和列地址两部分,因此,其地址引脚有些是复用的,在设计时要注意。另外,地址分配时还需提供行地址选通信号(RAS)和列地址选通信号(CAS),并且还需存储块的地址。

　　在图 3-22 中,长方形框内部符号 A0～A11、DQ0～DQ15、nWE、nSCS、nSRAS、nSCAS 等代表存储器芯片的引脚信号,外部符号表示微处理器的信号。图 3-23 中类同。

3.4.4　NAND Flash 型存储器接口设计方法

　　前面已经提到,不同厂家生产的 NAND Flash 类型存储器芯片,其接口没有统一的标准,因此,在设计其接口电路时,应参考所选用的芯片技术手册来进行。目前,以 Intel 公司为首的 ONFI(Open NAND Flash Interface)组织正在发起制定 NAND Flash 的标准接口规范,这将会使 NAND Flash 得到更普及地应用。

　　近年来,由于 NAND Flash 存储信息的非易失性且其数据存储密度大、价格适中,因此,在许多嵌入式系统中均设计有 NAND Flash 存储器,作为系统辅助存储器,可用来存储系统的应用程序文件(类似于通用台式计算机的磁盘)。但是,NAND Flash 存储器与微处理器之间的接口较为复杂,存取数据通常采用 I/O 方式,并且 NAND Flash 缺乏统一的接口规范,这更增加了其接口设计的复杂度。

　　NAND Flash 存储器芯片的引脚分为 3 类,即数据引脚、控制引脚和状态引脚。其中数据引脚高度复用,既用作地址总线,又用作数据总线和命令输入信号线。典型的支持 NAND Flash 芯片连接的接口内部结构如图 3-24 所示。

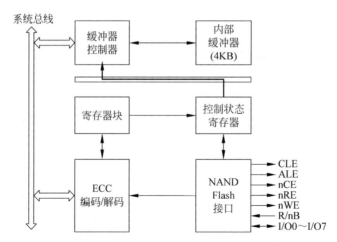

图 3-24　典型的支持 NAND Flash 连接的接口内部结构

图 3-24 显示,接口引脚中有 8 个 I/O 数据引脚(I/O0~I/O7),用来输入输出地址、数据和命令。控制信号引脚有 5 个,其中 CLE 和 ALE 分别为命令锁存使能引脚和地址锁存使能引脚,用来选择 I/O 端口输入的信号是命令还是地址。nCE、nRE 和 nWE 分别为片选信号,读使能信号和写使能信号。状态引脚 R/nB 表示设备的状态,当数据写入、编程和随机读取时,R/nB 处于高电平,表明芯片正忙;否则输出低电平。NAND Flash 的读写时序如图 3-25 所示。

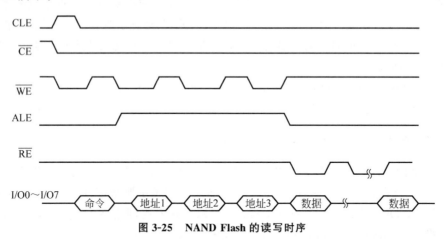

图 3-25　NAND Flash 的读写时序

例如,K9F6408 系列是一种典型的 NAND Flash 芯片,图 3-26 是其引脚及命令图。它的数据宽度为 8 位,内部存储单元按页和块的结构组织。一片 K9F6408 的使用容量为 8M×8b,片中划分成 1024 个块,每个数据块又包含 16 个页。其中每个数据页内有 528B,前 512B 为主数据存储器,存放用户数据,后 16B 为辅助数据存储器,存放 ECC 代码、坏块信息和文件系统代码等。该芯片内部还有一个容量为 528B 的静态寄存器,称为页寄存器,用来在数据存取时作为缓冲区使用。编程数据和读取的数据可以在寄存器和存储阵列中按 528B 的顺序递增访问。当对芯片的某一页进行读写时,其数据首先被转移到该寄存器中,通过这个寄存器和其他芯片进行数据交换,片内的读写操作由片内的处理器自动完成。

引脚结构

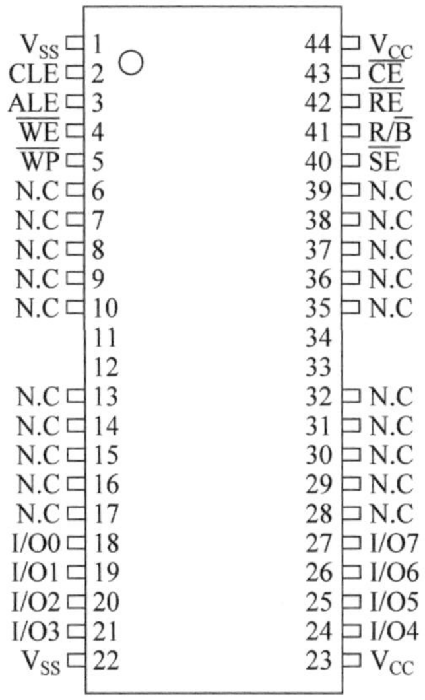

引脚功能	
引脚名称	引脚功能
I/O0～I/O7	数据输入输出端口
CLE	命令锁存使能
ALE	地址锁存使能
$\overline{CE}$	片选
$\overline{RE}$	读使能
$\overline{WE}$	写使能
$\overline{WP}$	写保护
$\overline{SE}$	选择空闲空间使能
R/$\overline{B}$	输出
V_{CC}	电源
V_{SS}	接地
N.C	无连接

引脚功能

命令设置

功能	第一总线周期	第二总线周期
读1(第1、2区)	00h/01h	
读2(第3区)	50h	
读ID	90h	
重置	FFH	
写入	80h	10h
块擦除	60h	D0h
读状态	70h	

图 3-26　K9F6408 系列 NAND Flash 芯片引脚及命令

3.4.5　DDR 型存储器接口设计方法

在嵌入式系统中,若代码及数据的容量较大,片内存储器容量不足时,常用 DDR 型存储器作为主存储器,用作当前运行代码及数据的主存储区域。典型的微处理器与 DDR3 型存储器的接口电路原理框图如图 3-27 所示。它们之间的信号线一般有以下几种。

(1) 差分时钟信号线 CK_P/CK_N。CK_P 和 CK_N 时钟信号正好相位相反,形成差分,数据的有效传输正好是在两个时钟信号的交叉点上。因此,在 CK_P 的上升沿(也是 CK_N 的下降沿)和 CK_P 的下降沿(也是 CK_N 的上升沿)均有数据有效传输,如图 3-28 所示。

(2) 控制信号线。控制信号主要有:时钟使能信号 CKE、写使能信号 WE_B 等。CKE 信号是高电平有效,其无效时,DDR3 内部与数据传输有关的部件处于睡眠状态,进入省电工作模式。WE_B 信号为低电平时,写操作使能,为高电平时,读操作使能。

(3) 地址类信号线。地址类信号线主要有:

① 地址线 An～A0,用于指明读写单元的地址。地址线有多根,应与 DDR3 存储器芯

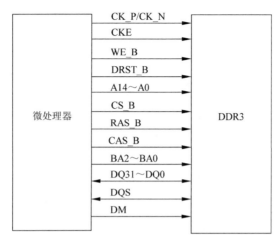

图 3-27　微处理器与 DDR3 接口电路

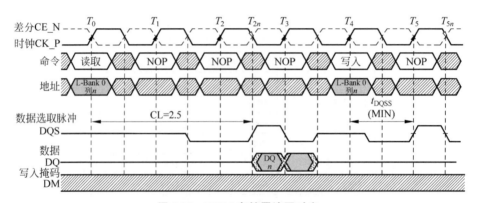

图 3-28　DDR3 存储器读写时序

片内部的存储容量相匹配。Zynq 芯片的地址线有 15 根,即 A14～A0。

② 片选信号线 CS_B,低电平有效,是整个 DDR 芯片的工作使能信号,若其为高电平则整个芯片不工作。

③ 行地址选通信号 RAS_B,低电平有效,指示地址线上的地址是行地址。

④ 列地址选通信号 CAS_B,低电平有效,指示地址线上的地址是列地址。

⑤ 存储块选择信号 BA2～BA0,用于选择 3 个存储块中哪个被激活。

(4) 数据类信号线。数据类信号线主要有以下几种。

① 数据线 DQ0～DQm,双向信号线,用于与微处理器之间的数据交换。数据线上的数据传送方向由读写控制信号线控制。数据线通常有 32 根或 64 根,由微处理器的数据宽度确定。Zynq 芯片的数据线有 32 根,即 DQ0～DQ31。

② 数据选取信号 DQS,双向信号线,用于确定数据最稳定的时刻,以便于数据准确地传输。在读存储器时,该信号由存储器发出,在写存储器时,该信号由微处理器发出。

③ 数据掩码信号 DM,高电平有效,在写操作时可以用来屏蔽写入的数据。

典型的 DDR3 存储器读写时序如图 3-28 所示。

3.5　Zynq 芯片的外存储系统设计

Zynq 芯片内部集成有 L1、L2 二级高速缓存及片上存储器 OCM,并且还集成有 BootROM,其内部存有最初始的启动代码。但 OCM 容量只有 256KB,若程序代码和数据容量很大时,就需要设计大容量的片外存储系统。另外,OCM 存储器的类型是 RAM 型(即易失性)的,其存储的代码和数据在掉电时会丢失,因此,在设计实用的嵌入式系统时,还需设计片外的非易失性存储器,如 NOR Flash 或 NAND Flash。下面介绍 Zynq 芯片的几种片外存储系统及其接口设计。

3.5.1　SROM 型存储系统设计

SROM 型存储系统,指的是利用 SRAM 型芯片或者 NOR Flash 型芯片而设计的存储系统。Zynq 芯片利用其内部集成的 SMC(Static Memory Controller)模块来设计 SRAM 型芯片或者 NOR Flash 型芯片的接口,SMC 还可以用来设计 NAND Flash 型芯片的接口。SMC 的接口互联结构如图 3-29 所示。

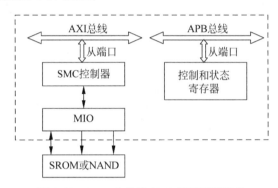

图 3-29　Zynq 芯片的 SMC 接口互联结构

1. SROM 型存储器接口

通过向配置寄存器(基地址为 0xE000E000)写入命令,可以把 SMC 配置成 SROM 型存储器接口的控制器,该控制器控制的存储器接口具有 8 位数据宽度、24 位地址信号、两个片选信号以及异步存储器操作命令信号(写/读)。

典型的 Zynq 芯片与 NOR Flash 型存储器的接口电路如图 3-30 所示。

两个片选信号 CE_B0、CE_B1 分别对应的首地址是 0xE2000000、0xE4000000,单个存储芯片的存储容量应根据实际需要确定,但最大不能超过 128MB。

若存储器芯片是 SRAM 芯片,其接口电路和 NOR Flash 型存储器的接口电路相同,只是不需要 WAIT 信号(等待信号)线的连接。

2. NAND Flash 型存储器接口

通过向配置寄存器(基地址为 0xE000E000)写入命令,还可以把 SMC 配置成 NAND Flash 型存储器接口的控制器,该控制器控制的存储器接口具有以下特点。

① 支持 ONFI(Open NAND Flash Interface)接口规范 1.0 版。

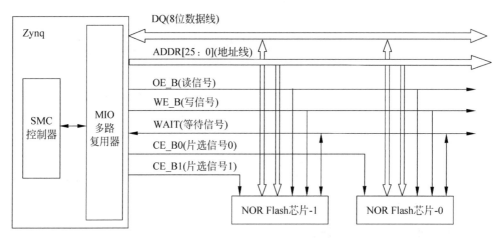

图 3-30　Zynq 芯片与 NOR Flash 型存储器的接口电路

② I/O 数据宽度为 8 位或 16 位。

③ 异步存储器操作模式。

一个典型的 Zynq 芯片与 NAND Flash 型存储器的接口电路如图 3-31 所示。

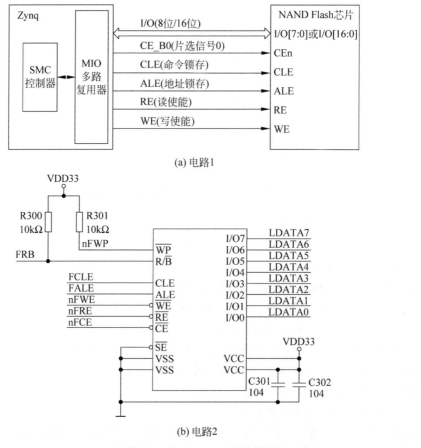

图 3-31　Zynq 芯片与 NAND Flash 型存储器的接口电路

在图 3-31(a)中,I/O 信号线用于传输 NAND Flash 的命令、地址、数据信号,NAND Flash 对应的基地址是 0xE1000000。

图 3-31(b)是以 K9F6408 芯片为例的 NAND Flash 接口的具体电路,方框内部的符号表示 K9F6408 芯片的引脚信号,外部符号表示是所连接的 Zynq 芯片的信号线,即图 3-31 中的 CE_B0(对应 nFCE)、CLE(对应 nCLE)、ALE(对应 nALE)等。

在 Zynq 芯片内部,可以把 SMC 配置成用于控制 NAND Flash 存储器的部件,除了 nFCE、nFRE、nFWE 等引脚外,内部还有许多用来支持 NAND Flash 存储器接口的寄存器,基地址即是 0xE1000000。在设计 NAND Flash 存储器接口时,还必须对这些寄存器进行操作。另外,还必须根据具体的 NAND Flash 芯片的命令格式以及操作流程编写其读写操作程序。

3.5.2 4 倍-SPI Flash 存储系统设计

4 倍-SPI Flash 存储器是按照 SPI(Serial Peripheral Interface)接口标准设计的 Flash 存储芯片,"4 倍"是指 SPI 接口信号中有 4 组 I/O 信号线。SPI 接口标准中通常规定有 3 种信号线,即 CLK(时钟)、I/O(数据输入输出)、S(从器件选择)。SPI 接口的详细内容将在第 4 章介绍,这里仅介绍 Zynq 芯片与 SPI 接口的 Flash 存储器的连接原理及电路。

Zynq 芯片 PS 部分的 4 倍-SPI Flash 控制器,是用于按照 SPI 协议进行串行访问 Flash 存储器部件的,它具有吞吐量大、引脚数少的特点。4 倍-SPI Flash 控制器支持两种操作模式,即 I/O 模式和线性模式,其内部结构如图 3-32 所示。

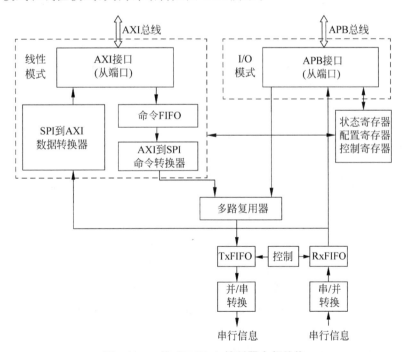

图 3-32 4 倍-SPI Flash 控制器内部结构

I/O 模式支持对 Flash 存储器的所有操作,包括编程、擦除、读取操作等。在 I/O 模式下,4 倍-SPI Flash 控制器仅负责信息的串行发送和接收,设计者需要熟悉 4 倍-SPI Flash

存储器的通信协议,根据协议来解析串行发送和接收到的信息。I/O 模式下读取 Flash 存储器中的数据,需要进行以下操作。

　　① 首先向 TxFIFO 发读命令和存储单元的地址。

　　② 读命令发出后,进行循环等待,直到 RxFIFO 中有有效的数据。

　　③ 读入 RxFIFO 中的有效数据,并根据 SPI 协议过滤出原始数据。

　　④ 将过滤出的原始数据对齐(可按大端或小端存储方式)。

线性操作模式只支持对 Flash 存储器的读操作,即此操作模式下,4 倍-SPI Flash 存储器相当于一个普通的、带有地址总线和数据总线的 ROM。当 Cortex-A9 微处理器核通过 AXI 总线发来读命令后,其内部将自动产生 I/O 命令,来加载存储器中的数据。即在线性操作模式下,4 倍-SPI Flash 存储器类似于一个具有 AXI 接口信号线的只读存储器,控制器自主完成 AXI 到 SPI 协议的转换。

图 3-33 是典型的 Zynq 芯片与外部 4 倍-SPI Flash 存储器的信号接口电路。图中只有一块 4 倍-SPI Flash 存储器,必须连接到控制器的 QSPI0 上,其地址范围是 0xFC000000～0xFCFFFFFF,共 16MB。

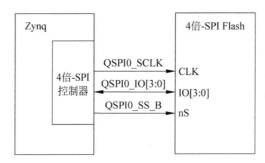

图 3-33　4 倍-SPI Flash 存储模块的接口电路

3.5.3　DDR 存储系统设计

Zynq 芯片与外部 DDR 存储芯片的连接及读写操作,是通过其中的 DDR 控制器来进行的,该 DDR 控制器可支持与 DDR2、DDR3 等存储器芯片的连接及访问操作。DDR 控制器内部包括 3 部分功能模块,即 DDR 控制器端口(DDR Controller Interface,DDRI)、DDR 控制器中心部件(DDR Controller Core,DDRC)、DDR 物理接口(DDR Controller PHY,DDRP)。

DDR 控制器端口(DDRI)负责各个端口的读写请求和仲裁,共有 4 个端口,其中一个为 L2 缓存专用,可由 Cortex-A9 微处理器核和 ACP 访问;两个为 AXI_HP 接口;还有一个由 AXI 总线上的其他主控器共享。

DDR 控制器中心部件(DDRC)负责对读写操作进行调度。它接收 DDRI 发来的读写请求,并将物理地址映射到 DDR 的行地址、列地址。

DDR 物理接口(DDRP)负责与 DDR 芯片连接,将控制器发来的读写命令转换为 DDR 存储芯片的时序信号,并通过引脚发送给 DDR 芯片。

典型的 Zynq 芯片与 DDR 存储器芯片的连接电路如图 3-34 所示。

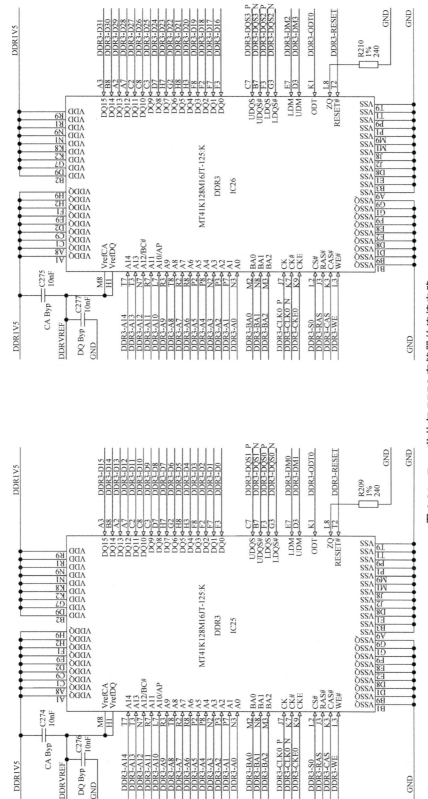

图 3-34　Zynq 芯片与 DDR3 存储器的连接电路

本 章 小 结

　　存储器系统是嵌入式系统硬件平台的重要组成部分。硬件平台中的各硬件部件需要通过总线连接在一起，根据总线连接的部件及使用的场合不同，总线可以分成片上总线、板级总线(内总线)、系统总线(外总线)等3种。若目标系统中要外接存储器芯片，则需采用板级总线进行连接。复杂的嵌入式系统的存储系统通常由寄存器、Cache、主存储器、辅助存储器等4级存储区域组成。寄存器和Cache通常都是集成在微处理器核中的，主存储器和辅助存储器通常需要外接存储器芯片来构成。本章详细讨论了AMBA总线规范，以及需要外接存储器芯片时，SROM型、DRAM型、NAND Flash型、DDR型存储器的接口设计方法；并以Zynq-7000芯片为应用背景，详细介绍了其存储机制，并给出了其NOR Flash存储器芯片、SDRAM存储器芯片、NAND Flash存储器芯片、DDR存储器芯片的接口电路示例。

习　题　3

1. 选择题

　　(1) 总线是连接若干模块的信号线及其规范，根据使用的场合分为片上总线、板级总线和系统总线。下面属于片上总线的是(　　)。

　　　　A. AMBA　　　　　　B. RS-232　　　　　　C. PC-104　　　　　　D. STD

　　(2) 以Zynq芯片为核心的目标系统中，有时需要采用SDRAM类型芯片来构建外部存储空间，SDRAM芯片是(　　)。

　　　　A. 易失性存储器芯片　　　　　　　　　　B. 只读性存储器芯片

　　　　C. 非易失性存储器芯片　　　　　　　　　D. 静态随机存储器芯片

　　(3) 下面所列举的是SROM型存储器芯片与微处理器芯片之间连接时，其接口连线的特征，其中错误的是(　　)。

　　　　A. 需要片选信号线CS，用来选中某存储器芯片工作

　　　　B. 若存储器芯片的容量是 $2^n \times 8b$，则接口中需要 n 根地址线，8根数据线

　　　　C. 需要指示数据传输方向的控制信号线

　　　　D. 需要锁存行地址的锁存信号线

　　(4) 下面有关AMBA总线规范的描述语句中，错误的是(　　)。

　　　　A. AMBA是一种开放的，用于高性能嵌入式系统中的片内总线规范

　　　　B. AMBA总线规范的主要内容包含了APB、AHB、AXI等部分的总线规范

　　　　C. AHB是用于芯片内较低性能系统模块连接的总线规范

　　　　D. AMBA规范中面向FPGA的高性能系统总线规范可以用AXI 4规范

　　(5) AXI总线是SoC芯片中的扩展接口总线规范，在AMBA 4.0版本中被升级为AXI 4总线规范。下面的语句中，错误的是(　　)。

　　　　A. AXI 4总线规范向下兼容了APB规范和AHB规范的接口

    B. AXI 4 总线规范是基于突发传输方式的,采用了独立的地址/控制和数据传输周期

    C. AXI 4 总线规范具有 4 个不同的信息通道

    D. AXI 4 总线规范有 3 种接口信号集,即 AXI Full、AXI 4-Lite 和 AXI 4-Stream

(6) Zynq 芯片内的 PL 与 PS 之间的互联是基于 AXI 4.0 规范的,它们之间的 AXI 互联接口有 3 种类型。下面列举的接口类型不属于 AXI 互联接口类型的是(　　　)。

    A. AXI_GP   B. AXI_GPIO   C. AXI_HP   D. AXI_ACP

(7) Zynq 芯片的引脚主要分成 PS 部分的引脚和 PL 部分的引脚。下面所列举的引脚中,不属于 PS 部分引脚的是(　　　)。

    A. 数据引脚   B. MIO 引脚   C. 地址引脚   D. EMIO 引脚

(8) 嵌入式系统中,通常需要非易失性存储器芯片来存储指令代码。下面所列举的存储器芯片类型中,不属于非易失性存储器芯片类型的是(　　　)。

    A. DDR3   B. NOR Flash   C. NAND Flash   D. EEPROM

(9) NAND Flash 存储器是一种非易失性存储器芯片,但其与微处理器芯片之间的接口不同于其他类型的存储器芯片。在 NAND Flash 芯片的引脚中不包含(　　　)类引脚。

    A. 地址   B. I/O 数据   C. 控制   D. 状态

(10) 若 NOR Flash 型存储器与 Zynq 芯片之间的接口电路中,需要提供 A0～A22 共 23 根地址信号线,且存储器首字节的地址是 0x30000000,那么,其最后 1 字节的地址应该是(　　　)。

    A. 0x300FFFFF   B. 0x301FFFFF

    C. 0x303FFFFF   D. 0x307FFFFF

2. 填空题

(1) 随机存储器可以被读出数据,也可以被写入数据。之所以称为随机,是因为在读写数据时,可以从存储器的_____处进行,而不必从开始地址处顺序地进行。

(2) Zynq 芯片的内部采用了 AMBA 总线技术来连接芯片内部的各功能模块,其中连接低速 I/O 功能模块的总线技术是_____技术。

(3) NAND Flash 存储器芯片的引脚分为 3 类,即 I/O 数据引脚、控制引脚和状态引脚。其中 I/O 数据引脚高度复用,既用作_____,又用作数据总线和命令输入信号线。

(4) AXI 4 总线规范要求,在总线上的总线主控器和总线受控器之间进行传输时,首先需要通过_____在它们之间建立连接。

(5) Zynq 芯片内部的 PL 与 PS 之间的互联是基于_____规范的,它们之间的互连接口有 3 种类型。

(6) 用 Zynq 芯片内部 PL 的 FPGA 所设计的功能模块(如 DMA 控制器)作为总线主控器,可以通过_____接口直接访问 PS 部分中的 OCM 和 DDR 控制器。

第4章 外设端口及外设部件

嵌入式系统本质上就是计算机,其硬件平台也是由微处理器(或微控制器)、存储器、I/O端口及设备(或称外设端口及设备)组成,但不同的嵌入式应用系统所需的硬件平台是不一样的。在设计时,可供选择的微处理器芯片、存储器芯片、I/O部件及设备也是多种多样的,不同的硬件平台在设计细节上有许多不同之处,但嵌入式系统硬件平台的设计还是需要遵循一定的原理和规则。第3章已经讨论了Zynq芯片与存储器芯片的接口设计方法,本章将讨论外设端口及外设部件的设计方法。虽然示例是结合Xilinx公司的Zynq芯片来介绍的,但也在设计时介绍了普遍需采用的原理和规律。本章重点介绍的外设端口及部件有GPIO、UART、SPI、I^2C、定时器部件等。

4.1 GPIO端口

GPIO(General Purpose Input Output,通用输入输出接口)是嵌入式系统硬件平台的重要组成部分,通常用来扩充微处理器的总线。换句话说,微处理器通常利用GPIO端口与外部其他芯片或设备进行连接,如键盘、LED指示灯等。在本节中,将讨论I/O端口的寻址方式等原理性知识,以及Zynq芯片GPIO端口的功能及编程。

4.1.1 I/O端口的寻址方式

嵌入式系统所使用的微处理器芯片中,通常会集成多个I/O端口或I/O部件,如Zynq芯片内部的PS中就集成了GPIO、UART、Timer、SPI控制器等I/O部件。并且每个I/O部件内部又有若干个控制寄存器、数据寄存器和状态寄存器,微处理器识别这些寄存器是通过唯一地分配给它一个地址来实现的。嵌入式微处理器芯片内部的这些I/O部件寄存器,已经被芯片生产厂商分配了一个具体的地址,并不需要目标系统的硬件平台设计者再去设计它们的地址分配电路(相关的I/O部件寄存器地址在后续章节中有详细介绍)。但是,在嵌入式系统中,往往还需要外接一些专用功能的I/O部件芯片,这些芯片内部的寄存器,微处理器也是通过唯一地分配一个地址的方式来识别它们。本节介绍外接I/O部件芯片时,其地址分配的接口电路设计方法。

嵌入式系统中的I/O端口或部件的芯片与存储器芯片通常是共享总线的,即它们的地址信号线、数据信号线和读写控制信号线等是连接在同一束总线上的。因而,目前在嵌入式系统设计中,对I/O端口或部件进行地址分配常采用两种方法,即存储器映射法和I/O隔离法。

1. 存储器映射法

存储器映射法的设计思想是将I/O端口或部件的芯片和存储器芯片做相同的处理,即微处理器对它们的读写操作没什么差别,I/O 端口或部件中的寄存器被当作存储器的一部分,占用一部分存储器的地址空间。对 I/O 端口或部件内的寄存器读写操作不需要特殊的指令,用存储器的数据传送指令即可。其结构示意图如图 4-1 所示。图中 I/O 端口或部件和存储器各占用存储器地址空间的一部分,通过地址译码器来分配。Zynq 芯片 I/O 端口或部件的地址分配采用的就是存储器映射法。

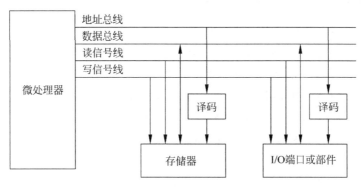

图 4-1　存储器映射法

2. I/O 隔离法

I/O 隔离法的设计思想是将 I/O 端口或部件的芯片和存储器芯片做不相同的处理,在总线中用控制信号线来区分两者,达到使 I/O 端口或部件地址空间与存储器地址空间分离的作用。这种方法需要特殊的指令来控制 I/O 端口或部件内寄存器的读写,如 IN 指令和 OUT 指令。I/O 隔离法结构示意图如图 4-2 所示。

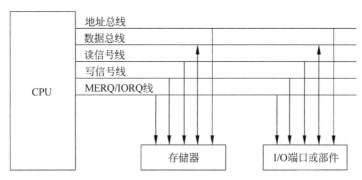

图 4-2　I/O 隔离法

在图 4-2 中,MERQ/IORQ 信号线用来分离 I/O 端口或部件地址空间与存储器地址空间。例如,当 MERQ/IORQ 信号线为"1"时,地址总线上的地址是存储器地址;而当 MERQ/IORQ 信号线为"0"时,地址总线上的地址是 I/O 端口或部件地址。

I/O 隔离法和存储器映射法相比较有以下特点。

① I/O 隔离法需要微处理器具有一条控制信号线,来分离 I/O 端口或部件地址空间与存储器地址空间,且需要独立的输入输出指令来读写 I/O 端口或部件内部的寄存器。而存储器映射法不需要。

② I/O 隔离法中 I/O 端口或部件不占用存储器的地址空间,而存储器映射法中 I/O 端

口或部件需占用存储器的地址空间。

在现代的嵌入式系统设计中,由于地址空间并不是突出的矛盾,因而,嵌入式微处理器大多支持存储器映射法,把 I/O 端口或部件映射成存储器操作。虽然这样需占用部分地址空间,但可使系统接口简单、使用方便。

4.1.2 PS 的 GPIO 端口及其寄存器

在 Zynq 芯片中,实现 GPIO 端口功能的方式有多种,即 MIO 方式、EMIO 方式及 GPIO IP 核的方式等。MIO/EMIO 是 PS 部分直接控制的 GPIO,其引脚在第 3 章已经介绍过,本节介绍 PS 部分控制这些引脚功能的寄存器。

PS 部分通过 54 个 MIO 引脚,或 64 个输入/128 个输出的 EMIO 引脚来作为 GPIO 功能引脚。PS 部分的 GPIO 引脚分成 4 个块(Bank0~Bank3),即 4 组 GPIO 端口(GPIO 端口 0~GPIO 端口 4),其端口结构如图 4-3 所示。

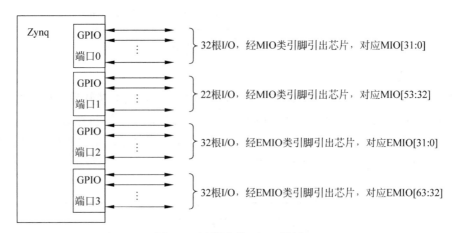

图 4-3　PS 部分的 GPIO 端口

从图 4-3 中可以看到,各个端口的引脚个数不完全一致,其中 GPIO 端口 0 有 32 个引脚,GPIO 端口 1 有 22 个引脚,它们均连到 MIO 类引脚上; GPIO 端口 2 和 GPIO 端口 3 均有 32 个引脚,它们均连到 EMIO 类引脚上。Zynq 芯片的 MIO 类引脚共有 54 根,因此,GPIO 端口 0 有 32 个引脚,而 GPIO 端口 1 只能有 22 个引脚;而 EMIO 类引脚实际占用了192 根,即 64 个输入,128 个输出(64 个输出及 64 个输出使能,因为 GPIO 的输出是三态使能输出的)。

PS 部分的每个 GPIO 端口中,均有若干个寄存器,它们的主要功能有 3 类,一类是端口控制寄存器,另一类是端口数据寄存器,还有一类是混合功能寄存器。端口控制寄存器的作用是设定 GPIO 端口的引脚功能,即设定其是输入还是输出,以及输出时的使能控制。端口数据寄存器的作用是进行读写端口引脚的信息。例如,若端口 0 中的 MIO0 引脚配置为输出时,向端口 0 的数据寄存器最低位写入 1 时,MIO0 引脚输出高电平;否则,写入 0 时,MIO0 引脚输出低电平。混合功能寄存器是该寄存器中既有数据功能,又有控制功能。表 4-1 中列出了 PS 部分的 GPIO 端口中所具有的寄存器名称及其功能。

表 4-1　PS 部分 GPIO 的寄存器列表（基地址为 0xE000A000）

类别	寄存器名称	位数	操作	初　始　值	偏移地址	功能描述
数据类	DATA_0_RO	32	读	任意值	0x00000060	用于读取 GPIO 端口 0 引脚值
	DATA_1_RO	22	读	任意值	0x00000064	用于读取 GPIO 端口 1 引脚值
	DATA_2_RO	32	读	0x00000000	0x00000068	用于读取 GPIO 端口 2 引脚值
	DATA_3_RO	32	读	0x00000000	0x0000006C	用于读取 GPIO 端口 3 引脚值
	DATA_0	32	写	任意值	0x00000040	用于输出 GPIO 端口 0 引脚值
	DATA_1	22	写	任意值	0x00000044	用于输出 GPIO 端口 1 引脚值
	DATA_2	32	写	0x00000000	0x00000048	用于输出 GPIO 端口 2 引脚值
	DATA_3	32	写	0x00000000	0x0000004C	用于输出 GPIO 端口 3 引脚值
控制类	DIRM_0	32	读写	0x00000000	0x00000204	用于设定 GPIO 端口 0 方向
	DIRM_1	22	读写	0x00000000	0x00000244	用于设定 GPIO 端口 1 方向
	DIRM_2	32	读写	0x00000000	0x00000284	用于设定 GPIO 端口 2 方向
	DIRM_3	32	读写	0x00000000	0x000002C4	用于设定 GPIO 端口 3 方向
	OEN_0	32	读写	0x00000000	0x00000208	用于使能 GPIO 端口 0 输出
	OEN_1	22	读写	0x00000000	0x00000248	用于使能 GPIO 端口 1 输出
	OEN_2	32	读写	0x00000000	0x00000288	用于使能 GPIO 端口 2 输出
	OEN_3	32	读写	0x00000000	0x000002C8	用于使能 GPIO 端口 3 输出
混合类	MASK_DATA_0_LSW	32	写	任意值	0x00000000	设置及屏蔽 GPIO 端口 0 低 16 位
	MASK_DATA_0_MSW	32	写	任意值	0x00000004	设置及屏蔽 GPIO 端口 0 高 16 位
	MASK_DATA_1_LSW	32	写	任意值	0x00000008	设置及屏蔽 GPIO 端口 1 低 16 位
	MASK_DATA_1_MSW	22	写	任意值	0x0000000C	设置及屏蔽 GPIO 端口 1 高 6 位
	MASK_DATA_2_LSW	32	写	0x00000000	0x00000010	设置及屏蔽 GPIO 端口 2 低 16 位
	MASK_DATA_2_MSW	32	写	0x00000000	0x00000014	设置及屏蔽 GPIO 端口 2 高 16 位
	MASK_DATA_3_LSW	32	写	0x00000000	0x00000018	设置及屏蔽 GPIO 端口 3 低 16 位
	MASK_DATA_3_MSW	32	写	0x00000000	0x0000001C	设置及屏蔽 GPIO 端口 3 高 16 位

在表 4-1 中，DATA_N_RO(N 代表 0、1、2、3)寄存器是 GPIO 引脚值的数据寄存器，是只读的。当 GPIO 引脚设置为输入时，读取的是引脚输入的外部信息；若 GPIO 引脚设置为输出时，读取的是引脚输出信息的反馈值；若 MIO 引脚未配置成 GPIO 功能，读取的值是随机值。

DATA_N 寄存器是输出数据寄存器，当 GPIO 引脚设置为输出时，向该寄存器写入数据，数据将通过 GPIO 引脚输出。该寄存器也可以读取，但读取时读到的数据是前一次写入 DATA_N 寄存器中的值。

DIRM_N 寄存器是方向控制寄存器，用于设置 GPIO 是输入还是输出。其位数与对应的端口数据位数一致，寄存器中的每一位控制该端口对应的每一位引脚的方向。例如，若要设置 GPIO 端口 0 的第 31 位引脚为输出，则 DIRM_0 寄存器的第 31 位应设置为"1"。 DIRM_N 寄存器的某位设置为"0"时，对应的引脚为输入，输出无效。

OEN_N 寄存器是输出使能控制寄存器，用于在 GPIO 引脚被设置成输出引脚时，来设置相应的引脚输出使能。OEN_N 寄存器的某位设置为"1"时，使能输出；否则，禁止输出，输出引脚对外呈"高阻状态"。

MASK_DATA_N_LSW 寄存器用于端口 N 的低 16 位引脚，是数据和控制功能混合的寄存器,该类寄存器均为 32 位的,寄存器的高 16 位用作 GPIO 引脚屏蔽设置,低 16 位用作 GPIO 引脚的数据。

　　MASK_DATA_N_MSW 寄存器用于端口 N 的高 16 位引脚,是数据和控制功能混合 的寄存器,该类寄存器大多为 32 位的。其高 16 位用作 GPIO 引脚屏蔽设置,低 16 位用作 GPIO 引脚的数据。只有 MASK_DATA_1_MSW 寄存器是 22 位的,分成高 6 位和低 16 位,高 6 位用作屏蔽设置,低 16 位用作数据(注:实际低 16 位中也只用 6 位),这是因为 GPIO 端口 1 只有 22 位引脚,高位部分只有 6 位引脚。

　　Zynq 芯片的 MIO 类引脚实际上是多功能的引脚,若要设置成 GPIO 的引脚功能,需要 用系统级控制寄存器(SLCR)中的 MIO 引脚配置寄存器来设置,在 2.3.3 节中对 SLCR 进 行了总体介绍,下面仅对 SLCR 中的 MIO 引脚配置寄存器的格式进行介绍。MIO 引脚配 置寄存器的名称为 MIO_PIN_N(N 代表 00、01、02、…、53),基地址为 0xF8000700,各寄存 器的地址偏移量为 0x00000004 * N。例如,MIO_PIN_0 寄存器的地址为 0xF8000700,而 MIO_PIN_07 寄存器的地址为 0xF800071C。其格式如表 4-2 所示。

表 4-2　MIO_PIN_N 寄存器的格式

符　　号	位	描　　　　　述	初始状态
	[31:14]	保留	0x0
DisableRcvr	[13]	确定 HSTL 输入缓存是否使能(IO_Type 必须设置为 HSTL) 0=使能　　　　　　1=不使能	0x0
PULLUP	[12]	确定 I/O 引脚的上拉电阻是否使能 0=不使能　　　　　1=使能	0x0
IO_Type	[11:9]	选择 IO 缓存器的类型 000=保留　　　　001=LVCMOS18　010=LVCMOS25 011=LVCMOS33　100=HSTL　　　101=保留 110=保留　　　　111=保留	0x3
Speed	[8]	选择 IO 缓存器边沿速率,当 IO_Type 设置为 LVCMOS18、 LVCMOS25 和 LVCMOS33 时可用 0=低速 CMOS 边沿　　　　1=高速 CMOS 边沿	0x0
L3_SEL	[7:5]	L3 级多路通道选择 000=GPIO 其他均为保留	0x0
L2_SEL	[4:3]	L2 级多路选择 00=选择 L3 级多路通道　　　　01=选择 SRAM/NOR 的 OE_B 10=选择 NAND Flash 的 CLE_B　11=选择 SDIO 1 的电源控制	0x0
L1_SEL	[2]	L1 级多路选择 0=选择 L2 级多路通道　　　　1=跟踪端口数据位 13	0x0
L0_SEL	[1]	L0 级多路选择 0=选择 L1 级多路通道　　　　1=保留	0x0
TRI_ENABLE	[0]	三态使能,高电平有效 0=不使能　　　　　1=使能	0x1

注:不同的 MIO 引脚,表 4-2 中 L3_SEL、L2_SEL 项的内容会有所不同。

对于 EMIO 类的 GPIO 引脚,其特性与 MIO 类引脚大部分是相同的,但由于其 I/O 引脚是由 PL 部分的引脚承担,因此,EMIO 类 GPIO 引脚的使用还需注意以下几点。

① EMIO 类的 GPIO,其输入与 OEN_N 寄存器无关,当 DIRM_N 寄存器的某位设置为"0"时,其对应 GPIO 引脚为输入,通过读取 DATA_RO_N 寄存器获得其数据。

② 当 DIRM_N 寄存器的某位设置为"1"时,其对应 GPIO 引脚为输出,可以通过写入 DATA_N,或者写入 MASK_DATA_N_LSW 寄存器/MASK_DATA_N_MSW 寄存器在某位 GPIO 引脚上输出数据。输出时不能设置为"三态"。

4.1.3　GPIO 的驱动编程

在嵌入式系统的应用中,通常会利用 GPIO 引脚来输入输出开关量信号,当然也可以输入输出一组并行数据。若 GPIO 作为普通的数据输入输出用时,其驱动程序(无操作系统环境下)的编写步骤如下。

① 设置 MIO 引脚为 GPIO 功能。通过向系统级寄存器 SLCR 中的相应引脚功能配置寄存器 MIO_PIN_N 中写入相应的参数,来设置 MIO 引脚为 GPIO。

② 设置 MIO 引脚为输入还是输出。通过向寄存器 DIRM_N 中的相应位写入参数来设置 MIO 引脚的方向,既是输入还是输出。

③ 若方向配置为输出,还需设置 OEN_N 寄存器来使能输出。若方向配置为输入,则不需设置 OEN_N 寄存器。

④ 根据方向配置为输入还是输出,完成对寄存器 DATA_N 的读取还是写入。

例 4-1　若用 GPIO 端口 1 中的 MIO[50]引脚作为输入,连接一个按键,以便输入其按键值,其驱动程序代码可编写如下:

```
/*注:采用汇编语言编写,未用到的寄存器位应保持其原有值不变*/
    //设置系统级寄存器 SLCR 的 MIO_PIN_N(此处是 MIO_PIN_50),配置 MIO[50]功能
    LDR            R0,=0xF80007C8
    MOV            R1,#0x00000600
    STR            R1,[R0]
    //设置 DIRM_N(此处是 DIRM_1),配置 MIO[50]为输入,对应的是寄存器位 18
    LDR            R0,=0xE000A244
    LDR            R1,[R0]
    AND            R1,R1,#0xFFFBFFFF
    STR            R1,[R0]
    //读取 DATA_N 寄存器(此处是 DATA_1),MIO[50]的值对应的是 R1 寄存器位 18
    LDR            R0,=0xE000A044
    LDR            R1,[R0]
    B              .
```

例 4-2　若用 GPIO 端口 0 中的 MIO[7]引脚输出控制一个 LED 指示灯,高电平控制灯亮,其驱动程序代码可编写如下:

```
/*注:采用汇编语言编写,未用到的寄存器位应保持其原有值不变*/
    //设置系统级寄存器 SLCR 的 MIO_PIN_N(此处是 MIO_PIN_7),配置 MIO[7]功能
    LDR            R2,=0xF800071C
    MOV            R3,#0x00000600
    STR            R3,[R2]
```

```
//设置 DIRM_N(此处是 DIRM_0),配置 MIO[7]为输出
LDR            R2, ＝0xE000A204
LDR            R3,[R2]
ORR            R3,R3,♯0x00000080
STR            R3,[R2]
//设置 OEN_N 寄存器(此处是 OEN_0)
LDR            R2, ＝0xE000A208
LDR            R3,[R2]
ORR            R3, R3,♯0x00000080
STR            R3,[R2]
//写入 DATA_N 寄存器(此处是 DATA_0),用 MIO[7]控制 LED 灯亮
LDR            R2, ＝0xE000A040
LDR            R3,[R2]
ORR            R3,R3,♯0x00000080
STR            R3,[R2]
B              .
```

4.1.4　外部中断

　　Zynq 芯片所有的 GPIO 引脚还可以配置成外部中断的请求信号引脚,其中断控制逻辑如图 4-4 所示。

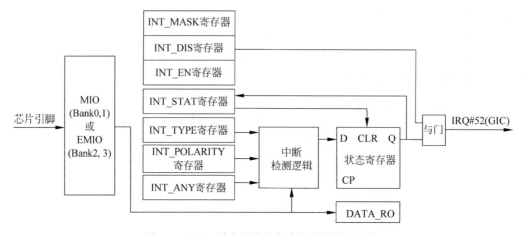

图 4-4　GPIO 引脚用作外部中断时的控制结构

　　在图 4-4 中,DATA_RO 寄存器是前面提到的 GPIO 引脚值的数据寄存器,是只读的。其他的寄存器是用于控制中断的,它们包括以下几种寄存器。

　　① INT_MASK 寄存器。该寄存器是只读的,用于存放哪些引脚被禁止中断,哪些被使能。

　　② INT_DIS 寄存器。该寄存器是可写的,用于设置中断屏蔽。若某一位被设置为"1",则该位对应的 GPIO 引脚中断功能被禁止。若对该寄存器读,则读到的值是任意值。

　　③ INT_EN 寄存器。该寄存器是可写的,用于设置中断允许。若某一位被设置为"1",则该位对应的 GPIO 引脚中断功能被允许。若对该寄存器读,则读到的值是任意值。

　　④ INT_STAT 寄存器。该寄存器是可读的,是中断状态寄存器。若某一位为"1"时,表示该位对应的引脚有中断请求信号产生。因此,中断编程时可以根据该寄存器的状态位

来判断哪一位对应的中断请求信号产生,以便转向其中断服务程序执行。在中断服务程序中,应该对该寄存器中已被置"1"的位写入"1",才能将其清成"0",以便对下一次的中断请求信号进行响应。

⑤ INT_TYPE 寄存器。该寄存器是可写的,用于设置中断请求信号的触发种类,即中断请求信号是边沿触发还是电平触发。

⑥ INT_POLARITY 寄存器。该寄存器是可写的,用于设置中断请求信号的极性。若是电平触发,确定是高电平有效,还是低电平有效;若是边沿触发,确定是上升沿有效,还是下降沿有效。

⑦ INT_ANY 寄存器。该寄存器是可写的,当中断请求信号设置的是边沿触发时,用于确定是否上升沿和下降沿均有效。

4.2　UART 通信端口

UART 通信指的是异步串行通信。串行通信方式是将数据一位一位地进行传输,数据的各位分时使用同一个传输信号线。串行通信的传输模式有同步传输和异步传输两种,而 UART 通信接口即是支持异步串行通信的接口。异步串行通信是指在数据传输时,数据的发送方和接收方所采用的时钟信号源不同,数据比特流以较短的二进制位数为一帧,由发送方发送起始位来标示通信开始后,通信双方在各自的时钟控制下,按照一定的格式要求进行发送和接收。

4.2.1　通信的基本术语

异步串行通信简单、灵活,对同步时钟的要求不高,但其传输效率较低。因此,常用于传输信息量不大的场合。以下是串行通信时经常使用的基本术语。

1. 数据速率

串行通信中,一个重要的性能指标是数据速率,即数据线上每秒钟传送的码元数,其计量单位为波特,1 波特＝1 位/秒(即 1b/s)。串行数据线上的每位信息宽度(即持续时间)是由波特率确定的。

例如,若某异步串行通信的数据速率是 1200b/s,即每秒传送 1200 位数据,那么每位数据的传送持续时间为

$$持续时间＝1/1200＝0.833(ms)$$

异步串行通信要求通信双方的数据速率相同。通信时,双方时钟(即发送时钟和接收时钟)可以不是同一个时钟,但时钟频率的标称值应该相同,数值上等于波特率的数值。

2. 奇偶校验

通信中不可避免地会产生数据传输出错,因此,通信系统中需要校错、纠错的方法,以提高通信的可靠性。异步串行通信中常采用奇偶校验来进行校错。

奇偶校验是在发送时,每个数据之后均附加一个奇偶校验位。这个奇偶校验位可为"1"或"0",以保证整个数据帧(包括奇偶校验位在内)为"1"的个数为奇数(称奇校验)或偶数(称偶校验)。接收时,按照协议所确定的、与发送方相同的校验方法,对接收的数据帧进行奇偶

性校验。若发送方和接收方的奇偶性不一致，则表示通信传输中出现差错。例如，若发送方按偶校验产生校验位，接收方也应按偶校验进行校验，当发现接收到的数据帧中为"1"的个数不为偶数时，表示通信传输出错，则需按协议由软件采用补救措施。

在异步串行通信中，每传输一帧数据进行奇偶校验一次，它只能检测到影响奇偶性的奇数个位的错误，对于偶数个位的错误无法检测到。并且不能具体确定出错的位，因而也无法纠错。但是，这种校错方法简单，在异步串行通信中经常采用。

3. 数据格式

异步串行通信数据格式的特点是一个字符一个字符地传输，并且传送一个字符时总是以起始位开始，以停止位结束，字符之间没有固定的时间间隔要求。字符的数据位通常为5～8位，其格式如图4-5所示。

图 4-5　异步通信的数据格式

图4-5中每一个字符的前面都有一位起始位(低电平，逻辑值为0)，字符本身由5～8位数据位组成，接着字符后面是1位校验位(也可以没有校验位)，最后是1位或1.5位或2位停止位，停止位后面是不定长度的空闲位。停止位和空闲位都规定为高电平(逻辑值为1)，这样就保证起始位开始处一定有一个下跳边沿。字符的界定或同步是靠起始位和停止位来实现的，传送时，数据的低位在前，高位在后。

异步串行通信中，起始位是作为联络信号附加进来的。当信号线上电平由高变为低时，告诉接收方传送开始，接下来是数据位信号，准备接收。而停止位标志着一个字符传输的结束。这样就为通信双方提供了何时开始传输，何时结束的同步信号。

4.2.2　异步串行通信协议

目前，异步串行通信接口标准有多种，如RS-232C、RS-485、RS-422等。但是，其他异步串行通信协议均是在RS-232C标准的基础上经过改进而形成的。

RS-323C标准是美国EIA(电子工业联合会)与BELL等公司一起开发的，于1969年公布的串行通信协议，它适合于数据传输速率要求不高的场合。这个标准对串行通信接口的有关问题，如信号线功能、电气特性都作了明确规定。作为一种低成本的串行通信接口标准，已在嵌入式系统中广泛采用。

1. RS-232C 的物理特性

由于RS-232C并未具体定义连接器的物理特性，因此，出现了DB-25、DB-15和DB-9各种类型的连接器，其引脚的定义也各不相同。图4-6是DB-25和DB-9两种类型连接器的外形及引脚定义。实际应用中大量使用的是DB-9类型的连

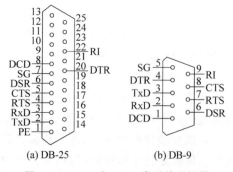

图 4-6　DB-25 和 DB-9 类型的连接器

接器,因此,下面主要结合 DB-9 类型连接器来介绍 RS-232C 的接口信号特性。

另外,RS-232C 标准规定,若不使用 MODEM(调制解调器),在码元畸变小于 4% 的情况下,通信双方之间最大传输距离为 15m(50ft)。可见,这个最大的距离是在码元畸变小于 4% 的前提下给出的。

2. RS-232C 的信号特性

RS-232C 标准中定义的接口信号线有 25 根,其中 4 根数据线、11 根控制线、3 根定时线、7 根备用和未定义线。但常用的只有 9 根信号线,它们是以下几根。

① 数据装置准备好(Data Set Ready,DSR)信号线,该信号为有效状态时,表明数据通信设备(DCE)处于可以使用的状态。

② 数据终端准备好(Data Set Ready,DTR)信号线,该信号为有效状态时,表明数据终端可以使用。

这两根信号线有时直接连到电源正极上,一上电就立即有效。这两个设备状态信号有效,只表示设备本身可用,并不说明通信链路可以开始进行通信了,能否开始进行通信要由下面的控制信号决定。

③ 请求发送(Request To Send,RTS)信号线,用来表示 DTE 请求 DCE 发送数据,即当数据终端要发送数据时,使该信号有效,向 DCE 请求发送。它用来控制 DCE 是否要进入发送状态。

④ 允许发送(Clear To Send,CTS)信号线,用来表示 DCE 准备好接收 DTE 发来的数据,是对请求发送信号 RTS 的响应信号。当 DCE 已准备好接收 DTE 传来的数据并向前发送时,使该信号有效,通知 DTE 开始沿发送数据线 TxD 发送数据。

这对 RTS/CTS(请求/应答)联络信号是用于半双工系统中发送方式和接收方式之间的切换。在全双工系统中发送方式和接收方式之间的切换,因配置双向通道,故不需要 RTS/CTS 联络信号,应该使其接高电平。

⑤ 接收信号线检测(Received Line Detection,RLSD)信号线,用来表示 DCE 已接通通信链路,告知 DTE 准备接收数据。当本地的 DCE 收到由通信链路另一端(远地)的 DCE 送来的载波信号时,使 RLSD 信号有效,通知 DTE 准备接收,并且由 DCE 将接收下来的载波信号解调成数字数据后,沿接收数据线 RxD 送到终端。此线也叫作数据载波检测(Data Carrier Detection,DCD)信号线。

⑥ 振铃指示(Ringing,RI)信号线,当 DCE 收到交换台送来的振铃呼叫信号时,使该信号有效,通知 DTE 已被呼叫。

⑦ 发送数据(Transmitted Data,TxD)信号线,通过 TxD 线,DTE 将串行数据发送到 DCE。

⑧ 接收数据(Received Data,RxD)信号线,通过 RxD 线,DTE 接收从 DCE 发来的串行数据。

另外,还有一根信号线 SG——信号地,无方向。

3. RS-232C 的电气特性

RS-232C 对电气特性(EIA 电平)的规定如下。

(1) 在 TxD 和 RxD 信号线上,逻辑 1 的电平为 $-3 \sim -15\text{V}$,逻辑 0 的电平为 $+3 \sim +15\text{V}$。

（2）在 RTS、CTS、DSR、DTR 和 DCD 等控制信号线上，信号有效（接通状态，正电压）的电平为＋3～＋15V，信号无效（断开状态，负电压）的电平为－3～－15V。

以上规定说明了 RS-323C 标准对逻辑电平的定义。它表明 RS-232C 标准中表示"0""1"状态的逻辑电平，与嵌入式微处理器表示"0""1"状态的逻辑电平不同。因此，在嵌入式系统的 RS-232C 接口中必须设计电平转换电路。实现这种转换的集成电路芯片有多种，较广泛使用的芯片为 MAX232，它可实现 TTL←→EIA 双向电平转换。

4. 使用 RS-232C 通信时应注意的事项

（1）使用 RS-232C 接口可以进行近距离通信（传输距离小于 15m 的通信），也可以进行远距离通信。在进行远距离通信时，一般要加 MODEM，并借助公用电话网。因此，使用的信号线较多，如图 4-7 所示。

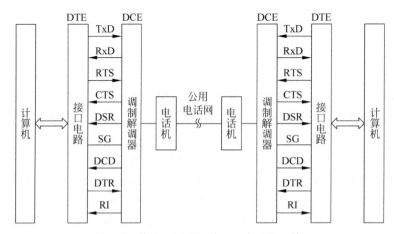

图 4-7　基于 RS-232C 的远距离通信系统

通信时，首先发送方通过程序（模拟电话机的呼叫动作）拨号呼叫接收方，电话交换机向接收方发出拨号呼叫信号，当接收方 DCE 收到该信号后，使 RI（振铃信号）有效，通知接收方的 DTE，已被呼叫。当接收方"摘机"后，两方即建立了通信链路。此后，DTE 若要发送数据，则先发出 RTS（请求发送）信号，此时，若 DCE（MODEM）允许传送，则向 DTE 回答 CTS（允许发送）信号，当 DTE 获得 CTS 信号后，通过 TxD 线向 DCE 发出串行数据，DCE（MODEM）再将这些数据调制成模拟信号（又称载波信号），传给接收方。一般情况下，可直接将 RTS/CTS 接高电平，即只要通信链路建立，就可传送数据。在向 DTE 的"数据输出寄存器"传送新的数据之前，应检查 MODEM 状态和数据输出寄存器是否为空。

当接收方的 DCE 收到载波信号后，向对方的 DTE 发出 DCD 信号（数据载波检测），通知其 DTE 准备接收，同时，将载波信号解调为数据信号，从 RxD 线上送给 DTE，DTE 通过串行接收移位寄存器对接收到的位流进行移位，当收到一个字符的全部位流后，把该字符的数据位送到数据输入寄存器，即完成了一个字符的接收。

（2）当进行近距离通信时，可以不需要 MODEM，通信双方可以直接连接。这种情况下，只需使用少数几根信号线。最简单的情况，在通信中根本不需要 RS-232C 的控制联络信号，只需 3 根线（发送线、接收线、信号地线）便可实现异步串行通信。无 MODEM 时，最大通信距离按以下方式计算。

RS-232C 标准规定：当误码率小于 4％时，要求导线的电容值应小于 2500pF。对于普通导线,其电容值约为 170pF/m,则允许距离 $L=2500\text{pF}/(170\text{pF/m})=15\text{m}$。这一距离的计算是偏于保守的,实际应用中,当使用 9600b/s 普通屏蔽双绞线时,通信距离可达 30～35m。

4.2.3 Zynq 芯片的 UART 接口部件

Zynq 芯片的 PS 部分内部有两个相互独立的 UART 接口部件,可以通过编程来设置其通信数据格式和波特率等参数,并且各端口内部还有 64B 的接收 FIFO 缓存和 64B 的发送 FIFO 缓存。Zynq 芯片内部的 UART 接口控制逻辑如图 4-8 所示。

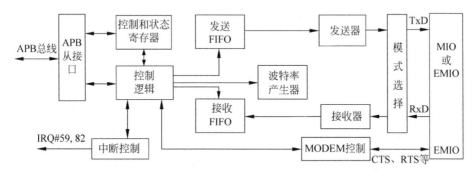

图 4-8 Zynq 芯片内部 UART 接口控制逻辑

图 4-8 显示,Zynq 芯片的 PS 部分通过 APB 从接口访问 UART 部件中的寄存器。发送 FIFO 缓存来自 PS 部分写入的待发送数据,然后,由发送器取出送到发送移位寄存器中,一位一位地移出而完成发送。接收 FIFO 保存接收移位寄存器送来的数据。接收器将采集 RxD 信号线上是否有异步通信数据帧的起始位,若检测到低电平,将启动接收移位寄存器进行移入而完成接收。

MODEM 控制逻辑将产生其需要的控制信号,如 CTS、RTS、DSR、DTR、RI 和 DCD 等,这些信号只能接到 EMIO 类引脚上,而不能接到 MIO 类引脚上。

控制逻辑用于控制数据的接收和发送,并控制波特率、数据位长、停止位数等工作参数。另外,若接收超时或发送完成,控制逻辑可以控制发中断请求,中断请求 IRQ ID 为 59 和 82。

UART 端口的工作模式包括普通 UART 模式、自动响应模式、本地循环模式和远程循环模式。普通 UART 模式即是常规的异步串行通信模式,是应用时普遍采用的工作模式;自动响应模式就是 RxD 接收到的数据,立即从 TxD 发送出去,同时微处理器又可以读到该数据;本地循环模式即自发自收模式,数据不能发送出去,也不能接收外部的数据,该模式通常用作测试本地的发送和接收程序;远程循环模式是 RxD 接收到的数据,立即再从 TxD 发送出去,但微处理器无法操作该数据,该模式通常用作测试远程的发送和接收功能。

UART 端口的 TxD、RxD 引脚可以由 MIO 类引脚来承担,具体情况如下。

承担 UART 0 的 TxD 引脚有 MIO11、MIO15、MIO19、MIO23、MIO27、MIO31、MIO35、MIO39、MIO43、MIO47、MIO51 等。

承担 UART 0 的 RxD 引脚有 MIO10、MIO14、MIO18、MIO22、MIO26、MIO30、MIO34、MIO38、MIO42、MIO46、MIO50 等。

承担 UART 1 的 TxD 引脚有 MIO8、MIO12、MIO16、MIO20、MIO24、MIO28、MIO32、

MIO36、MIO40、MIO44、MIO48、MIO52 等。

承担 UART 1 的 RxD 引脚有 MIO9、MIO13、MIO17、MIO21、MIO25、MIO29、MIO33、MIO37、MIO41、MIO45、MIO49、MIO53 等。

UART 端口的驱动编程,通常会涉及波特率的计算,并涉及一些控制寄存器参数的设置。下面就波特率计算和一些寄存器格式进行详细的介绍。

1. 波特率的计算

UART 端口内部有一个波特率产生器,其产生的波特率可以用下面公式进行计算,即

$$波特率 = \frac{sel\_clk}{CD}(BDIV + 1)$$

上式中,sel_clk 是一个时钟频率,它可以是 UART 端口时钟的频率,或者是 UART 端口时钟频率除 8(即 8 分频)。例如,若 UART 端口时钟频率为 50MHz,那么 8 分频后 sel_clk 时钟频率值为 6.25MHz。

式子中的 CD 和 BDIV 均为常数,可以通过设置相关寄存器来确定。表 4-3 是常用的波特率与时钟频率、CD、BDIV 的对应关系表。

表 4-3　波特率与时钟频率、CD、BDIV 对应关系表

时钟频率(sel_clk 值)/MHz	CD 的值	BDIV 的值	波　特　率
50	10 417	7	600
50/8＝6.25	81	7	9600
50	651	7	9600
50	62	6	115 200
50	9	11	460 800
50	9	5	921 600

2. UART 端口的寄存器

UART 接口驱动编程中涉及的控制寄存器有许多,主要用这些寄存器来设置承担 UART 引脚功能的 MIO 引脚、时钟参数、波特率、数据格式等。

1) 引脚配置寄存器: MIO_PIN_N

MIO 类引脚是多功能的,实际使用时需要通过引脚配置寄存器来设置其功能。在表 4-2 中,已经对引脚配置寄存器 MIO_PIN_N 的常规格式进行了介绍,但不同的 MIO 引脚,其对应的引脚配置寄存器的配置功能有所不同,主要体现在 L3_SEL、L2_SEL 等数据位所设置的功能上。例如,若用 MIO48 引脚作为 UART 1 的 TxD 引脚用,用 MIO49 引脚作为 UART 1 的 RxD 引脚用,其对应的引脚配置寄存器分别见表 4-4 和表 4-5(注:未列出的数据位与表 4-2 相同,可参见表 4-2)。

表 4-4　MIO_PIN_48 寄存器的格式

符　　号	位	描　　述	初 始 状 态
L3_SEL	[7:5]	L3 级多路通道选择 000＝GPIO　　　　　001＝CAN1 Tx　　　　010＝I²C 1 时钟 011＝PJTAG TCK　　100＝SDIO 1 时钟　　101＝SPI 1 时钟 110＝保留　　　　　111＝UART 1 TxD	0x0

符　　号	位	描　　述	初 始 状 态
L2_SEL	[4:3]	L2 级多路选择 00＝选择 L3 级多路通道　　　01＝保留 10＝保留　　　　11＝选择 SDIO 0 的电源控制	0x0
L1_SEL	[2]	L1 级多路选择 0＝选择 L2 级多路通道　　　1＝USB 1 ULPI 时钟	0x0

表 4-5　MIO_PIN_49 寄存器的格式

符　　号	位	描　　述	初 始 状 态
L3_SEL	[7:5]	L3 级多路通道选择 000＝GPIO　　　　001＝CAN1 Rx　　　　010＝I^2C 1 数据 011＝PJTAG TMS　100＝SDIO 1 数据位 1　101＝SPI 1 选择 0 110＝保留　　　　111＝UART 1 RxD	0x0
L2_SEL	[4:3]	L2 级多路选择 00＝选择 L3 级多路通道　　　01＝保留 10＝保留　　　　11＝选择 SDIO 1 的电源控制	0x0
L1_SEL	[2]	L1 级多路选择 0＝选择 L2 级多路通道　　　1＝USB 1 ULPI 数据位 5	0x0

2) 时钟控制寄存器 UART_CLK_CTRL

UART 端口时钟控制寄存器 UART_CLK_CTRL 是系统级控制器,其地址为 0xF8000154。寄存器的格式如表 4-6 所示。

表 4-6　UART_CLK_CTRL 寄存器的格式

符　　号	位	描　　述	初 始 状 态
	[31:14]	保留	0x0
DIVISOR	[13:8]	时钟源的分频系数	0x3F
	[7:6]	保留	0x0
SRCSEL	[5:4]	PLL 时钟选择 0x＝IO PLL 10＝Arm PLL　　　　11＝DDR PLL	0x0
	[3:3]	保留	0x0
CLKACT1	[1]	UART 1 端口时钟使能位 0＝不使能　　　　1＝使能	0x0
CLKACT0	[0]	UART 0 端口时钟使能位 0＝不使能　　　　1＝使能	0x0

表 4-6 中,DIVISOR 项是用来确定时钟源的分频系数,其取值范围是 1~63,时钟源的时钟是由 SRCSEL 项选择的。例如,若时钟源选择的是 IO PLL,其频率是 1000MHz,要求 UART 端口时钟为 50MHz,那么,分频系数就是 20,且要求使能 UART0 端口时钟,则写入 UART_CLK_CTRL 寄存器的参数值为 0x00001401。

3）UART 控制寄存器 Control_reg0

UART 控制寄存器 Control_reg0 格式如表 4-7 所示，UART 端口 0 的 Control_reg0 寄存器地址为 0xE0000000，UART 端口 1 的 Control_reg0 寄存器地址为 0xE0001000。

表 4-7　Control_reg0 寄存器的格式

符　号	位	描　　述	初 始 状 态
	[31:9]	保留	0x0
STPBRK (STOPBRK)	[8]	停止间断发送数据 0＝无影响　　　　　　　　　　1＝停止	0x1
STTBRK (STARTBRK)	[7]	启动间断发送数据 0＝无影响　　　　　　　　　　1＝启动	0x0
RSTTOS (TORST)	[6]	重新启动接收超时计数器 0＝无影响　　　　　　　　　　1＝重新启动	0x0
TXDIS (TX_DIS)	[5]	确定发送是否不使能发送 0＝无影响　　　　　　　　　　1＝不使能发送	0x1
TXEN (TX_EN)	[4]	确定发送是否使能发送 0＝无影响　　　　　　　　　　1＝使能发送	0x0
RXDIS (RX_DIS)	[3]	确定接收是否不使能接收 0＝无影响　　　　　　　　　　1＝不使能接收	0x1
RXEN (RX_EN)	[2]	确定接收是否使能接收 0＝无影响　　　　　　　　　　1＝使能接收	0x0
TXRES (TXRST)	[1]	软件复位是否清空发送数据 0＝无影响　　　　　　　　　　1＝清空	0x0
RXRES (RXRST)	[0]	软件复位是否清空接收数据 0＝无影响　　　　　　　　　　1＝清空	0x0

表 4-7 中的各数据位将确定 UART 端口的发送和接收工作方式，其接口驱动编程中根据需要写入对应的参数。例如，若 UART 端口需开启发送和接收使能，并在软件复位后清空接收和发送数据，那么写入该寄存器的参数应该是 0x00000017。

4）模式寄存器 Mode_reg0

模式寄存器 Mode_reg0 格式如表 4-8 所示，UART 端口 0 的 Mode_reg0 寄存器地址为 0xE0000004，UART 端口 1 的 Mode_reg0 寄存器地址为 0xE0001004。

表 4-8　Mode_reg0 寄存器的格式

符　号	位	描　　述	初 始 状 态
	[31:10]	保留	0x0
CHMODE	[9:8]	进行模式选择 00＝普通 UART 模式　　　　　01＝自动响应模式 10＝本地循环模式　　　　　　11＝远程循环模式	0x0
NBSTOP	[7:6]	选择停止位位数 00＝1 位停止位　　　　　　　01＝1.5 位停止位 10＝2 位停止位　　　　　　　11＝保留	0x0

符　　号	位	描　　述	初 始 状 态
PAR	[5:3]	选择奇偶校验位 000＝偶校验　　　　　001＝奇校验 1xx＝无校验　　　　　其他组合不用	0x0
CHRL	[2:1]	选择数据的位数 0x＝8 位数据 10＝7 位数据　　　　　11＝6 位数据	0x0
CLKS (CLKSEL)	[0]	确定 UART 端口时钟频率是否分频 0＝不分频　　　　　1＝8 分频	0x0

表 4-8 中的各位用于确定通信时的数据格式、工作模式等。例如,若异步串行通信时要求数据格式为:8 位数据、1 位停止位、奇校验,且要求是普通 UART 模式、端口时钟频率 8 分频,那么,写入该寄存器的参数应该是 0x00000009。

5)状态寄存器 Channel_sts_reg0

状态寄存器 Channel_sts_reg0 格式如表 4-9 所示,UART 端口 0 的 Channel_sts_reg0 寄存器地址为 0xE000002C,UART 端口 1 的 Channel_sts_reg0 寄存器地址为 0xE000102C。

表 4-9　Channel_sts_reg0 寄存器的格式

符　　号	位	描　　述	初 始 状 态
	[31:15]	保留	0x0
TNFUL	[14]	确定发送 FIFO 缓存的状态 0＝有 2 及以上字节空　　1＝只有 1 字节空	0x0
TTRIG	[13]	确定发送 FIFO 流延时持续状态 0＝Tx FIFO 填充率较小　　1＝Tx FIFO 填充率较大	0x0
FDELT (FLOWDEL)	[12]	确定接收 FIFO 持续状态 0＝Rx FIFO 填充率较小　　1＝Rx FIFO 填充率较大	0x0
TACTIVE	[11]	发送器(发送状态机)是否激活 0＝未激活　　　　　1＝激活	0x0
RACTIVE	[10]	接收器(接收状态机)是否激活 0＝未激活　　　　　1＝激活	0x0
	[9:5]	保留	0x0
TFUL (TXFULL)	[4]	确定发送 FIFO 缓存是否满 0＝未满　　　　　1＝满	0x0
TEMPTY (TXEMPTY)	[3]	确定发送 FIFO 缓存是否空 0＝未空　　　　　1＝空	0x0
RFUL (RXFULL)	[2]	确定接收 FIFO 缓存是否满 0＝未满　　　　　1＝满	0x0
REMPTY (RXEMPTY)	[1]	确定接收 FIFO 缓存是否空 0＝未空　　　　　1＝空	0x0
RTRIG (RXOVR)	[0]	确定接收 FIFO 持续状态 0＝Rx FIFO 填充率较小　　1＝Rx FIFO 填充率较大	0x0

表 4-9 中列出了 UART 端口的状态,在用查询方法编写接收或发送程序时,通常需要查询该寄存器的 REMPTY 位或 TFUL 位,以便判断是否可以读取数据,或者是否可以发送新数据。例如,若要正确读取接收的数据,在读指令前应先循环判断 REMPTY 位是否为空,为空则不能读,不空时才可以读。判断的语句可写成:

While ((Channel_sts_reg0 & 0x2) != 0x2);

6) CD 值设置寄存器 Baud_rate_gen_reg0

CD 值设置寄存器 Baud_rate_gen_reg0 用于设置波特率计算时所需的常数 CD 值,其取值范围是 2～65535。UART 端口 0 的 Baud_rate_gen_reg0 寄存器地址为 0xE0000018,UART 端口 1 的 Baud_rate_gen_reg0 寄存器地址为 0xE0001018。

7) BDIV 值设置寄存器 Baud_rate_divider_reg0

BDIV 值设置寄存器 Baud_rate_divider_reg0 用于设置波特率计算时所需的常数 BDIV 值,其取值范围是 4～255。UART 端口 0 的 Baud_rate_divider_reg0 寄存器地址为 0xE0000034,UART 端口 1 的 Baud_rate_divider_reg0 寄存器地址为 0xE0001034。

8) 数据寄存器 Tx_Rx_FIFO0

数据寄存器 Tx_Rx_FIFO0 用于发送 FIFO 和接收 FIFO 与微处理器之间数据交互的寄存器,Tx_Rx_FIFO0 寄存器为 32 位的,但有效数据位是 8 位。UART 端口 0 的 Tx_Rx_FIFO0 寄存器地址为 0xE0000030,UART 端口 1 的 Tx_Rx_FIFO0 寄存器地址为 0xE0001030。

4.2.4　UART 接口驱动编程

在嵌入式系统的应用中,通常会利用 UART 部件来设计支持异步串行通信的接口,即支持 RS-232 标准或 RS-485 标准的通信接口(注: RS-485 标准将在 8.2 节中介绍)。典型的支持 RS-232 标准的接口电路如图 4-9 所示。

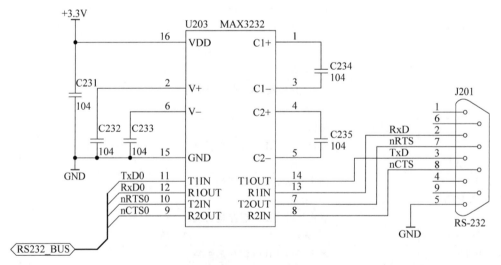

图 4-9　典型的 RS-232C 接口电路

在图 4-9 中,MAX3232 是一款电平转换芯片,其左边标记为 TxD0、RxD0 等的引脚是与 Zynq 芯片的 UART 端口相关引脚连接,右边是标准的 9 座 D 型插座引脚。

完成 UART 端口的电路设计后,还需编写驱动程序来控制通信的发送和接收。其驱动程序通常可分成 3 个函数来编写,这 3 个函数分别如下。

① 初始化函数。该函数需向 MIO_PIN_N 寄存器中写入相应的参数来设置 MIO 引脚为 UART 的引脚功能,并设置数据格式、波特率等参数。

② 发送函数。通过向 Tx_Rx_FIFO 寄存器中写入参数来发送一个字符的信息,在写入该寄存器前需判断发送 FIFO 是否不满。

③ 接收函数。通过读 Tx_Rx_FIFO 寄存器中的值来接收一个字符的信息,在读该寄存器前需判断接收 FIFO 是否不空。

例 4-3 若用 UART 端口 1 来支持异步串行通信,其中,用 MIO[48]和 MIO[49]引脚作为发送引脚 TxD 和接收引脚 RxD,其驱动程序代码可编写如下(注:分成了 3 个函数来编写,需要时调用这些函数来完成 UART 端口的初始化,以及发送和接收)。

```
/* 注:采用 C 语言编写,未用到的寄存器位应保持其原有值不变 */
/* ************************************************************** 
功能:初始化函数,完成 MIO 引脚功能设置、数据格式、波特率设置
数据格式为:8 位数据位、1 位停止位、无校验
波特率为:115200b/s(假设 UART 端口时钟频率为 50MHz)
 ************************************************************** */
#define rMIO_PIN_48          (*(volatile unsigned long *)0xF80007C0)
#define rMIO_PIN_49          (*(volatile unsigned long *)0xF80007C4)
#define rUART_CLK_CTRL       (*(volatile unsigned long *)0xF8000154)
#define rControl_reg0        (*(volatile unsigned long *)0xE0001000)
#define rMode_reg0           (*(volatile unsigned long *)0xE0001004)
#define rBaud_rate_gen_reg0  (*(volatile unsigned long *)0xE0001018)
#define rBaud_rate_divider_reg0 (*(volatile unsigned long *)0xE0001034)
#define rTx_Rx_FIFO0         (*(volatile unsigned long *)0xE0001030)
#define rChannel_sts_reg0    (*(volatile unsigned long *)0xE000102C)

void RS232_Init(void)
{
    rMIO_PIN_48 = 0x000026E0;       //设置 MIO[48]引脚功能,引脚电压 3.3V
    rMIO_PIN_49 = 0x000026E0;       //设置 MIO[49]引脚功能,引脚电压 3.3V
    rUART_CLK_CTRL = 0x00001402;    //设置 UART_CLK_CTRL 寄存器
    rControl_reg0 = 0x00000017;     //设置 Control_reg0 寄存器
    rMode_reg0 = 0x00000020;        //数据格式:8 位数据位、1 位停止位、无校验等
    //设置波特率 115200b/s,根据表 4-3 查得 CD,BDIV 参数
    rBaud_rate_gen_reg0 = 62;
    rBaud_rate_divider_reg0 = 6;
}

/* 注:未用到的寄存器位应保持其原有值不变 */
/* ************************************************************** 
功能:发送函数,完成异步串行通信的发送,一次只发送一个字符
 ************************************************************** */
void send_Char(unsigned char data)
{
    //先判断发送 FIFO 是非满,若满则循环查询,直到发送 FIFO 不满
    While ((rChannel_sts_reg0 & 0x10) == 0x10);
```

```
        //发送一字节数据
        rTx_Rx_FIFO0 = data;
    }


    / ****************************************************************
    功能:接收函数,完成异步串行通信的接收,一次只接收一个字符
    **************************************************************** /
    unsigned rec_Char(void)
    {
        char data;
        //先判断接收 FIFO 是非空,若空则循环查询,直到接收 FIFO 不空
        While ((rChannel_sts_reg0 & 0x2) == 0x2);
        //接收一字节数据,并返回该数据
        data = rTx_Rx_FIFO0 ;
        return data;
    }
```

4.3　SPI 端口

SPI(Serial Peripheral Interface,串行外设接口总线)属于同步串行通信。同步串行通信需要通信双方的时钟信号严格同步,它们不像异步串行通信那样,每一字节发送完后,均需要靠起始位再来标识下一字节的发送。因此,同步串行通信中的数据块通常包含多字节,通过同步符标识通信的开始,然后在严格同步的时钟信号控制下完成每一位数据的发送和接收。

Zynq 芯片中的同步串行通信接口有多种,如 SPI、I^2C、CAN 总线等。本节主要介绍 SPI 接口,其他接口在后续章节中介绍。

4.3.1　SPI 基本原理

SPI 通常用作嵌入式微处理器与系统外围设备,如 LCD 显示驱动器、网络控制器、A/D转换器以及 SPI 的存储器等,进行串行方式的数据交换。通过 SPI 总线,微处理器芯片可以直接与不同厂家的具有 SPI 标准接口的外围器件连接。

支持 SPI 标准的总线一般包含 4 根信号线,它们分别如下。

① SCLK　时钟信号线,通常由 SPI 总线主控器产生,是通信双方数据位发送/接收的同步信号。

② MISO　串行的主控器数据输入/从器件数据输出信号线。

③ MOSI　串行的主控器数据输出/从器件数据输入信号线。

④ nSS(或标记为 CS)　从器件的使能信号,即从器件选择信号,由 SPI 总线主控器控制。

一个基于 SPI 总线的多器件连接示意图如图 4-10 所示。系统中有一个总线主控器,其他器件为从器件。所有器件的 SCLK、MISO、MOSI 信号线连接在一起,而 nSS 信号线分开,由主控器分别控制从器件的使能信号。

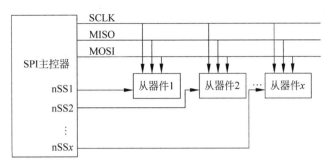

图 4-10 基于 SPI 总线的多器件连接示意图

SPI 总线控制器中通常有 3 种类型的寄存器,分别是控制寄存器 SPCR、状态寄存器 SPSR 和数据寄存器 SPDR,并且内部还有两个 8 位的移位寄存器,用作发送和接收。在主控器产生从器件的使能信号后,启动时钟信号 SCLK 作为移位脉冲,数据按位进行传输,高位在前,低位在后。SPI 总线标准中没有设计应答机制,因此,接收方是否正确收到数据无法确认。

4.3.2 Zynq 芯片的 SPI 接口部件

Zynq 芯片内部集成有两个 SPI 接口部件,它们可以设计成 SPI 总线的主控器使用,也可以设计成 SPI 总线的从器件使用。Zynq 芯片的 SPI 控制器主要有以下特点。

① 支持标准的 SPI 总线,采用 4 根信号线,即 SCLK、MISO、MOSI、nSS。

② SPI 信号线既可由 MIO 类引脚承担,也可由 EMIO 类引脚承担。其中,每个 SPI 信号引脚可由 3 个 MIO 类引脚承担,如表 4-10 所示。

表 4-10 承担 SPI 信号线的 MIO 引脚列表

符 号	方 向	MIO 引脚序号	初 始 状 态
SPI0 SCLK		MIO16、MIO28、MIO40 或 MIO12	0x0
SPI1 SCLK		MIO24、MIO36、MIO48	0x0
SPI0 MISO		MIO17、MIO29、MIO41 或 MIO11	0x0
SPI1 MISO		MIO23、MIO35、MIO47	0x0
SPI0 MOSI		MIO21、MIO33、MIO45 或 MIO10	0x0
SPI1 MOSI		MIO22、MIO34、MIO46	0x0
SPI0 nSS0		MIO18、MIO30、MIO42 或 MIO13	0x1
SPI1 nSS0		MIO25、MIO37、MIO49	0x1
SPI0 nSS1		MIO19、MIO31、MIO43 或 MIO14	0x0
SPI1 nSS1		MIO26、MIO38、MIO50	0x0
SPI0 nSS2		MIO20、MIO32、MIO44 或 MIO15	0x0
SPI1 nSS2		MIO27、MIO39、MIO51	0x0

注:每个 SPI 信号引脚有 3 个可能的位置,并且有 3 组从器件选择信号。

③ 由 MIO 类引脚承担 SPI 信号线时,其 SPI 时钟最高可达 50MHz;由 EMIO 类引脚承担时,其时钟最高可达 25MHz。

④ 支持 128B 的 Rx FIFO 和 128B 的 Tx FIFO。

⑤ 在主模式下,支持 3 个从选择信号 nSS,并且可以通过外部扩展译码器的方法来增加从选择信号。

Zynq 芯片内部的 SPI 接口功能逻辑如图 4-11 所示。从图 4-11 中可以看到,SPI 控制器可以工作在主模式(及多主模式)和从模式等工作模式。

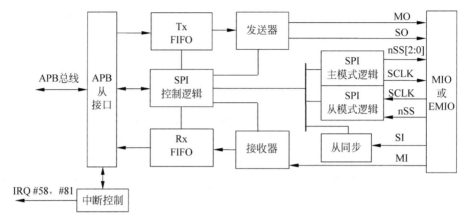

图 4-11　Zynq 芯片 SPI 接口功能逻辑框图

1. SPI 主模式

SPI 主模式能够将一个数据发送到从设备中。在主模式下,可以通过 3 个从器件选择信号线 nSS0、nSS1、nSS2 中选择一个从器件,并且在某一个时刻只能选择一个从器件。需要发送的数据将写入 Tx FIFO 中,然后,SPI 控制器取出数据发送到主器件的 MOSI 引脚上。当 Tx FIFO 中有多个数据时,发送过程将持续进行。

SPI 接口还可设置成多主模式。当 SPI 接口设置成主模式,但没有进行使能时,那么其输出引脚为"高阻态",这样其他 SPI 总线的主控器就可正常使用 SPI 总线。若总线上有两个以上的总线主控器被使能,即处于总线控制激活状态,就会存在总线冲突,这时需要立即复位 SPI 的使能位,关闭 SPI 引脚的输出驱动。

2. SPI 从模式

SPI 从模式能够接收一个外部 SPI 主控器发来的数据,同时输出一个应答信号。作为 SPI 从器件时,在接收时需要与外部 SPI 主控器进行同步,即需要检测 SPI 传输信息的边界来实现同步,具体的检测条件如下。

- 若 nSS 信号为高电平,当 nSS 信号由高到低跳变,那么其下一个 SCLK 信号的边沿即表示 SPI 信息传输开始;
- 若 nSS 信号为低电平,SPI 从器件被使能后,从器件的 SPI 控制器通过计算参考时钟周期的个数来检测下一个传输数据的开始,即计算得到的时钟周期个数与保存在从器件空闲计数寄存器中的数据相同,表示 SPI 数据传输开始。

SPI 接口驱动编程中涉及的控制寄存器有许多,主要用这些寄存器来设置承担 SPI 引脚功能的 MIO 引脚、模式选择、从器件选择等。设置承担 SPI 引脚功能的 MIO 引脚还是用引脚配置寄存器 MIO_PIN_N 来设置(注:具体用哪个 MIO 引脚承担 SPI 引脚功能可参见表 4-10),其寄存器格式与表 4-2 基本相同,在此就不再详细介绍了。下面仅对 SPI 配置寄存器等几个主要的寄存器格式进行介绍。

1）SPI 配置寄存器：Config_reg0

SPI 配置寄存器 Config_reg0 格式如表 4-11 所示，SPI0 的 Config_reg0 寄存器地址为 0xE0006000，SPI1 的 Config_reg0 寄存器地址为 0xE0007000。

表 4-11　Config_reg0 寄存器的格式

符 号	位	描 述		初始状态
	[31:18]	保留		0x0
Modefail_gen_en	[17]	产生模式失效信号使能 0＝不使能	1＝使能	0x1
Man_start_com （MANSTRT）	[16]	手动开始命令 0＝无意义	1＝数据传输开始	0x0
Man_start_en	[15]	手动传输使能 0＝自动传输模式	1＝手动传输	0x0
Manual_CS	[14]	确定手动从选择使能 0＝自动从选择	1＝手动从选择	0x0
CS	[13:10]	确定从选择信号（只有当 Manual_CS 选为 1 时有效） xxx0＝nSS0　　xx01＝nSS1　　x011＝nSS2 0111＝保留　　1111＝保留		0x0
PERI_SEL	[9]	确定是否扩展外部从选择 0＝不扩展	1＝允许扩展外部 3-8 译码器	0x0
REF_CLK	[8]	主器件的参考时钟选择 0＝用 SPI 参考时钟	1＝不支持	0x0
	[7:6]	保留		0x0
BAUD_RATE_DIV	[5:3]	主模式下的波特率除数选择 000＝不支持　001＝4　　　010＝8 011＝16　　　100＝32　　101＝64 110＝128　　　111＝256		0x0
CLK_PH （CPHA）	[2]	确定时钟相位 0＝SPI 字外的时钟无效	1＝SPI 字外的时钟有效	0x0
CLK_POL （CPOL）	[1]	确定 SPI 字外的时钟极性 0＝SPI 时钟持续高电平	1＝SPI 时钟持续低电平	0x0
MODE_SEL （MSTREN）	[0]	模式选择 0＝SPI 接口工作于从模式	1＝SPI 接口工作于主模式	0x0

2）SPI 使能寄存器 En_reg0

SPI 使能寄存器 En_reg0 格式如表 4-12 所示，SPI0 的 En_reg0 寄存器地址为 0xE0006014，SPI1 的 En_reg0 寄存器地址为 0xE0007014。

表 4-12　En_reg0 寄存器的格式

符 号	位	描 述		初 始 状 态
	[31:1]	保留		0x0
SPI_EN （ENABLE）	[0]	确定 SPI 使能 0＝不使能	1＝使能	0x0

3) 发送数据寄存器 Tx_data_reg0

发送数据寄存器 Tx_data_reg0,用于发送 FIFO 与微处理器之间数据交互的寄存器,Tx_data_reg0 寄存器为 32 位的,但有效数据位是低 8 位。SPI0 的 Tx_data_reg0 寄存器地址为 0xE000601C,SPI1 的 Tx_data_reg0 寄存器地址为 0xE000701C。

4) 接收数据寄存器 Rx_data_reg0

接收数据寄存器 Rx_data_reg0 用于接收 FIFO 与微处理器之间数据交互的寄存器,Rx_data_reg0 寄存器为 32 位的,但有效数据位是低 8 位。SPI0 的 Rx_data_reg0 寄存器地址为 0xE0006020,SPI1 的 Rx_data_reg0 寄存器地址为 0xE0007020。

5) 时钟控制寄存器 SPI_CLK_CTRL

SPI 端口时钟控制寄存器 SPI_CLK_CTRL 是系统级控制器,其地址为 0xF8000158。寄存器的格式如表 4-13 所示。

表 4-13　SPI_CLK_CTRL 寄存器的格式

符　号	位	描　述	初始状态
	[31:14]	保留	0x0
DIVISOR	[13:8]	时钟源的分频系数	0x3F
	[7:6]	保留	0x0
SRCSEL	[5:4]	PLL 时钟选择 0x=IO PLL 10=Arm PLL　　　　　　　　　11=DDR PLL	0x0
	[3:3]	保留	0x0
CLKACT1	[1]	SPI 1 端口时钟使能位 0=不使能　　　　　　　　　1=使能	0x0
CLKACT0	[0]	SPI 0 端口时钟使能位 0=不使能　　　　　　　　　1=使能	0x0

表 4-13 中的各参数选择与 UART_CLK_CTRL 寄存器的参数选择相同(表 4-6)。SPI 端口中的其他寄存器,如中断状态寄存器、中断使能寄存器、从器件空闲计数寄存器等,其功能及格式可参见文献[1]。

4.3.3　SPI 接口驱动程序设计

在嵌入式系统中,经常会采用 SPI 总线来扩展连接一些专用功能的芯片或模块,如 GPS 功能模块、无线通信模块、OLED 显示模组等。采用 SPI 总线,可以有效地减少 GPIO 引脚的需求,并能满足中速的通信速率要求。

例 4-4　若用 Zynq 芯片的 SPI1 来支持 SPI 通信,其中,用 MIO[46]、MIO[47]、MIO[48] 和 MIO[49]引脚作为 SPI1 端口的 MOSI 引脚、MISO 引脚、SCLK 引脚和 nSS0 引脚,其初始化函数的程序代码可编写如下:

```
/ * 注:采用 C 语言编写,未用到的寄存器位应保持其原有值不变 * /
/ *********************************************************************
功能:SPI 端口初始化函数,完成 MIO 引脚功能设置,初始化其工作模式
********************************************************************* /
#define rMIO_PIN_46          ( * (volatile unsigned long * )0xF80007B8)
```

```
#define rMIO_PIN_47          ( * (volatile unsigned long * )0xF80007BC)
#define rMIO_PIN_48          ( * (volatile unsigned long * )0xF80007C0)
#define rMIO_PIN_49          ( * (volatile unsigned long * )0xF80007C4)
#define rSPI_CLK_CTRL        ( * (volatile unsigned long * )0xF8000158)
#define rConfig_reg0         ( * (volatile unsigned long * )0xE0007000)
#define en_reg0              ( * (volatile unsigned long * )0xE0007014)
#define Tx_data_reg0         ( * (volatile unsigned long * )0xE000701C)
#define Rx_data_reg0         ( * (volatile unsigned long * )0xE0007020)
void SPI_Init(void)
{
    rMIO_PIN_46 = 0x000026A0;         //设置 MIO[46]引脚功能 MOSI,引脚电压 3.3V
    rMIO_PIN_47 = 0x000026A0;         //设置 MIO[47]引脚功能 MISO,引脚电压 3.3V
    rMIO_PIN_48 = 0x000026A0;         //设置 MIO[48]引脚功能 SCLK,引脚电压 3.3V
    rMIO_PIN_49 = 0x000026A0;         //设置 MIO[49]引脚功能 nSS0,引脚电压 3.3V
    rUART_CLK_CTRL = 0x00001402;      //设置 SPI_CLK_CTRL 寄存器
    rConfig_reg0 = 0x0000C00F;        //设置 Config_reg0 寄存器、主模式、手动启动
}
```

4.4　I²C 总线端口

I²C 总线也是一种嵌入式系统中常用的同步串行通信总线,可以达到 100kb/s 的数据速率,是一种易实现、低成本、中速的嵌入式系统硬件模块之间的连接总线。

4.4.1　I²C 协议结构

I²C 总线协议包含了两层协议,即物理层和数据链路层。

1. 物理层

I²C 总线只使用了两条信号线。

① 串行数据线(SDA),用于数据的发送和接收。

② 串行时钟线(SCL),用于指示什么时候数据线上是有效数据,即数据同步。

图 4-12 是一个典型的 I²C 总线网络物理连接结构。网络中的每一个节点都被连接到 SCL 和 SDA 信号线上,需要某些节点起到总线主控器的作用,总线上可以有多个主控器。其他节点响应总线主控器的请求,是总线受控器。

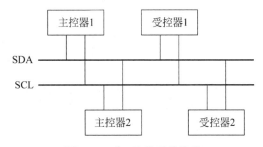

图 4-12　I²C 总线系统结构

图 4-13 展示了 I²C 总线的电气接口。标准中没有规定逻辑"0"和"1"所使用电平的高低,因而双极性电路或 MOS 电路都能够连接到总线上。所有的总线信号使用开放集电极

或开放漏极电路。通过一个上拉电阻使信号的默认状态保持为高电平,当传输逻辑"0"时,每一条总线所接的晶体管起到下拉该信号电平的作用。开放集电极或开放漏极信号允许一些设备同时写总线而不引起电路故障。

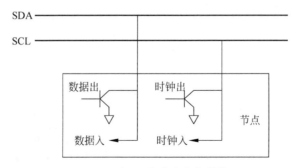

图 4-13　I²C 总线节点内部结构

I²C 总线被设计成多主控器总线结构,不同节点中的任何一个可以在不同的时刻起主控器的作用,因此,总线上不存在一个全局的主控器在 SCL 上产生时钟信号。而当输出数据时,主控器就同时驱动 SDA 信号和 SCL 信号。当总线空闲时,SDA 和 SCL 都保持高电平。当总线上有两个节点试图同时改变 SDA 或 SCL 到不同的电平时,开放集电极或开放漏极电路能够防止出错。但是每一个主控器在传输时必须监听总线状态以确保报文之间不互相影响,如果主控节点收到了不同于它要传送的值时,它就知道报文发送过程中产生了互相干扰。

2. 数据链路层

每一个连接到 I²C 总线上的设备都有唯一的地址。在标准的 I²C 总线定义中,设备地址是 7 位二进制数(扩展的 I²C 总线允许 10 位地址)。地址 0000000$_B$ 一般用于发出通用呼叫或总线广播,总线广播可以同时给总线上所有的设备发出信号。地址 11110XX$_B$ 为 10 位地址机制保留,还有一些其他的保留地址。

在 I²C 总线上受控器是不能主动进行数据发送的,所以当主控器需要读受控器时,它必须发送一个带有受控器地址的读请求,以便让受控器传送数据。主控器的地址字节中包括 7 位地址和 1 位数据传输方向。数据传输方向位为"0"代表从主控器写入受控器,为"1"代表从受控器读到主控器。

I²C 总线的通信由开始信号启动,以结束信号标识完成,其时序如图 4-14 所示。

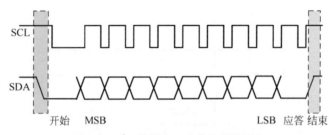

图 4-14　I²C 总线上 1 字节的传输时序

从图 4-14 中可以看到,I²C 通信的开始信号是通过保持 SCL 信号线为高电平,在此期间 SDA 信号线上由逻辑 1 跳变到逻辑 0 来产生。结束信号是通过保持 SCL 信号线为高电平,在此期间 SDA 信号线上由逻辑 0 跳变到逻辑 1 来产生。

I²C 总线主控器发出"开始信号"后,通常首先发受控器的地址字节(包含数据传输方向位),然后再根据数据传输方向进行数据字节的发送或接收。字节发送是高位(MSB)在前,低位(LSB)在后。每字节传输完后,通常均需要确认对方的应答位,应答位由接收方产生,它是在字节传输完成后,第 9 个 SCL 时钟信号出现时,发送方释放 SDA 信号,由接收方控制 SDA 信号线上出现低电平信号。

典型的 I²C 总线通信示例如图 4-15 所示。第一个例子中,主控器向受控器中写入 2 字节的数据。第二个例子中,主控器向受控器请求一个读数据操作。第三个例子中,主控器只向受控器写入 1 字节的数据,然后发送另一个开始信号来启动从受控器中读数据操作。

图 4-15　I²C 总线上的典型总线通信事务

图中:S 代表开始　P 代表结束

由于 I²C 总线上允许多总线主控器,因此需要总线仲裁机制。在每个报文发送时,发送节点监听总线,如果节点试图发送一个逻辑 1,但却监听到总线上是另一个逻辑 0 时,它会立即停止发送,并且把优先权让给其他发送节点。也就是说,低电平具有更高的优先权。在许多情况下,仲裁在传送地址部分时完成。

4.4.2　Zynq 芯片的 I²C 接口部件

Zynq 芯片内部有两个 I²C 总线接口,其控制器可以设置成 I²C 总线的主控器(或称主设备),也可设置成 I²C 总线的受控器(或称从设备),其时钟频率范围广,可从 DC 到 400kb/s。Zynq 芯片的 I²C 总线接口主要有以下特点。

① 支持 I²C 总线规范 V2 版本。

② 工作模式有主模式、从模式、从监控模式。

③ 具有 16 字节的 FIFO。

④ 可编程设定工作参数,中断产生。

Zynq 芯片内部的 I²C 总线控制器结构如图 4-16 所示。

1. 工作模式

(1) 主模式。

Zynq 芯片的 I²C 总线控制器工作在主模式时,只能通过 APB 总线主设备来初始化 I²C 总线控制器,并启动一次 I²C 写传输(发送)或读传输(接收)。在完成 I²C 写传输时,APB 总线主设备需要完成以下设置。

① 设置 I²C 总线控制寄存器的相应位,确定 SCL 信号的速度,并确定地址模式。

② 设置控制寄存器中的 MS、ENACK、CLR_FIFO 控制位,清除 RW 控制位。

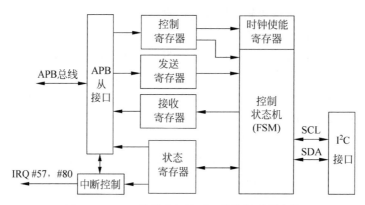

图 4-16　Zynq 芯片内部的 I²C 总线控制器结构

③ 若需要,设置 HOLD 位;否则,向 I²C 数据寄存器写入发送数据的第一字节。

④ 向 I²C 地址寄存器写入从设备的地址,初始设置完成,启动 I²C 传输。

⑤ 继续写入 I²C 数据寄存器,将需要发送的数据其他字节发送给从设备。

当所有数据发送完成时,将把状态寄存器中的 COMP 位置"1"。若没有设置 HOLD 位,那么,数据传输完成后,I²C 总线端口将产生停止时序,传输结束。若设置了 HOLD 位,那么,数据传输完成后,I²C 总线端口将把 SCL 信号线变成低电平,并通过中断方式通知微处理器。此时,微处理器可以通过清除 HOLD 位来终止传输,或者继续写数据到 I²C 数据寄存器中,接着发送数据给从设备。

完成 I²C 读传输时,APB 总线主设备需要完成以下设置。

① 设置 I²C 总线控制器的相应位,确定 SCL 信号的速度,并确定地址模式。

② 设置控制器中的 MS、ENACK、CLR_FIFO 和 RW 控制位。

③ 若要在接收数据后,微处理器还需保持总线,那么就需要设置 HOLD 位。

④ 向传输个数寄存器写入需要的字节数。

⑤ 向 I²C 地址寄存器写入从设备的地址,初始设置完成,启动 I²C 传输。

当接收到最后一字节的数据时,I²C 总线端口将自动回复一个 NACK 信号,并产生停止时序,传输结束。若在读传输期间设置了 HOLD 位,那么,数据传输完成后,I²C 总线端口将把 SCL 信号线变成低电平。

(2) 从模式。

Zynq 芯片的 I²C 总线控制器工作在从模式时,是作为 I²C 总线的受控器。通过把 I²C 总线控制寄存器中的 MS 位设置为"0",可以将其 I²C 总线控制器设置为从模式。当 I²C 总线控制器为从模式时,还必须向其地址寄存器中写入一个唯一的地址信息,以便作为从设备的识别地址,该地址有效位为 7 位,不支持超过 7 位的地址。

在从模式下,若接收到主设备发来的地址信号与其地址寄存器中保存的从地址一致,且地址信号后的一位是"1",那么,从设备就变成了发送器,它将把数据发送到 SDA 信号线上。

在从模式下,若接收到主设备发来的地址信号与其地址寄存器中保存的从地址一致,且地址信号后的一位是"0",那么从设备就变成了接收器,可以接收主设备发送的一个或者多个数据字节。

（3）从监控模式。

通过把 I²C 总线控制寄存器中的 MS 位和 SLVMON 位设置为"1"，且把 RW 位设置为"0"，可以将其 I²C 总线控制器设置为从监控模式。从监控模式时，Zynq 芯片的 I²C 总线控制器是总线主设备。当主设备把一个地址值写入地址寄存器中时，将启动一个特定的从设备传输。当从设备接收地址时，从设备回复一个 NACK 信号。主设备等待从监控暂停寄存器中所设置的暂停时间到，将再次寻址该从设备。一直循环这个操作，直到从设备回复一个 ACK 信号，或者主设备清除 SLVMON 位。若被寻址的从设备回复一个 ACK 信号，则 I²C 总线控制器产生停止时序，传输结束，并产生中断请求。

2．时钟频率

I²C 总线接口的时钟用于控制 I²C 传输的速度，其时钟生成器逻辑功能框图如图 4-17 所示。

图 4-17　I²C 接口的时钟生成器逻辑框图

图 4-17 中的 I²C 时钟是通过对系统时钟 PCLK 进行两次分频得到，其计算公式为

$$I^2C\ 时钟频率 = \frac{PCLK}{(divisor\_a + 1) \times (divisor\_b + 1)}$$

式中，divisor_a 是分频器 a 的分频系数，其取值范围是 0～3；divisor_b 是分频器 b 的分频系数，其取值范围是 0～63。但是，I²C 时钟频率值并不是通过公式计算出的值均能用，有些频率值是不可用的，应尽量保证计算出的 I²C 时钟频率值是整数，没有小数；否则，会产生误差而引起通信失败。表 4-14 是几个 I²C 时钟频率值与系统频率、分频系数 divisor_a、分频系数 divisor_b 的关系。

表 4-14　几种 I²C 时钟频率值与系统频率、分频系数的关系

系统频率/MHz	divisor_a	divisor_b	I²C 时钟频率（SCL）/kHz
111	2	16	100
111	0	12	400
133	0	60	100
133	2	4	400
166	3	16	100

3．寄存器

I²C 总线接口驱动编程中涉及的控制寄存器有许多，主要用这些寄存器来设置承担 I²C 总线引脚功能的 MIO 引脚、从器件地址、主/从模式选择等。承担 I²C 总线引脚功能的 MIO 引脚还是用引脚配置寄存器 MIO_PIN_N 来设置，其寄存器格式与表 4-2 基本相同，更详细的内容可参见文献[3]，在此不再详细介绍。下面仅对 I²C 总线控制寄存器等几个主要寄存器格式进行介绍。

（1）I²C 总线控制寄存器：Control_reg0。

I²C 总线控制寄存器 Control_reg0 是 16 位的，其格式如表 4-15 所示，I²C 总线端口 0 的 Control_reg0 寄存器地址为 0xE0004000，I²C 总线端口 1 的 Control_reg0 寄存器地址为 0xE0005000。

表 4-15　Control_reg0 寄存器的格式

符　　号	位	描　　　述	初 始 状 态
divisor_a(DIV_A)	[15:14]	分频器 a 的系数值,取值范围是 0～3	0x0
divisor_b(DIV_B)	[13:8]	分频器 b 的系数值,取值范围是 0～63	0x0
	[7]	保留	0x0
CLR_FIFO	[6]	1=初始设置 FIFO 单元为 0,并清空传输个数寄存器 0=常规操作	0x0
SLVMON	[5]	确定从监控模式 0=常规操作　　　　　　　　　　1=从监控模式	0x0
HOLD	[4]	设置总线保持 0=一旦所有数据被发送或接收,允许发传输结束信号 1=一旦没有数据要发送或接收,允许主设备将 SCL 保持为低电平,直到微处理器对其操作	0x0
ACK_EN (ACKEN)	[3]	设置应答信号使能 0=应答信号不使能,传输 NACK 信号 1=应答信号使能,传输 ACK 信号	0x0
NEA	[2]	设置地址模式,该位在主模式下使用 0=保留　　　　　　　　　　1=7 位地址信号	0x0
MS	[1]	设置工作模式 0=从模式　　　　　　　　　　1=主模式	0x0
RW(RD_WR)	[0]	设置读写操作标志 0=写(主模式发送)　　　　1=读(主模式接收)	0x0\

(2) I^2C 总线状态寄存器 Status_reg0。

I^2C 总线状态寄存器 Status_reg0 是 16 位的,其格式如表 4-16 所示,I^2C 总线端口 0 的 Status_reg0 寄存器地址为 0xE0004004,I^2C 总线端口 1 的 Status_reg0 寄存器地址为 0xE0005004。

表 4-16　Status_reg0 寄存器的格式

符　　号	位	描　　　述	初 始 状 态
	[15:9]	保留	0x0
BA	[8]	总线有效标志 1=I^2C 总线上的不间断传输标志	0x0
RXOVF	[7]	接收溢出标志 1=当 FIFO 满又接收 1 个新数据时置位	0x0
TXDV	[6]	发送数据有效标志 1=还有 1 字节数据通过 I^2C 接口发送	
RXDV	[5]	接收数据有效标志 1=从 I^2C 接口读 1 个新数据	
	[4]	保留	
RXRW	[3]	RX 读写标志 1=从主设备接收的传输模式	
	[2:0]	保留	

（3）I^2C 地址寄存器 I2C_address_reg0。

I^2C 地址寄存器 I2C_address_reg0，用于保存 I^2C 从设备的地址，I2C_address_reg0 寄存器为 16 位的，但有效数据位是低 10 位（常规地址是 7 位，扩展地址是 10 位）。I^2C 总线端口 0 的 I2C_address_reg0 寄存器地址为 0xE0004008，I^2C 总线端口 1 的 I2C_address_reg0 寄存器地址为 0xE0005008。

（4）I^2C 数据寄存器 I2C_data_reg0。

I^2C 数据寄存器 I2C_data_reg0，用于与微处理器之间数据交互。当写操作时，写入 I^2C 数据寄存器即发送；当读操作时，将读到最后接收到的数据。I2C_data_reg0 寄存器为 16 位的，但有效数据位是低 8 位。I^2C 总线端口 0 的 I2C_data_reg0 寄存器地址为 0xE000400C，I^2C 总线端口 1 的 I2C_data_reg0 寄存器地址为 0xE000500C。

（5）传输数据个数寄存器 Transfer_size_reg0。

I^2C 端口的传输数据个数寄存器 Transfer_size_reg0，用于保存传输的字节数。如果 I^2C 总线控制寄存器中的 CLR_FIFO 位置"1"，则 Transfer_size_reg0 寄存器的值清零。I^2C 总线端口 0 的 Transfer_size_reg0 寄存器地址为 0xE0004014，I^2C 总线端口 1 的 Transfer_size_reg0 寄存器地址为 0xE0005014。

I^2C 端口中的其他寄存器，如传输超时寄存器、中断状态寄存器、中断使能寄存器、中断屏蔽寄存器等，其功能及格式可参见文献[1]。

4.4.3 I^2C 接口驱动程序设计

在嵌入式系统的应用中，I^2C 总线通常用于连接具有 I^2C 总线的外围模块（如以 OV7620 芯片为核心的摄像头模块），硬件电路设计中，仅需把相关硬件模块的 SDA、SCL 信号线与 Zynq 芯片的 SDA、SCL 引脚一一对应地连接即可。I^2C 总线的通信软件除了需要对 I^2C 总线的专用寄存器进行初始化编程外，还需要按照 I^2C 总线的时序要求编写传送程序和接收程序。

例 4-5 若用 Zynq 芯片的 I^2C 总线端口 1 来设计与 OV7620 芯片为核心的摄像头模块的连接，以便通过 I^2C 总线来传输摄像头模块的参数，如图像分辨率、曝光时间等。若要求 I^2C 总线端口 1 为主模式的写操作，且选用 MIO[48] 和 MIO[49] 引脚作为 I^2C 总线端口 1 的 SCL 引脚、SDA 引脚，那么，其初始化函数的程序代码可编写如下（注意，设置承担 I^2C 总线引脚功能的 MIO 引脚还是用引脚配置寄存器 MIO_PIN_N 来设置，见表 4-4 和表 4-5）：

```
/＊注：采用 C 语言编写，未用到的寄存器位应保持其原有值不变＊/
/＊＊＊＊＊＊＊＊＊＊＊＊＊＊＊＊＊＊＊＊＊＊＊＊＊＊＊＊＊＊＊＊＊＊＊＊＊
功能：I2C 端口初始化，完成 MIO 引脚功能设置，初始化其工作模式，未采用中断
＊＊＊＊＊＊＊＊＊＊＊＊＊＊＊＊＊＊＊＊＊＊＊＊＊＊＊＊＊＊＊＊＊＊＊＊＊/
# define rMIO_PIN_48        ( * (volatile unsigned long  * )0xF80007C0)
# define rMIO_PIN_49        ( * (volatile unsigned long  * )0xF80007C4)
# define rControl_reg0      ( * (volatile unsigned long  * )0xE0005000)
# define rTime_out_reg0     ( * (volatile unsigned long  * )0xE000501C)
# define rI2C_address_reg0  ( * (volatile unsigned long  * )0xE0005008)
# define rI2C_data_reg0     ( * (volatile unsigned long  * )0xE000500C)
void I2C_Init(void)
{
```

```
rMIO_PIN_48 = 0x00002640;      //设置 MIO[48]引脚功能 SCL,引脚电压 3.3V
rMIO_PIN_49 = 0x00002640;      //设置 MIO[49]引脚功能 SDA,引脚电压 3.3V
//设系统时钟是 133MHz,需得到 100kHz 的 SCL
//选择分频器 a 系数为 0,分频器 b 系数为 60
//且要求主模式写操作,7 位地址,ACK 信号使能,清 FIFO
//根据上面要求,设置 Control_reg0 寄存器
rControl_reg0 = 0x0000326E;
rTime_out_reg0 = 0x000000FF      //设置超时值为 255
}
```

4.5　定时器部件

定时器部件是嵌入式系统中常用的部件,其主要用作定时功能或计数功能。不同的定时器部件在使用上有所差异,但它们的逻辑原理是相同的。本章具体以 Zynq 芯片中的定时器部件来介绍其工作原理、初始化编程及应用。

4.5.1　定时器部件原理

定时器或计数器的逻辑电路本质上是相同的,它们之间的区别主要在用途上。它们都是主要由带有保存当前值的寄存器和当前寄存器值加 1 或减 1 逻辑组成。在应用时,定时器的计数信号是由内部的、周期性的时钟信号承担,以便产生具有固定时间间隔的脉冲信号,实现定时的功能。而计数器的计数信号是由非周期性的信号承担,通常是外部事件产生的脉冲信号,以便对外部事件发生的次数进行计数。因为同样的逻辑电路可用于这两个目的,所以该功能部件通常被称为“定时器/计数器”。

图 4-18 是一个定时器/计数器内部工作原理框图,它是以一个 N 位的加 1 或减 1 计数器为核心,计数器的初始值由初始化编程设置,计数脉冲的来源有两类,即系统工作时钟和外部事件脉冲。

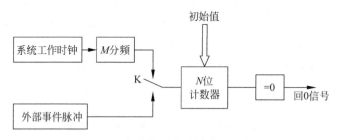

图 4-18　定时器/计数器内部原理框图

若编程设置定时器/计数器为定时工作方式时,则 N 位计数器的计数脉冲来源于内部系统时钟,并经过 M 分频。每个计数脉冲使计数器加 1 或减 1,当 N 位计数器里的数加到 0 或减到 0 时,则会产生一个“回 0 信号”,该信号有效时表示 N 位计数器里的当前值是 0。因为系统时钟的频率是固定的,其 M 分频后所得到的计数脉冲频率也就是固定的,因此通过对该频率脉冲的计数就转换为定时,实现了定时功能。

若编程设置定时器/计数器为计数方式时,则 N 位计数器的计数脉冲来源于外部事件产生的脉冲信号。有一个外部事件脉冲,计数器加 1 或减 1,直到 N 位计数器中的值为 0,产生"回 0 信号"。

N 位计数器里初始值的计算,在不同的定时器部件中其具体的计算公式是不同的。但它们计算公式的原理基本相似,即若是在定时工作方式下,N 位计数器的初始值由计数脉冲的频率和所需的定时时间间隔确定。若是在计数工作方式下,则直接是所需的计数设定值。

4.5.2　看门狗定时器

看门狗定时器的作用:当系统程序出现功能错乱,引起系统程序死锁时,能中断该系统程序的不正常运行,恢复系统程序的正常运行。

嵌入式系统由于运行环境复杂,即所处运行环境中有较强的干扰信号,或者系统程序本身不完善,因而,不能排除系统程序不会出现死锁现象。在系统中加入看门狗部件,当系统程序出现死锁时,看门狗定时器产生一个具有一定时间宽度的复位信号,迫使系统复位,恢复系统正常运行。

在 Zynq 芯片中,有一个系统级看门狗定时器(System Watchdog Timer,SWDT)和两个私有的看门狗定时器(Private Watchdog Timer,又称为 AWDT)。SWDT 的计数器是 24位的,用于在系统发生灾难性错误(如 PLL 错误引起系统崩溃)时,恢复系统的重新运行。AWDT 计数器是 32 位的,每个 Cortex-A9 微处理器核均有一个 AWDT,其工作时钟频率是 CPU 时钟频率的 1/2。当 32 位计数器从初值 N 递减到 0 时,将产生一个复位信号或中断请求信号。

1. 系统看门狗定时器 SWDT

系统看门狗定时器 SWDT 是应付系统灾难性错误的,其工作时钟可以是 CPU 的系统时钟(CPU_1x),也可以是由外部时钟通过 MIO 引脚或 EMIO 引脚输入。当 24 位计数器中的值递减到 0 时,可以产生中断请求或复位信号,该复位信号还可以提供给 PL 部分或者外部设备。当工作时钟频率为 100MHz 时,SWDT 可产生的时间间隔是 $330\mu s \sim 687.2s$。SWDT 使用前需要初始设置一些寄存器的值,下面对 SWDT 有关的寄存器进行介绍。

1) 引脚配置寄存器: MIO_PIN_N

SWDT 时钟源若选择由外部时钟通过 MIO 引脚输入,那么就需要通过引脚配置寄存器来设置其功能。可以承担 SWDT 时钟源输入功能用途的 MIO 引脚有 MIO14、MIO26、MIO38、MIO50、MIO52 等。在表 4-2 中,已经对引脚配置寄存器 MIO_PIN_N 的常规格式进行了介绍,但不同的 MIO 引脚,其对应的引脚配置寄存器的配置功能有些不同,主要体现在 L3_SEL、L2_SEL 等数据位所设置的功能上。表 4-17 列出了 MIO14 引脚配置寄存器(注:未列出的数据位与表 4-2 相同,请参见表 4-2),其他 MIO 引脚的配置寄存器格式可参见文献[1]。

2) 系统级控制寄存器: WDT_CLK_SEL

寄存器 WDT_CLK_SEL 是系统级控制寄存器(slcr)之一,用于设置 SWDT 的工作时钟源选择,其格式如表 4-18 所示,其地址为 0xF8000304。

表 4-17　MIO_PIN_14 寄存器的格式

符　　号	位	描　　述	初 始 状 态
L3_SEL	[7:5]	L3 级多路通道选择 000＝GPIO 14(bank 0)　　001＝CAN0 Rx　　010＝I²C 0 时钟 011＝SWDT 时钟　　　　100＝SDIO 1 数据位 2 101＝SPI 1 从选择 1　　110＝保留　　　111＝UART 0 RxD	0x0
L2_SEL	[4:3]	L2 级多路选择 00＝选择 L3 级多路通道　　01＝保留 10＝NAND 忙信号　　　　11＝选择 SDIO 0 的电源控制	0x0
L1_SEL	[2]	L1 级多路选择 0＝选择 L2 级多路通道　　1＝调试接口数据位 0	0x0

表 4-18　WDT_CLK_SEL 寄存器的格式

符　　号	位	描　　述	初 始 状 态
	[31:1]	保留	0x0
SEL	[0]	确定 WSDT 的工作时钟源 0＝内部系统时钟 CPU_1x 1＝来源于 PL 的时钟源(通过 EMIO 引脚)，或来源于外部的时钟源(通过 MIO 引脚)	0x0

3) SWDT 模式寄存器：MODE

SWDT 模式寄存器 MODE 是 24 位的，其格式如表 4-19 所示，地址为 0xF8005000。

表 4-19　MODE 寄存器的格式

符　　号	位	描　　述	初 始 状 态
ZKEY	[23:12]	这 12 位是只写的，若被写入 0xABC，则写入零模式寄存器是有效的	0x0
	[11:9]	保留	0x0
IRQLN	[8:7]	确定中断请求信号的电平宽度 00＝4 个 PCLK 时钟周期　　01＝8 个 PCLK 时钟周期 10＝16 个 PCLK 时钟周期　　11＝32 个 PCLK 时钟周期	0x3
	[6:4]	保留	0x4
	[3]	保留	0x0
IRQEN	[2]	中断请求使能 0＝不使能 1＝使能，当看门狗计数器递减到 0 时产生中断请求信号	0x0
RSTEN	[1]	复位使能 0＝不使能 1＝使能，当看门狗计数器递减到 0 时产生复位信号	0x0
WDEN	[0]	看门狗使能 0＝不使能 1＝使能，产生复位或中断请求信号时该位需置 1	0x0

4) SWDT 控制寄存器 CONTROL

SWDT 控制寄存器 CONTROL 是 26 位的,其格式如表 4-20 所示,地址为 0xF8005004。

表 4-20 CONTROL 寄存器的格式

符 号	位	描 述	初 始 状 态
CKEY	[25:14]	计数器访问关键字。这 12 位是只写的,若被写入 0x248,则写入控制寄存器是有效的	0x0
CRV	[13:2]	计数器初始值 若这 12 位被设置为 0xNNN,那么,计数器初始值为 0xNNNFFF	0xFFF
CLKSEL	[1:0]	确定系统时钟的分频系数 00＝PCLK/8　　　　01＝PCLK/64 10＝PCLK/512　　　11＝PCLK/4096	0x0

5) RESTART 寄存器

RESTART 寄存器是 16 位的,其格式如表 4-21 所示,地址为 0xF8005008。

表 4-21 RESTART 寄存器的格式

符 号	位	描 述	初 始 状 态
RSTKEY	[15:0]	重新启动关键字。这 16 位是只写的,若被写入 0x1999,则看门狗定时器将重新启动	0x0

6) 状态寄存器 STATUS

状态寄存器 STATUS 有效位只有一位,其格式如表 4-22 所示,地址为 0xF800500C。

表 4-22 STATUS 寄存器的格式

符 号	位	描 述	初 始 状 态
WDZ	[0]	若看门狗定时器的计数器值递减到 0 时,该位置 1	0x0

上面已经对 SWDT 部件编程中涉及的寄存器进行了介绍,下面介绍若以 Zynq 芯片为核心的嵌入式系统需要使用 SWDT 部件时,其需要编程设置的相关寄存器及设置步骤。

(1) 首先在程序中设置寄存器 WDT_CLK_SEL 的 SEL 位来选择输入的时钟源。选择时钟源操作前,应保证 SWDT 模式寄存器 MODE 的 WDEN 位设置为 0,即不使能 SWDT;否则会导致不可预测的结果。

(2) 若时钟源选择的是外部时钟源(通过 MIO 引脚输入),那么,需设置引脚配置寄存器 MIO_PIN_N,把相应的 MIO 引脚设置成 SWDT 时钟输入功能。例如,若用 MIO[14]引脚作为 SWDT 的外部时钟输入引脚,那么,驱动程序中可用下面语句来设置 MIO[14]引脚功能:

```
rMIO_PIN_14 = 0x00002660;        //rMIO_PIN_14 对应 MIO[14]引脚功能设置寄存器
```

(3) 根据需要设置 SWDT 控制寄存器 CONTROL 中的 CRV 域,来确定超时周期值,同时,控制寄存器 CONTROL 中的 CKEY 域必须设置为 0x248。

(4) 设置 SWDT 模式寄存器 MODE,使能看门狗计数器,即设置 WDEN 位为 1,并确定 IRQLN 的参数,同时寄存器 MODE 中的 ZKEY 域必须设置为 0xABC。

(5) 若需要改变 SWDT 的运行模式及参数,那么应先把 SWDT 模式寄存器 MODE 中的 WDEN 位设置为 0,即不使能看门狗计数器,然后按顺序重复上面步骤来重新设置参数。

2. 私有看门狗定时器 AWDT

Zynq 芯片中每个 Cortex-A9 微处理器均有一个自己私有的看门狗定时器,用于在微处理器执行程序时,若出现功能紊乱,能产生中断信号使该微处理器重新执行程序。若不作为私有的看门狗定时器时,它们也可以作为普通的私有定时器用。

私有看门狗定时器 AWDT 是 32 位的,其工作时钟频率是 CPU 频率的 1/2(即时钟 CPU_3x2x)。其时间间隔可用以下公式计算,即

$$时间间隔 = \frac{[(预分频器值+1) \times (加载值+1)]}{定时器工作时钟周期}$$

AWDT 使用前需要初始设置一些寄存器的值,下面对 AWDT 有关的寄存器进行介绍。

1) 看门狗控制寄存器: WDT_CONTROL

看门狗控制寄存器 WDT_CONTROL 是 32 位的寄存器,用于设置 AWDT 的工作模式等,其格式如表 4-23 所示,其地址为 0xF8F00628。

表 4-23　WDT_CONTROL 寄存器的格式

符　　号	位	描　　　述		初 始 状 态
	[31:16]	保留		0x0
Prescaler (PRESCALER)	[15:8]	确定预分频器值 预分频器值的范围是 0~255		0x0
	[7:4]	保留		0x0
Watchdog_mode (WD_MODE)	[3]	确定工作模式 0=普通定时器模式	1=看门狗模式	0x0
IT_Enable (IT_ENABLE)	[2]	确定是否中断使能 0=不使能	1=使能	0x0
Auto_reload (AUTO_RELOAD)	[1]	确定是否是自动加载模式 0=一次停止模式	1=自动加载模式	0x0
Watchdog_Enable (WD_ENABLE)	[0]	确定定时器是否使能 0=不使能	1=使能	0x0

2) 两个状态寄存器: WDT_ISR 和 WDT_RST_STS

WDT_ISR 寄存器是定时器的中断状态寄存器,该寄存器的最后一位被置 1 时,表示产生了定时器中断请求信号,该位需要在中断服务程序中用指令来清除,即设置为 0。其地址为 0xF8F0062C。

WDT_RST_STS 寄存器是定时器的复位状态寄存器,该寄存器的最后一位被置 1 时,表示产生了看门狗复位信号,也就是说,当看门狗计数器的值递减到 0 时,该位自动被置 1,产生复位请求信号。该位需要在程序中用指令来清除,即设置为 0。其地址为 0xF8F00630。

3) 加载值寄存器: WDT_LOAD

加载值寄存器 WDT_LOAD 是 32 位的,其值是通过上面的时间间隔计算公式计算得到,它确定了时间间隔的大小。在自动加载模式下,该寄存器保存的值会在计数器值递减到

0 时,自动复制到计数器中。其地址为 0xF8F00620。

4) 计数器寄存器: WDT_COUNTER

计数器寄存器 WDT_COUNTER 是 32 位的,它是定时器中的递减计数器,即每来一个计数脉冲,其值递减 1。其初始值与加载值寄存器 WDT_LOAD 的值相等,其地址为 0xF8F00624。

5) 模式切换寄存器: WDT_DISABLE

模式切换寄存器 WDT_DISABLE 是 32 位的,它用于定时器工作模式切换时写入一个特殊的命令字。即若定时器从看门狗模式切换成普通定时器模式,那么该寄存器应该被写入 0x12345678,然后又被写入 0x87654321。其地址为 0xF8F00634。

例 4-6　若用 Zynq 芯片设计的嵌入式系统需要使用私有看门狗定时器,来重新启动微处理器的程序执行。假设系统 CPU 的频率为 666MHz,时间间隔为 1ms,看门狗工作模式,定时器一次停止,预分频器值选择为 0。那么,其初始化函数可以编写如下:

```c
/* 注:采用 C 语言编写,未用到的寄存器位应保持其原有值不变 */
/* *********************************************************************
功能:私有看门狗定时器初始化,初始化其工作模式,并设置初始计数值
********************************************************************** */
#define rWDT_CONTROL      ( * (volatile unsigned long * )0xF8F00628)
#define rWDT_LOAD         ( * (volatile unsigned long * )0xF8F00620)
#define rWDT_COUNTER      ( * (volatile unsigned long * )0xF8F00624)
void AWDT_Init(void)
{
    //根据上面要求及时间间隔计算公式,计算出加载值及计数器初值为 0x000514C8
    //计算公式:加载值=(时间间隔*定时器工作时钟周期)/(预分频器值+1)-1
    //WDT_LOAD 和 WDT_COUNTER 设置如下
    rWDT_LOAD = 0x000514C7;
    rWDT_COUNTER = 0x000514C7;
    //WDT_CONTROL 设置如下
    rWDT_CONTROL = 0x00000009;
}
```

4.5.3　Timer 部件

Timer 部件主要是用于提供定时功能、脉宽调制(PWM)功能的部件,它的应用比较灵活,对于需要一定频率的脉冲信号、一定时间间隔的定时信号的应用场合,它都能提供应用支持。本节主要对 Zynq 芯片内部的 Timer 部件进行介绍。

Zynq 芯片内部每个 Cortex-A9 微处理器均有一个 32 位的定时器部件(Timer),其工作时钟频率是 CPU 频率的 1/2。其基本工作原理、时间间隔的计算公式、寄存器格式均与私有看门狗定时器是一样的。下面对私有定时部件(Timer)编程所涉及的寄存器进行简要介绍。

1. Timer 控制寄存器: Timer_CONTROL

Timer 控制寄存器 Timer_CONTROL 与私有看门狗控制寄存器 WDT_CONTROL 的格式相同,如表 4-23 所示,其寄存器地址为 0xF8F00608。

2. 加载值寄存器：Timer_LOAD

Timer_LOAD 寄存器与 WDT_LOAD 寄存器是一样的，为 32 位，其值是通过上面的时间间隔计算公式计算得到，它确定了时间间隔的大小。在自动加载模式下，该寄存器保存的值会在计数器值递减到 0 时，自动复制到计数器中。其地址为 0xF8F00600。

3. 计数器寄存器：Timer_COUNTER

计数器寄存器 Timer_COUNTER 与 WDT_COUNTER 是一样的，为 32 位，它是定时器中的递减计数器，即每来一个计数脉冲，其值递减 1。其初始值与加载值寄存器 Timer_LOAD 的值相等，其地址为 0xF8F00604。

例 4-7　若用 Zynq 芯片设计的嵌入式系统需要使用私有定时器。假设系统 CPU 的频率为 666MHz，时间间隔为 1s，定时时间一到将产生中断请求，预分频器值选择为 0。那么其初始化函数可以编写如下：

```
/* 注：采用 C 语言编写，未用到的寄存器位应保持其原有值不变 */
/* ********************************************************************
功能：私有定时器 Timer 初始化，初始化其工作模式，并设置初始计数值
   ********************************************************************* /
# define rTimer_CONTROL      ( * (volatile unsigned long * )0xF8F00608)
# define rTimer_LOAD         ( * (volatile unsigned long * )0xF8F00600)
# define rTimer_COUNTER      ( * (volatile unsigned long * )0xF8F00604)
void Timer_Init(void)
{
      //根据上面要求及时间间隔计算公式，计算出加载值及计数器初值为 0x13D92D3F
      //计算公式：加载值＝(时间间隔 * 定时器工作时钟周期)/(预分频器值＋1)－1
      //Timer_LOAD 和 Timer_COUNTER 设置如下
      rTimer_LOAD = 0x13D92D3F;
      rTimer_COUNTER = 0x13D92D3F;
      //WDT_CONTROL 设置为普通定时器模式，允许中断，自动加载
      rWDT_CONTROL = 0x00000007;
}
```

本 章 小 结

I/O 端口及设备是嵌入式系统硬件平台的重要组成部分之一。Zynq 系列的芯片中，既有 PS 部分又有 PL 部分。PS 部分的 I/O 端口与普通嵌入式微处理器芯片类似，其 I/O 端口包括 GPIO、UART、SPI、I^2C 等。PL 部分是 FPGA，可以利用它来扩充 Zynq 芯片的 I/O 端口。

PS 部分还集成有看门狗部件和 Timer 部件等定时器。定时器部件中的核心功能模块是一个减 1 计数器(或者加 1 计数器)，若部件中计数器的计数脉冲信号是由芯片主频时钟电路分频后提供，那么该部件作定时功能用，若计数脉冲信号是由外部事件提供，那么该部件作计数功能用。PS 部分的看门狗定时器的作用是当系统出现程序紊乱时，产生一个复位信号，迫使系统复位后重新启动。Timer 定时器的用途广泛，在需要一个定时的场合，均可以使用 Timer 定时器。

习　题　4

1. 选择题

(1) 下面有关 Zynq 芯片中 GPIO 端口的描述中,错误的是(　　)。

　　A. Zynq 芯片中,只能通过 MIO 方式来实现 GPIO 端口功能

　　B. MIO 方式实现的 GPIO 端口可以被 PS 部分控制

　　C. Zynq 芯片中 PS 部分的 GPIO 引脚分成了 4 个块(或称 4 个端口)

　　D. 每个端口的 MIO 引脚可以通过 MIO 引脚配置寄存器来设置其为 GPIO

(2) 通过 MIO 方式实现的 GPIO 端口,其端口引脚是输入还是输出,是通过该端口(　　)寄存器来设置的。

　　A. DATA_N_RO　　B. DATA_N　　　　C. DIRM_N　　　　D. OEN_N

(3) GPIO 端口是嵌入式系统中常用的外设接口,下面描述语句中错误的是(　　)。

　　A. 每个 GPIO 端口中一般有若干个控制寄存器、数据寄存器和状态寄存器

　　B. GPIO 端口内部的寄存器只能采用存储器映射法来进行访问

　　C. GPIO 端口内部数据寄存器的值反映了该端口 I/O 引脚是"1"还是"0"

　　D. 存储器映射法设计的 GPIO 端口,其内部寄存器需占用存储器地址空间的一部分

(4) 若用 Zynq 芯片 GPIO 端口 0 的 MIO[6]引脚输出一个高电平信号,需要向其数据寄存器中写入参数,下面的语句组中,正确的语句组是(　　)。(寄存器中其他位保持不变)

　　A. ORR　R3,R3,♯0x00000080　　　B. ORR　R3,R3,♯0x00000040
　　　　STR　R3,[R2]　　　　　　　　　　　STR　R3,[R2]
　　C. OR　　RR3,R3,♯0x00000020　　　D. OR　　RR3,R3,♯0x00000010
　　　　ST　　RR3,[R2]　　　　　　　　　　　ST　　RR3,[R2]

(注:R2 中存储有对应该端口的数据寄存器地址)

(5) 下面描述 Zynq 芯片外部中断的语句中,错误的语句是(　　)。

　　A. Zynq 芯片所有的 GPIO 引脚均可以配置成外部中断的请求信号引脚

　　B. 中断产生后需要提供给 CPU 一个中断服务程序入口的地址,该地址称为中端向量

　　C. Zynq 芯片中的中断源引起的异常采用的是固定向量识别方法

　　D. 固定向量是由应用程序设计者来确定其向量值

(6) 下面描述 RS-232 通信协议的语句中,错误的语句是(　　)。

　　A. 通信双方的波特率应该是相同的

　　B. 通信双方必须用同一个时钟源来控制发送/接收

　　C. 近距离通信是,发送方的 TXD 信号线连到接收方的 RXD 信号线即可

　　D. 微处理器芯片的通信信号引脚需要经过电平转换才能接到 RS-232 接口上

(7) Zynq 的 PS 部分有两个相互独立的 UART 接口部件。下面描述语句中错误的是(　　)。

　　A. UART 端口的 TxD、RxD 引脚可以由 MIO 类引脚来承担

　　B. RxD 是发送数据引脚,TxD 是接收数据引脚

　　C. 调制解调器需要的控制信号(如 CTS、RTS 等)只能接到 EMIO 类引脚上

D. Zynq 芯片的 PS 部分是通过 APB 从接口访问 UART 中的寄存器

（8）利用 UART 端口进行通信，其通信速率是由其内部波特率产生器来控制的。若 UART 端口时钟频率为 50MHz，CD、BDIV 参数值分别为 62、6，则其产生的波特率值是（　　）。

    A. 115 200b/s   B. 9600b/s   C. 4800b/s   D. 2400b/s

（9）模式寄存器 Mode_reg0 可以用来确定 UART 端口通信的数据格式。若数据格式为：8 位数据、1 位停止位、奇校验，且要求是普通 UART 模式、端口时钟频率不分频，那么，写入该寄存器的参数应该是（　　）。

    A. 0x00000008   B. 0x00000009   C. 0x00000040   D. 0x00000000

（10）下面描述看门狗定时器功能特征的语句中，错误的是（　　）。

    A. 看门狗定时器可以用来防止系统程序出现紊乱

    B. 看门狗定时器初始设置定时常数并启动后，用户程序不需要再对其操作

    C. 看门狗定时器的计数值计到“0”后，可以产生复位信号

    D. 看门狗定时器也可以作为常规时隙信号产生部件

（11）下面对 Zynq 芯片中看门狗定时器部件的描述语句中，错误的是（　　）。

    A. Zynq 芯片中有一个系统级看门狗 SWDT 和两个私有的看门狗 AWDT

    B. Zynq 芯片中的每个 Cortex-A9 微处理器核均有一个 AWDT

    C. SWDT 的计数器和 AWDT 计数器均是 32 位的

    D. SWDT 的作用是应付系统灾难性错误的

（12）下面对 Zynq 芯片中 Timer 部件功能进行描述的语句中，错误的是（　　）。

    A. Zynq 芯片内部每个 Cortex-A9 微处理器均有一个 32 位的 Timer 部件

    B. Timer 部件可以产生周期性的定时信号或 PWM 信号

    C. Timer 部件也可产生多任务操作系统中所需要的时间片信号

    D. Timer 部件的定时时间常数 N 减到 0 时，Timer 部件将自动停止工作

（13）下面对 Zynq 芯片中 SPI 部件功能进行描述的语句中，错误的是（　　）。

    A. SPI 属于异步串行通信

    B. SPI 通常用作嵌入式微处理器与系统外围设备的连接总线

    C. Zynq 芯片内部的 SPI 接口部件，既可以作为 SPI 总线的主控器，也可以作为 SPI 总线的从器件

    D. Zynq 芯片的 SPI 信号线，既可由 MIO 类引脚承担，也可由 EMIO 类引脚承担

（14）SPI 端口的配置寄存器 Config_reg0，其作用是用来确定 SPI 模式以及波特率除数等。若该寄存器的值被设置成 0x0000C00F，那么确定的 SPI 端口模式、波特率除数为（　　）。

    A. 主模式、4   B. 主模式、8   C. 从模式、4   D. 从模式、8

（15）下面对 Zynq 芯片中 I^2C 部件功能进行描述的语句中，错误的是（　　）。

    A. Zynq 芯片内部的 I^2C 总线接口，其工作模式有：主模式、从模式、从监控模式

    B. Zynq 芯片的 I^2C 总线控制器工作在主模式时，可通过 APB 总线主设备来初始化 I^2C 总线控制器

    C. Zynq 芯片的 I^2C 总线控制器工作在从模式时，必须向其地址寄存器中写入一个 8 位的地址信息

    D. Zynq 芯片的 I^2C 总线时钟频率最大可达 400kb/s

(16) 若 I²C 总线控制寄存器 Control_reg0 的值被设置成 0x326E,那么所选择的分频器 a 系数、分频器 b 系数的值为(　　　)。

　　A. 0、60　　　　　　　B. 0、50　　　　　　　C. 32、6　　　　　　　D. 3、26

2. 填空题

(1) 存储器映射法的设计思想是将 I/O 端口或部件和存储器作相同的处理,即微处理器对它们的读写操作没什么差别,I/O 端口或部件中的寄存器被当作存储器的一部分,占用一部分存储器的_____。

(2) _____寄存器是输出数据寄存器,当 GPIO 引脚设置为输出时,向该寄存器写入数据,数据将通过 GPIO 引脚输出。(注: 写出寄存器对应的英文名称)

(3) UART 端口的工作模式包括普通 UART 模式、自动响应模式、本地循环模式和远程循环模式。其中,_____即是常规的异步串行通信模式。

(4) UART 控制寄存器 Control_reg0 用来确定 UART 端口的发送和接收工作方式。若 UART 端口需开启发送和接收使能,并在软件复位后清空接收和发送数据,那么写入该寄存器的参数应该是_____。

(5) SPI 标准的总线一般包含有 4 根信号线,它们分别是 MISO、MOSI、_____、nSS,其中,所有器件的 nSS 信号线是分开连接的,而其他 3 根信号线是连接在一起的。

(6) SPI 信号线既可由 MIO 类引脚承担,也可由 EMIO 类引脚承担。由 MIO 类引脚承担 SPI 信号线时,其 SPI 时钟最高可达_____。

(7) 定时器或计数器的逻辑电路本质上是相同的,它们之间的区别主要在用途上。它们的核心功能部件是一个加 1 或减 1 的_____。

(8) I²C 总线是一种易实现、低成本、中速的嵌入式系统硬件模块之间的通信总线。其数据速率最大可以达到_____。

(9) Zynq 芯片的 Timer 部件主要用于提供定时功能,及脉宽调制(PWM)功能。若假设系统 CPU 的频率为 666MHz,需要的定时时间间隔为 1s,那么其对应的加载值寄存器 Timer_LOAD 的值应该设置为_____。

(10) 看门狗定时器的定时时间间隔设定为 10ms,也就是说,若系统出现死机时间超过 10ms,系统将复位然后重新启动。因此,设计者需要在其应用程序中,每隔_____的时间设置重置看门狗电路的指令,以防止系统在正常情况下被复位。

第5章　人机接口设计

人机接口提供了人与嵌入式系统进行信息交互的手段,通过人机接口,人可以给嵌入式系统发送操作指令,嵌入式系统的运行结果也可以通过显示等方式提交给人。人机接口的方式很多,在嵌入式系统中常用的人机接口设备有键盘、LED 显示器、OLED 显示器等。由于 Zynq 芯片内部没有集成键盘及显示器等的控制部件,因此,可以利用 Zynq 芯片内部 PS 部分的 GPIO 来扩展键盘或显示器的接口,也可利用 FPGA 逻辑来扩展键盘或显示器的接口。在利用 FPGA 来扩展功能时,可以采用成熟的 IP 核,这样可以提高嵌入式系统的开发效率。若没有成熟的 IP 核,用户也可以自己设计 IP 核,为以后开发相同功能的嵌入式系统时使用。本章首先对 IP 核的相关概念进行介绍,然后介绍键盘、LED 显示器等几种人机设备的接口设计。

5.1　IP 核的概述

IP 核(Intellectual Property Core,知识产权核)是指一种基于 FPGA 逻辑上预先设计好的、并被验证是正确的、能完成某种特定功能的硬件功能模块。IP 核实际上就是一种可以重用的硬件功能单元,类似于硬件功能芯片(但不是具体的芯片)。采用 IP 核可以缩短嵌入式系统的开发周期,提高开发的有效性和安全性。

5.1.1　IP 核的分类

最早的 IP 核概念是 Arm 公司提出的,Arm 公司通过出售 Arm 架构的微处理器核(即一种实现 CPU 功能的 IP 核),使得 Arm 架构的微处理器迅速在市场上得到推广应用。同时,Xilinx 公司或其他第三方 IP 核公司还提供了许多其他功能的 IP 核,如实现 UART 接口功能的 IP 核、实现 AXI 协议的 IP 核、实现 FIR 滤波器功能的 IP 核等。

1. 按提供给用户的体现形式分类

IP 核按提供给用户的体现形式,可以分成软核、固核、硬核等 3 种形式。它们实际上也是 IP 核授权给他人的 3 种不同的级别,也对应着 EDA 功能设计的 3 种不同级别,即行为设计、结构设计、物理设计。

软核(Soft IP Core)是指硬件功能模块的寄存器传输级(RTL)的设计模型,是行为级的设计。即是用硬件描述语言(如 Verilog)所设计的硬件逻辑电路,包括对电路的逻辑描述,并可以综合生成网表文件,但不涉及具体的实现芯片。换句话说,软核提供给用户的是电路逻辑设计的源代码文件,其功能经过行为级的仿真验证,但没有完成综合及布线(包括管脚约束)。因此,软核的最大优点是灵活性强、可移植性好、为使用者提供了较大的后续设计空间。其缺点是知识产权的保护不够安全,需要用户重视知识产权保护。

硬核(Hard IP Core)是指硬件功能模块的最终级的设计模型,它不仅完成了 RTL 级的设计和验证,也完成了综合及布局布线,是以完整验证过的设计版图形式提供给用户。某个硬件功能的 IP 硬核,其布局和工艺是固定的,用户只能使用 IP 硬核,而不能对其进行修改,因此,硬核的灵活性差。但由于其不需要提供 RTL 级源文件,用户不可能知道该硬件功能的具体实现方法,而只能使用其硬件功能,因而更容易实现知识产权的保护。

固核(Firm IP Core)是介于软核和硬核之间的一种 IP 核的体现形式,是指带有布局规划的软核。即其提供给用户的 IP 核形式通常是 RTL 级原程序,以及对应具体网表的混合形式。在用户设计时,采用固核比采用软核的设计灵活性稍差,但其知识产权的保护比软核要强。

　　2. 按实现的功能分类

按实现的功能分类,IP 核可以分成 CPU IP 核、外设端口 IP 核、网络通信 IP 核、算法实现 IP 核及其他专用功能的 IP 核等。

CPU IP 核实现的是微处理器功能,目前主要有四大系列的 CPU IP 核,即 Arm 系列的微处理器核、MIPS 系列的微处理器核、x86 系列的微处理器核和 PowerPC 微处理器核。这些微处理器核在不同的应用领域均有不同级别的授权应用,典型的如 Zynq 芯片内部即集成有 Arm 的 Cortex-A9 微处理器核,它是一种硬核的形式。

外设端口 IP 核实现的是一些外部设计接口的功能,如 SPI 接口的 IP 核、CAN 总线接口 IP 核、UART 接口的 IP 核,利用这些外设接口 IP 核,用户在设计嵌入式系统时,可以方便地扩展外设接口。

算法实现 IP 核是需要进行大数据量运算的算法 IP 核,如 DES 加密算法 IP 核、FIR 滤波算法 IP 核、DCT 变换 IP 核等。

其他专用功能的 IP 核是完成某个专用功能的 IP 核,如 ADC(模数转换)IP 核、VGA 接口控制 IP 核、LCD 显示驱动 IP 核等。

5.1.2　IP 核的标准

在 20 世纪 90 年代,由于像 Arm 公司这样提供可复用硬件电路模块(IP 核)公司的出现,使得 SoC(System on Chip,片上系统)设计技术得到了推广和普及,也使得用户的嵌入式系统功能可以设计得更加复杂,并且用户在采用第三方成熟的 IP 核后,可以缩短其嵌入式系统的开发周期。

随着 IP 核的使用越来越广泛,由第三方公司设计的、作为商品的 IP 核也越来越多,因此,用户在设计基于 SoC 的嵌入式系统时,会遇到以下问题。

(1) 如何选择 IP 核。前面提到,IP 核的功能种类很多,即使是同样功能的 IP 核,也会有多个 IP 核供应商来提供。因此,IP 核的供应商需要提供标准的功能说明文件,以便用户评价 IP 核的功能是否能满足要求,并且需要一个对性能、质量进行评价的统一体系。

(2) 如何连接各种 IP 核。由于构建 SoC 的嵌入式系统时,所选择的 IP 核可能来自不同的供应商,如何使它们能相互集成在一起,就需要解决 IP 核接口的标准问题。

(3) 如何对选择的 IP 核(主要是软核)进行部分修改,使其适应用户需求。用户对所选择的 IP 核内部结构不一定非常清楚,因此,这也需要 IP 核的供应商提供标准的功能说明文件。

(4) 如何测试验证 IP 核。对 IP 核的功能、性能等进行测试,需要一种标准化的测试标准,才能公平地对不同供应商提供的 IP 核进行测试及评价。

针对上述 IP 核使用中的问题,就需要制定 IP 核的标准,来促进 IP 核技术的发展及使用,这最终导致了 IP 核标准的产生及相关国际组织的出现。

1996 年,在国际上建立了最早的 IP 核标准化组织 VSIA,它是全方位制定 IP 核标准的国际联盟,成员包括系统设计公司、半导体生产商、EDA 设计公司、IP 核设计公司等。其目标是制定 SoC 工业的技术规范和标准,使得不同厂商的 IP 核能够集成在一起,完成一个统一的整体功能。在 VSIA 规范中,IP 核又称为虚拟元件 VC(Virtual Component)。2003 年 VSIA 组织制定了 4 类 IP 核规范及标准,即 IP 核交付使用文档规范、IP 核复用设计标准、IP 核质量评估标准、IP 核知识产权保护文件。

随着 IP 核产业的发展,出现了专业性更强的标准化组织,即 OCP-IP 和 SPIRIT。OCP-IP 标准化组织于 2001 年 12 月成立,它的目标是建立一套通用的 IP 核接口标准。SPIRIT 组织于 2003 年 6 月成立,主要在 IP 元数据描述标准和 EDA 工具的 API 标准方面进行工作,主要成员是 IP 核设计公司和 EDA 工具设计公司。例如,IP 核设计公司有 Arm 公司、Philips 公司等; EDA 设计公司有 Cadence 公司、Mentor 公司等。

总地来说,IP 核标准主要注重于 IP 核复用交付文档、IP 核接口标准的实用性、IP 核性能的评估手段、IP 核的技术保护手段等方面。解决的方案主要有两种: 一种是采用标准总线结构方式,如采用 AMBA 总线;另一种是采用标准的接口信号,IP 核之间的互联不限制必须采用总线,可以采用点对点的连接。

2002 年我国成立了"信息产业部集成电路 IP 核标准工作组",简称 IPCG。该组织负责制定我国的 IP 核技术标准。由于国内的集成电路发展水平有限,因此,目前还是在学习和借鉴国外的成熟 IP 核标准体系,并逐步建立适应我国集成电路设计水平、能与国际标准兼容的我国 IP 核标准体系。

本书是以 Zynq 芯片为背景来介绍 IP 核的设计技术,因此,涉及的 IP 核标准主要是采用 AMBA 总线接口标准。

5.2　键盘接口

键盘是最常用的人机输入设备,与通用个人计算机(即 PC)的键盘不一样,嵌入式系统中的键盘,其所需的按键个数及功能通常是根据具体应用来确定的,不同的应用其键盘中按键个数及功能均可能不一致。因此,在嵌入式系统的键盘接口设计时,通常需要根据应用的具体要求,来设计键盘接口的硬件电路,同时还需要完成识别按键动作、生成按键码和按键具体功能的程序设计。

5.2.1　按键的识别方法

嵌入式系统所用键盘中的按键通常是由机械开关组成的,通过机械开关中的簧片是否接触来断开或者接通电路,以便区别键是否处在按下或释放状态。键盘的接口电路有多种形式,可以用专用的芯片来连接机械按键,由专用芯片来识别按键动作并生成按键的键值,然后把键值传输给微处理器;也可以直接由微处理器芯片的 GPIO 引脚来连接机械按键,由微处理器本身来识别按键动作,并生成键码。下面主要介绍由微处理器 GPIO 引脚连接键盘时的按键识别方法,掌握了这种识别方法,对于其他形式的键盘接口方法也就比较容易理解了。

即使采用 GPIO 引脚直接连接机械按键,通常也会根据应用的要求,其接口电路有所不同。若嵌入式系统所需的键盘中按键个数较少(一般不多于 4 个),那么通常会将每一个按键分别连接到一个输入引脚上,如图 5-1 所示。微处理器根据对应输入引脚上电平是"0"还是"1"来判断按键是否按下,并完成相应按键的功能。

若键盘中机械按键的个数较多,这时通常会把按键排成阵列形式,每一行和每一列的交叉点上放置一个机械按键。如图 5-2 所示,是一个含有 16 个机械按键的键盘,排列成了 4×4 的阵列形式。对于由原始机械开关组成的阵列式键盘,其接口程序必须处理 3 个问题,即去抖动、防串键和产生键码。

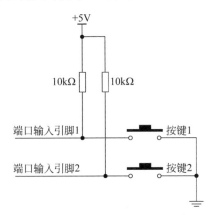

图 5-1　每个按键连接一根输入引脚

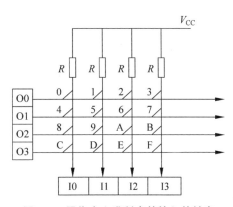

图 5-2　用作十六进制字符输入的键盘

① 抖动是机械开关本身的一个最普遍问题。它是指当键按下时,机械开关在外力的作用下,开关簧片的闭合有一个从断开到不稳定接触,最后到可靠接触的过程。即开关在达到稳定闭合前,会反复闭合、断开几次。同样的现象在按键释放时也存在。开关这种抖动的影响若不设法消除,会使系统误认为键盘按下若干次。键的抖动时间一般为 10～20ms,去抖动的方法主要采用软件延时或硬件延时电路。

② 串键是指多个键同时按下时产生的问题。解决的方法也是有软件方法和硬件方法两种。软件方法是用软件进行扫描键盘,生成键码是在只有一个键按下时进行。若有多键按下时,采用等待或出错处理。硬件方法则是采用硬件电路确保第一个按下的键或者最后一个释放的键被响应,其他的键即使按下也不会产生键码而被响应。

③ 产生键码是指键盘接口必须把按下的键翻译成有限位二进制代码,以便微处理器识别。在嵌入式系统中,由于对键盘的要求不同,产生键码的方法也有所不同。例如,可以直接把行信号值和列信号值合并在一起来生成键码,也可以采用一些特殊的算法来生成键码。但不管何种方法,产生的键码必须与键盘上的键一一对应。

下面以一个 4×4 阵列的键盘为例来说明键盘接口的处理方法及其流程。键盘的作用是进行十六进制字符的输入。如图 5-2 所示,该键盘排列成 4×4 阵列,需要两组信号线,一组作为输出信号线(称为行),另一组作为输入信号线(称为列),列信号线一般通过电阻与电源正极相连。键盘上每个键的命名由设计者确定。

在图 5-2 所示的键盘接口中,键盘的行信号线和列信号线均由微处理器通过 GPIO 引脚加以控制,微处理器通过输出引脚向行信号线上输出全 0 信号,然后通过输入引脚读取列信号,若键盘阵列中无任何键按下,则读到的列信号必然是全 1 信号;否则就是非全 1 信号。若是非全 1 信号时,微处理器再在行信号线上输出"步进的 0",即逐行输出 0 信号,来判断被按下的键具体在哪一行上,然后产生对应的键码。这种键盘处理方法称为"行扫描法",具体流程如图 5-3 所示。

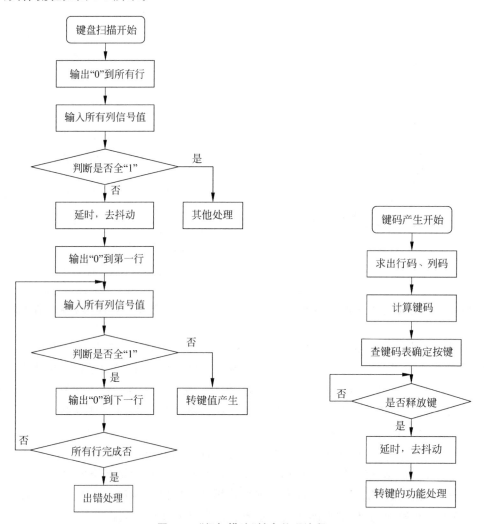

图 5-3 "行扫描法"键盘处理流程

键码的产生方法是多种多样的,但不论哪种方法都必须保证键码与键一一对应。通常情况下,常采用把行信号值和列信号值合并在一起生成键码。例如,若把行信号值和列信号值合并成一字节来做键码(注:行信号值在字节的高 4 位,列信号值在字节的低 4 位),那么,图 5-2 中的按键 1,其键码为 0xED;按键 A,其键码为 0xBB。若要把行信号值和列信号值合并成一个 16 位的键码(注:即双字节,行信号值在高字节,列信号值在低字节,并且字节的高 4 位均置 1),那么,图 5-2 中的按键"1",其键码为 0xFEFD;按键 A,其键码为 0xFBFB。

　　除了采用行信号值和列信号值合并在一起生成键码的方法外,还经常采用一些键码产生的算法。下面再给出一种键码的产生算法,它比较适用于 16～64 键的键盘接口,并且键码采用 8 位二进制数表示。键码产生的算法步骤如下。

　　① 根据键盘扫描中所得到的行信号计算出被按下键所在行的行数,以数据最低位对应的键盘行为第一行,以此类推。

　　② 求行数的补(模为 256),并求出其对应的二进制编码。

　　③ 将行数的补对应的二进制码左移 4 位,然后与列码相加,所得到的码即为键码。

　　例如,在图 5-2 所示的键盘接口电路中,键 9 的键码计算如下。

　　(1) 键 9 所在的行是第三行(对应的数据位是 O2),因此其行数是 3。

　　(2) 3 的补(模为 256)是 253,其对应的二进制码为 0xFD。

　　(3) 0xFD 左移 4 位后得 0xD0,键 9 的列码是“00001101B”,即 0x0D,把 0xD0 和 0x0D 相加后的 0xDD 即为键 9 的键码。

　　采用相同的方法可以求出键盘中其他键的键码,键盘接口程序按照键码产生的算法求出键码后,即可知是哪个键按下,并根据键码转向键对应的功能处理程序。

5.2.2　基于 PS GPIO 的键盘接口

　　前面已经提到,Zynq 芯片内部没有键盘接口控制器,扩展键盘接口可以有两种途径,一种是利用 PS 部分的 GPIO 引脚来扩展键盘接口,另一种是利用 AXI GPIO IP 核先在 PL 部分扩展出 GPIO 引脚,然后再利用这些 GPIO 引脚来扩展键盘接口。本小节先介绍基于 PS GPIO 的键盘接口设计,下一小节再介绍基于 IP 核扩展的键盘接口设计。

　　例 5-1　假设要求设计一个阵列为 4×4 的键盘,通过 Zynq 芯片内部 PS 部分的 GPIO 引脚来设计键盘行信号和列信号的接口电路,并完成键盘扫描识别及生成键码的程序设计。

　　具体设计时,若选用 Zynq 芯片 GPIO 端口 1 中的引脚 MIO[50]～MIO[53]作为输入,用于连接“键盘列”,引脚 MIO[46]～MIO[49]作为输出,用于连接“键盘行”,键码采用 8 位,是行信号值和列信号值合并而成,且列信号在高 4 位。那么,具体的键盘扫描及生成键码程序可设计如下:

```
/* 注:采用 C 语言编写,未用到的寄存器位应保持其原有值不变 */
// ***************************************************************
// ** 函数名:Scankey(),无参数
// ** 返回值:键扫描码(高 4 位是列信号值,低 4 位是行信号值,键码是两者合并)
// ** 功　能:调用一次此函数,可以实现对键盘一次全扫描
// ***************************************************************
// ** keyoutput 是键盘扫描时的输出地址,keyinput 是键盘读入时的地址
// ** 此处的键盘输出地址和读入地址均对应 GPIO 端口 1 的数据寄存器地址
#define KEYOUTPUT        ( * (volatile U8  * )0xE000A044)
#define KEYINPUT         ( * (volatile U8  * )0xE000A044)
// ** 定义 GPIO 引脚的功能设置寄存器
#define rMIO_PIN_46      ( * (volatile unsigned long  * )0xF80007B8)
#define rMIO_PIN_47      ( * (volatile unsigned long  * )0xF80007BC)
#define rMIO_PIN_48      ( * (volatile unsigned long  * )0xF80007C0)
#define rMIO_PIN_49      ( * (volatile unsigned long  * )0xF80007C4)
#define rMIO_PIN_50      ( * (volatile unsigned long  * )0xF80007C8)
#define rMIO_PIN_51      ( * (volatile unsigned long  * )0xF80007CC)
```

```
#define rMIO_PIN_52          ( * (volatile unsigned long  * )0xF80007D0)
#define rMIO_PIN_53          ( * (volatile unsigned long  * )0xF80007D4)
// ** 定义 GPIO 引脚的方向设置寄存器和输出使能寄存器
#define rDIRM_1              ( * (volatile unsigned long  * )0xE000A244)
#define rOEN_1               ( * (volatile unsigned long  * )0xE000A248)
U8 ScanKey()
{
    U8 key=0x0F;
    U32 i;
    U32 temp=0xFFFFFFFF,output;
    // ** 初始化 GPIO 引脚的功能
    rMIO_PIN_46 = 0x00000600;         //设置 MIO[46]引脚功能为 GPIO,引脚电压 3.3V
    rMIO_PIN_47 = 0x00000600;         //设置 MIO[47]引脚功能为 GPIO,引脚电压 3.3V
    rMIO_PIN_48 = 0x00000600;         //设置 MIO[48]引脚功能为 GPIO,引脚电压 3.3V
    rMIO_PIN_49 = 0x00000600;         //设置 MIO[49]引脚功能为 GPIO,引脚电压 3.3V
    rMIO_PIN_50 = 0x00000600;         //设置 MIO[50]引脚功能为 GPIO,引脚电压 3.3V
    rMIO_PIN_51 = 0x00000600;         //设置 MIO[51]引脚功能为 GPIO,引脚电压 3.3V
    rMIO_PIN_52 = 0x00000600;         //设置 MIO[52]引脚功能为 GPIO,引脚电压 3.3V
    rMIO_PIN_53 = 0x00000600;         //设置 MIO[53]引脚功能为 GPIO,引脚电压 3.3V

    //设置 GPIO 引脚的方向,MIO[46]~MIO[49]为输出,MIO[50]~MIO[53]为输入
    rDIRM_1 = (rDIRM_1 & 0xFFC3FFFF) | 0x0003C000;
    rOEN_1 = rOEN_1 | 0x0003C000;          //输出使能
    // ** 循环往键盘(4×4)输出线送低电平,因为输出为 4 根,所以循环 4 次 ** //
    for (i=0x4000;(( i<=0x20000) && (i>0)); i>>=1) {
    // ** 将第 i 根输出引脚置低,其余输出引脚为高,即对键盘按行进行扫描 ** //
        output |= 0xFFFFFFFF;
        output &= (~i);
        KEYOUTPUT = output;
    // ** 读入此时的键盘输入值 ** //
        temp = KEYINPUT;
    // ** 判断 4 根输入线上是否有低电平出现,若有则说明有键输入,否则无 ** //
        if ((temp&0x0003C0000)!=0x0003C0000) {
    // ** 有键按下,将此时的 temp 右移 8 位,并和读入的值合并为 16 位键码 ** //
        temp >>= 14;
        key |= temp;
        output >>=14;
        key &= output;
        return(key);
        }
    }
    // * 如果无键按 F
    return 0xFF;
}
```

上面 Scankey() 函数仅完成了键盘扫描及键码的生成,但没有考虑键盘的消抖动问题。下面在 Scankey() 函数的基础上,再封装一层函数,在该函数中进行了延时消抖动处理,从而可以获得稳定的键码。

```
// ******************************************************************
// ** 函数名:getkey(),无参数
// ** 返回值:读取到的稳定键码
// ** 功 能:调用 scankey()识别按键,然后消抖动,得到可靠键码
// ******************************************************************/
U8 getkey(void)
{
```

```
U8      key, tempkey;
U8      oldkey＝0xFF;
U8      keystatus＝0;
U8      keycnt＝0;
//＊＊等到有合法的、可靠的键码输入才返回;否则无穷等待＊＊//
while(1) {
        //＊＊key 设置为 0xFF,初始状态为无键码输入＊＊//
        key ＝ 0xFF;
        //＊＊等待键盘输入,若有输入则退出此循环进行处理;否则等待＊＊//
        while(1) {
            //＊＊扫描一次键盘,将读到的键值送入 key＊＊//
            key ＝ ScanKey();
            //＊＊判断是否有键输入,如果有则退到外循环进行消抖动处理＊＊//
            tempkey ＝ key;
            if ((tempkey&0xFF) != 0xFF)      break;
//＊＊若没有键按下,则延迟一段时间后,继续扫描键盘,同时设 oldkey＝0xFF＊＊//
            mydelay(20,50);        //延时函数(延时函数读者可以自行编写)
            oldkey＝0xFF;
        }
//＊＊在判断有键按下后,延迟一段时间,再扫描一次键盘,消抖动＊＊//
        mydelay(50,5000);            //延时约十几毫秒(延时函数读者可以自行编写)
        if (key != ScanKey())
            continue;
//＊＊如果连续两次读的键码一样,并不等于 oldkey,则可判断有新的键码输入＊＊//
        if (oldkey != key)   keystatus＝0;
//＊＊设定 Oldkey 为新的键码,并退出循环,返回键码＊＊//
        oldkey ＝ key;
        break;
    }
    return key;
```

获得稳定的键码值后,即可以根据键码值来判断是哪个按键被按下,然后将程序转移到对应按键的处理程序处执行。下面的程序段仅给出了按键处理程序的框架,具体按键功能的程序需要根据具体应用来编写。

```
//＊＊＊＊＊＊＊＊＊＊＊＊＊＊＊＊＊＊＊＊＊＊＊＊＊＊＊＊＊＊＊＊＊＊＊＊＊＊＊＊＊＊
//＊＊函数名: main(),无参数,无返回值
//＊＊功 能: 主程序,完成读键码,并根据键码调用具体的按键功能程序
//＊＊＊＊＊＊＊＊＊＊＊＊＊＊＊＊＊＊＊＊＊＊＊＊＊＊＊＊＊＊＊＊＊＊＊＊＊＊＊＊＊＊/
  void main(void)
  {
    U8 key＝0;
    while(1) {
            mydelay(10,1000);                    //延时
            //＊＊读取键码＊＊//
            key ＝ getkey();
    //下面根据键码完成具体的按键功能程序
    //假设 MIO[46]~MIO[49]分别对应第 1~4 行
    //假设 MIO[50]~MIO[53]分别对应第 1~4 列
    switch(key) {
                case 0xee:                  //0xee 是一个键码,对应第 1 行第 1 列的按键
                //根据该键码完成对应按键的具体功能
```

```
        case 0xed:              //0xed 是一个键码,对应第 2 行第 1 列的按键
                                //根据该键码完成对应按键的具体功能
        ......
        break;
        }
    }
}
```

5.2.3　基于 IP 核扩展的键盘接口

利用 AXI GPIO IP 核,可以在 Zynq 芯片的 PL 部分扩展出 GPIO 端口。所扩展出的 GPIO 端口,通过芯片内部的 AXI 互联总线,连接到 PS 部分的 APU(应用处理单元),这样就与 PS 部分的嵌入式系统紧密连接在一起,可以由 PS 部分的 CPU 编程控制 GPIO 端口的输入或输出。

一个扩展了 AXI GPIO IP 核的系统功能框图如图 5-4 所示。图中显示利用 AXI GPIO IP 核扩展的 GPIO 端口,是一个 AXI_GP 总线的从端口,它可以被 APU 通过 AXI 总线进行访问。

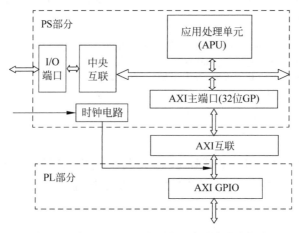

图 5-4　扩展了 AXI GPIO 端口的系统功能框图

在 Zynq 芯片的开发工具 Vivado 中,通过添加 IP Catalog 中的 AXI GPIO 实例来完成扩展 GPIO 端口,其设计步骤如下。

(1) 首先创建一个具有 AXI 互联的嵌入式系统新工程。在创建新工程时,需要配置 AXI 总线的参数,并配置 PS 部分的外设接口。

(2) 选择 IP Catalog 条目,并选中需要的 IP 核。本处需要选择 AXI General Purpose IO 的 IP 核,并配置其相关参数。例如,根据实际需求,配置其数据宽度、输入输出方向、默认的初始输出值、默认的初始输入状态值等。

(3) 完成扩展的 GPIO 端口与微处理器系统的连接,连接时将自动分配总线地址给 GPIO 端口,并使端口连接到外部。

(4) 编写新的约束文件或添加新的约束条件到约束文件中。

当完成了扩展的 GPIO 端口设计后,根据约束文件中的设定,选择作为输出功能的 PL 引脚连接键盘行信号,选择作为输入功能的 PL 引脚连接键盘列信号,从而设计出键盘阵列

的接口。然后根据分配的端口地址,按照键盘识别及键码生成方法来完成键盘的驱动程序设计。

5.3　LED 显示接口

LED 显示器是嵌入式系统中常用的输出设备,特别是 7 段(或 8 段)LED 显示器作为一种简单、经济的显示形式,在显示信息量不大的应用场合得到广泛应用。随着 LED 显示技术的发展,彩色点阵式 LED 显示技术越来越成熟,也已经得到许多应用,特别是在户外广告屏等领域中被广泛使用。

5.3.1　LED 显示控制原理

在嵌入式系统中,LED 显示器的形式主要有 3 种,即单个 LED 显示器、7 段(或 8 段)LED 显示器、点阵式 LED 显示器。

1. 单个 LED 显示控制原理

单个 LED 显示器实际上就是一个发光二极管,它的亮与灭代表着一个二进制数,因此,凡是能用一位二进制数代表的物理含义,如信号的有无、电源的通断、信号幅值是否超过其阈值等,均可以用单个 LED 显示器的亮与灭来表示。微处理器通过 GPIO 接口引脚中的某一位引脚来控制 LED 的亮与灭,如图 5-5 所示。图中引脚 D0 通过反相驱动器(也可以采用同相驱动器)控制一个单个 LED 显示器,D0 为"1"(高电平)时,单个 LED 显示器亮,代表一种状态; D0 为"0"(低电平)时,单个 LED 显示器灭,代表另一种状态。

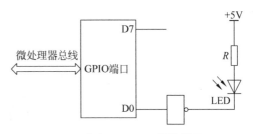

图 5-5　单个 LED 显示器控制原理

2. 7 段(或 8 段)LED 显示控制原理

7 段(或 8 段)LED 显示器是由 7 个(或 8 个)发光二极管按一定的位置排列成"日"字形(对于 8 段 LED 显示器来说还有一个小数点段),为了适应不同的驱动电路,采用了共阴极和共阳极两种结构,如图 5-6 所示。

用 7 段(或 8 段)LED 显示器可以显示 0～9 的数字和多种字符(并可带小数点),为了使 7 段(或 8 段)LED 显示器显示数字或字符,就必须点亮相应的段。例如,要显示数字 0,则要使 b、c、d、e、f、g 等 6 段亮。显示器的每个段分别由 GPIO 引脚进行控制,通常引脚的 D0～D7(即数据位的低位～高位)顺序控制 a～dp 段,所需的控制信号称为段码。由于数字与段码之间没有规律性,因此必须进行数字与段码之间的转换才能驱动要显示的段,以便显示数字的字形。常用的转换方法是将所要显示字形的段码列成一个表,称为段码表。显示时,根据字符查段码表,取出其对应的段码送到 GPIO 引脚上来控制显示。

值得注意的是,若采用的显示器其驱动结构不同,那么即使显示相同的字符,其段码也是不一样的。例如,若采用共阴极 7 段 LED 显示器,段信号采用同相驱动,则 0 的段码是 0x7E;若采用共阴极 7 段 LED 显示器,段信号采用反相驱动,则 0 的段码是 0x81。

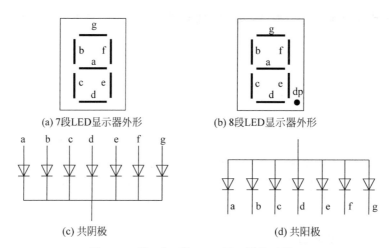

图 5-6　7 段（或 8 段）LED 显示器外形原理

在实际应用中，一般需要多位数据同时显示，这样就需要用多个 7 段（或 8 段）LED 来组成一个完整的显示器。图 5-7 是一个由 6 位 8 段 LED 组成的显示器接口电路，电路中采用了同相驱动、扫描显示方式。

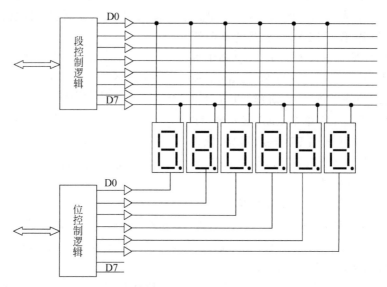

图 5-7　6 位 8 段 LED 显示器

扫描显示方式是根据人眼的视觉惰性，在多位 7 段（或 8 段）LED 组成的显示器中，所有位的段信号均连接在一起，由段控制逻辑控制，而该位能不能显示则由位控制逻辑中对应的位信号控制。位控制逻辑实际上是一扫描电路，它依次使 N 位 7 段（或 8 段）LED 显示器中的一位显示，其余位处于不显示状态。只要扫描的速度适当，人眼看到的是 N 位 LED 同时显示的状况。

例如，若要在图 5-7 所示的显示器中显示"12.08.18"字样，其典型的做法如下。

① 在数据存储区中选择 6 个存储单元作为显示缓冲区，存储单元地址从低到高依次对应显示器中从左至右的 8 段 LED，所需显示字符的段码存入对应的单元中。即显示缓冲区

中地址从低到高分别存有 0x30、0x6D、0x7E、0x7F、0x30、0x7F。

②　显示时,从低地址到高地址依次把显示缓冲区的内容通过段控制逻辑输出,同时位控制逻辑输出的位控制信号依次是 0x3E、0x3D、0x3B、0x37、0x2F、0x1F。

③　循环进行上述动作,只要循环间隔适当,人眼在显示器上看到的是稳定的显示,而不会有跳动的感觉。

④　若要改变显示器上显示的内容,只需改变存储在显示缓冲区中的段码即可。

在设计 7 段(或 8 段)LED 显示器接口电路时,还可以用专用的 8 段显示器控制芯片(如 ZLG7289AS 芯片),这些芯片可以完成数字到段码的转换,并能控制扫描,因而不需要微处理器执行扫描程序控制显示,从而提高了微处理器的效率。

3. 点阵式 LED 显示控制原理

点阵式 LED 显示器的基本显示单元一般是 8 行×8 列的 LED 模块,如图 5-8 所示。通过若干块 8 行×8 列的 LED 模块,可以拼成更大的 LED 显示阵列。例如,若要设计一个分辨率为 800×600 的点阵式 LED 显示器,那么需要在行上选用 100 个 8 行×8 列的 LED 模块,在列上选用 75 个 8 行×8 列的 LED 模块。即需要选用 100×75 个 8 行×8 列的 LED 模块,从而组成 800×600 分辨率的 LED 显示阵列。

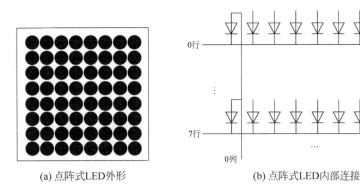

(a) 点阵式LED外形　　　　　　　(b) 点阵式LED内部连接

图 5-8　点阵式 LED 外形及内部连接

点阵式 LED 显示器能显示各种字符、汉字及图形、图像,并具有色彩。点阵式 LED 显示器中,每个 LED 表示一个像素,通过每个 LED 的亮与灭来构造出所需的图形,各种字符及汉字也是通过图形方式来显示的。对于单色点阵式 LED 来说,每个像素需要一位二进制数表示,“1”表示亮,“0”表示灭。对于彩色点阵式 LED,则每个像素需要更多的二进制位表示,通常用 1 字节或 3 字节。

点阵式 LED 显示器的显示控制也采用扫描方式。在数据存储器中需开辟若干存储单元作为显示缓冲区,缓冲区中存有所需显示图形的控制信息。显示时依次通过列信号驱动器输出一行所有列的信号,然后再驱动对应的行信号,控制该行显示。只要扫描速度适当,显示的图形就不会出现闪烁。

5.3.2　基于 PS GPIO 的 LED 接口

在开发基于 Zynq 芯片的嵌入式系统时,可以利用 PS 部分的 GPIO 引脚来扩展 LED 接口。下面以 8 段的 LED 显示器接口设计为例,来说明基于 Zynq 芯片的嵌入式系统 LED

显示器接口设计方法。

例 5-2 假设需要设计一个由 6 个 8 段的 LED 组成的显示器,采用了 ZLG7289AS 芯片控制,并用 Zynq 芯片的 GPIO 端口来与其连接。ZLG7289AS 芯片是一个具有串行输入、8 位段信号并行输出,可同时驱动 8 个共阴 LED 的专用显示器控制芯片。该芯片能支持译码显示模式和非译码显示模式。译码显示模式指的是微处理器输出给 ZLG7289AS 芯片显示字符的对应值,由芯片 ZLG7289AS 译码产生显示需要的段信号;而非译码显示模式指的是微处理器直接输出给 ZLG7289AS 芯片显示字符对应的段码信号。因此,采用非译码显示模式时,设计者需要自行求出显示字符对应的段码。有关 ZLG7289AS 芯片的详细命令可参考其技术手册。

下面的程序代码是基于 ZLG7289AS 芯片来控制 LED 显示器程序的。显示器是共阴极 LED,其段的排列顺序如图 5-6(b)所示,采用了非译码显示模式控制。

```
/*注:采用 C 语言编写,未用到的寄存器位应保持其原有值不变*/
//** 定义 GPIO 引脚的功能设置寄存器
#define rMIO_PIN_48        (*(volatile unsigned long *)0xF80007C0)
#define rMIO_PIN_49        (*(volatile unsigned long *)0xF80007C4)
#define rMIO_PIN_50        (*(volatile unsigned long *)0xF80007C8)
//** 定义 GPIO 引脚的方向设置寄存器和输出使能寄存器
#define rDIRM_1            (*(volatile unsigned long *)0xE000A244)
#define rOEN_1             (*(volatile unsigned long *)0xE000A248)
//** 定义 GPIO 端口 1 的数据寄存器(输出)
#define rDATA_1            (*(volatile U8 *)0xE000A044)
//** 定义了一些宏,包括 cs_disable、cs_enable、setdata_1、setdata_0、setclock_1、setclock_0
//** 假设选用 MIO[48]~MIO[50]来控制 ZLG7289AS 芯片
//** 它们对应了 ZLG7289AS 芯片的片选信号以及数据、时钟信号等,具体参见其技术手册
#define cs_enable {rDATA_1 = rDATA_1 | 0x10000;}          //MIO[48]置 1,即片选置 1
#define cs_disable {rDATA_1 = rDATA_1 & 0xFEFFFF;}        //MIO[48]置 0,即片选置 0
#define setdata_1 {rDATA_1 = rDATA_1 | 0x20000;}          //MIO[49]置 1
#define setdata_0 {rDATA_1 = rDATA_1 & 0xFDFFFF;}         //MIO[49]置 0
#define setclock_1 {rDATA_1 = rDATA_1 | 0x40000;}         //MIO[50]置 1
#define setclock_0 {rDATA_1 = rDATA_1 & 0xFBFFFF;}        //MIO[50]置 0
//** 下面数组用来映射 LED 模块非译码时,显示字符 0~9 和其段码的对应关系
char mapda[10] = {0x7e,0x30,0x6d,0x79,0x33,0x5b,0x5f,0x70,0x7f,0x7b};
//*********************************************************************
//** 函数名:main(),功能是:用 ZLG7289AS 控制的 LED 显示,无参数,无返回值
//*********************************************************************/
    void main(void)
    {
    int i, lednum = 6;
    U8 boardtype;
    ledinit();                          //** 调函数,初始化 GPIO 端口和 ZLG7289AS
    //** 发送命令字,清除所有显示
    sendledcmd(0xa4);
    mydelay(10,1000);                   //延时函数
    i = 0;
    //** 发送测试命令字,使所有段和点闪烁
    sendledcmd(0xbf);
    mydelay(10,1000);
```

```
        sendledcmd(0xa4);
        for(;;)  {
                //在相应位置的 LED 上显示 0~9 字符
                sendleddata(i%lednum , mapda[i%10]);
                mydelay(1000,1000);
                i++;
                if(i==40) i=0;
                sendledcmd(0xa4);
        }
}
```

在主函数 main()中,调用了函数 ledinit()来初始化 8 段 LED 接口。即需要把 MIO[48]~
MIO[50]初始化为 GPIO 输出功能,并对 ZLG7289AS 芯片的控制引脚信号进行初始化。

```
// **************************************************************************
// ** 函数名: ledinit(),无参数,无返回值
// ** 功 能: 初始化 GPIO 端口以及 ZLG7289AS 芯片
// **************************************************************************/
void ledinit(void){
    // ** 将 MIO[48]~MIO[50]设置为 GPIO 输出工作方式,同时设定不需要上拉电阻
    rMIO_PIN_48 = 0x00000600;          //设置 MIO[48]引脚功能为 GPIO,引脚电压 3.3V
    rMIO_PIN_49 = 0x00000600;          //设置 MIO[49]引脚功能为 GPIO,引脚电压 3.3V
    rMIO_PIN_50 = 0x00000600;          //设置 MIO[50]引脚功能为 GPIO,引脚电压 3.3V
    //设置 GPIO 引脚的方向,MIO[48]~MIO[50]为输出
    rDIRM_1 = rDIRM_1 | 0x00070000;
    rOEN_1 = rOEN_1 | 0x00070000;      //输出使能
    // ** 使片选信号不使能(即失效),且设定数据和时钟线均为高,初始化 LED
    cs_disable;
    setdata_1;
    setclock_1;
    mydelay(10,1000);                  //调延时函数,延时
}
```

ZLG7289AS 芯片是可以独立控制 LED 显示的,但需要微处理器给其发送相关的命令,
其命令格式有单字节和双字节之分。下面两个函数分别是发送单字节的命令和发送双字节
的命令。

```
// **************************************************************************
// ** 函数名: sendledcmd(),功能是: 传送单字节命令到 ZLG7289AS,无返回值
// ** 参 数: ZLG7289AS 命令字,参考 ZLG7289AS 资料
// **************************************************************************/
void sendledcmd(char context) {
    int count;
    // ** 将时钟线和数据线均设置为低
    setclock_0;
    mydelay(20,10);                    //延时
    setdata_0;
    mydelay(20,10);                    //延时
    // ** 使能片选
    cs_enable;
    mydelay(35,10);                    //延时
```

```
    // ** 传送 8 比特,由高位到低位
    for (count=0x80;count>0;count>>=1) {
        // ** 如果此位为1,则数据线送1;否则送0
        if(context & count) {
            setdata_1;
        }
        else {
            setdata_0;
        }
        mydelay(3,10);                    //延时
    // ** 时钟翻转为高,等待 ZLG7289AS 取数据
        setclock_1;
        mydelay(3,10);                    //延时
    // ** 时钟翻转为低,ZLG7289AS 取数据结束
        setclock_0;
        mydelay(3,10);                    //延时
    }
    // ** 一字节传送完毕后,使片选不使能(即失效)
    cs_disable;
    mydelay(3,10);                        //延时
}
// *****************************************************************
// ** 函数名:sendleddata(),功能是传送双字节命令到 ZLG7289AS,无返回值
// ** 参  数:LED 显示位置序号,ZLG7289AS 命令字。参考 ZLG7289AS 资料
// *****************************************************************/
void sendleddata(char i,char context)
{
    char a[2];
    int count,k;
    // ** 将时钟线和数据线均设置为低
    setclock_0;
    mydelay(3,100);                       //延时
    setdata_0;
    a[0]=0x90+i;
    a[1]=context;
    mydelay(3,10);                        //延时
    cs_enable;
    mydelay(3,10);                        //延时
    for (k=0;k<2;k++){
        for (count=0x80;count>0;count>>=1) {
            //发送一字节
            if(a[k] & count) {
                setdata_1;
            }
            else {
                setdata_0;
            }
            mydelay(3,10);                //延时
            setclock_1;                   //设置时钟信号为高
            mydelay(3,10);                //延时
            setclock_0;                   //设置时钟信号为低
```

```
        mydelay(4,10);              //延时
    }
    mydelay(3,10);                  //延时
  }
  cs_disable ;                      //使片选信号不使能
  mydelay(3,10);                    //延时
}
```

除了利用 PS 部分的 GPIO 来扩展 LED 显示接口外,也可以利用 AXI GPIO IP 核,在 Zynq 芯片的 PL 部分扩展出 GPIO 端口。然后利用扩展的 GPIO 端口来设计 LED 接口,其设计方法与 5.2.3 小节介绍的类似,在此就不再介绍。

5.4　OLED 显示接口

用 OLED(Organic Light-Emitting Diode,有机发光二极管)材料做成的显示器,具有自发光(即不需要背光源)、视角广、对比度高、低功耗等特点,已经广泛地应用于高端嵌入式系统中作为其显示设备,如应用于手机、数码相机、PDA 等产品中。

5.4.1　OLED 工作原理简介

OLED 的发光原理是通过把一个有机发光材料组成的发光层,嵌入两个电极之间,然后通过在两个电极端加上电源,使电流通过有机发光材料而使其发光。通常在构建 OLED 时,还会在电极和发光层之间各加上一层传输层,以便提高发光效率。一个典型的 OLED 结构如图 5-9 所示。

图 5-9　一个典型的 OLED 结构

图 5-9 所示的 OLED 结构中,阴极是一种金属薄膜,阳极是一种导电玻璃(其材料是铟/铟/锡氧化物,简称 ITO)。在阴极和有机发光材料层之间有一层电子传输层,而在阳极和有机发光材料层之间有一层空穴传输层。

1. OLED 显示原理

如图 5-9 所示,当直流电源(电压值为 2~10V)接通时,在阴极(金属薄膜)上将产生电子,而在阳极(ITO)上产生空穴。在电场的作用下,电子通过电子传输层而到达发光层(由有机发光材料组成),同时空穴通过空穴传输层也到达发光层,由于电子带负电,空穴带正电,因此,它们在发光层相互吸引,从而激发有机材料发光。由于阳极(ITO)是透明的,因此可以在阳极端看见光。

　　OLED 的发光亮度与发光层通过的电流有关,电流越大,亮度越大;电流越小,亮度越小。因此,通过控制电流的大小,就可以控制 OLED 的发光亮度。而光的颜色与发光层的发光材料有关,通过材料的不同配比,可以产生红(R)、绿(G)、蓝(B)3 种基本颜色。利用 R、G、B 像素独立发光或混合发光,可以构造彩色的 OLED 显示器。在生产彩色 OLED 显示器的方法上,还有一种生产工艺,即可以采用白光 OLED 和彩色滤光片相结合的方式,通过在发白光的 OLED 上覆盖红、绿、蓝三基色的滤光片,从而实现红、绿、蓝及其他混合色彩的显示。

　　要实现 $n \times m$ 分辨率的彩色 OLED 显示器,就需要有 n 列 m 行的 OLED 像素阵列来组成,即一行上有 n 个像素、一列上有 m 个像素,每个像素中又包括 R、G、B 三基色,其组成示意图如图 5-10 所示。

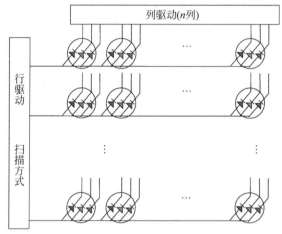

图 5-10　$n \times m$ 分辨率的彩色 OLED 像素阵列

　　当需要在 OLED 显示器上显示文字、图像等信息时,就需要驱动相关的 OLED 被点亮。与普通点阵式 LED 显示驱动类似,也需要列驱动和行驱动电路,并且行驱动是扫描方式,即一次只点亮一行上的相关 OLED。

　　2. OLED 驱动控制

　　OLED 的驱动方式分为被动驱动(Passive Matrix OLED,PMOLED)和主动驱动(Active Matrix OLED,AMOLED)两种方式,被动驱动方式又可称为无源驱动方式,主动驱动又可称为有源驱动方式。这两种 OLED 驱动方式的内部结构如图 5-11 所示。

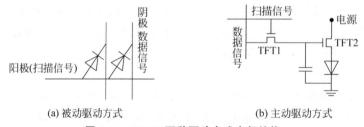

(a) 被动驱动方式　　　　　　　　　　(b) 主动驱动方式

图 5-11　OLED 两种驱动方式内部结构

　　被动驱动方式如图 5-11(a)所示,是在阳极和阴极之间设置一个 OLED 作为一个像素。若要让这个像素点亮,在阴极上接低电平、阳极上接高电平即可。在一个 $n \times m$ 分辨率的

OLED 显示器中,即有 $n \times m$ 个这样排列的 OLED 像素。要在这种驱动方式下显示一幅 $n \times m$ 分辨率的图像,通常采用在 m 个阳极上加扫描信号,即在 m 个阳极上逐次加正脉冲信号,在 n 个阴极上加图像数据信号(需要点亮的像素数据为 0,不亮的像素数据为 1),只要阳极上的扫描信号足够快,人眼就能看到一幅完整的图像。

被动驱动方式由于是无源的,因此,其结构简单,制造成本低;但其驱动电流高,反应速度相对较低。被动驱动方式只适合于单色或多色且尺寸相对较小的 OLED 显示器。

主动驱动方式如图 5-11(b)所示,是一种有源的驱动方式,它采用至少两个薄膜晶体管(Thin Film Transistor,TFT)来控制一个 OLED 像素的驱动,并在 OLED 像素的控制端接有一个电容。也就是 OLED 的像素是否被点亮,是采用了具有开/关功能的 TFT 来控制,每个像素可以独立地连续发光,即图像数据信号(需要点亮的像素数据为 1,不亮的像素数据为 0)在扫描信号的高电平期间,可以驱动 TFT2 的开或关,从而使得 OLED 像素点亮或者关灭;在扫描信号的低电平期间,还可以由电容来保持 TFT2 所需要的控制电压,因此也能保持像素的状态。此处的扫描信号是一个固定周期的脉冲信号。

主动驱动方式由于在 OLED 像素的控制端接有电容,在两次扫描信号脉冲之间可以保持充电状态,因而可以更快速、更精确地控制 OLED 像素发光。并且其驱动电压低,组件寿命更长,适合做大尺寸的 OLED 显示器。但其制作工艺相对复杂,因而成本较高。

目前在市场上,OLED 显示屏有单色、多色、全彩色等几种。单色和多色显示屏多采用被动驱动方式,全彩色显示屏多采用主动驱动方式。在嵌入式系统设计中,通常都选用 OLED 显示模组,即由 OLED 显示屏和驱动芯片组合在一起的模块。市场上有许多可供选择的 OLED 显示模组产品,如单色或多色的有 UG-2832HSWEG04 OLED 模组(分辨率为 128×32,驱动芯片为 SSD1306)、DYS864 OLED 模组(分辨率为 128×64,驱动芯片为 SH1106)等。

OLED 显示模组与微处理器的接口主要是驱动芯片与微处理器的连接,它们之间的命令及数据传输通常可采用 SPI、I^2C 等,因此,在嵌入式系统设计时,OLED 显示模组的接口电路并不复杂,而复杂的是结合驱动芯片的特性,来完成相关的 OLED 驱动程序编写。

5.4.2　基于 PS GPIO 的 OLED 接口

在开发基于 Zynq 芯片的嵌入式系统中,可以利用 PS 部分的 GPIO 引脚来扩展 OLED 显示接口;也可以自己设计一个 OLED 的驱动控制 IP 核,利用 PL 部分的引脚来扩展 OLED 显示接口。下面以 PS GPIO 的 OLED 显示接口设计为例来说明其接口设计的方法。

例 5-3　假设需要设计一个 OLED 显示器接口,选用了 UG-2832HSWEG04 OLED 模组,该模组的驱动控制芯片为 SSD1306,它与微处理器的连接为 SPI 接口,主要的信号线有以下几个。

① SCLK 信号线,是 SPI 的时钟信号。

② SDIN 信号线,是 SPI 的串行数据线,即 MOSI 信号线。

③ DC 信号线,它是 UG-2832HSWEG04 OLED 模组的命令/数据指示信号线,该信号线为高电平时,指示读写的是数据;该信号线为低电平时,指示读写的是命令。

除了信号线外,UG-2832HSWEG04 OLED 模组还需要一个复位信号(RST)和逻辑电源 U_{DD},以及升压电源 U_{BAT}(DC/DC 转换)。

在硬件电路设计时,若选用 Zynq 芯片 GPIO 的相关引脚,来与 UG-2832HSWEG04 OLED 模组相关引脚连接,如图 5-12 所示。其中,用 MIO[4] 和 MIO[5] 引脚分别与 SDIN 和

SCLK 信号相连,并且选用 MIO[7]引脚来控制 DC 信号,MIO[6]引脚来控制 RST 信号。

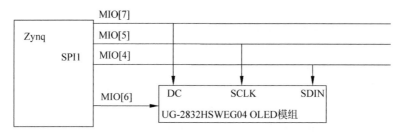

图 5-12　Zynq 芯片与 UG-2832HSWEG04 OLED 模组的连接

设计好 OLED 显示接口电路后,就需要编写相关的驱动程序。下面给出的 OLED 驱动程序示例,主要包括初始化 Zynq 芯片引脚功能函数、初始化 OLED 模组、写 OLED 模组命令函数、写 OLED 模组数据函数以及一个主函数的框架。

```c
/* 注:采用 C 语言编写,未用到的寄存器位应保持其原有值不变 */
/* ********************************************************************
功能:Zynq 芯片引脚功能初始化函数,完成 MIO 引脚功能设置,初始化其工作模式
   ********************************************************************/
// ** 定义 GPIO 引脚的功能设置寄存器
#define rMIO_PIN_7   ( * (volatile unsigned long * )0xF800071C)
#define rMIO_PIN_6   ( * (volatile unsigned long * )0xF8000718)
#define rMIO_PIN_4   ( * (volatile unsigned long * )0xF8000710)
#define rMIO_PIN_5   ( * (volatile unsigned long * )0xF8000714)
// ** 定义 GPIO 引脚的方向设置寄存器和输出使能寄存器
#define rDIRM_0      ( * (volatile unsigned long * )0xE000A204)
#define rOEN_0       ( * (volatile unsigned long * )0xE000A208)
// ** 定义 GPIO 端口 0 的数据寄存器(输出)
#define rDATA_0      ( * (volatile unsigned long * )0xE000A040)
// ** 定义了一些宏,包括 setDC_1、setDC_0、setRST_1、setRST_0
// ** 以及 setSDIN_1、setSDIN_0、setSCLK_1、setSCLK_0
#define setDC_1     {rDATA_0 = rDATA_0 | 0x00000080;}     //MIO[7]置 1,即 DC 信号置 1
#define setDC_0     {rDATA_0 = rDATA_0 & 0xFFFFFF7F;}     //MIO[7]置 0,即 DC 信号置 0
#define setRST_1    {rDATA_0 = rDATA_0 | 0x00000040;}     //MIO[6]置 1,即 RST 信号置 1
#define setRST_0    {rDATA_0 = rDATA_0 & 0xFFFFFFBF;}     //MIO[6]置 0,即 RST 信号置 0
#define setSDIN_1   {rDATA_0 = rDATA_0 | 0x00000010;}     //MIO[4]置 1,即 DC 信号置 1
#define setSDIN_0   {rDATA_0 = rDATA_0 & 0xFFFFFFEF;}     //MIO[4]置 0,即 DC 信号置 0
#define setSCLK_1   {rDATA_0 = rDATA_0 | 0x00000020;}     //MIO[5]置 1,即 RST 信号置 1
#define setSCLK_0   {rDATA_0 = rDATA_0 & 0xFFFFFFDF;}     //MIO[5]置 0,即 RST 信号置 0

void Zynq_Init(void)
{
    rMIO_PIN_7 = 0x00000600;          //设置 MIO[7]引脚功能 GPIO,引脚电压 3.3V
    rMIO_PIN_6 = 0x00000600;          //设置 MIO[6]引脚功能 GPIO,引脚电压 3.3V
    rMIO_PIN_4 = 0x00000600;          //设置 MIO[7]引脚功能 GPIO,引脚电压 3.3V
    rMIO_PIN_5 = 0x00000600;          //设置 MIO[6]引脚功能 GPIO,引脚电压 3.3V
    //设置 GPIO 引脚的方向,MIO[4]~MIO[7]为输出
    rDIRM_0 = rDIRM_0 | 0x000000F0;
    rOEN_0 = rOEN_0 | 0x000000F0;     //输出使能
}
/* 注:采用 C 语言编写 */
/* ******************************************************************** */
```

功能:初始化 OLED 模组函数,模组芯片为 SSD1306,初始化其工作模式
**/

```c
void SSD1306_Init(void)
{
    // ** 先对 SSD1306 芯片进行复位设置
    setRST_0;                       //RST 引脚置 0
    // ** 此处需插入一段时间的延时(约 10ms),延时函数可自行编写
    setRST_1;                       //RST 引脚置 1

    // ** 下面按要求写入相关命令,以便初始化 OLED 模组,命令含义参见 SSD1306 手册
    OLED_cmd_send (0xA8);
    OLED_cmd_send (0x3F);
    OLED_cmd_send (0xD3);
    OLED_cmd_send (0x00);
    OLED_cmd_send (0x40);
    OLED_cmd_send (0xA0);
    OLED_cmd_send (0xC8);
    OLED_cmd_send (0xDA);
    OLED_cmd_send (0x02);
    OLED_cmd_send (0x81);
    OLED_cmd_send (0x7F);
    OLED_cmd_send (0xA4);
    OLED_cmd_send (0xA6);
    OLED_cmd_send (0xD5);
    OLED_cmd_send (0x80);
    OLED_cmd_send (0x8D);
    OLED_cmd_send (0x14);
    OLED_cmd_send (0xAF);
}
```

/* 注:采用 C 语言编写 */
/ **
功能:写 OLED 模组命令函数,模组芯片为 SSD1306
** /

```c
void OLED_cmd_send(U8 OLED_CMD)
{
    U8 i;                           //定义变量 i
    setDC_0;                        // ** 先对 SSD1306 芯片的 DC 信号置 0: 写命令
    //下面进行循环,把一字节的命令发送到 OLED 模组
    for ( i=0; i<8; i++)
    {
        setSCLK_0;                  //设置 SCLK 信号为 0
        if (OLED_CMD & 0x80 ==1)    //判断命令字节的相应位是否为 1
            setSDIN_1;              //SDIN 信号置 1
        else
            setSDIN_0;              //SDIN 信号置 0
        // ** 若此处需要,可插入延时函数,延时时间根据实际确定,大约几微秒
        setSCLK_1;                  //设置 SCLK 信号为 1
        OLED_CMD <<= 1;             //左移一位
    }
}
```

/* 注: 采用 C 语言编写 */
/ ***
功能:写 OLED 模组数据函数,模组芯片为 SSD1306

```
  ******************************************************************* /
void OLED_data_send(U8 OLED_DATA)
{
    U8 i;                              //定义变量 i
    setDC_1;                           // ** 先对 SSD1306 芯片的 DC 信号置 0: 写数据
    //下面进行循环,把一字节的数据发送到 OLED 模组
    for ( i=0; i<8; i++)
    {
        setSCLK_0;                     //设置 SCLK 信号为 0
        if (OLED_DATA & 0x80 ==1)      //判断数据字节的相应位是否为 1
            setSDIN_1;                 //SDIN 信号置 1
        else
            setSDIN_0;                 //SDIN 信号置 0
        // ** 若此处需要,可插入延时函数,延时时间根据实际确定,大约几微秒
        setSCLK_1;                     //设置 SCLK 信号为 1
        OLED_DATA <<= 1;               //左移一位
    }
}
/ * 注: 采用 C 语言编写 * /
/ ****************************************************************************
功能: 主函数 main 的一个框架.假设显示图像数据已存入显示缓冲区
  ******************************************************************* /
void main(void)
{
    U8OLED_ARR[128] [4];               //显示缓冲数组
    U8i, j;
    Zynq_Init();                       // ** 初始化 Zynq 芯片的 GPIO 引脚功能
    SSD1306_Init();                    // ** 初始化 OLED 模组
    // ** 下面应根据需要显示的内容,来控制 OLED 模组的显示
    // ** 具体实现时,可根据 OLED 的分辨率来定义一个显示缓冲数组,如此处 128×32
    // ** 然后,根据需要显示的图像,更新显示缓冲数据,再刷新 OLED 显示
    …… ……
    for( i=0; i<4; i++){
        OLED_cmd_send(0xb0+i);         //设置页地址
        OLED_cmd_send(0x00);           //设置显示位置
        for (j=0; j<128; j++)OLED_data_send(OLED_ARR[j] [i]);      //发送显示数据
    }
}
```

本 章 小 结

人机接口是人与嵌入式系统进行信息交互的通道。常用的人机接口设备有键盘、LED 显示器、LCD 显示器以及触摸屏、鼠标、打印机等。本章主要介绍了键盘、LED 显示器、OLED 显示器等人机接口设备的工作原理及其接口驱动程序。

键盘是最常用的人机输入设备。嵌入式系统中,键盘通常都采用非编码式键盘,设计者除了要完成键盘接口硬件电路的设计外,还需要完成键盘的扫描、键码的生成等接口软件设计。键盘接口程序中的键码生成方法有许多,但无论采用哪种方法,均必须保证键码与键的一一对应关系。

显示器是最常用的人机输出设备。嵌入式系统中常用的显示器主要有 LED 显示器和 OLED 显示器。它们各有优、缺点,适用于不同的场合。本章详细介绍了它们的接口电路及接口软件。

习　题　5

1. 选择题

(1) 下面语句中错误的是(　　)。

　　A. 人机接口是人与嵌入式系统进行信息交互的接口,该接口仅指键盘和显示器的接口

　　B. Zynq 芯片内部没有集成键盘及显示器接口的控制部件

　　C. 可以利用 Zynq 芯片内部 PS 部分的 GPIO 来扩展键盘或显示器的接口

　　D. 可以利用 FPGA 逻辑及成熟的 IP 核来扩展键盘或显示器的接口

(2) 下面有关 IP 核的描述语句中,错误的是(　　)。

　　A. IP 核是指一种基于 FPGA 逻辑上预先正确设计好的,能完成特定功能的硬件模块

　　B. 采用 IP 核的优点是可以缩短硬件的开发周期,提高开发的有效性和安全性

　　C. IP 核必须由 Xilinx 公司或者其他第三方公司提供

　　D. IP 核按提供给用户的体现形式,可分成软核、固核、硬核等 3 种形式

(3) Zynq 芯片内部即集成许多 IP 核,如 Cortex-A9 微处理器核、UART 接口的 IP 核、CAN 总线接口 IP 核等。其中,Cortex-A9 微处理器核是一种(　　)的形式。

　　A. 软核　　　　　　　B. 硬核　　　　　　　C. 固核　　　　　　　D. 算法 IP 核

(4) 若一个键盘接口的键码由 8 位二进制数组成,且其键码生成的算法采用行数的补左移 4 位加列码,那么第 3 行第 2 列上的按键键码是(　　)。

　　A. 0x32　　　　　　　B. 0x23　　　　　　　C. 0xDD　　　　　　　D. 0xDB

(5) 若一个 4×4 键盘的接口电路中,采用 Zynq 芯片 GPIO 端口 1 中引脚 MIO[46]～MIO[49]来控制键盘阵列的行信号,MIO[50]～MIO[53]控制键盘阵列的列信号,那么在键盘驱动程序中需要初始化 GPIO 端口 1 的相关寄存器。下面是初始化引脚 MIO[46]～MIO[53]方向的语句,正确的是(　　)。

　　A. rDIRM_1 = (rDIRM_1 & 0xFFC3FFFF) | 0x0003C000

　　B. rDIRM_1 = (rDIRM_1 & 0x0003C000) | 0xFFC3FFFF

　　C. rDIRM_1 = (rDIRM_1 & 0xFF3CFFFF) | 0x000C3000

　　D. rDIRM_1 = (rDIRM_1 & 0x000C3000) | 0xFF3CFFFF

(6) 若一个 6×6 键盘的接口电路中,采用键盘逐行扫描,然后读取列信号判断是否为全"1"的方法来识别是否有键按下。键盘接口程序中,应该用语句(　　)来正确地控制逐行扫描的次数。(注:变量 i 的值求反后作为行扫描信号输出)

　　A. for (i=1; ((i<=16)&&(i>0)); i<<=1{…}

　　B. for (i=1; ((i<=32)&&(i>0)); i<<=1{…}

　　　　C. for (i=1; ((i<=64)&&(i>0)); i<<=1{…}

　　　　D. for (i=1; ((i<=128)&&(i>0)); i<<=1{…}

　　(7) 若某嵌入式系统中采用 7 段共阴极 LED 来构成其显示器,微处理器通过同相驱动电路输出段信号来驱动 LED,下面的段码中(　　　)不可能是数字字符的显示段码。

　　　　A. 0x01　　　　　　　B. 0x30　　　　　　　C. 0x7E　　　　　　　D. 0x70

　　(8) 点阵式 LED 显示器接口电路的设计中,下面有关其设计要点的说明语句中不正确的是(　　　)。

　　　　A. 一个大型 LED 显示屏通常是由若干 8×8 点阵的 LED 模块拼接而成

　　　　B. 点阵式 LED 显示屏分成行和列分别进行控制

　　　　C. 点阵式 LED 显示屏的列信号通常需要锁存

　　　　D. 点阵式 LED 显示屏中的所有行必须保证同时被选中控制

　　(9) 下面有关 OLED 显示器的描述语句中,错误的是(　　　)。

　　　　A. OLED 是有机发光二极管组成的显示器,其字符或图形的显示需要背光源

　　　　B. OLED 的发光亮度,与发光层通过的电流有关,电流越大,亮度越大

　　　　C. 实现 $n×m$ 分辨率的 OLED 显示器,需要有 n 列 m 行的 OLED 像素阵列来组成

　　　　D. OLED 的驱动方式分为被动驱动和主动驱动两种方式

　　(10) 若选用了 UG-2832HSWEG04 OLED 模组作为以 Zynq 芯片为核心的嵌入式系统 OLED 显示器,在硬件设计时,下面的做法错误的是(　　　)。

　　　　A. 选用 Zynq 芯片 PS 部分的 MIO 引脚并设置成 GPIO 功能来控制该模组

　　　　B. 选用 Zynq 芯片 PL 部分的引脚并设计驱动控制 IP 核来控制该模组

　　　　C. 选用 Zynq 芯片 PS 部分的 MIO 引脚并设置成 SPI 功能来控制该模组

　　　　D. 选用 Zynq 芯片 PS 部分的 MIO 引脚并设置成 UART 功能来控制该模组

2. 填空题

　　(1) 键盘接口中,产生键码的算法有许多种,但无论采用何种算法来生成键码,都必须保证_____对应。

　　(2) 若键码采用 16 位二进制数组成,其键码生成算法为:行扫描信号左移 8 位再加上读入的列信号。那么,第 3 行第 2 列上的按键,其键码是_____。

　　(3) 用多个 8 段的 LED 组成的显示器接口电路中,若每个 LED 段信号线均连接在一起,微处理器分时输出每位 LED 段信号来控制显示,但人们看到的是所有 LED 同时在显示,这是依据了_____原理。

　　(4) 点阵式 LED 显示器中,每个 LED 表示_____,通过每个 LED 的亮与灭来构造出所需的图形,各种字符及汉字也是通过图形方式来显示的。

　　(5) 图 5-13 是一个共阴极的 7 段 LED 外形,其内部 LED 管的排列顺序如图所示,通常硬件设计时用数据线 D0~D6 顺序连接 a~g 段,若采用同相驱动时,数字 2 的显示段码应该是_____。

　　(6) OLED 的驱动方式分为被动驱动和主动驱动两种方式,被动驱动方式又可称为_____方式,主动驱动(AMOLED)又可称为_____方式。

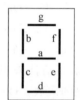

图 5-13　LED 外形排列

第6章 软件平台的构建

嵌入式系统软件平台,通常指的是嵌入式系统的操作系统,以及支撑应用软件开发的底层驱动函数库。在嵌入式系统的开发中,采用软件平台可以提高嵌入式系统的开发效率,使得嵌入式系统开发者不需要从底层函数开始设计,而是可以在其应用程序中来调用现有的底层函数,从而减少开发工作量。同时,随着嵌入式系统越来越复杂,采用嵌入式系统的操作系统,可以支撑多任务处理、多媒体处理、网络通信等复杂任务的编程。因此,作为嵌入式系统开发者,了解并熟悉嵌入式系统软件平台构建是非常必要的。

6.1 启动引导程序

嵌入式系统中加电或硬复位后运行的第一段程序,通常不是操作系统软件,也不是用户应用软件,而是一段完成硬件初始化,并加载操作系统或应用软件的程序,本教材中称其为启动引导程序(Bootloader)(有的书或资料上也称其为启动代码,或板级支持包(BSP))。启动引导程序的作用如图 6-1 所示。

启动引导程序是依赖于具体硬件环境的,这个硬件环境主要是指微处理器的体系结构,即以不同的嵌入式微处理器芯片为核心开发的嵌入式系统,其启动引导程序是不同的。除了依赖于微处理器的体系结构外,有时还依赖于具体的板级硬件配置。也就是说,对于两块不同的嵌入式系统板而言,即使它们采用的微处理器芯片是相同的型号,它们的启动引导程序也会不同。在一块板子上运行正常的启动引导程序,要想移植到另一块板子上,也需进行

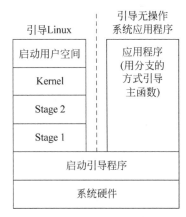

图 6-1 启动引导程序的作用

必要的修改。但启动引导程序需要完成的功能还是有相似性的。通常启动引导程序需完成以下功能。

(1)设置异常(中断)向量表,且关中断、关看门狗定时器等。

(2)有时需要设置系统微处理器的速度和时钟频率。

(3)设置好堆栈指针。系统堆栈初始化取决于用户使用哪些异常,以及系统需要处理哪些错误类型。一般情况下,管理模式堆栈必须设置;若使用 IRQ 中断,则 IRQ 中断堆栈必须设置。

(4)如果系统应用程序运行在用户模式下,可在系统引导程序中将微处理器的工作模式改为用户模式,并初始化用户模式下的堆栈指针。

(5)若系统使用了 DRAM 或其他外设,需要设置相关寄存器,以确定其刷新频率、总线宽度等信息。

(6) 初始化所需的存储器空间。为正确运行应用程序,在初始化期间应将系统需要读写的数据和变量从 ROM 复制到 RAM 里;一些要求快速响应的程序,如中断处理程序,也需要在 RAM 中运行;如果使用 Flash,对 Flash 的擦除和写入操作也一定要在 RAM 里运行。

(7) 跳转到 C 程序的入口点。

下面具体针对以 Zynq 芯片为核心的嵌入式系统启动方式及流程进行介绍。

6.1.1　Zynq 芯片的启动方式

Zynq 芯片内部包含 PS 部分和 PL 部分,PS 部分类似于传统的 Arm 微处理器,其启动流程也与传统的 Arm 微处理器类似。系统上电或复位后,PS 部分首先启动工作,是整个芯片的主控部分。PS 部分启动后,可以对 PL 部分进行配置来设定其功能。

Zynq 芯片上电启动的模式有 JTAG 模式和非 JTAG 模式。JTAG 启动模式是通过 JTAG 调试接口来启动 Zynq 芯片的一种模式;非 JTAG 模式主要是指 4 倍-SPI 启动模式、NAND Flash 启动模式、NOR Flash 启动模式、SD 卡启动模式。

Zynq 芯片启动时,具体采用何种启动模式,可以通过 4 个模式引脚的配置来选择。模式引脚是由 Zynq 芯片的 MIO[5:2]引脚来承担,MIO[5:2]引脚的不同组合,可以选择不同的启动模式,如表 6-1 所示。

表 6-1　MIO[5:2]引脚组合与启动模式的对应关系

启 动 模 式		MIO[5]	MIO[4]	MIO[3]	MIO[2]
JTAG 模式		0	0	0	0
非 JTAG 模式	NOR Flash	0	0	1	
	NAND Flash	0	1	0	
	4 倍-SPI	1	0	0	
	SD 卡	1	1	0	

注:表中未列出的二进制组合为"保留",将不起作用。

在表 6-1 中,若相应的 MIO 引脚通过一个上拉电阻(20kΩ)连接到电源($U_{\text{CCO\_MIO0}}$)上,则其为逻辑 1;若相应的 MIO 引脚通过一个下拉电阻(20kΩ)连接到地上,则其为逻辑 0。

Zynq 芯片启动时需设置的还有 PLL 选择引脚 MIO[6]和电压模式引脚 MIO[8:7]。当 MIO[6]引脚为 0 时选择 PLL,为 1 时旁路 PLL。MIO[8:7]引脚用来设置 MIO 引脚的电压,即在 BootROM 执行时,确定 MIO 引脚的电压值是 1.8V 还是 3.3V。其中,MIO[7]引脚确定 GPIO 端口 0 的 MIO 引脚,MIO[8]引脚确定 GPIO 端口 1 的 MIO 引脚。若 MIO[8:7]引脚为 0 时,对应端口的 MIO 引脚电压为 1.8V;MIO[8:7]引脚为 1 时,对应端口的 MIO 引脚电压为 3.3V。在 BootROM 执行完后,设计者可再重新设置 MIO 引脚的电压标准。

JTAG 启动模式需要有一个专用的 JTAG 仿真器,开发工具平台通过 JTAG 仿真器与 Zynq 芯片为核心的系统硬件平台连接。然后,利用开发工具软件中的调试或运行等功能启动系统。JTAG 启动模式不需要进行 FSBL、SSBL 的启动阶段,而是直接把应用程序主函数的代码加载进 Zynq 芯片内部的存储器(On-Chip Memory,OCM)中。JTAG 启动模式适合于调试裸机程序,或无操作系统支持的应用程序。

6.1.2　Zynq 芯片的启动流程

对于非 JTAG 模式(是指 4 倍-SPI 启动模式、NAND Flash 启动模式、NOR Flash 启动模式、SD 卡启动模式)来说,其启动流程是,芯片首先从内部的 BootROM 开始执行代码,然后加载引导程序镜像,完成启动。非 JTAG 模式的流程如图 6-2 所示。

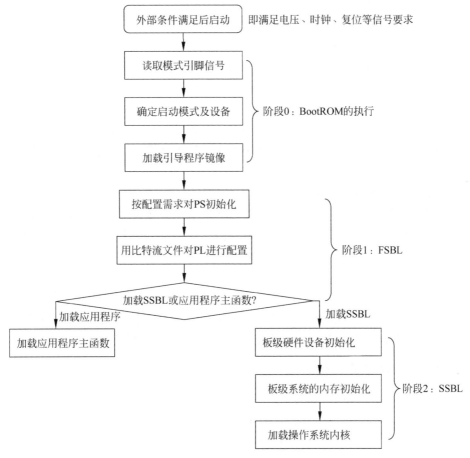

图 6-2　Zynq 芯片启动流程

FSBL—First Stage Boot Loader; SSBL—Second Stage Boot Loader

1. 阶段 0：BootROM 的执行

BootROM 是指固化在 Zynq 芯片内部 ROM 中的一段代码,该段代码完成模式引脚(即 MIO)上的信号读取及判断;对四线_SPI、NOR、NAND、SD 等外部设备控制器进行初始化,并读写这些外部设备;根据启动模式,加载第一阶段引导程序(First Stage Boot Loader,FSBL)到片上存储器中,或者直接在线性的 NOR Flash 存储器中执行引导程序。

BootROM 对于用户来说是不可访问的,系统上电复位或者按复位键后,Zynq 芯片中的 Cortex-A9 核将执行这段代码(非 JTAG 模式下),它加载完 FSBL 后,Cortex-A9 核的运行即由 FSBL 控制,BootROM 的代码将不会再运行,若想重新运行 BootROM 只能重新启动系统。

2. 阶段 1：第一阶段引导程序(FSBL)

FSBL 被称为第一阶段引导程序，它可以由用户自己设计，也可以用 Xilinx 公司提供的 FSBL 代码。前面曾经提到，FSBL 代码可以存储在 NOR Flash、NAND Flash、SD 卡等存储设备中，根据 Zynq 芯片的启动模式，由 BootROM 分别从相关的存储设备中读取，并加载其镜像到 Zynq 芯片内的存储器中。

从图 6-2 中可知，FSBL 的主要功能是初始化 PS 部分和 PL 部分，并加载第二阶段引导程序(Second Stage Boot Loader，SSBL)代码或应用程序的主函数。对 PS 部分初始化，实际上就是根据需要来配置 PS 部分的通用外部设备及接口(如 GPIO、2 个 UART、2 个 USB 等)，用户可以修改 FSBL 的代码，根据自己的需要来自定义外设及其接口的配置。FSBL 对 PL 部分的初始化不是必需的。若未对 PL 部分进行配置，那么 Zynq 芯片就类似于一个普通的 Arm 微处理器。

FSBL 阶段的最后，将根据 Flash 分区镜像，来确定是加载 SSBL 还是直接加载应用程序的主函数。若系统的应用程序不需要基于操作系统上开发，那么就不需要加载 SSBL，而是直接加载应用程序主函数。

3. 阶段 2：第二阶段引导程序(SSBL)

SSBL 被称为第二阶段引导程序。它的主要工作是引导操作系统，为操作系统的运行进行存储空间初始化，并初始化必要的外设。这一阶段的程序功能实际上就是 Bootloader 的功能，根据需要引导操作系统，设计者可以选用成熟的 Bootloader 软件。例如，若需要引导 Linux 操作系统，则可以选用 U-Boot 等。

综上所述，以 Zynq 芯片为核心开发的嵌入式系统，上电启动(或复位)后，Zynq 芯片内的 Cortex-A9 核首先运行 BootROM 代码，然后从相关存储设备中加载执行 FSBL 的代码，再根据系统是否需要操作系统，来加载执行操作系统，或直接加载执行应用程序主函数。

6.1.3　BootROM 功能介绍

BootROM 的代码固化在 Zynq 芯片内部的 ROM 中，其中包括以下功能。

(1) 模式引脚(即 MIO[6:2])配置信息的读取和判断。

(2) 初始化 L1 Cache 和基本的总线系统，并加载 PCAP 的驱动程序。

(3) 4 倍-SPI、NAND Flash、NOR Flash、SD 卡的基本驱动程序。

(4) 根据启动模式，加载存储在相应非易失性存储介质中的第一阶段引导程序，或者用户应用程序(即无操作系统下的应用程序，或称裸机程序)。

BootROM 加载第一阶段引导程序或裸机应用程序时，是把存储在片外非易失性存储器中的程序代码复制到 Zynq 芯片内部的 OCM RAM 中，然后通过分支指令使微处理器核跳转到 OCM RAM 中执行程序。由于 OCM RAM 容量的限制，因此，程序代码容量应小于 256KB。

若非易失性存储器采用的是 NOR Flash 或 4 倍-SPI Flash，那么 BootROM 加载第一阶段引导程序或裸机应用程序时，还可以支持"就地执行"(Execute-In-Place，EIP)，即微处理器可以直接执行存储在 NOR Flash 或 4 倍-SPI Flash 的程序代码，而不需要将程序代码复制到 OCM RAM 中。图 6-2 所示的流程中，步骤"加载引导程序镜像"可以进一步细化成图 6-3 所示的流程。

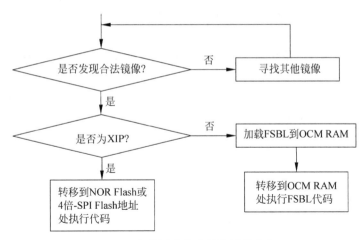

图 6-3 加载引导程序镜像时的流程

BootROM 在加载 FSBL 或者应用程序时，不是直接转移到其代码上执行，而是加载其一个合法的程序镜像。此处的程序镜像，是指一种可由 BootROM 加载时进行解析的文件（文件后缀是.bin），该文件中的信息是在可执行代码前加上一些说明信息（又称为BootROM 头部），以便 BootROM 加载时进行解析。这些说明信息的具体情况如表 6-2所示。

表 6-2 BootROM 加载时的说明信息

信 息 域	字地址偏移	信 息 域	字地址偏移	信 息 域	字地址偏移
异常向量表	0x000～0x01C	宽度标识	0x020	镜像标识	0x024
加密标识	0x028	用户定义的标识	0x02C	源偏移	0x030
镜像长度	0x034	保留	0x038	开始执行地址	0x03C
总镜像长度	0x040	保留	0x044	校验和	0x048
保留	0x04C～0x09C	寄存器初始化值	0x0A0～0x89C	保留	0x8A0～0x8BC
FSBL 镜像	0x8C0	—		—	

表 6-2 中的所有"保留"字域，其值均应初始化为 0x0。表 6-2 中其他字域用作BootROM 加载时的说明信息，下面对它们进行解释。

（1）异常向量表占据 8 个字的存储空间，对应表 2-19 中异常模式的入口，即作为异常服务程序的入口地址。特别是在 XIP（即程序代码在 NOR Flash 或 4 倍-SPI Flash 芯片中"就地执行"）时非常有用，便于对异常事件的处理。

（2）宽度标识，是用来标明 4 倍-SPI Flash 的数据宽度。该字域是一个固定值，其值为0xAA995566（注：高字节数据存储在高地址单元中，如 0x020 单元中存 0x66、0x021 单元中存 0x55、0x022 单元中存 0x99、0x023 单元中存 0xAA，下同）。若读取到该值，BootROM 将重新配置 Flash 接口，使得 Flash 可以支持"就地执行"。

（3）镜像标识也是一个固定值，其字域的值为 0x584C4E58，即字符"XLNX"对应的ASCII 码。这个标识和宽度标识一起使用，以便 BootROM 确认是否是有效的启动信息。若镜像标识或宽度标识有一个值不能与规定的固定值相匹配，将锁定 BootROM。

（4）加密标识用于标识启动镜像是否是加密镜像。若该字域的值为 0xA5C3C5A3 或者 x3A5C3C5A,表明是加密镜像;若值是 0x0,表明是非加密镜像。若为其他值,则锁定 BootROM。

(5)用户定义的标识,该标识占据一个字的存储空间,由用户自己确定其值,可以是任意值。BootROM 不对该标识进行识别。

(6)源偏移,其域中的值表示是 Flash 镜像(即 FSBL 加载镜像或应用程序镜像)开始的地址偏移,这个值必须大于或等于 0x8C0。例如,若 0x030 单元中存储 0xC0、0x031 单元中存储 0x09、0x032 单元中存储 0x00、0x033 单元中存储 0x00,那么 Flash 镜像开始的地址为 0x000009C0(是地址偏移,而不是实际物理地址)。

(7)镜像长度,其域中的值,表示的是加载程序镜像的字节个数。该值应小于或等于 0x30000。实际上,其值等于程序镜像的总字节数减去头部的字节数,即

$$镜像长度 = 程序镜像总字节数 - 源偏移的值$$

若是"就地执行"时,该域的值应为 0x0,使得 BootROM 并不复制程序镜像 OCM 中,而是从 NOR Flash 或 4 倍-SPI Flash 中执行程序。

(8)开始执行地址,该域中的值取决于是否是"就地执行"。若是,其值是 NOR Flash 或 4 倍-SPI Flash 的程序开始地址;若不是,其值应该是 0x0。

(9)总镜像长度,其域中的值应根据是否是安全启动镜像,若是则其值应该大于镜像长度的值;若不是,则其值应该等于镜像长度的值。

(10)校验和,其域中的值,等于 0x020 开始的字(高字节在高地址处,下同)一直到 0x040 的字全部相加,然后相加得到的和求反减 1。该值是作为校验和使用。

(11)寄存器初始化值,该域由多个字组成,用于对 PS 部分的寄存器进行初始化。首偏移地址是 0x0A0,直到 0x89C。每两个字对应一个寄存器,一个字是寄存器的地址,接下来一个字是该寄存器的初始化值。对应寄存器的地址,其允许的值将根据程序镜像是否是安全镜像来确定。若是安全镜像,则地址值允许的范围是 0xF8000100~0xF80001B0;若不是安全镜像,则地址值允许的范围是 0xE0000000~0xFFF00000。

当 BootROM 遇到地址值为 0xFFFFFFFF,或者遇到最后一对地址偏移(即 0x898~0x89B 和 0x89C~0x89F)时,将停止初始化寄存器。

(12)FSBL 镜像,是从地址偏移 0x8C0 开始存储的(也可以从高于该地址偏移的地址处开始存储)。若是裸机环境,该域也可以开始存储应用程序镜像。但无论是何种程序镜像,均必须包括 128B 的镜像说明信息。镜像说明信息如表 6-3 所示。

表 6-3　镜像说明信息

信 息 域	地址偏移	信 息 域	地址偏移	信 息 域	地址偏移
版本号	0x00	镜像头的个数	0x04	镜像分区偏移	0x08
第一个镜像偏移	0x0C	保留	0x10~03F	下一个镜像偏移	0x40
下一个镜像分区	0x44	分区个数	0x48	镜像名称长度	0x4C
镜像文件名	0x50~0x5F	保留	0x60~0x7F	—	—

注:"保留"的信息域,其字节均用 0xFF 填充。

在表 6-3 中,"版本号"域固定设置为 0x01010000(高字节数据存储于高地址处,即 0x000008C0 处存储 0x00、0x000008C1 处存储 0x00、0x000008C2 处存储 0x01、0x000008C3

处存储 0x01,下同)。

"镜像文件名"域占有 16B,存储的是文件名对应字符的 ASCII 码,如若镜像文件为 FSBL.ELF,那么 0x00000910～0x00000917 处分别存有 0x4C、0x42、0x54、0x46、0x46、0x4C、0x45、0x2E;0x00000918～0x0000091F 处填充 0x0。

在 FSBL 程序代码前,或设计者设计的裸机应用程序代码前,添加上表 6-3 所示的说明信息,就可被 BootROM 识别为合法的程序镜像,从而进行加载运行。

当第一阶段引导程序被加载后,系统的控制权就交给了用户程序,但用户程序不能访问 BootROM 的代码,只有再次复位后,才能再次执行 BootROM 的代码。

6.1.4　一个启动引导程序示例

BootROM 启动加载 FSBL(第一阶段引导程序)后,系统的控制权就由 FSBL 程序控制。前面提到,FSBL 可以由用户自己设计,也可以是现成的、市场化的系统引导程序产品,如 U-Boot、vivi、EBoot 等。下面先简要介绍几个流行的系统引导程序(注:它们可用作蓝本,被修改并移植成自开发目标系统上的引导加载程序),然后详细介绍一个自行设计的启动引导程序。

1. U-Boot

U-Boot 是一种比较通用的系统引导程序,它的全称是 Universal BootLoader,它是德国 DENX 软件工程中心推出的一个开源软件。在基于 Arm 微处理器开发的目标系统或开发板中,有许多就是采用了 U-Boot 作为其系统引导程序。

U-Boot 不仅仅是完成了启动引导功能,它还提供串口通信功能、网络通信功能、文件系统、操作命令响应等功能,并且还可以启动某个应用程序运行,但它只支持单进程,不能提供复杂的多任务调度机制。实际上,U-Boot 是一个简单的操作系统,类似于早期嵌入式系统中的监控程序,若要用 U-Boot 引导复杂的操作系统(如 Linux 操作系统),只需要它的启动引导部分代码即可。

2. vivi

vivi 是韩国 mizi 公司推出的,可适用于基于 Arm 微处理器的目标系统中,作为系统的引导加载程序,尤其是在基于三星公司生产的 S3C2440、S3C2410 为核心的嵌入式系统中,被广泛用作系统引导程序或监控程序。

用作系统引导程序时,实际上是 vivi 的启动加载模式,它是 vivi 的默认模式,vivi 运行一段时间后(时间可以由用户设置),若没有人工干预,会自行启动引导 Linux 内核,从而引导 Linux 操作系统。

用作监控程序时,实际上是 vivi 的下载模式。在下载模式下,vivi 为用户提供一个命令行接口,通过命令接口用户可以使用 vivi 的一些命令,来操作目标系统。可以完成下载用户应用程序的二进制代码、启动用户程序等功能。

3. EBoot

EBoot 也是一种系统引导程序,主要是用作启动引导 Windows CE 操作系统。它可以带有命令行菜单、网络调试功能、文件系统等功能,完成引导加载 Windows CE 的内核镜像。

下面介绍一款自行设计的系统引导程序,它用于引导无操作系统的应用程序主函数。系统引导程序往往是采用汇编语言编写的,通过该示例程序来分析系统引导程序的编写方法。

例 6-1　假设需要设计一个启动引导程序，该启动引导程序完成异常向量表的设置、工作模式切换、堆栈指针的设置，并引导无操作系统的应用程序主函数。

在设计系统启动引导程序时，所设计的指令需要依赖于具体硬件环境，除了依赖于微处理器的体系结构外，还要依赖于具体的板级硬件配置，特别是硬件地址及存储系统容量大小。

根据 Cortex-A9 微处理器核的体系结构，异常向量是从 0x00000000 处开始的连续 8 个字存储单元（表 2-19），每个字单元对应一个异常程序的入口。因此，异常向量表可设计如下：

```
/*注：采用汇编语言编写*/
/****************************************************************
功能：异常向量设置
**************************************************************** /
.global    ColdReset
.global    Enter_UNDEF
.global    Enter_SWI
.global    Enter_PABORT
.global    Enter_DABORT
.global    Enter_IRQ
.global    Enter_FIQ
b    ColdReset                    ;复位异常
b    Enter_UNDEF                  ;未定义指令异常
b    Enter_SWI                    ;软件中断异常
b    Enter_PABORT                 ;预取指令异常
b    Enter_DABORT                 ;数据存取异常
b    .                            ;此处异常向量未用,保留
b    Enter_IRQ                    ;IRQ 异常
b    Enter_FIQ                    ;FIQ 异常
```

从上面异常向量设置语句可以看到，由于异常向量只对应一个字单元，因此，在该异常向量处通常设计一个分支指令，使 Cortex-A9 微处理器核能真正进入该异常的服务程序执行，即当一个异常产生后，Cortex-A9 微处理器核将根据其异常向量的安排，到该异常向量对应的地址处取指令，然后执行这条分支指令，再进入该异常的服务程序处取指执行。

启动引导程序在进行堆栈指针的设置时，需要先进行 Cortex-A9 微处理器核的工作模式切换，然后才能设置该工作模式下的堆栈指针。引导无操作系统的应用程序主函数时，可以在管理模式下引导，也可以把工作模式切换到用户模式下再引导。下面的示例程序是把工作模式切换到用户模式下后，再引导应用程序主函数 main()：

```
/*注:采用汇编语言编写,未用到的寄存器位应保持其原有值不变*/
/****************************************************************
功能:启动引导程序,完成堆栈指针设置,引导 main()函数
**************************************************************** /
;定义了部分常量,它们分别对应工作模式的模式字,见表 2-13 中的模式位
.set USERMODE        EQU 0x10
.set FIQMODE         EQU 0x11
```

```
.set IRQMODE          EQU 0x12
.set SVCMODE          EQU 0x13
.set ABORTMODE        EQU 0x17
.set UNDEFMODE        EQU 0x1b
.set MODEMASK         EQU 0x1f
.set NOINT            EQU 0xc0
```
;下面初始化各工作模式下的堆栈指针
```
.global UserStack                  ;用户模式下的堆栈首地址
.global SVCStack                   ;管理模式下的堆栈首地址
.global UndefStack                 ;未定义模式下的堆栈首地址
.global IRQStack                   ;IRQ 模式下的堆栈首地址
.global AbortStack                 ;中止模式下的堆栈首地址
.global FIQStack                   ;FIQ 模式下的堆栈首地址
```
;下面设置堆栈指针并引导应用程序 main( )函数
```
ColdReset:
    bl InitStacks
    orr r1,r0, #USERMODE|NOINT
    msr cpsr,r1
    ldr sp, =USERSTACK             //设置用户/系统模式的堆栈指针
    bl main
    b .


InitStacks:
    mrs r0,cpsr
    bic r0,r0, #MODEMASK
    orr r1,r0, #UNDEFMODE|NOINT
    msr cpsr,r1
    ldr sp, =UNDEFSTACK            //设置未定义模式的堆栈指针
    orr r1,r0, #ABORTMODE|NOINT
    msr cpsr,r1
    ldr sp, =ABORTSTACK           //设置中止模式的堆栈指针
    orr r1,r0, #IRQMODE|NOINT
    msr cpsr,r1
    ldr sp, =IRQSTACK             //设置 IRQ 模式的堆栈指针
    orr r1,r0, #FIQMODE|NOINT
    msr cpsr,r1
    ldr sp, =FIQSTACK             //设置 FIQ 模式的堆栈指针
    orr r1,r0, #SVCMODE|NOINT
    msr cpsr,r1
    ldr sp, =SVCSTACK             //设置管理模式的堆栈指针
    mov pc,lr                     //子程序返回
```

从上面的语句可以看到,工作模式是通过将 CPSR 寄存器的最后 5 位设置成相应的模式字(表 2-13)来实现切换的。在最后将工作模式字设置成用户模式,然后通过指令"BL main"跳转到 C 语言的主函数处执行,此后的程序即在用户模式下执行,除非有异常产生。

6.2 Linux 内核与移植

在复杂的嵌入式系统中,其应用功能需求通常需要设计成多任务的,如需要丰富的图形人机操作界面、需要连接因特网功能、需要复杂的数据管理功能等。针对这些复杂的应用需求,嵌入式系统开发复杂程度很大,通常需要构建一个嵌入式操作系统平台,如 Linux 或 Windows CE 等,以便在此嵌入式操作系统平台上开发应用程序,从而提高嵌入式系统开发效率,减少开发周期。同时,采用成熟的、具有许多第三方功能软件支撑的操作系统平台,可以保证应用软件的安全性、可靠性。由于 Linux 操作系统内核源代码是开源的,因此,在复杂的嵌入式系统中得到广泛应用。

6.2.1 Linux 内核概述

嵌入式操作系统的组成通常包括内核(Kernel)、驱动程序(Driver)、行命令解释器(Shell,俗称外壳)等功能组件,这些功能组件中,内核是嵌入式操作系统的核心部分,内核的性能优劣决定着嵌入式系统的性能优劣和稳定性。通常,内核用于提供微处理器管理(包括时钟管理、异常及中断管理等)、任务管理、存储管理等最重要的服务。但是,不同的嵌入式操作系统产品,会具有不同的功能组件,有的甚至还会包括一些应用程序组件。例如,市场上一些图形化的操作系统产品(如 Android 等),其组件中就包含应用程序。

Linux 的内核采用了单内核机制(注:还有一种内核机制称为微内核,如 VxWorks 的内核)。单内核机制是操作系统的传统内核机制。单内核内部的各功能组件模块之间的耦合度很高,通过函数调用实现功能模块之间的通信。它通常被编译连接成一个整体的可执行程序,在嵌入式系统启动时装入主存储器,并在微处理器的管理模式(保护模式)下运行,需常驻主存储器中。单内核机制的操作系统需占有较大的主存空间,缺乏可扩展性,任务执行时间的可预测性较低,若修改内核,需要对其重新编译,因此维护较困难。其优点是应用程序生产效率很高,系统花在内核功能切换上的开销非常小,对外来事件反应速度快,操作系统内核的运行效率高。

Linux 的内核包括 5 个功能组件,即进程管理(包括进程调度和进程间通信)、主存管理(或称内存管理)、设备管理、虚拟文件系统和网络管理。其中,进程管理可以归为任务管理服务,主存管理和虚拟文件系统可以归为存储管理服务,但设备管理和网络管理则应属于驱动程序范畴。下面对 5 个功能组件进行简要介绍。

① 进程管理,包括进程调度和进程间通信。进程调度模块负责控制进程对微处理器资源的使用。所采取的调度策略是使得各个进程能够公平合理地访问微处理器,同时保证内核能及时地执行硬件操作。进程间通信是支持进程之间各种通信机制。其通信机制主要包括信号、文件锁、管道、等待队列、信号量、消息队列、共享内存、套接字等。

② 主存管理(或内存管理),是用于确保所有进程能够安全地共享主存储区域。目前,高档的嵌入式微处理器内部均有存储管理单元(MMU),因此,主存管理模块还支持虚拟内存管理方式,使得嵌入式 Linux 支持进程使用比实际主存空间更大的主存容量,并可利用文件系统把暂时不用的主存储区数据块交换到外部存储设备上去。

③ 设备管理,是操作系统内最复杂的功能组件。Linux 的设备管理模块将硬件设备分成块设备和字符设备,并采用设备文件来统一管理它们,从而使硬件设备的特性及管理细节对用户透明。

④ 虚拟文件系统用于支持对外部存储设备的驱动和存储操作。虚拟文件系统模块通过向所有的外部存储设备提供一个通用的文件接口,隐藏了各种硬件存储设备的不同细节。从而提供并支持与其他操作系统兼容的多种文件系统格式。

⑤ 网络管理提供了对各种网络标准的存取和对各种网络硬件的支持。网络管理可分为网络协议和网络驱动程序。网络协议部分负责实现每一种可能的网络传输协议。网络设备驱动程序负责与硬件设备通信,每一种可能的硬件通信设备都有相应的设备驱动程序。

嵌入式 Linux 内核是高度模块化、可配置的。通过配置使内核具有不同的功能,从而可以减小内核的大小,以适应嵌入式系统应用的具体要求。嵌入式 Linux 系统的内核一般由标准 Linux 内核裁剪而来。用户可以根据应用需求来配置内核,剔除不需要的内核服务功能、文件系统和设备驱动等。经过裁剪、压缩后的 Linux 内核一般只有几百 KB 或者 1MB 左右,十分适合嵌入式设备。嵌入式 Linux 系统一般保存在 Flash 或 ROM 等类型的存储芯片中,需要专门的系统引导程序来引导内核。在支持直接从 Flash 设备引导的系统中,引导程序主要完成对硬件系统的初始化工作和操作系统的解压、移位工作。

Linux 内核的源代码是公开的,任何人都可以下载 Linux 内核源码,以便进行修改、剪裁,定制适合自己系统所需要的内核,从而构建出能运行在自己系统上的操作系统平台,这就是 Linux 内核移植。Linux 内核移植通常是基于某个公开发行的标准 Linux 内核版本来进行,设计者可以在相关官网(即 http://www. kernel. org 或 http://www. arm. linux. org. uk/)下载到最新版本的 Linux 内核。Xilinx 公司已经定制了基于 Zynq 芯片为核心的目标系统的 Linux 内核,设计者可以在网站 http://github. com/Digilent/linux-digilent/releases 上下载其源代码的压缩文件包(zip 文件格式或 tar. gz 文件格式)。

解压后的 Linux 内核源代码文件,采用了树形目录结构管理。在目录树的最上层,有以下目录。

① arch。arch 目录下包含与目标系统硬件体系结构有关的核心代码。它下面通常还有子目录,每个子目录代表一种所支持的硬件体系结构。例如,arm 就是有关 Arm 微处理器及其相兼容体系结构的子目录,I386 就是有关 Intel 微处理器及其相兼容体系结构的子目录。

② include。include 目录下包含编译内核时所需要的大部分头文件。在该目录下分有子目录,如与平台无关的头文件在 include/linux 子目录下、与 SCSI 存储设备有关的头文件在 include/scsi 子目录下等。

③ init。init 目录下包含内核的初始代码,其中包含两个文件,即 main. c 文件和 Version. c 文件。main. c 是内核的起始文件。

④ kernel。kernel 目录下包含内核中的主要代码,大多数内核函数均在该目录下,但与微处理器体系结构有关的代码仍然在 arch 目录下。kernel 目录下一个最重要的文件是 sched.c,它是内核中有关进程调度的程序文件。

⑤ mm。mm 目录下包含所有与微处理器体系结构无关的主存管理代码,如页式存储管理的主存分配及释放算法代码。与微处理器体系结构有关的主存管理代码在 arch 目录下的子目录中。

⑥ drivers。drivers 目录下包含目标系统中所用的设备驱动文件。该目录下又划分成几类设备的子目录,如硬盘的驱动对应在 drivers/block 子目录中(block 是块设备的驱动程序子目录)、声卡的驱动对应在 drivers/sound 子目录中。系统设备的初始化程序在 drivers/block 子目录中的 genhd.c 文件中。

⑦ fs。fs 目录下包含 Linux 支持的文件系统代码,不同的文件格式对应不同的子目录,如 ext2 格式文件系统对应的就是 ext2 子目录。

⑧ lib。lib 目录下包含内核的库函数代码,与微处理器体系结构有关的库函数代码在 arch 目录下的子目录中。

除了上述的目录,目录树最上层的目录还有 ipc 目录(其下包含进程间通信代码)、modules 目录(其下包含已建好的、可动态加载的模块)、net 目录(其下包含网络通信代码)、scripts 目录(其下包含内核配置的脚本文件)、documentation 目录(其下包含一些参考帮助文件)等。

了解了 Linux 内核源代码文件的目录结构,有助于设计者分析内核源代码,完成 Linux 内核的移植工作。

6.2.2　Linux 内核移植

Linux 操作系统的移植分成两部分进行,即内核部分和系统部分。内核部分控制系统的板级硬件,包括主存储器、I/O 接口部件等。系统部分加载必需的设备,配置运行环境等。本节主要讨论内核部分移植问题。

Linux 操作系统的移植,就是构建适合在某硬件平台上运行的 Linux,这就需要对 Linux 中与硬件平台有关的代码进行修改,而对硬件平台无关的代码不作修改。Linux 在解决平台无关性和可扩展性方面,采用了两种有效的途径:一种是分离硬件相关代码和硬件无关代码,使上层代码永远不必关心下层使用了什么代码,如何完成操作;另一种是采用代码模块可加载或卸载机制,方便内核的扩展。

那么,什么是硬件相关性,什么又是硬件无关性呢?下面以进程管理模块为例来说明。对进程管理中的进程调度,其调度算法采用时间片轮转调度算法,在所有硬件平台上的 Linux 中都是这样的算法,它就是与硬件无关的;而进程间的切换实现方法就是硬件相关的,因为硬件平台不同,其实现的代码不同。前面所讲的内核 5 个部分功能,它们与硬件的相关程度是进程管理最高,按顺序递减,虚拟文件系统和网络管理则几乎与硬件无关,它们由设备管理中的驱动程序提供底层支持。因此,在进行 Linux 操作系统移植时,需要修改的就是进程管理、内存管理和设备管理中被独立出来的、与硬件相关的那部分代码。(注:这些部分的代码全部在 arch 目录下)。

若目标系统的硬件平台已经被 Linux 内核所支持,那么移植时的工作量就非常小,只需要进行简单的配置、编译就可以得到目标代码;否则,移植时就有许多代码需要进行修改。通常需要修改的就是与硬件相关的这部分代码,它们包含了对绝大多数硬件底层进行的操作,涉及 IRQ、主存页表、快表、浮点处理、时钟等问题。因此,要想正确修改这些代码,设计者要对 CPU 的体系结构及板级硬件平台有非常透彻的了解。

进行 Linux 操作系统移植时,最大的修改部分是内核中控制底层的代码,这部分代码在 arch/xxx/kernel 下(注:xxx 代表了硬件平台所用 CPU 的名称),它们是内核所需调用的接口函数。根据不同的硬件平台,内核中主要有以下几个方面不同。

① 与启动引导程序的接口代码。Linux 移植中,这部分代码通常需要完全改写。

② 进程管理底层代码。进程管理实际上就是对 CPU 的管理,不同的 CPU 体系结构,包括 CPU 中的寄存器不同、上下文切换方式不同、栈处理不同等,因而使得进程管理的底层代码不同,这些内容的修改一定要对 CPU 的体系结构有透彻的了解。

③ 板级硬件平台的时钟、中断支持代码。许多板级的硬件中断资源通常不同,即使是同种 CPU 也会存在这种现象,异种 CPU 平台更是如此。因此,不同的硬件平台必须编写不同的代码。

④ 特殊结构代码。每一种 CPU 的体系结构都有自己的特殊性,这里所指的是有关工作模式切换、电源管理方式的那部分代码。不同的 CPU,在内核中这部分代码编写就会有所不同。

⑤ 存储器管理底层代码。这部分代码通常在目录 arch/xxx/mm/下,完成内存的初始化和各种与内存管理相关的数据结构建立。由于 Linux 操作系统采用了基于页式管理的虚拟存储技术,而 CPU 实现主存管理的功能单元统统被集成到 CPU 中,因此,主存管理成为一个与 CPU 硬件结构紧密相关的工作。同时,主存管理的效率也是最影响嵌入式系统性能的因素之一。因为,主存是嵌入式系统中最频繁访问的部件,如果每次主存访问时多占用了一个时钟周期,那就有可能将系统性能降低到不可忍受的程度。在 Linux 操作系统中,不同硬件平台上的主存管理代码的差异程度是非常大的。不同的 CPU 有不同的主存管理方式,即使同一种 CPU 也会有不同的主存管理模式。

Linux 操作系统内核移植完成后,移植工作就完成了大部分。也就是说,当 Linux 操作系统内核经过交叉编译,生成可执行的代码后,就可以加载到目标系统硬件平台上运行,显示类似 VFS: Can't mount root file system 的信息后,表示内核移植成功,然后可以进行系统移植工作了。目的是在目标系统硬件平台上建立一个最小的软件系统平台,包括根文件系统的建立、libc 库、驱动模块、必需的应用程序和系统配置脚本等。

6.2.3　Linux 内核编译

完成 Linux 内核移植后,需要对内核代码进行编译,生成其可执行的机器码。对 Linux 内核进行编译的工具通常采用 GNU 的 C 编译器 GCC(GUN Compiler Collection)工具包。在实际开发时,需要根据嵌入式系统硬件平台中所采用的微处理器体系结构的不同,而选取相应的 GCC 工具软件,如若嵌入式系统硬件平台采用 Arm 系列的微处理器则选用 arm-linux-gcc 编译器。Xilinx 公司也为 Zynq 系列芯片提供了相应的 GCC 编译器,设计者可在网址 http://www. xilinx. com/member/mentor_codebench/xilinx-2011. 09-05-arm-xilinx-linux-gnueabi. bin 下载。

GCC 编译器是 GNU 项目中符合 ANSI C 标准的编译系统,它能够编译用 C、C++等语言编写的程序。GCC 编译器不仅功能非常强大,而且结构也很灵活。它还可以通过不同的前端模块来支持各种编程语言,如 Java、Fortran、Pascal 等。

Linux 具有非常好的开放性、自由性和灵活性,这些特点也在 GCC 编译器上得到体现,编程人员可以通过它很好地控制应用程序的整个编译过程。在使用 GCC 编译应用程序时,其编译过程可以分成 4 个阶段。

① 预处理阶段(Pre_Processing)。预处理阶段是把源代码变成可执行程序的第一步,主要是编译器对各种预处理命令进行处理,包括头文件的包含、宏定义的扩展、条件编译的选择等。GCC 的预处理阶段需要调用预处理程序 cpp,由它负责对程序源文件中所定义的宏进行展开,并向其中插入"♯include"语句所包含的内容。

② 编译阶段(Compiling)。编译阶段,编译器完成词法分析、语法分析,接着把源代码翻译成中间语言,即汇编语言。把源代码翻译成汇编语言,实际上是应用程序编译过程中的第一个阶段,之后的阶段和汇编语言的开发过程没有什么区别。

③ 汇编阶段(Assembling)。汇编阶段是把编译阶段生成的汇编语言代码文件(即.s 的文件)转换成二进制目标文件(即.o 的目标代码文件)。

④ 链接阶段(Linking)。链接阶段是应用程序编译过程的最后一个阶段,此阶段将把源程序中涉及的函数库中的函数进行链接。例如,GCC 编译器默认链接到路径"/lib"下的libc.so.6 函数库,从而生成可以执行的二进制文件。

GCC 编译器提供命令行形式的命令和参数给编程者使用,由于 GCC 的命令参数很多,下面仅介绍一些常用的参数。

(1) 参数-E,该参数表示只执行到预编译阶段,并输出预编译结果。

命令形式:gcc -E source_filename

注:source_filename 表示需要编译的 C 语言源文件名,如 hello.c。下同。

(2) 参数-S,该参数表示只执行到把源代码转换为汇编代码阶段,并输出汇编代码。

命令形式:gcc -S source_filename

(3) 参数-c,该参数表示只执行到编译阶段,并输出目标文件。

命令形式:gcc -c source_filename

(4) 参数-o,该参数指定输出文件名,若缺省则使用默认的文件名。

命令形式:gcc -c source_filename -o output_fllename

注:output_filename 表示输出文件名,如 hello.o。

(5) 参数-s,该参数使得所生成的可执行文件中删除了所有的符号信息。

命令形式:gcc -s source_filename

(6) 参数-O,该参数指定编译器对代码进行自动优化编译,生成效率更高的可执行文件。参数-O 后面还可以跟数据,以确定代码优化的级别。

命令形式:gcc -O 2 source_filename

(7) 参数-W,该参数使得在编译中开放一些额外的警告信息。

命令形式:gcc -W source_filename

(8) 参数-L,该参数指定函数库所在的路径,如/path/to/lib。

参数-l,该参数指定所使用的函数库名。

参数-I,该参数指定头文件所在的路径,如/path/to/include。

命令形式:gcc source_file -L/path/to/lib-l xxx -I/path/to/include

Linux 内核编译需要花费较长的时间(注:所花费的时间由执行编译任务的机器性能决定,通常需要几十分钟)。编译完成后,会在 arch/arm/boot/目录下生成内核的 zImage 镜像文件,该镜像文件可以通过下载工具下载到目标系统中,然后烧写进目标系统中的非易失存储器里,这样一个基本的 Linux 内核就构建好了。

6.3　根文件系统

文件系统是计算机对存储介质中的数据进行组织的机制,它是用户与操作系统进行交互的主要工具。在 Linux 操作系统中,除了采用文件系统来组织数据外,还采用了文件的形式来管理目标系统中的一些硬件资源。因此,文件系统是 Linux 操作系统中非常重要的功能之一,根文件系统创建在 Linux 操作系统移植工作中,是除内核移植外另一个重要的工作。本节将讨论 Linux 操作系统的文件系统创建方法及步骤。

6.3.1　Linux 文件管理组织

Linux 中使用文件来表示所有的逻辑实体与非逻辑实体。逻辑实体是指文件和目录,非逻辑实体则泛指磁盘、终端、网卡等硬件资源,而且每一个文件都有一个文件名。Linux 所支持的文件系统有 10 多种类型,通常在目标系统中需要根据存储器的物理特性以及使用特点来选择文件类型,为了统一 Linux 操作系统下的各类文件管理,Linux 引入了虚拟文件系统 VFS(Virtual File System)。一个 Linux 操作系统下的文件管理组织结构如图 6-4 所示。

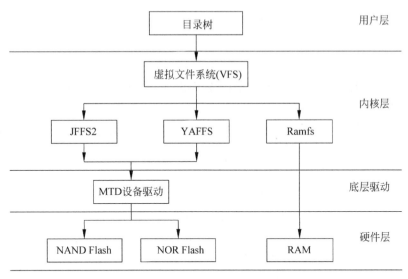

图 6-4　Linux 文件管理组织结构

在图 6-4 所示的 Linux 文件管理结构中,VFS 是底层文件系统的主要接口,它对各种类型的文件进行抽象,隐藏了不同类型文件读写行为上的差异,为用户进行文件操作提供一组通用的接口函数。

MTD(Memory Technology Device,存储技术设备)为底层硬件(Flash)和上层虚拟文件系统 VFS 之间提供一个统一的抽象接口,即适应于 Flash 存储器的文件系统都是基于 MTD 驱动层的。使用 MTD 驱动程序的主要优点在于,它是专门针对各种非易失性存储器而设计的,因而它对 Flash 有更好的支持、管理和基于扇区的擦除、读写操作接口。在嵌入式系统环境下,通常主要的存储设备是采用 RAM 类型(易失性)的存储器(如 SDRAM、DRAM)和 ROM 类型(非易失性)的存储器(如 NAND Flash、NOR Flash)。

6.3.2　根文件结构

在 Linux 系统中几乎所有的资源都是以文件的形式存在的,并且所有的文件都是通过目录来访问的,目录提供了管理文件的一个方便而有效的途径,并且 Linux 操作系统中目录采用多级树形结构。能够从一个目录切换到另一个目录,而且可以设置目录和文件的权限,设置文件的共享程度,以便允许或拒绝其他人对其进行访问。

根文件系统(Root File System)是整个文件系统及文件目录的入口,是内核启动时加载(Mount)的第一个文件系统,它位于文件系统的最顶层。根文件系统在 Linux 操作系统启动时加载,形成根目录(/)。若无法加载根文件系统,则无法进入 Linux 操作系统。

根文件系统为什么在其前面加一个"根"字呢? 这是因为根文件系统是加载其他文件所必需的文件目录,即是整个文件系统的根,在根文件系统下加载其他的文件系统。图 6-5 是 Linux 文件系统的结构框图,图中列出了主要的子目录。

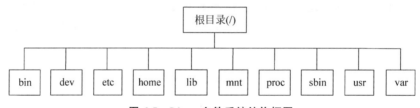

图 6-5　Linux 文件系统结构框图

图 6-5 所示的 Linux 文件系统结构中,只列出了根文件系统及其主要的一级子目录。这些子目录的作用介绍如下。

/bin 目录:该目录下包含了普通用户常用的命令,这些命令在加载其他文件系统之前就可以用,因此,该目录必须与根目录在一个分区内。bin 目录下的主要命令有 cat、cp、ls、kill、mount、umount、mkdir、test 等。

/dev 目录:该目录下包含了系统中的设备文件。设备文件是 Linux 操作系统中所特有的文件类型,通过设备文件可以访问各种设备,即对设备文件的读写,就是操作某个设备的输入输出。例如,读写/dev/ttySAC0 文件时,实际上就是访问串口 0。

/etc 目录:该目录下包含了系统设置与管理的配置文件,如用户的登录密码文件、各种服务的配置文件等。该目录下文件的属性是 root 用户有权修改,而普通用户只有权读取。

/home 目录:该目录是普通用户的默认文件夹,是可选的。在该目录下,有以用户名命名的子目录,子目录中存放了与用户相关的配置文件。

/lib 目录:该目录存放有内核和应用程序所用的库文件和驱动程序(可加载模块)。

/mnt 目录:该目录用作挂接其他分区的挂接点,通常是空目录。例如,/mnt/cdram 目录用于挂接光盘;/mnt/hda1 目录用于挂接移动存储器。

/proc 目录:该目录是内存文件系统,它没有对应实际的存储盘,其目录下的文件是内核生成的临时文件,用来表示系统的运行状态。

/sbin 目录:该目录下存放基本的系统命令,是根用户(root 用户)用于系统管理的可执行程序。这些命令主要包括 shutdown、reboot、fdisk、fsck、init 等，它们用于重新启动和修复系统等。sbin 目录也必须与根目录在一个分区内。

　　/usr 目录：该目录下存有用户安装的其他程序。即/usr 目录的内容可以存储在其他分区中，然后在系统启动后，再挂接到根文件系统中的/usr 目录下。该目录下的内容是共享、只读性的程序和数据文件。

　　/var 目录：该目录是系统运行过程中发生变化的目录子树，其中存放的数据是可变的，如 log 文件、临时文件等。

　　上述子目录是 Linux 根文件系统中的主要一级子目录，但在嵌入式 Linux 中，这些子目录并不都是必需的。通常情况下，/bin、/dev、/etc、/lib、/proc、/usr、/var 等子目录在嵌入式 Linux 中需要，而/home、/mnt 等子目录是可选的。

6.3.3　Linux 支持的文件系统类型

　　如图 6-4 所示，Linux 操作系统通过 VFS 向上提供统一的用户文件访问接口，向下支持多种不同的文件存储介质，具体的文件操作细节被 VFS 屏蔽。通过 VFS 可以支持很多种文件系统类型，下面主要介绍适应于 NOR Flash、NAND Flash、RAM 等几类物理存储介质特性的文件系统类型。

　　1. JFFS2 文件类型

　　JFFS2(Jourmalling Flash File System V2，日志闪存文件系统版本 2)主要适用于 NOR Flash 类型的存储器，是基于 MTD 驱动层上的。其特点是：基于哈希表的、支持数据压缩并可读写的日志型文件系统，且提供了崩溃/掉电安全保护、"写平衡"支持等。但 JFFS2 也有一些缺点，主要是当文件系统已满或接近满时，因为垃圾收集的关系而使 JFFS2 的运行速度大大放慢。

　　JFFS2 不适合用于 NAND Flash 存储器，这主要是因为 NAND Flash 存储器单片容量较大，这会导致 JFFS2 文件系统为了维护日志节点所占用的存储空间迅速增大。另外，JFFS2 文件系统在挂载时需要扫描整个存储空间，以便找出所有日志节点，建立文件结构，对于大容量的 NAND Flash 存储器来说，这会消耗大量的时间。

　　2. YAFFS 文件类型

　　YAFFS(Yet Another Flash File System)文件类型适合于 NAND Flash 存储器，它也是一种日志型文件系统，但相比较于 JFFS2 文件系统，它减少了一些功能，如不支持数据压缩。因此，它的速度快，挂载时间短。

　　YAFFS 通常自带 NAND 芯片的驱动，并且为嵌入式系统用户提供了直接访问文件系统的 API，用户可以不使用 Linux 中的 MTD 与 VFS，而是直接对文件系统进行读写操作。当然，它也可以与 MTD 驱动程序配合使用。

　　YAFFS2 与 YAFFS 基本相同，主要区别在于 YAFFS 支持的是小页(512B)NAND Flash。

　　3. Ramfs/tmpfs 文件类型

　　Ramfs/tmpfs 是一种基于 RAM 类型存储器的文件系统，工作于虚拟文件系统层上，不能格式化，但可以创建多个。在创建时可以指定其最大能使用的 RAM 存储空间。

　　由于 Ramfs/tmpfs 文件系统把所有的文件都放在 RAM 型存储器中，所以读写操作发生在 RAM 芯片中。实际使用时,可以用 Ramfs/tmpfs 文件系统来存储一些临时性或经常要修改的数据,如/tmp 和/var 目录,这样既可以避免对 Flash 存储器的读写损耗,也可以提高数据读写速度。

Ramfs/tmpfs 文件系统相对于 Ramdisk 而言,其不同之处主要在不能格式化,并且文件系统的大小可以随所含文件内容的大小变化而变化。Ramfs/tmpfs 文件系统的缺点主要是当系统重新启动时会丢失所有文件保存的数据。

4. CRamfs 文件类型

CRamfs 是一种只读的压缩文件系统,它也是基于 MTD 驱动程序。在 CRamfs 文件系统中,每一页内容(4KB)被单独压缩,可以随机进行页访问,其压缩比高达 2∶1,可以为嵌入式系统节省大量的 Flash 存储空间,使系统能够利用更小容量的 Flash 存储空间来存储相应文件,从而降低嵌入式系统的成本。

CRamfs 文件系统是以压缩方式存储文件的。因此,在运行时需进行解压。所有应用程序文件均需要被复制到 RAM 中运行,但这并不意味着比 Ramfs 型文件需求的 RAM 空间要大,因为 CRamfs 是采用分页压缩方式存放文件的,在读取文件时按页进行,不会一下子就占用过多的 RAM 存储空间,只针对当前实际读取的页分配 RAM 空间,而没有读取的页就不给其分配 RAM 空间。如果需要读取的页内容不在 RAM 空间时,CRamfs 文件系统会自动计算压缩文件页所存储的位置,再即时解压到 RAM 中。

此外,由于 CRamfs 文件系统是只读的,因此,该类型的文件系统不易受到破坏,从而提高了嵌入式系统的可靠性。但是它的只读特性同时又是它的一个缺点,其使得用户无法对文件内容进行扩充。

5. Ramdisk 文件类型

Ramdisk 是将一部分固定大小的 RAM 空间当作分区来使用。它并非一个实际的文件系统,而是一种将实际的文件系统装入 RAM 存储空间的机制,并且可以作为根文件系统。将一些经常被访问而又不会更改的文件(如只读的根文件系统)通过 Ramdisk 放在 RAM 存储器中,可以明显地提高系统的性能。

6. Romfs 文件类型

Romfs 文件系统是一种简单、紧凑、只读类型的文件系统,不支持动态擦写功能,且它使用顺序存储方式,所有数据,包括目录、链接等都按目录树的顺序存放。通常 Romfs 在嵌入式系统中作为根文件系统,或者用于保存 bootloader 以便引导系统启动。

除了上面讨论的文件系统类型外,Linux 操作系统还能支持许多其他的文件系统,如 ext2、NFS、iso9660 等,在此就不一一介绍了。

6.3.4　Linux 文件管理原理

前面小节对 Linux 的文件系统的功能框架已经作了初步介绍,并且在第 3 章中也了解了 NOR Flash 和 NAND Flash 的物理特性及其数据存储、访问机制。下面介绍 Linux 操作系统中的文件系统原理。

在 Linux 中,文件系统的结构是基于树状的,根在顶部,各个目录和文件从树结构的根向下分支。目录树的最顶端称为根目录(/)。根目录下的一级目录及其作用已经在 6.3.2 节中介绍,下面介绍文件系统的管理机制。

　　Linux 的文件系统一般都把一个整体文件划分为若干文件块（或页），每个文件块的数据独立存储在不同的存储块中。因此，管理一个文件首先要完成读、写、擦除有关 Flash 存储块的存储单元操作，这些操作由 MTD 设备驱动程序完成。其次是分配并维护每个文件的文件块存储信息，并且"存储信息"本身也需要存储在存储块中。不同的文件类型，其分配策略及维护方式会有所不同。

　　目前，常见的文件系统分配策略有两种，即块分配（Block Allocation）和扩展分配（Extent Allocation）。块分配策略是当文件大小改变时，每次都为这个文件分配存储空间；而扩展分配策略则是当某个文件大小改变时，若其存储空间不够，则一次性为该文件分配一连串连续的存储块。

　　Linux 文件系统使用了块分配机制，提供了灵活而高效的文件块分配策略，这样可以减少存储空间的浪费。但当一个文件慢慢变大时，就会造成该文件中文件块的存储空间不连续。当读取一个文件时有可能要随机而不是连续地读取相关文件块，这样就会降低文件读取效率。

　　Linux 的文件系统中常采用优化文件块的分配策略（即尽可能为某一文件分配连续的存储块），来避免文件块的随机存储。通过使用带优化的块分配策略，可以实现存储块的连续分配。这样就可以减少文件访问所需的读写时间。但是，当整个文件系统的文件块在分配存储块时形成了许多存储碎片时，那么对新的文件就可能不能连续分配存储块了。因此，文件系统还需要对存储碎片进行整理。

　　例如，JFFS2 类型文件系统是针对 Flash 存储芯片而设计的。在 JFFS2 文件系统中，把 Flash 存储器中的每个存储块单独管理，JFFS2 通过管理块列表来充分地对存储块执行平均读写。其中，Clean 列表中包含的存储块全部为有效节点；Dirty 列表中至少包含一个废弃节点；Free 列表中包含曾经执行过擦除操作并且能够使用的块。

　　JFFS2 文件系统采用合理的垃圾收集算法，通过智能地判断，确定应该回收的存储块。该算法根据概率分别从 Clean 列表或 Dirty 列表中选择相关存储块。Dirty 列表的选择概率为 99％，而 Clean 列表的选择概率为 1％。在这两种情况下，对选择的存储块执行擦除操作，然后把被擦除后的存储块置于 Free 列表中，如图 6-6 所示。

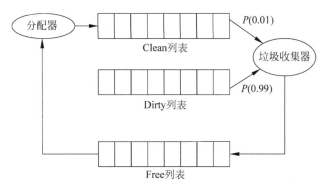

图 6-6　JFFS2 文件系统中的块管理及碎片收集示意图

　　再例如，YAFFS 文件系统是针对 NAND Flash 开发的一种文件系统。早期的版本（YAFFS）只支持 512B 块存储页面的 Flash 芯片，但是 YAFFS2 版本支持更大存储块页面的 Flash 芯片。

大多数针对 Flash 芯片的文件系统,均会对废弃的存储块进行标记,YAFFS2 使用了单调递增数字序列号来标记废弃的存储块。在挂载期间扫描 YAFFS2 文件系统时,能够快速标识有效的节点。YAFFS2 文件系统在 RAM 存储芯片中保留文件的树结构,以表示 Flash 存储芯片的存储块结构,实现快速挂载。在文件系统正常卸载时将在 RAM 芯片中的树结构保存到 Flash 芯片中,如图 6-7 所示。与其他 Flash 文件系统相比,YAFFS2 文件系统的挂载性能是它的最大优势。

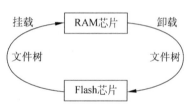

图 6-7　YAFFS2 文件系统中的块管理及碎片收集示意图

6.3.5　Linux 根文件系统创建

前面已经提到,Linux 操作系统的根文件系统(Root File System)是整个文件系统的入口,因此,Linux 的内核启动后就必须第一个挂载根文件系统。若 Linux 操作系统不能从指定设备上挂载根文件系统,则会出错而退出 Linux 启动。成功挂载根文件系统后,就可以自动或手动挂载其他的文件系统。

6.3.3 节中讨论的基于存储芯片的文件系统类型,均可以用作 Linux 操作系统的根文件系统。下面以 YAFFS2 文件类型为例,来说明根文件系统的创建过程。

创建嵌入式 Linux 的根文件系统,实际上就是在内核启动后建立,创建各种根目录下的一级目录,并且在相关目录中创建各种文件。在创建根目录时常利用 Busybox 作为创建工具。

Busybox 是一个集成许多 Linux 常用命令和工具的软件包,如 cat 和 echo 等,还有一些更大、更复杂的工具,如 grep、find、mount 及 telnet 等。下面就介绍利用 Busybox 创建 yaffs2 根文件系统的步骤。

(1) 进入 Busybox 目录下,执行 make menuconfig,配置 Busybox。

(2) 修改 Busybox 目录下的顶层 Makefile 文件,并指定交叉编译器。

例如,将以下两条语句:

```
ARCH ?= $(SUBARCH)
CROSS_COMPILE ?=
```

修改为:

```
ARCH ?= arm
CROSS_COMPILE ?= arm-linux-
```

(3) 执行 make,进行 Busybox 的编译。

(4) 安装 Busybox。执行:

```
Make CONFIG_PREFIX = root_fs install
```

后就可以将 Busybox 安装在指定的 root_fs 目录下,其下就会生成以下文件:

```
|- bin
|- linuxrc -> bin/busybox
|- sbin
|- usr
```

(5) 将相关的库文件 glibc 安装到根文件系统下。

在 root_fs 下建立 lib 子目录，用于存放库文件。从 glibc 中将需要的库文件复制到该目录下。具体命令如下：

```
mkdir -p root_fs/lib
cd gcc-3.4.5-glibc-2.3.6/arm-linux/lib (注：进入相关目录，根据实际确定)
cp *.so* root_fs/lib -d
```

(6) 建立 etc 目录。etc 目录下的内容取决于要运行的程序。例如，可以创建 inittab、init.d/rcS、fstab 文件。具体操作如下。

① 在 toot_fs 目录下执行 mkdir etc 命令，建立 etc 目录。

② 创建 root_fs/etc/inittab 文件，inittab 文件的内容如下：

```
#/etc/inittab
::sysinit:/etc/init.d/rcS
ttySAC0::askfirst:-/bin/sh
::ctrlaltdel:/sbin/reboot
::shutdown:/bin/umount -a -r
```

③ 创建 root_fs/etc/init.d/rcS 文件，rcS 文件的内容如下：

```
#!/bin/sh
ifconfig eth0 192.168.1.17 (注：IP 地址根据实际选择)
mount -a
```

④ 改变 rcS 文件的属性，执行 sudo chmod ＋x rcS 命令。

⑤ 创建 root_fs/etc/fstab 文件，fstab 文件的内容如下：

```
#device mount-point type options dump fsck order
proc /proc proc defaults 0 0
tmpfs /tmp tmpfs defaults 0 0
```

(7) 建立 dev 目录。采用静态 chaussures 创建设备文件的方式，在 /dev 目录下创建各种节点。具体如下：

```
mkdir -p root_fs/dev
cd root_fs/dev
sudo mknod console c 5 1
sudo mknod null c 1 3
sudo mknod ttySAC0 c 204 64
sudo mknod mtdblock0 b 31 0
sudo mknod mtdblock1 b 31 1
sudo mknod mtdblock2 b 31 2
```

当系统启动后，其他设备文件使用 cat /proc/devices 命令查看内核中注册了哪些设备，然后一一创建相应的设备文件。

（8）建立其他目录。在 root_fs 目录下，创建其他目录，这些目录下可以没有文件，是一些空目录。具体操作如下：

```
cd root_fs
mkdir proc mnt tmp sys root
```

（9）生成 YAFFS2 的映像文件，以便下载到目标系统中。具体操作如下：

```
mkyaffsimage root_fs root_fs. yaffs2
```

（10）烧写根文件系统的映像文件。

把生成的 YAFFS2 根文件的映像烧写到目标系统中，要求目标系统中已经具有启动程序及 Linux 内核。通过 dnw 工具下载并烧写 root_fs. yaffs2 到相应位置，重新启动开发板，这样就可以成功移植根文件系统。

归纳上述 YAFFS2 根文件系统的创建步骤，可以得到创建嵌入式 Linux 根文件系统的几个关键步骤。具体如下。

① 选择一个适合于目标系统存储芯片及需求的文件类型，不同的根文件类型，在创建时具体命令和参数会有些差别。

② 用 mkdir 命令创建根目录下的一级目录（一级目录见 6.3.2 节），并创建必要的文件。

③ 将必要的库文件复制到根目录下的 lib 目录中。

④ 生成根文件系统的映像文件。

⑤ 烧写根文件的映像文件到目标系统中。

至此，完成了 Linux 根文件系统的创建，同时也就完成了目标系统的软件平台构建，在软件平台上就可以方便地进行应用软件的设计。

6.4　应用软件的架构

嵌入式系统的应用领域是非常广泛的，已经渗透到人们的日常生活、工作、学习的各个方面。不同的应用领域，其应用需求也是各种各样的，因而，具体的嵌入式系统产品的复杂度也就不同。不同复杂度的嵌入式系统开发时，其应用程序的架构及应用程序开发工具是不同的。本节先从嵌入式系统应用复杂度的角度，讨论嵌入式系统应用程序的架构，然后重点讨论基于 Linux 的应用程序架构及其开发流程。

6.4.1　应用的复杂度

嵌入式系统应用复杂度指的是其应用功能需求的复杂程度，同时也是指其应用软件开发的复杂程度。虽然应用需求各种各样，但从软件开发的复杂程度来看，可以把嵌入式系统的应用分成以下三类（或称 3 个应用层面）。

第一类（或第一个应用层面）是其应用功能需求可以编写为单任务的程序，并且其显示要求不复杂（如只需要显示字符以及简单的图形），无联网功能要求或者联网功能要求不复杂（如联网采用 RS-485 总线即可）。这样一类应用需求，在企业生产设备控制、智能测试仪表、医用仪器、智能小区等应用领域比较多见。

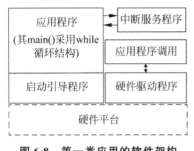

图 6-8　第一类应用的软件架构

针对第一层面的应用需求,其软件的开发复杂程度最低,通常不需要操作系统作为软件平台,而是把应用功能程序和硬件的控制及管理程序融合在一个循环结构中实现,并设计一些中断服务程序来完成那些有实时性要求的任务。第一层面的软件架构如图 6-8 所示。这一层面的应用软件开发通常需要完成以下任务。

① 启动引导程序(BootLoader)设计(启动引导程序中引导的是应用程序主函数)。

② 硬件平台中各种接口的驱动程序(通常包括对硬件寄存器直接进行读写的程序语句)。

③ 应用程序设计,其主函数 main() 通常编成循环结构(通常采用 while 循环结构),并在这个循环结构中判断外部接口的输入条件,根据输入条件执行相应的控制程序。

④ 中断服务程序,即由外部硬件中断信号引起的需要实时处理的任务。外部硬件中断信号可以打断应用程序主函数的循环,转移到中断服务程序执行。中断服务程序执行完成后,再返回到被打断处,接着运行主函数循环中的其他程序。

第二类(或第二个应用层面)是其应用功能需求通常需设计成多任务的,需要较为复杂的图形显示界面,或者需要以太网的联网等功能,但不需要支持复杂的数据管理功能(如不需要嵌入式数据库),不需要支持多媒体处理(如不需要处理音频/视频播放),不需要支持高层网络应用(如不需要连接因特网)。这样一类应用需求,在飞行器控制器、机器人控制器、图形化显示的智能仪器仪表等应用领域比较多见。

针对第二层面的应用需求,其应用软件的开发复杂程度较大,通常需要构建一个小型的嵌入式操作系统平台,如 μC/OS-Ⅱ 操作系统,以便提高嵌入式系统开发效率,减少开发周期。第二层面的软件架构如图 6-9 所示,这一层面的软件开发通常需要完成以下任务。

① 启动引导程序(BootLoader)设计,其中引导的是应用程序主函数 main()。

② 完成操作系统移植(如移植 μC/OS-Ⅱ 等)工作。

③ 设计应用程序主函数 main(),在 main() 函数中

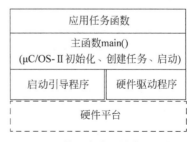

图 6-9　第二类应用的软件架构

初始化 μC/OS-Ⅱ,创建其主任务及其他任务,并启动 μC/OS-Ⅱ。

④ 设计应用程序的其他任务函数和操作系统中未提供的硬件接口驱动程序等。

第三类(或第三个应用层面)是其应用功能需求通常需设计成多任务的,需要丰富的图形人机操作界面,或者需要连接因特网功能,或者需要复杂的数据管理功能。这样一类应用需求,在智能终端、GPS 导航仪、通信设备等应用领域比较多见,特别是在互联网普及的时代,这一类应用需求将越来越多。

针对第三层面的应用需求,其应用软件的开发复杂程度很大,通常需要构建一个嵌入式操作系统平台,如 Linux 或 Windows CE 等,以便提高嵌入式系统开发效率,减少开发周期。同时,采用成熟的、具有许多第三方功能软件支撑的操作系统平台,可以保证应用软件的安全性、可靠性。第三层面的软件程序架构如图 6-10 所示,这一层面的软件开发通常需要完

成以下任务。

　　① 启动引导程序(BootLoader)的移植或设计(如移植 U-Boot 程序),其直接引导的是操作系统。

　　② 操作系统移植(如 Linux 或 Windows CE 等),包括根文件系统的建立。

　　③ 根据应用要求,完成支撑环境(或者中间件)的构建,如图形界面的构建,或嵌入式数据库管理系统的构建,或嵌入式 Web 服务器的构建等。

　　④ 应用程序设计,包括操作系统未提供的硬件接口驱动程序设计。

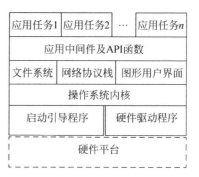

图 6-10　第三类应用的软件架构

6.4.2　Linux 应用软件开发步骤

随着手持电子设备的需求功能(如连接互联网)越来越复杂,外围接口越来越丰富,许多高端的嵌入式系统都具备了功能强大的人机接口,支持多种协议的网络、通信和多媒体接口。这就需要嵌入式操作系统作为软件平台,来提供强有力的应用软件开发的支持。由于 Linux 操作系统源代码是开源的,并且为应用程序的开发提供了许多功能强大的 API 函数,因此,在国内许多高端嵌入式系统产品中,广泛使用 Linux 操作系统作为软件平台。

基于 Linux 来开发应用程序,所使用的编程语言有多种,如 C 语言或 C++语言、Java 语言等。使用什么编程语言,通常要根据所开发的应用程序功能来确定。开发硬件驱动程序时,通常选用 C 语言来编程,采用 GCC(编译器)和 GDB(调试器)等工具来进行编译调试。若开发具有互联网功能的应用程序,通常选用 Java 语言来编程。

　　1. 用 C 语言开发的步骤

许多 Linux 操作系统的发行版(如 Ubuntu)内部集成了一个 IDE(Integrated Development Environment,集成开发环境)工具,因此,在该 Linux 平台下,不需要再安装其他的 IDE 工具,即可用 C 语言来进行程序设计。当然,也可以安装其他的 IDE 工具,如 Eclipse 及其插件。若用 Linux 平台自带的 IDE 工具,采用 C 语言来进行程序设计,其开发步骤如下。

　　① 用文本编辑器(如 vi 或 vim)来创建并编辑用 C 语言编写的程序文件。

　　② 用编译器(如 GCC 编译器)对 C 语言编写的程序进行编译、连接。若源程序无语法错误,则生成可执行文件。若有语法错误,用编辑器修改错误后再进行编译、连接。

　　③ 用调试器(如 GDB 调试器),对编译完成后所生成的执行文件进行调试,以发现并定位逻辑错误,然后再用编辑器进行错误修改,修改好后再编译、连接,然后再调试。

　　④ 反复进行上述几项工作,直到未再发现程序错误。

由于 GCC 编译器的许多命令采用的是命令行形式,有时编译命令中还需要包含许多参数以及编译多个源程序,因此,有时编写一个 makefile 文件,来对编译过程中的命令进行批处理,以减少编译时设计者的书写编辑命令的工作量。在 makefile 文件的目录下,使用 make 命令就能依据 makefile 文件设置好的编译命令,完成编译、连接任务。

　　2. 用 Java 语言开发的步骤

Java 语言是一种跨平台的编程语言,可以在多种操作系统环境下进行编程设计,如 Windows 操作系统或 Linux 操作系统等。在 Linux 平台下,用 Java 语言来进行程序设计,其开发步骤包括以下几步。

(1) 安装 JDK(Java Development Kit),即 Java 编程语言的开发包,可从 Java 官网 http://www.java.com/zh_CN 下载。

(2) 利用编辑工具,如 vi 或者 Eclipse 集成开发环境(IDE),来编写 Java 的源程序代码。

(3) 通过 JDK 自带的编译器或者 Eclipse 编译器对源代码进行编译连接,生成 Java 程序的字节码,即 .class 的文件。然后再把字节码解释成相关微处理器的机器码。字节码可以在 Java 虚拟机上运行,而机器码则可直接在具体微处理器上执行。

本 章 小 结

在复杂的嵌入式系统中,引入软件平台可以提高嵌入式系统的开发效率,使得嵌入式系统开发不需要从底层函数开始设计,而是可以在其应用程序中来调用现有的底层函数,从而减少开发工作量。作为嵌入式系统开发者,了解并熟悉嵌入式系统软件平台构建是非常必要的。本章详细介绍了以 Zynq 芯片为核心的嵌入式系统的软件构建方法,主要包括启动引导程序的编写、Linux 操作系统的移植、系统根文件的建立等,并介绍了应用程序的开发架构。

习　题　6

1. 选择题

(1) 下面描述语句中,错误的是(　　)。

    A. 嵌入式系统软件平台指的是嵌入式系统的操作系统和底层驱动函数库

    B. 启动引导程序是嵌入式系统加电或硬复位后运行的第一段程序

    C. 启动引导程序执行后只能引导加载操作系统

    D. 不同体系结构的微处理器,其启动引导程序是不同的

(2) 下面对 Zynq 芯片内部集成的 BootROM 描述的语句,错误的是(　　)。

    A. BootROM 是固化在 Zynq 芯片内部 ROM 中的一段启动代码

    B. BootROM 的功能之一是初始化 NOR Flash、NAND Flash、SD 等外部设备

    C. BootROM 的代码用户可以进行修改和增加

    D. BootROM 的代码在启动时只运行一次,启动后若不复位将不会再运行

(3) 下面所列举的功能(　　)不是 Zynq 芯片内 BootROM 代码的功能。

    A. 读取模式引脚(即 MIO[6:2])的信号,并确定启动模式

    B. 初始化 4 倍-SPI、NAND Flash、NOR Flash、SD 卡的基本驱动程序

    C. 根据启动模式,加载第一阶段引导程序(FSBL)

    D. 加载第二阶段引导程序(SSBL)

(4) 下面描述 FSBL 的语句中,正确的是(　　)。

    A. BootROM 加载 FSBL 时,只能把 FSBL 代码复制到 Zynq 芯片内部 OCM RAM 中

　　B. FSBL 的代码容量应大于 256KB

　　C. FSBL 的代码必须使用 U-Boot,设计者不能自己设计

　　D. FSBL 的镜像是指一种可由 BootROM 加载时进行解析的文件

(5) 下面有关 Linux 操作系统的描述语句中,错误的是(　　　)。

　　A. Linux 的内核采用了微内核机制

　　B. Linux 的内核包括了五个功能组件进程管理、主存管理、设备管理、虚拟文件系统和网络管理

　　C. Linux 内核源代码是公开的,设计者可以下载 Linux 内核源码,以便进行修改

　　D. Linux 内核移植是指修改内核源代码,以便使内核适应目标系统硬件环境而能运行

(6) 完成 Linux 内核移植后,需要对内核代码进行编译,生成其可执行的机器码。对 Linux 内核进行编译时所采用的工具是(　　　)。

　　A. ADS1.2　　　　　B. GNU 的 GCC　　　C. RVDS　　　　　D. Vivado

(7) Linux 操作系统移植时,需要修改部分内核中控制底层的代码。下面有关 Linux 内核移植的描述语句中,错误的是(　　　)。

　　A. Linux 内核移植中与启动引导程序的接口代码不需要改写

　　B. 对进程管理底层代码的修改,需要结合 CPU 的体系结构来进行

　　C. 板级硬件平台的时钟、中断支持代码应结合硬件平台的资源来改写

　　D. Linux 内核移植时,UART 等接口驱动程序不需要改写

(8) 完成 Linux 内核移植时的代码修改后,需要对其进行编译,生成可执行的机器码。下面的描述语句中,错误的是(　　　)。

　　A. 使用 GCC 编译时编译过程可以分成 4 个阶段:预处理、编译、汇编、链接

　　B. 预处理阶段是对头文件的包含、宏定义的扩展、条件编译的选择等进行处理

　　C. 编译阶段是把源程序代码文件转成二进制目标文件

　　D. 链接阶段是把源程序中涉及的函数库中的函数进行链接

(9) 根文件系统创建在 Linux 操作系统移植工作中,是除内核移植外另一个重要的工作。下面的描述语句中,错误的是(　　　)。

　　A. 根文件系统是 Linux 整个文件系统及文件目录的入口

　　B. 根文件系统需要在 Linux 内核启动前加载

　　C. 根文件系统是加载其他文件所必需的文件目录

　　D. 在根文件系统下可以有多级子目录

(10) Linux 操作系统支持多种文件类型。下面所列出的文件类型中,不是 Linux 操作系统默认支持的文件类型的是(　　　)。

　　A. YAFFS　　　　　B. Ramfs/tmpfs　　　C. Ramdisk　　　D. NTFS

2. 填空题

(1) 第一阶段引导程序(FSBL)可以由用户自己设计,也可以用 Xilinx 公司提供的 FSBL 代码。FSBL 的主要功能是初始化 PS 部分和 PL 部分,并加载第二阶段引导程序 (SSBL)代码或应用程序的_____。

(2) Linux 的内核启动后,就必须第一个挂载_____系统。若 Linux 操作系统不能从

指定设备上挂载该系统,则会出错而退出 Linux 启动。

(3) BootROM 在加载 FSBL 或者应用程序时,可以不直接转移到其代码上执行,而是加载其一个合法的程序镜像。此处程序镜像是指一种可由 BootROM 加载时进行解析的文件,该文件的后缀应该是_____。

(4) 在 Linux 内核中,与硬件相关程度最高的是_____,而虚拟文件系统和网络管理则几乎与硬件无关。

(5) YAFFS 文件类型适合于_____类型的存储器,而 JFFS2 文件类型主要适用于 NOR Flash 类型的存储器。_____

(6) Linux 操作系统中,可执行文件没有统一的文件后缀。若用 GCC 命令生成可执行文件,命令中未指定输出文件名时,则 GCC 生成一个名为_____的可执行文件。针对 Arm 硬件平台的目标机,其 GCC 的基本命令格式是_____[options] [filenames]。

第7章 Linux 驱动程序设计

驱动程序是操作系统的核心功能之一。不同的操作系统,其设备驱动程序的设计架构有所不同,但驱动程序的核心代码还是具有共性的,即是对硬件接口部件中寄存器的读写操作代码。通常常规的硬件接口部件,如 LCD 显示器、网络接口部件、键盘等,其驱动程序已经包含在操作系统内核中。而用户自己扩展的硬件接口部件,则需要用户自己设计其驱动程序,然后挂载到操作系统上。因此,了解驱动程序的设计开发方法,对构建嵌入式系统软件平台是非常关键的。本章主要介绍 Linux 操作系统下的设备驱动程序架构及几种具体接口的驱动程序。

7.1 驱动程序概述

驱动程序又称为设备驱动(Device Driver),通常指的是硬件接口部件或外设的读写控制程序,它是其他程序(包括操作系统及用户应用程序)对硬件接口部件进行操作的一个软件接口。或者换句话说,就是在硬件接口部件之上建立了一层抽象,用户应用软件的编程者将把设备驱动提供的函数看作硬件模块,对这些驱动函数进行操作,以实现操作硬件接口部件的功能。

7.1.1 设备驱动原理

所有操作系统下设备驱动程序的共同目标是屏蔽具体物理设备的操作细节,实现设备无关性。在嵌入式操作系统中,设备驱动程序通常是内核的重要部分,运行在内核模式,即设备驱动程序为内核提供了一个 I/O 接口,用户使用这个接口实现对设备的操作。图 7-1 显示了一个操作系统的输入输出子系统中各层次结构和功能。

嵌入式系统中,大多数物理设备都有自己的硬件控制器,用于对设备的开启、停止、初始化和诊断等。比如:键盘、串行口有 I/O 控制芯片,SCSI 设备有 SCSI 控制器。操作系统的设备驱动程序将控制和管理这些物理设备的硬件控制器;同时为用户应用提供统一的、与设备无关的软件调用服务,实现设备无关性。设备驱动程序通常包含中断处理程序和设备服务子程序两部分。一方面,设备服务子程序包含所有与设备操作相关的处理代码,它从面向用户进程的设备文件系统中接收用户命令并对设备控制器进行操作。这样,设备驱动程序屏蔽了设备的特殊性,

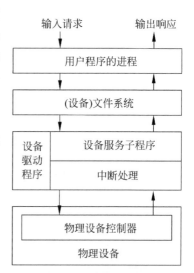

**图 7-1 输入输出子系统
层次结构和功能**

使用户可以像对待文件一样操作设备。另一方面,设备控制器需要获得系统服务时有两种方式,即查询和中断。在查询方式下,由系统控制设备驱动程序以固定的时间间隔向设备控制器读取设备的状态信息,以此采取相应的操作。正因为设备驱动程序是内核的一部分,在设备查询期间系统不能运行其他代码,所以查询方式的工作效率比较低,只有少数设备采取这种方式。大多数设备以中断方式向设备驱动程序发出输入输出请求,如图 7-1 所示,由中断处理程序进行判断处理,同时将操作结果返回给上层系统。

下面以 Linux 操作系统中的网络驱动程序的实现过程为例说明驱动程序的设计原理。在 Linux 系统中用 file_operation 结构体将设备驱动程序和文件系统相关联,在这个结构体里存放了设备各种操作的入口函数。设备驱动程序可以使用 Linux 系统的标准内核服务,如内存分配、中断发送和等待队列。通过这样的层次划分,Linux 系统下的设备驱动程序对用户进程屏蔽了设备的特性,使用户程序可以像处理文件一样操作系统,从而完成以下功能。

① 设备初始化。

② 开启和关闭设备服务。

③ 实现数据在内核与设备之间的双向传送。

④ 检测处理设备故障错误。

所有的 Linux 网络驱动程序遵循通用接口,设计时采用面向对象的方法,一个设备就是一个对象,有自己的结构体和方法。Linux 用 device 结构体描述每个网络设备,网络驱动程序首先要实现的基本方法有初始化、发送和接收。初始化方法把驱动程序载入系统,然后完成硬件检测、device 中变量的初始化和系统资源的申请。当驱动程序的上层协议层有数据要发送时,会自动调用发送方法。接收数据一般由硬件中断通知。在中断处理程序里,把硬件帧信息添入一个 sk_buff 结构体中,然后调用 neitf_rx() 函数传递给上层处理。此外,一个实际的网络驱动程序还需要实现以下方法。

① 打开设备。在激活网络设备时调用。初始化中的资源申请、硬件激活等工作常常被放到这个方法中处理。

② 关闭设备。功能和打开相反,可以释放系统资源。

③ 地址解析。某些网络在发送硬件帧时需要目的硬件 MAC 地址,如 Ethernet。这就需要用驱动程序的地址解析方法将 MAC 地址和上层协议层地址(如 IP 地址)对应。设备在发送数据前调用驱动程序的解析方法,完成地址解析。

④ 添加硬件帧头(hard_header)。硬件需要在向上层发送数据之前加上自己的硬件帧头,比如 Ethernet 有 14 字节的帧头,加在上层 ip、ipx 等数据包的前面。驱动程序需要 hard_header 方法,使协议层(ip、ipx、arp 等)在发送数据时调用这段程序,完成帧头的填写。

⑤ 参数设置和获取。某些驱动程序提供一些方法供系统设置和获取设备的参数。在 Linux 下,一般只有超级用户(root)才能设置设备参数。

Linux 对网络驱动程序的支持有内存申请释放、中断和时钟等标准内核服务。通过这些服务的支持,网络驱动程序基本方法得以实现。内核中的文件 drives/net/skeleton.c 是一个网络驱动程序的框架,以 Ethernet 设备为对象,保护驱动程序的基本内容,对个性化的设备驱动程序开发提供了基础。

7.1.2 驱动程序的开发任务

设备驱动程序的开发需要硬件知识和软件知识的配合使用,是极具挑战性的工作。大多数驱动程序是在内核模式(Kernel Mode,又可称内核态)下运行的,而大多数应用程序是在用户模式(User Mode,又可称用户态)下运行的。

什么叫内核模式?什么叫用户模式呢?工作模式的划分(见 2.2.3 节)主要是为了系统运行的安全和稳定,以防止不同安全级别的代码相互之间影响。内核模式既指程序代码运行于较高级别的工作模式(如 2.2.3 节中介绍的系统模式),通常操作系统的内核就运行在高级别的工作模式下。而用户模式,顾名思义,指用户应用程序运行的工作模式(如 2.2.3 节中介绍的用户模式),其模式级别相对较低。

工作模式级别高,通常意味着在该模式下,能访问微处理器的硬件寄存器的权限就高。但是,这也带来了风险和难度,即调试内核模式下的程序比调试用户模式下的程序更困难,并且将面临随时毁坏操作系统的危险。

在开发驱动程序时,通常采用汇编语言或 C 语言来编写其程序。驱动程序的开发任务包括以下一些工作。

① 对驱动程序所涉及的部件或设备的控制芯片及所使用的微处理器架构原理进行了解及分析。

② 分析微处理器与控制芯片之间的接口方式,即采用什么接口总线,如是并行总线还是 I^2C 总线,抑或是 SPI 总线等,要对所采用的接口总线原理进行了解。

③ 分析微处理器与控制芯片之间的电路原理图,通过原理图确定控制芯片的访问地址。若微处理器与控制芯片之间采用并行数据总线连接,则控制芯片内部的寄存器就会占据一定的地址空间;若微处理器与控制芯片之间采用 I^2C 总线或是 SPI 总线等,则控制芯片具有总线的唯一站点地址。

④ 分析控制芯片内部的各寄存器功能,以及各寄存器的控制字格式,是编写驱动程序最关键的工作任务。

⑤ 根据所设计驱动程序的功能要求,确定控制芯片内部各寄存器控制字的值,这些值将在相关函数中,用语句赋予对应的寄存器。

⑥ 若是在无操作系统环境下设计驱动程序,则可自行定义驱动程序的架构,通常也会把驱动程序编写成函数。若是在某操作系统环境下设计驱动程序,则要了解该操作系统的驱动程序架构,然后在该架构下编写驱动代码。

⑦ 需要编写的驱动程序函数通常包括设备初始化函数、设备的读函数和设备的写函数等。

7.1.3 Linux 设备管理机制

设备管理是操作系统的核心任务之一,其目的是将 I/O 设备的特性及管理细节对用户透明,实现用户程序与 I/O 设备硬件特性无关,对 I/O 设备的处理进行抽象化。在 Linux 操作系统下,I/O 设备被抽象为一个文件,按照文件模式来进行处理。Linux 系统通过与普通文件操作类似的系统调用,来完成对 I/O 设备的打开/关闭以及读写。

在 Linux 操作系统下,I/O 设备被分成 3 种类型的设备文件,即字符设备、块设备和网

络设备。字符设备文件主要针对的是能快速进行读写操作的 I/O 设备,即当系统对 I/O 设
备发出读写请求时,I/O 设备的读写就立即进行;块设备文件则主要针对的是存储盘这样
读写较慢的 I/O 设备;网络设备文件,顾名思义是针对网络通信的 I/O 设备。下面介绍这
3 类设备文件。

1. 字符设备管理

作为最简单的输入输出设备,Linux 操作系统将字符设备作为设备文件管理。其文件
节点和目录管理方式与普通文件相同。应用程序利用字符设备对文件系统操作的接口(即
设备操作例程)对其进行操作,包括对设备的打开、读写和关闭。例如,在 Linux 系统下文件
fs/devices.c 中定义了以下管理字符设备及块设备的结构体:

```
struct device_struct {
        //指向设备驱动程序名称
        const char * name ;
        //指向设备文件操作例程(对设备操作的函数)的指针
        struct file_operations * fops;}
```

字符设备的初始化在内核启动时进行。某个字符设备初始化时,其驱动程序会构造一
个 device_struct 结构体,将其作为字符向量数组 chrdevs 的一个元素向 Linux 内核注册。
注册函数 register_chrdev()调用成功后,返回 0 或内核自动分配的主设备号。主设备号将
成为数组的索引。通过 chrdevs 数组,当有设备操作请求进程产生时,内核就可以提供相应
的操作例程的入口地址,进而启动字符设备驱动程序完成进程的操作请求。字符设备操作
例程的入口在 file_operations 结构体中,包括 open()、close()、read()、write()和 iotcl()等
函数。

2. 块设备管理

Linux 操作系统对块设备也是以设备文件方式管理。同字符设备类似的是,在内核启
动时也进行块设备初始化。驱动程序会构造一个 device_struct 结构体,将其作为块设备向
量数组的一个元素向内核注册。对数组的访问也使用主设备号。块设备操作例程的入口在
block_device_operations 结构体中,该结构体类似于 file_operations 结构体。

与字符设备不同的是,块设备有不同类型(如 IDE 设备与 SCSI 设备)。对块设备文件
的读写首先要对缓冲区操作,所以除了对文件系统操作的接口,块设备必须提供缓冲区接
口。例如,Linux 中每个块设备都拥有一个结构体 blk_dev_struct,定义在/include/linux/
blk_dev.h 中:

```
struct blk_dev_struct{
      request_fn_proc * request_fn ;                    //请求子程序
      / * queue_proc has to be atomic * /
      queue_proc * queue;
      void * data;
      struct request * current_ request;
      struct request plug;
      struct tq_struct plug_tq;
    elevator_t elevator; }
```

数组 struct blk_dev_struct blk_dev(MAX_BLKDEV)用来集中管理所有的 blk_dev_ struct。blk_dev_struct 包含一个请求子程序和一个指向 request 结构体的指针,每个 request 表示一个来自缓冲区的数据块读写请求。每当用户进程对一个块设备发出读写请求时,首先调用块设备共用的函数 block_read()或 block_write()。如果数据已存放在缓冲区内,则对缓冲区进行读写操作;否则系统将增加相应个数的 request 结构体到其对应的 blk_dev_struct 中,如图 7-2 所示。系统以中断方式调用 request()函数完成对块设备的读写,响应请求队列。

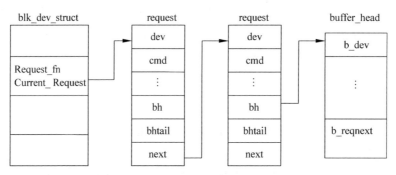

图 7-2　块设备的读写请求

每个读写请求都有一个或多个 buffer_head 结构体。对缓冲区进行读写操作时,系统可以锁定这个结构体,这样会使进程一直等待直到读写操作完毕。读请求完成后,系统将相应的 buffer_head 从 request 中清除并解除锁定,等待进程将被唤醒。

3. 网络设备管理

Linux 操作系统为了屏蔽网络物理设备的多样性,为所有网络设备统一定义了一个抽象概念——接口(Interface)。接口提供了对所有网络设备的一致化的操作集合,用于处理数据的发送与接收。基于这种定义,操作系统可将网络设备作为独立设备类型管理。例如,Linux 用 device 结构体描述每一个网络设备。与上述字符设备和块设备不同的是,Linux 文件系统中没有描述网络设备的设备文件,当驱动某个网络设备时,系统为其创建一个 device 结构体,而不像字符设备和块设备的管理那样,即使没有物理设备存在仍然有设备文件。网络设备的 device 结构体主要包括以下信息:标准化的网络设备名、设备总线信息、设备使用的协议、设备接口类型、等待由设备发送的 sk_buff 数据包队列以及用以支持设备工作的子程序集。

Linux 网络设备初始化有两种方式,即内核启动驱动或模块驱动。前者在启动时检测和初始化所有内核支持的网络设备,而后者只针对已装载的网络设备。用户重新编译内核,只将所需的网络模块连接到内核空间,就可以实现模块驱动,这种方法体现了 Linux 内核的模块化设计思想,省去了系统不必要的操作。系统定义了链表 struct device * dev_base,驱动初始化过的网络设备都挂在 dev_base 上。

在 Include/linux/skbuff.h 中定义了 sk_buff 结构体,Linux 用它统一表示网络数据包,网络各层协议通信程序只需要对结构体中定义的协议层信息头内容进行添加或删除就可以表示出各层处理的数据类型。Linux 通过套接字(Socket)支持各种类型的通信,如对 TCP/IP 的支持是通过 BSD 套接字和 INET 套接字。

7.2　字符设备驱动设计

Linux 操作系统下的硬件设备被抽象为设备文件。Linux 的设备文件又分成字符设备文件、块设备文件和网络设备文件,其中字符设备是最基本、最常用的。

7.2.1　字符设备驱动程序架构

字符设备是一个类似于流控制的设备节点,通常支持"及时"的读取或写入。对字符设备的读写操作,类似于对文件的读写操作,通常需要先打开,完成读写后再关闭。一个字符设备的驱动编写需要完成以下任务。

① 设计字符设备驱动的初始化函数,通常函数名为 init_module()。初始化函数中完成相关设备控制芯片内部硬件寄存器的设置;用函数 register_chrdev()向内核进行注册;若需要中断,还需对中断进行初始化。

② 定义所需实现的操作,即定义 file_operations 结构体。

③ 实现 file_operations 结构体中定义的文件操作函数,如 open()、release()、read()、write()、ioctl()等。

④ 若采用中断控制方式,需要编写中断服务程序,并向内核进行注册。

⑤ 将该驱动程序编译进内核,或者采用 insmod 命令加载该驱动模块。

1. 设备驱动程序的注册

采用 insmod 命令加载驱动模块时,需要把该驱动程序注册到内核中。完成向内核进行注册的功能,通常放在设备驱动初始化函数 init_module()中来完成。在 init_module()函数中调用 register_chrdev()向内核进行注册。register_chrdev()函数的定义如下:

int register_chrdev(unsignedint major, const char * name, struct file_operation * fops);

上述函数定义中,参数 major 是驱动程序需申请的主设备号(注:参数值为 0 时,系统将为驱动程序动态分配一个主设备号),参数 name 是设备名称,参数 fops 是设备文件操作函数的调用入口。register_chrdev()函数返回为负数时,表示注册失败;若返回值等于 0 或者大于 0 时,表示注册成功,设备名称会出现在/proc/devices 文件中。

需要说明的是,在 Linux 2.6 以上版本内核中,还定义了一个函数 register_chrdev_region()来向内核进行驱动程序注册。register_chrdev_region()函数的定义如下:

int register_chrdev_region(dev_t first, unsigned int count, char * name);

register_chrdev_region()函数定义中,参数 first 是需向内核申请的起始设备号,count 是请求的连续设备号数量,name 是在申请设备号范围内对应的设备名称。

前面提到过,驱动程序编译进内核,也可通过加载方式来加载驱动模块。若编译进内核,驱动程序就是内核的一部分,这就需要在初始化函数中用下面的语句来声明:

int __ init chr_driver_init(void)

声明语句中,__ init 不要缺失,Linux 内核启动时将会调用 chr_driver_init 来进行驱动程序的初始化。

　　2. file_operations 结构体

　　file_operations 结构体是系统调用与驱动程序之间的一个关键数据结构,其中定义了许多设备驱动操作的函数指针,系统通过读取这些函数指针,可以启动这些函数,从而完成 Linux 设备驱动程序的工作。在 Linux 内核 2.6.5 中,file_operations 结构体的定义在头文件 linux/fs.h 中,其定义如下:

```
struct file_operations {
        struct module  * owner;
        loff_t( * llseek) (struct file  * , loff_t, int);
        ssize_t( * read) (struct file  * , char __ user  * , size_t, loff_t  * );
        ssize_t( * aio_read) (struct kiocb  * , char __ user  * , size_t, loff_t);
        ssize_t( * write) (struct file  * , const char __ user  * , size_t, loff_t  * );
        ssize_t( * aio_write) (struct kiocb  * , const char __ user  * , size_t, loff_t);
        int ( * readdir) (struct file  * , void  * , filldir_t);
        unsigned int ( * poll) (struct file  * , struct poll_table_struct  * );
        int ( * ioctl) (struct inode  * , struct file  * , unsigned int, unsigned long);
        int ( * mmap) (struct file  * , struct vm_area_struct  * );
        int ( * open) (struct inode  * , struct file  * );
        int ( * flush) (struct file  * );
        int ( * release) (struct inode  * , struct file  * );
        int ( * fsync) (struct file  * , struct dentry  * , int datasync);
        int ( * aio_fsync) (struct kiocb  * , int datasync);
        int ( * fasync) (int, struct file  * , int);
        int ( * lock) (struct file  * , int, struct file_lock  * );
        ssize_t( * readv) (struct file  * , const struct iovec  * , unsigned long, loff_t  * );
        ssize_t( * writev) (struct file  * , const struct iovec  * , unsigned long, loff_t  * );
        ssize_t( * sendfile) (struct file  * , loff_t  * , size_t, read_actor_t, void __ user  * );
        ssize_t( * sendpage) (struct file  * , struct page  * , int, size_t, loff_t  * , int);
        unsigned long ( * get_unmapped_area) (struct file  * , unsigned long, unsigned long, unsigned long, unsigned long);
}
```

　　file_operations 结构体中定义的成员函数,不是每个都必须实现的。不需要实现的成员,结构体中相对应的成员项在初始化时其值设置为 NULL。下面对几个主要成员进行介绍,它们在字符设备的驱动程序开发时均需要重点实现。

　　① 成员 struct module * owner 并不是一个操作,它是一个指针,用于指向该结构体的拥有者,初始化时其值通常设置为 THIS_MODULE。

　　② 成员 ssize_t(* read)(struct file * , char _user * , size_t, loff_t *)用于读设备数据,返回值是成功读取的字节数。

　　③ 成员 ssize_t(* write)(struct file * , const char _user * , size_t, loff_t *)用于写设备数据,返回值是成功写入设备的字节数。

　　④ 成员 int(* ioctl)(struct inode * , struct file * , unsigned int, unsigned long)用于发出设备特定操作的命令,如磁盘格式化。这既不是读操作,也不是写操作。

　　⑤ 成员 int(* open)(struct inode * , struct file *)是对文件设备进行的第一操作,即在进行设备文件读写操作前必须先打开设备。

⑥ 成员 int(＊release)(struct inode＊，struct file＊)是释放文件结构。

7.2.2　字符设备驱动程序示例

例 7-1　假设要设计 Linux 系统下的某种电池的驱动程序,对该电池的电压值进行读出,以便检测电池电压是否到了下限的临界值,若到了临界值,则启动自动关机程序。设计时,可将电池看作字符设备。

该驱动程序的 file_operations 结构体可以初始化如下:

```
//在初始化该设备驱动的 file_operations 结构时,仅包含 3 个基本的设备操作例程
struct file_operations fops＝{
        NULL,
        NULL,
        Bat_read,
        NULL,
        NULL,
        NULL,
        NULL,
        NULL,
        NULL,
        NULL,
        Bat_open,
        NULL,
        Bat_release,
        NULL,
        …
        NULL,};
```

但上述 file_operations 结构体的初始化,编写得不够简洁,在未实现的成员处,把其值设置成了 NULL。在较新的 Linux 内核下,file_operations 结构体也可以用下面的两种形式来初始化:

```
//file_operations 结构的初始化形式之一
struct file_operations fops＝{
        read: Bat_read,
        open: Bat_open,
        release: Bat_release
        }
//file_operations 结构的初始化形式之二
struct file_operations fops＝{
        .read ＝ Bat_read,
        .open ＝ Bat_open,
        .release ＝ Bat_release
        }
```

在此示例的 file_operations 结构体中,仅初始化了对电池设备的打开(Bat_open)、读电池参数(Bat_read)以及对电池设备的释放(Bat_release)。这 3 个最基本的操作例程设计如下:

```
//驱动程序的 3 个最基本操作例程:Bat_open、Bat_read、Bat_release
```

```
#define MODULE
#include <linux/module.h>
#include <asm/io.h>
int battery_major;
//打开设备 Bat_open
int Bat_open(struct inode * inode, struct file * filp){
        printk ("Open Battery\n");
         MOD_DEC_USE_COUNT;
        return 0;}
//读取电压值 Bat_read
ssize_t Bat_read(struct file * filp, char * buf, size_t n, loff_t * foff){
        outb(0x24,0x295);
        (* buf)=inb(0x296);
                    return 0;}
//释放设备
int Bat_release(struct inode * inode, struct file * filp){
        printk ("Close Battery\n");
         MOD_DEC_USE_COUNT;
        return 0;}
```

前面已经介绍过,驱动程序需要向内核进行注册。在此次驱动设计中,采用 insmod 命令加载该驱动模块,因此,在初始化函数中,用 register_chrdev()函数进行注册。该初始化函数设计如下:

```
//通过 shell 命令 insmod 触发运行,实现驱动模块装载
int init_module(void) {
    int result;
    battery_major=0;
    //向系统注册该设备,设备名为 battery,动态获取主设备号
    result=register_chrdev(battery_major, "battery", &fops);
    if (result<0){
        printk ("battery : can't get major%d\n", battery_major);
        return result;}
    if (battery_major==0) battery_major= result;
    //注册成功就可以获得一个主设备号
    return 0;}
```

在完成设备操作后需进行卸载,取消驱动程序在内核中的注册。下面是相关函数的代码:

```
//通过 shell 命令 rmmod 触发运行,在内核中取消注册
void cleanup_module(void){
    int result;
    result=unregister_chrdev(battery_major, "battery", );        //取消注册
    if (result<0){
        printk ("battery : unregister_chrdev, error\n");
        return;}
        }
```

7.3　块设备驱动设计

Linux 的块设备是以大小固定的数据块为单元进行读写的外部设备,通常指的就是外部存储器,如 NAND Flash、SD 卡、磁盘设备等。块设备读写单元的大小通常是 512B,或者其整数倍。512B 是块设备的基本单元,称为扇区(Sectors),而块(Blocks)通常是由一个扇区或多个扇区组成。与字符设备的驱动相比,块设备的驱动相对复杂。

7.3.1　块设备驱动程序架构

块设备的读写与字符设备的读写,其主要差别在于以下几点。

① 块设备只能以固定大小的数据块(512B 或者其整数倍)为单位进行读写,而字符设备是以一字节(或字符)为单位进行读写。

② 块设备的读写通常不是“及时”的读取或写入,通常需要读写缓冲区,而字符设备不需要缓冲区,可以直接对字符设备进行读写。由于块设备有缓冲区,因此,内核可以提供一个队列机制,对数据块的读写请求进行优化、合并、排序,从而减少对块设备的物理访问,以提高效率。

③ 块设备可以随机地读写数据块,而字符设备只能顺序读写。也就是说,当有多个数据块需要读写时,可以选取任意位置(通常用地址来标识)的数据块进行读写,而不必按数据块存储的位置顺序进行读写。

1. 几个关键的结构体

编写块设备的驱动程序时,会涉及许多为块设备定义的结构体,并且需要对这些结构体进行初始化。下面介绍几个主要的结构体。

① block_device_operations 结构体。该结构体的作用类似于字符设备驱动中的 file_operations 结构体。在此结构体中,定义了许多对块设备进行操作的成员函数。在头文件 linux/fs.h 中定义了 block_device_operations 结构体,具体如下:

```
struct block_device_operations {
        struct module  * owner;
        int ( * open) (struct inode * , struct file * );
        int ( * release) (struct inode * , struct file * );
        int ( * ioctl) (struct inode * , struct file * , unsigned int, unsigned long);
        long( * unlocked_ioctl) (struct file * , unsigned int, unsigned long);
        long( * compat_ioctl) (struct file * , unsigned int, unsigned long);
        int ( * direct_access) (struct block_device * , sector_t, unsigned long * );
        int ( * media_changed) (struct gendisk * );
        int ( * revalidate_disk) (struct gendisk * );
        int ( * getgeo) (struct block_device * , struct hd_geometry);
    }
```

② gendisk 结构体。该结构体的作用是描述一个块设备,包括主、次设备号、块设备名称、分区信息等。具体定义如下:

```
struct gendisk {
        int major;                              //主设备号
        int first_minor;                        //次设备号的第一个序号
        int minor;                              //次设备数量或分区数量,为1时不分区
        char disk_name[32];                     //块设备名称
        struct hd_struct  * part;               //块设备的分区信息
        struct block_device_operations * fops;  //块设备的操作函数集
        struct request_queue * queue;           //请求队列指针
        sector_t capacity;                      //扇区数,用于描述块设备的容量
        //省略了一些成员
}
```

③ request 结构体。该结构体用来表征一个挂起的块设备 I/O 请求,即每一个等待处理的 I/O 请求用一个 request 结构体实例描述。具体定义如下:

```
struct request {
        struct list_head queuelist;
        struct request_queue * q;               //指向请求队列

        unsigned int nr_sectors;                //当前要读写操作的扇区数
        unsigned int current_nr_sector;         //当前要读写操作的扇区
        struct bio  * bio;                      //请求的 bio 结构体的链表
        struct bio  * biotail;                  //请求的 bio 结构体的链表尾
        enum rq_cmd_type_bits cmd_type;         //读写命令类型,0 为读,1 为写
        //省略了一些成员
}
```

④ bio 结构体。该结构体的作用是描述 I/O 请求的信息,一个 I/O 请求对应一个结构体实例。即它描述了正在进行的,以片段链表形式组织的数据块读写操作。其中,一个片段指的是一小块连续的主存储器的存储单元,这样做的优点是块设备的缓存区不需要在主存储器中占据一大片连续的存储空间,而是由若干片小区域的存储空间来组成一个较大容量的缓存区。bio 结构体是内核上层函数与下层驱动程序的连接入口,其具体定义如下:

```
struct bio {
        sector_t bi_sector;                     //需要传输的第一扇区(512B)
        struct block_device * bi_bdev;          //相关块设备的指针
        struct bio * bi_next                    //请求链表
        unsigned int bi_flags;                  //状态标志
        unsigned int bi_rw;                     //读写标志
        unsigned short bi_vcnt;                 //内存数据段偏移的值
        unsigned short bi_idx;
        unsigned int bi_size;                   //I/O 计数
        unsigned int bi_max_vecs;               //允许的内存数据段最大的个数
        struct bio_vec * bi_io_vec              //bio_vec 链表,表示主存储器中的位置
        //省略了一些成员
}
```

⑤ bio_vec 结构体。该结构体的作用是描述主存储器中的一个数据段,用页、位置偏移量、数据长度等信息来描述数据段。其具体定义如下:

```
struct bio_vec {
        struct page  * bv_page;                    //数据段所在的页
        unsigned short bv_len;                     //数据段的长度
        unsigned short bv_offset;                  //数据段页内偏移量
}
```

除了上述介绍的几个结构体,与块设备驱动程序有关的结构体还有一些,如 blk_dev_struct 结构体、request_queue 结构体等,在此就不再一一介绍。这些结构体的具体定义可以参见 Linux 相关头文件中的定义(如/include/linux/blk_dev.h 中的定义)。

2. 块设备驱动编程的任务

一个块设备的驱动程序编写需要完成的任务,与字符设备驱动程序编写需要完成的任务类似,只是块设备主要针对的是数据存储的外设,其相关结构体的定义较多。块设备的驱动程序编写具体应完成的任务归纳如下。

① 需设计块设备驱动的初始化函数,在初始化函数中完成向内核进行块设备注册。用于向内核进行块设备注册的函数是 register_blkdev()。函数原型如下:

```
int register_blkdev(unsigned int major, const char * name);
```

若 major 参数为 0 时,内核将动态分配主设备号,创建成功返回主设备号值。

② 初始化相关结构体,这些结构体主要有 gendisk、request_queue、request、bio、block_device_operations 等。

③ 定义所需实现的块设备操作,通常在 block_device_operations 结构体中定义。

④ 实现 block_device_operations 结构体中定义的文件操作函数,如 open()、release()、read()、write()等。

⑤ 将块设备进行加载与卸载。

⑥ 编写块设备的操作函数。

⑦ 在不使用块设备时,需要在出口函数中调用注销函数 unregister_blkdev()来注销块设备。函数原型如下:

```
int unregister_blkdev(unsigned int major, const char * name);
```

major 参数为主设备号,name 为设备名称。

7.3.2　块设备驱动程序示例

例 7-2　假设要设计 Linux 系统下的一个块设备驱动程序,该块设备为一磁盘设备,其扇区容量为 512B,块容量为 1024×1024。其驱动程序的相关函数及结构体可设计如下。

(1) 入口函数(即初始化函数)及出口函数设计如下:

```
#define BLOCKBUF_SIZE      (1024×1024);         //定义块设备容量
#define SECTOR_SIZE      (512);                  //定义扇区容量
static unsigned char * block_buf;                //缓存区地址
//入口函数
struct int memblock_init(void)
{        //创建一个块设备,主设备号动态分配,设备名称为 memblock
        memblock_major = register_blkdev(0, "memblock");
```

```
        //分配申请队列,确定申请队列处理函数
        memblock_request = blk_init_queue(do_memk_request, &memblock_lock);
        //分配 gendisk 结构体,并初始设置其成员
        memblock_disk = alloc_disk(16);
        memblock_disk-> major = memblock_major;
        memblock_disk-> firstt_minor = 0;
        sprintf(memblock_disk-> disk_name, "memblock");
        memblock_disk-> fops = &memblock_fops;
        memblock_disk-> queue = memblock_request;
        //设置扇区数
        set_capacity(memblock_disk, BLOCKBUF_SIZE/SECTOR_SIZE);
        //获取缓存地址,用作扇区
        block_buf = kzalloc(BLOCKBUF_SIZE, GFP_KERNEL)
        //注册 gendisk 结构体
        add_disk(memblock_disk);
        return 0;
}
//出口函数
static void memblock_exit(void)
{       //注销并释放 gendisk 结构体
        put_disk(memblock_disk);
        del_gendisk(memblock_disk);
        //释放缓存区
        kfree(block_buf);
        //清除申请队列
        blk_cleanup_queue(memblock_request);
        //卸载块设备
        unregister_blkdev(memblock_major, "memblock");
}
```

（2）结构体 block_device_operations 的初始化及其成员函数 memblock_getgeo 设计如下：

```
static struct block_device_opertions membl_fops = {
        .owner = THIS_MODULE,
        .getgeo = memblock_getgeo,                    //块设备信息存储操作
};
//成员函数 memblock_getgeo
static int memblock_getgeo(struct block_device * bdev, struct hd_geometry * geo)
{
    geo-> heads = 2;                                  //磁头参数初始化设置为 2
    geo-> cylinders = 32;                             //初始设置柱面参数
    geo-> sectors = BLOCKBUF_SIZE/(2 * 32 * SECTOR_SIZE);   //初始设置扇区数/柱面参数
    return 0;
}
```

（3）申请队列的处理函数设计如下：

```
static void do_memblock_request( request_queue_t * re_q)
{
        struct request * req;
        unsigned long offset;
        unsigned long len;
```

```
static unsigned long r_cnt = 0;
static unsigned long w_cnt = 0;
//循环获取申请信息
while ((req = elv_next_request(q)) != NULL)
{
    offset = req-> sector * SECTOR_SIZE;                //偏移量
    len = req-> current_nr_sector * SECTOR_SIZE;       //长度
    if (rq_data_dir(req) == READ)
    {
        memcpy(req-> buffer, block_buf + offset, len);   //读出缓存
    }
    else
    {
        memcpy(block_buf + offset, req-> buffer, len);   //写入缓存
    }
    end_request(req, 1);                               //结束获取的申请
}
}
```

设计好块设备的驱动程序后,需要使用 Linux 的内核函数 module_init 来初始加载块设备的驱动程序入口函数。在退出块驱动程序时,通常需要用内核函数 module_exit 来释放驱动程序所占用的主存单元。其编写如下:

```
module_init(memblock_init);        //加载驱动入口函数
module_exit(memblock_exit);        //退出时释放资源
module_LICENSE("GPL");             //声明模块加载许可
```

7.4　网络设备驱动设计

网络设备是 Linux 的三大类设备之一,它与字符设备、块设备一样,是 Linux 驱动程序中常见的一种设备驱动类型。但与字符设备、块设备不一样的地方是网络设备并没有当作设备文件来处理,即 Linux 的网络设备不使用文件系统来作为应用程序的访问接口,而是在应用程序中使用套接字来访问网络设备。

7.4.1　网络设备驱动程序架构

Linux 的网络驱动程序是网络协议层中的数据链路层程序,它的作用是将上层协议栈传输来的信息通过网络硬件接口发送出去,或者接收网络硬件接口的信息传输给上层协议栈。Linux 网络驱动程序的架构采用 4 层模型架构,如图 7-3 所示。

在图 7-3 中,4 层模型架构包含网络协议接口层、网络设备接口层、设备驱动层和网络设备介质层等。

① 网络协议接口层。该层为上层程序提供了一个统一的数据包发送函数,上层无论采用何种通信协议(如采用 IP 或 ARP),均通过调用 dev_queue_xmit()来发送数据包,并通过调用 netif_rx()来接收数据包。结构体 sk_buff 中提供了数据包的缓冲区域。

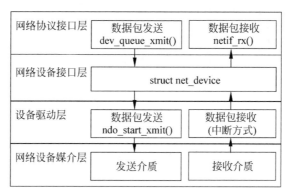

图 7-3　网络设备驱动的 4 层架构

② 网络设备接口层。该层是具体描述网络设备的特性和操作,采用结构体 net_device 来描述。该结构体为上层(协议接口层)提供了统一的描述,且为下层(设备驱动层)各函数提供了操作对象。网络设备驱动程序的开发工作,主要就是编写设备驱动层的相关函数,对结构体 net_device 的成员进行设置,并将结构体 net_device 注册到 Linux 的内核中。

③ 设备驱动层。该层中的各函数是结构体 net_device 中的成员,是完成网络硬件接口的相应动作。函数 ndo_start_xmit()完成发送,采用中断方式完成接收,或者采用 POLL 机制完成接收。

④ 网络设备介质层。该层是网络收发的具体功能实体,可以是物理的,也可以是虚拟的,如物理网卡上的具体发送和接收电路由设备驱动层中的函数控制动作。

上述网络驱动程序的 4 层架构中,网络设备接口层和设备驱动层是驱动程序开发的主要部分。它们涉及一些重要的结构体,下面介绍这些重要的结构体。

1. 结构体 sk_buff

该结构体是一个内核定义的结构体,是一个双向链表。用于在 Linux 各网络层之间进行传输数据的缓存。其定义在 include/linux/skbuff.h 中,具体格式如下(注:只列出了主要的成员):

```
struct sk_buff {
        struct sk_buff * next;              //指向后一个 sk_buff 结构体的指针
        struct sk_buff * prev;              //指向前一个 sk_buff 结构体的指针
        struct sock  * sock;                //指向使用该缓存区的传送控制程序的套接字 sock 结构体
        struct net_device * dev;            //指向正在处理该数据包的网络设备
        unsigned int len;                   //有效数据长度 = 数据区长度+分片结构体数据区长度
        unsigned int data_len;              //分片结构体数据区长度
        __ u16mac_len                       //MAC 层报文的头部长度
        __ u16hdr_len                       //复制 skb 时的头部长度
        unsigned int truesize;              //套接字缓存区的大小
        sk_buff_data_ttransport_header;     //传输层数据帧的头部指针
        sk_buff_data_tnetwork_header;       //网络层数据帧的头部指针
        sk_buff_data_tmac_header;           //MAC 层数据帧的头部指针
        sk_buff_data_ttail;                 //缓存区中数据域的结束位置
        sk_buff_data_tend;                  //缓存区的结束位置
        char * data;                        //缓存区中数据域的开始位置
        char * head;                        //缓存区的开始位置
```

```
    ⋮                                     //此处省略了一些成员的介绍
}
```

上述结构体 sk_buff 用在网络协议接口层的发送函数和接收函数中,发送函数和接收函数的原型如下:

```
dev_queue_xmit(struct sk_buff * skb);       //发送函数原型
int netif_rx(struct sk_buff * skb);         //接收函数原型
```

2. 结构体 net_device

结构体 net_device 对具体的网络设备进行了抽象,以便给上层应用提供一个统一的软件接口。每一个网络设备均有一个 net_device 结构体与其对应,其中包含许多与网络设备特性参数有关的成员,这些参数将在不同的协议层中使用。由于结构体 net_device 比较大,下面仅介绍主要成员,其详细定义可以参考 Linux 的 include/linux/netdevice.h。

```
struct net_device {
        char    name[IFNAMSIZ];                      //网络设备名称,如 eth0、eth1 等
        unsigned long    mem_end;                    //共享内存的结束地址
        unsigned long    mem_start ;                 //共享内存的开始地址
        unsigned long    base_addr ;                 //网络设备的 I/O 基地址
        unsigned int     irq ;                       //网络设备使用的终端号
        unsigned int     mtu ;                        //最大传输单元,如以太网最大帧为 1500B
        unsigned short   type ;                      //网络设备硬件类型
        unsigned short   hard_header_len ;           //硬件数据帧头的长度,如以太网为 14B
        unsigned char    broadcast[MAX_ADDR_LEN] ;   //广播地址
        unsigned char    add_len ;                   //硬件地址长度
        unsigned char    dev_addr ;                  //设备硬件地址,如 MAC 地址
        unsigned char    perm_addr[MAX_ADDR_LEN] ;
        unsigned char    addr_assign_type ;
        int ifindex ;                                //网络设备的 ID 号,唯一标识网络设备
        int iflink ;                                 //用于标识虚拟网络
        unsigned chardev_id ;                        //用于共享网络
        int ( * open)(struct net_device * dev);      //打开网络设备
        int ( * stop)(struct net_device * dev);      //停止网络设备
        int ( * init)(struct net_device * dev);      //初始化函数
        int ( * hard_start_xmit)(struct sk_buf * skb, struct net_device * dev);  //数据发送函数
        void( * tx_timeout)(struct net_device * dev);  //发送超时处理函数
        ⋮                                            //此处省略了一些成员的介绍
}
```

对于每个网络设备来说,均需采用内核函数来动态分配一个结构体 net_device,这种分配的函数有下面两种形式:

```
struct net_device * alloc_netdev(int sizeof_priv, const char * name, void( * setup)(struct net_device * ))
```

或者

```
struct net_device * alloc_etherdev(int sizeof_priv)
```

第一种形式中,参数 sizeof_priv 是数据缓存区的大小;name 是网络设备名称;setup 是初始化函数,在向内核进行设备驱动注册时调用该函数,其对应结构体 net_device 中的成

员 init。

第二种形式是内核将网络设备仅作为以太网设备,并完成相应的初始化工作。

7.4.2　设备驱动层编程模式

设备驱动层是网络驱动编程的主要工作,它对结构体 net_device 中的成员进行赋值,并实现相关的成员函数,这些函数主要包括 init()函数、open()函数、stop()函数、hard_start_xmit()函数、tx_timeout()函数等。

① init()函数,其作用是对网络设备进行初始化。完成检测网络设备、初始化及配置网络设备的硬件、向系统申请网络资源,并完成该网络设备的 dev 结构体成员参数的设置。

② open()函数,该函数通常在网络设备被激活时调用。也就是说,当网络设备状态由 down 状态变成 up 状态时,调用该函数。该函数中,也可以完成许多初始化工作,主要是申请系统资源及激活硬件,如注册中断、申请 DMA 通道、设置寄存器、启动发送队列等。

通常情况下,网络设备注册中断的工作,放在 init()函数中完成。但对于以太网卡设备来说,注册中断的工作放在 open()函数中完成更合适,因为以太网卡需要经常关闭和重启。

③ stop()函数,该函数与 open()函数所做的工作正好相反,完成释放网络设备所申请的资源,以减少系统资源被无效占有。当网络设备状态由 up 状态变成 down 状态时,调用该函数。

④ hard_start_xmit()函数,该函数用于发送数据,所需发送的数据在结构体 sk_buff 中。如果发送成功,hard_start_xmit()函数将释放 sk_buff。

另外,网络设备驱动程序中的接收功能,没有设计成函数的形式,而是采用中断接收方式。网络设备通常支持 3 种类型的通信事件中断,即新报文到达接收端中断、发送端发送完报文中断、通信出错中断。在网络设备中断服务程序中,可以通过中断状态寄存器来查询相关状态位,从而判断中断事件类型,完成相应的中断服务功能。

网络设备收到新数据报产生中断后,进入接收中断服务程序,在中断服务程序中申请结构体 sk_buff,并把从网络中接收到的数据存入缓存区。接收数据中断服务程序的工作可以归纳为以下几个步骤。

① 调用内核函数 dev_alloc_skb()分配一个缓存区给套接字,作为接收时的数据缓存空间,且申请的缓存区长度要多出 16B,以提高用户缓存区的读写效率。

② 从网络接口中读取数据信息存储于缓存区中。

③ 调用内核函数 netif_rx(),将接收到的网络数据包传送给协议栈。

网络驱动程序的加载也有内核加载和模块加载两种方式,用模块加载方式来设计网络设备驱动程序时,更加灵活方便。网络驱动程序在模块加载方式时的主要功能流程如图 7-4 所示。

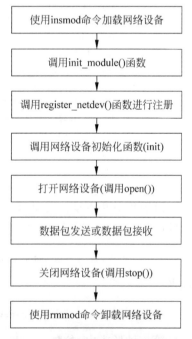

图 7-4　模块加载方式时网络驱动程序的主要功能流程

7.4.3　网络设备驱动编程示例

例 7-3　假设要设计 Linux 系统下的一个网络设备驱动程序,其驱动程序的相关函数及结构体可设计如下。

1．网络设备的注册及注销

结构体 net_device 是网络设备的抽象,因此,注册网络设备是通过注册一个 net_device 结构体,并为该结构体成员进行赋值来实现的。注销也是对该结构体进行注销。结构体 net_device 的注册及注销的原型如下:

```
int register_netdev(struct net_device * dev);          //注册结构体 net_device
int unregister_netdev(struct net_device * dev);        //注销结构体 net_device
```

2．网络设备的初始化

网络设备的初始化函数是结构体 net_device 中的成员,它需完成的工作主要有以下几个。

① 检测网络硬件接口是否存在,若存在则初始化网络设备所使用的硬件资源。

② 给该网络设备分配一个 net_device 结构体,并对该结构体的成员进行初始化,即完成其成员参数的初始赋值。

③ 读取该网络设备的私有信息,若私有信息中包括信号量或自旋锁等同步或并发机制,需对它们进行初始化。

一个网络设备初始化函数,其程序架构可以设计如下:

```
void nettest_init(struct net_device * dev)
{
    //定义该网络设备的私有信息结构体
    struct nettest_priv * priv;
    //检测网络设备及硬件资源
    nettest_hw_init();
    //初始化网络设备的成员
    ether_setup(dev);
    //读取私有信息
    priv = netdev_priv(dev);
}
```

3．网络设备的打开

在网络设备的打开函数中,需要完成申请中断号、DMA 通道、I/O 端口地址等硬件资源,并激活发送队列。该函数的程序架构可以设计如下:

```
static int nettest_open(struct net_device * dev)
{
    //申请中断号、DMA 通道、I/O 端口地址
    request_irq(dev -> irq, &nettest_interrupt, 0, dev -> name, dev);
    netif_start_queue(dev);                            //激活发送队列
    ⋮
}
```

4. 网络设备的关闭

在网络设备的关闭函数中,需要释放网络设备打开时所申请的中断号、DMA 通道、I/O 端口地址等硬件资源,并停止发送队列。该函数的程序架构可以设计如下:

```
static int nettest_stop(struct net_device * dev)
{
    //释放中断号、DMA 通道、I/O 端口地址
    free_irq(dev -> irq, dev) ;
    netif_stop_queue(dev) ;                          //停止发送队列
        ⋮
}
```

5. 网络设备的数据发送

网络设备的数据发送函数,需要接收从上层协议传送过来的数据,该数据在结构体 sk_buff 中指明了其有效区域和长度,同时设置网络硬件的寄存器,驱动网络设备发送数据。该函数的程序架构可以设计如下:

```
int nettest_tx(struct sk_buff * skb, struct net_device * dev)
{
    int len;
    char * data, shortpkt[ETH_ZLEN];
    if (nettest_send_available)
    {//发送队列未满,进行发送
        data = skb -> data;                          //读取有效数据
        len = skb -> len;                            //读取数据长度
        if (len < ETH_ZLEN)
        {//若数据长度小于一个帧需要的最小长度,后位补 0
            memset(shortpkt, 0, ETH_ZLEN);
            memcpy(shortpkt, skb-> data, skb-> len);
            len = ETH_ZLEN;
            data = shortpkt;
        }
        dev -> trans_start = jiffies;                 //发送时间戳保存
        if(avail)
        {//设置网络硬件的相关寄存器
            nettest_hw_tx(data, len, dev);
                ⋮
        }
        else
        {
            netif_stop_queue(dev) ;                   //停止发送队列
        }
    }
}
```

上述代码中,若出现不能及时发送上层协议传送来的数据包,则调用函数 netif_stop_queue()来停止上层协议继续向网络设备驱动再传送数据。在可以继续发送数据包时,还需在发送结束中断服务程序中调用函数 netif_wake_queue()来唤醒上层协议的数据传送。

6. 网络设备的数据接收

Linux 的网络设备通常采用中断方式来接收数据包,在网络设备的中断服务程序中,判

断中断类型及判断是否是接收中断,若是则读取接收到的数据,并将接收到的数据写入结构体 sk_buff 所指向的数据缓存区,然后,调用 netif_rx()函数将数据包传送给上层协议。网络设备中断方式接收数据的程序架构设计如下:

```
static void nettest_interrupt(int irq, void  * dev)
{
    //根据中断类型来进行中断服务操作
    switch(status & ISQ_EVENT_MASK){
        case ISQ_RECEIVER_EVENT:                 //接收中断类型
            nettest_rx(dev);                     //读取接收到的数据
            break;
                                                 //省略了根据其他中断类型进行处理的语句
            ⋮
    }
}

static void nettest_rx(struct nettest_device * dev)
{
    //分配新的缓存区
    length = get_rev_len();
    skb = dev_alloc_skb(length +2 );
    skb_reserve(skb, 2 );
    skb-> dev = dev;
    //读取网络设备硬件接口上接收到的数据
    insw(ioaddr + RX_FRAME_PORT, skb_put(skb, length), length >> 1);
    if (length & 1)
        skb-> data[length - 1] = inw(ioaddr + RX_FRAME_PORT);
    skb-> protocol = eth_type_trans(skb, dev);   //获取上层协议类型
    netif_rx(skb);                               //向上层协议提交数据包
    dev-> last_rx = jiffies                      //时间戳
     ⋮
}
```

本 章 小 结

驱动程序的开发技术,对嵌入式系统设计者来说是非常重要的。不同的操作系统,其设备驱动程序的设计架构有所不同,但驱动程序的核心代码是针对硬件接口部件中寄存器的读写操作代码。Linux 操作系统是嵌入式系统中常用的一种软件平台,其设备驱动程序的架构分成 3 种类型,即字符设备、块设备和网络设备。本章详细介绍了这 3 种设备的驱动程序开发方法,并给出了相关示例程序。

习 题 7

1. 选择题

(1) 下面有关驱动程序的描述语句中,错误的是(   )。

A. 驱动程序是操作系统的核心功能之一,所有操作系统的驱动程序架构都是相同的

  B. 驱动程序通常指的是硬件接口部件或外设的读写控制程序

  C. 驱动程序是用户应用程序对硬件接口部件进行操作的一个软件接口

  D. 驱动程序的共同目标是屏蔽具体物理设备的操作细节,实现设备无关性

 (2) 字符设备通常支持"及时"的读取或写入,通常需要先打开,完成读写后再关闭。字符设备的驱动程序中所需实现的操作,通常在(　　)结构体中定义。

  A. file_operations   B. gendisk

  C. block_device_operations   D. request

 (3) 下面所列出的结构体,在编写块设备的驱动程序时,不会涉及的结构体是(　　)。

  A. bio_vec   B. gendisk   C. sk_buff   D. bio

 (4) 下面有关网络设备驱动的描述语句中,错误的是(　　)。

  A. Linux 的网络设备不使用文件系统来作为应用程序的访问接口

  B. Linux 的应用程序不使用 socket(套接字)来访问网络设备

  C. Linux 的网络驱动程序是网络协议层中的数据链路层程序

  D. Linux 网络驱动程序的架构采用四层模型架构

 (5) 下面有关 file_operations 结构体的描述语句中,错误的是(　　)。

  A. file_operations 结构体中定义的成员函数,不是每个都必须实现

  B. 成员 struct module ＊owner 是一个指针,用于指向该结构体的拥有者

  C. 成员 ssize_t(＊read)(struct file ＊, char _user ＊, size_t, loff_t ＊)是用于读设备数据,返回值是成功读取的字数

  D. 成员 int(＊open)(struct inode ＊, struct file ＊)是对文件设备进行的第一操作函数

 (6) 下面描述 net_device 结构体的语句中,错误的是(　　)。

  A. 网络设备均需有一个 net_device 结构体与其对应

  B. 网络设备均需采用内核函数来动态分配一个 net_device 结构体

  C. 成员 base_addr 是网络设备的 I/O 基地址

  D. 成员 dev_addr 是网络设备的 I/O 结束地址

2. 填空题

 (1) 在 Linux 操作系统下,输入输出设备被分成了 3 种类型的设备文件,即＿＿＿＿、块设备和网络设备。

 (2) 驱动程序的开发是需要硬件知识和软件知识的配合使用,是极具挑战性的工作。大多数驱动程序是在＿＿＿＿下运行的,而大多数应用程序是在用户模式下运行的。

 (3) 块设备的读写与字符设备的读写差别之一是:块设备只能以固定大小的数据块为单位来进行读写,而字符设备是以一个＿＿＿＿为单位进行读写。

 (4) 字符设备操作例程的入口在＿＿＿＿结构体中,该结构体包括 open()、close()、read()、write()和 iotcl()等成员函数。

 (5) 采用 insmod 命令加载驱动模块时,需要把该驱动程序注册到内核中。完成向内核进行注册的功能,通常放在设备驱动初始化函数 init_module()中来完成。在 init_module()函数中调用＿＿＿＿函数向内核进行注册。

 (6) 注册网络设备是通过注册一个＿＿＿＿结构体,并为该结构体成员进行赋值来实现的。注销也是对该结构体进行注销。

第8章 有线通信网络接口

嵌入式系统早已进入网络时代。构造基于网络的嵌入式系统应用,不仅是为了提供信息的共享,主要还有以下几个原因。

① 所需处理的任务本身是分布式的,因此需要把计算源置于靠近事件的发生地,再通过网络协调工作。

② 希望减少交互的数据,对采集的数据就地做初始化处理。

③ 模块化的设计需求,并且分布式系统比较容易调试。

④ 嵌入式系统需要较高的容错性能,采用分布式结构可以提高系统容错性。

⑤ 随着 Internet 应用的日益普及,信息共享的程度不断提高,对以嵌入式系统为核心的设备需要远程诊断和升级。

目前,嵌入式系统的组网方式和协议有许多种。既有异步串行通信的方式,也有同步串行通信的方式;既有复杂的通信协议,也有简单的通信协议;既可以采用有线介质,也可以采用无线介质。采用何种形式进行嵌入式系统的组网,需要根据具体的应用需求来确定。本章将介绍采用有线介质进行连接的嵌入式系统网络接口技术。

8.1 嵌入式系统网络概述

嵌入式系统网络应用于许多场合,用来连接这些场合中的各种嵌入式系统。例如,在工业生产中,用来连接各种生产设备的控制器;再如,在小汽车中,用来连接各种汽车装置的控制器等。不同的应用场合通常应用需求会有所不同,因此,会选择不同的联网方式及网络通信协议。目前,在嵌入式系统网络中,还没有一个统一的嵌入式网络协议。本节先介绍网络通信的一般性原理,然后分别介绍几种常用的嵌入式网络通信协议。

8.1.1 网络结构

网络通常采用分层结构来描述。虽然分布式嵌入式系统中采用的网络结构有时并不复杂,但了解国际标准化组织(ISO)针对网络提出的七层开放式系统互联(OSI)模型还是很有必要的,它有助于了解嵌入式网络的细节和功能。

ISO/OSI 模型的七层结构如图 8-1 所示,它清晰地展示了网络的功能及其作用。对于分布式嵌入式系统中的网络而言,一般不需要实现完整的七层协议,而只是实现其中几层。即使该层得到实现,其协议也可能已经简化。但任何数据网络总体上应是符合 OSI 模型的。

图 8-1 所示 OSI 模型中的 7 层由底层到高层说明如下。

① 物理层。物理层规定了网络设备间最底层的接口特性,包括物理连接的机械特性(即接插件的大小、形状等)、电气特性(即代表逻辑"1"和逻辑"0"的电参数)、电子部件和物

理部件的基本功能以及位交换的基本过程。

② 数据链路层。这一层的主要作用是控制信息在单一链路中传输的差错,通常包括传输信息的校验、总线错误检测等。但是,如果信息在网络中需要通过多个数据链路转发,那么,数据链路层不再保证转发之间的数据完整性。

③ 网络层。这一层定义了基本的端到端数据传输服务,网络层在多数据链路存储转发网络中特别重要。

④ 传输层。传输层定义了面向连接的服务,它可以保证数据按一定的顺序、无差错地在多条链路上传送。这一层同时也会对网络资源利用做一些优化工作。

⑤ 会话层。这一层提供了一种控制网络上终端用户交互的机制,如数据分组和检测点。

⑥ 表示层。这一层规定了数据交换的格式,并且为应用程序提供有效的转换工具。

⑦ 应用层。应用层提供了终端用户程序和网络之间的一个应用程序接口。

大多数分布式嵌入式系统的网络会提供物理层、数据链路层甚至网络层服务,随着技术的发展,要求提供连接因特网服务的需求会越来越多。因此,在嵌入式系统网络中,提供传输层以上的协议需要也会越来越多。

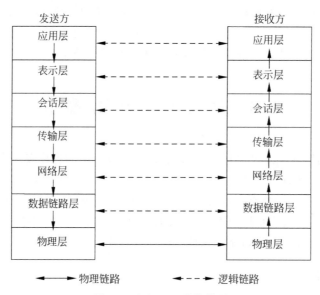

图 8-1　七层 OSI 结构模型

8.1.2　网络分类

嵌入式系统网络有多种不同的类型,其分类的方法也很多。例如,按网络所覆盖的地域范围,可把计算机网络分为局域网、园区网、广域网;按使用的传输介质,可分为有线网和无线网;按网络信号传输的调制方式,可分为基带传输网和频带(调制)传输网;按网络的使用用途,可以分为企业网、政府网、金融网等。

1. 按地域范围分类的网络

网络按照地域范围分为了局域网、园区网、广域网等。局域网的网络地域范围较小,网络站点之间最大距离约为几公里,主要用于把一栋大楼内或者一个车间内的计算机或嵌入式系统设备连成网络。园区网的网络地域范围稍大,网络站点之间最大距离为几十公里,主要用于把区域内的各局域网或单独的计算机连接起来。广域网有时又称为远程网,网络的地域范围非常庞大,往往覆盖一个国家、地区,或者横跨几个洲,它是计算机网络的网络。因特网即是一个广域网。

嵌入式系统网络在企业的自动化、智能化生产领域,得到了非常广泛地应用。现场总线(Field Bus)网即是工业企业生产环境中的局域网,它把企业车间中的工业智能仪表、数字传感器及变换器、数字控制的执行机构,以及现场控制单元等企业生产现场设备互联起来,组成一个网络。

现场总线网实际上是一个非常广泛的概念,它泛指一类用于工业企业生产环节中,具有实时性强,并进行分布式控制生产设备工作的网络。现场总线网采用的网络通信协议有多种,如 RS-485 总线协议、CAN 总线协议、Profibus 协议、LON Works 协议以及以太网协议等。用于现场总线的网络协议,也符合图 8-1 所示的协议分层,但为了提高网络传输的效率,一般只定义了物理层、数据链路层和应用层的协议。工业以太网还定义了网络层和传输层协议(即 TCP/IP),以便于与企业的办公信息网络相连。

2. 按传输介质分类的网络

按网络的传输介质划分,嵌入式系统网络可分为有线网络和无线网络。有线网络是采用金属导线或者光纤作为传输信息的介质,通过站点之间连接的金属导线或光纤来传输代表字符、文本、声音和图像的信息。无线网络是采用无线电波作为传输介质,通过把数据信号调制在无线电波上,再进行无线电的发射和接收,完成信息的传输。

嵌入式系统网络所采用的介质种类如表 8-1 所示。金属导线主要有双绞线和同轴电缆,它们是利用电流来传输信息;光纤利用光波来传输信息;而无线网络不需要物理上的连接,通过电磁波在自由空间的传播来传输信息。

表 8-1　嵌入式系统网络所用的传输介质

类　　型	介 质 名 称	特　　点	适合的嵌入式网络
有线网络	双绞线	成本低,易受外部高频电磁波干扰,误码率较高;传输距离有限	适合于在智能抄表,企业生产控制等环境中的 RS-485 网络等
	同轴电缆	传输特性和屏蔽特性良好,但成本较高	适合于 CAN 总线、工业以太网等
	光纤	传输损耗小,通信距离长,容量大,屏蔽特性好,重量轻,便于铺设。缺点是强度稍差	适合于计算机网络的主干线路,如企业控制系统网络的干线
无线网络	自由空间的电磁波	建设费用低,容量大,无线接入使得通信更加方便。但容易受到干扰	适合用于野外的嵌入式系统网络等通信系统

表 8-1 中的双绞线(Twisted Pair)是嵌入式系统网络中最常用的传输介质,它是用两根金属导线(通常是铜介质并带有绝缘层)互相绞在一起组成,故名双绞线。两根金属导线互相绞在一起的目的是减少导线电磁辐射,因为一根导线的电磁辐射会被绞在一起的另一根导线电磁辐射相抵消。通常实际使用的双绞线电缆,是由多股双绞线导线放在一个绝缘套

管中组成,如图 8-2(a)所示。

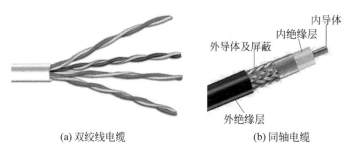

(a) 双绞线电缆　　　　　　　　　(b) 同轴电缆

图 8-2　金属导线

表 8-1 中的同轴电缆是指由两根同心的金属导线,再加上绝缘层组成。由于它们处于同一个轴心上,故名同轴电缆,如图 8-2(b)所示。外导线通常是铜材料编成的网状导线,它同时又可起到屏蔽电磁信号的作用,因此,其抗电磁干扰的性能比双绞线电缆要优。同轴电缆又分为基带同轴电缆(特征电阻为 50Ω)和宽带同轴电缆(特征电阻为 75Ω),其中,基带同轴电缆常用于嵌入式系统网络中,如在企业工控网上的应用。

表 8-1 中的光纤是光导纤维的简称,它由纤芯和包层组成,包层外有涂覆层,为光纤提供物理保护,屏蔽外部光源的干扰,如图 8-3 所示。光纤除了具有传输容量大和距离远(无中继通信距离可达几十甚至上百公里)的优点外,还不会受高压线和雷电电磁干扰的影响,并且其传输的信息不会被窃取(因为光缆可以做到几乎不漏光)。由于光纤有许多优点,用光纤作为通信线路,已经成为现代计算机网络的基础设施。

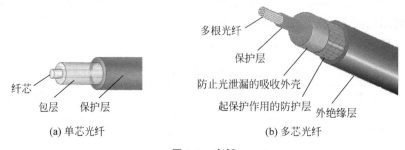

(a) 单芯光纤　　　　　　　　　　(b) 多芯光纤

图 8-3　光纤

表 8-1 所列出的无线传输介质将在第 9 章中进行介绍。

8.1.3　网络传输技术

嵌入式系统的网络传输技术(Transmission Technology)是指在传输介质上,充分利用其传输能力及特性来构建一个信息可靠、高效的传输信道的技术。网络传输技术中的关键技术有信号调制技术和信道复用技术等。

1. 信号调制技术

不同的传输信道有各自的适用频率范围,因此,需要把发送方(信源)需发送的信号,调制到给定的频率范围上,才能在信道上传输给接收方(信宿)。这是因为金属介质做成的导线存在电阻,因此,电信号直接在导线上传输,其距离不能太远,同样,无线电波在自由空间传播时信号也会衰减。但通过研究发现,高频振荡的正弦波信号在长距离传输中信号衰减较小,比其他波形的信号传输得更远。因此,可以把这种高频正弦波信号作为携带信息的"载波"。信息传输时,利用信源信号去改变载波信号的某个参数(如幅度、频率或相位),这个过程就称为"调制"。经过调制后的载波携带着被传输的信号在信道中进行长距离传输,到达接收方时,接收方再把载波所携带的信号检测出来恢复为原始信号的形式,这个过程称为"解调"。

对载波进行调制所使用的设备称为"调制器",它在发送方使用。接收方则使用"解调器"以恢复出被传输的原始信号。由于大多数情况下通信总是双向进行的,所以调制器与解调器往往做在一起,这样的设备称为"调制解调器"(MODEM)。采用调制技术进行信号发送及接收的过程如图 8-4 所示。

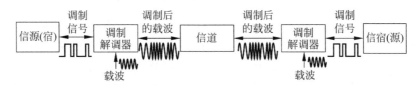

图 8-4　信号采用调制技术传输

2. 信道复用技术

在一个信道中能够传输多个信源信息的技术即称为信道复用技术,又称为多路复用技术,其目的是提高信道的利用率。这是由于在通信系统中,通信传输线路的建设和维护成本均很高,为了降低通信成本,需要让多路信号同时在一条传输线路上进行传输,这就是多路复用技术。常见的多路复用技术有时分多路复用、频分多路复用、码分多路复用和波分多路复用。

时分多路复用(Time Division Multiplexer,TDM)是指多个信源信息,按照规定的先后顺序,分时地使用同一个信道。其原理示意图如图 8-5 所示。

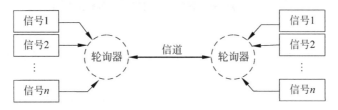

图 8-5　时分多路复用原理示意图

图 8-5 显示,时分多路复用就是把一条传输信道,按时间来分割。n 个信源的信息通过一个轮询器(即多路通道选择电路)轮流地接通到一条公用的传输通道上。当轮到某个信源时,该信源与传输通道接通,进行信息传输,而其他信源均与传输通道断开,不能进行信息传输。

频分多路复用(Frequency Division Multiplexing,FDM)是指将每个信源的信号调制在不同频率的载波上进行发送,通过多路复用器将它们复合成为一个信号,然后在同一传输线路上进行传输。抵达接收端之后,借助分路器把不同频率的载波送到不同的信宿中,从而实现传输线路的复用,其原理示意图如图 8-6 所示。

由于通信系统中,传输线路的带宽通常比一路信源的信号所需带宽要宽,若一条传输线路上只传输一路信源信号,则浪费了传输线路的资源。为了能充分利用传输线路的带宽,就

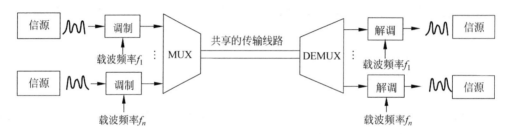

图 8-6 频分多路复用原理示意图

采用频分复用技术,把传输线路的频带分成几个窄些的频带,然后把多个信源的信号分别调制在不同的窄频带中,从而实现在一条线路上传输多路信源信息。

码分多路复用(Code Division Multiplexing,CDM)又称码分多址(Code Division Multiple Access,CDMA),是指采用信号编码相互正交的特性而实现在一条传输通道上传输多个信源信号的技术。其原理是把每个比特时间划分成 n 个(通常 n 为 64 或 128)更小的时间片,该时间片称为码片(Chip),每个信源被指定用唯一的码片序列(或称码型)。由于不同信源用的码片序列是唯一的,不会相互干扰,并且它们之间相互正交,因此,在同一时间,使用同一频率可以传输多个信源的信号,实现了传输信道的复用。

波分多路复用(Wavelength Division Multiplexing,WDM)是指将两种及两种以上不同波长的光信号耦合在一起,然后在一条光纤中进行传输的技术。光纤传输信息时,其传输信息的容量非常大,因为光波的频率为 $10^{14} \sim 10^{15}$ Hz,波长为微米级,一束光每秒能携带几十个吉的二进制位信号。再利用波分多路复用技术,在一根光纤中同时传输几种不同波长的光束,可以进一步提高光纤的通信容量,每秒能传输 1T 以上的二进制位信号。

8.2 RS-485 总线网络接口

RS-485 是一种广泛使用的低成本异步串行通信总线标准,它通常使用在只需要传输文本信息的场合,如工业控制领域、智能仪表领域等。RS-485 标准与 RS-232C 标准类似,它只规定了通信接口电路的电气特性,并采用了 RS-232C 标准中规定的机械特性、数据格式等方面的内容。在 RS-485 标准的基础上,用户可以建立自己的高层通信协议(即应用层协议)。

8.2.1 RS-485 总线协议

RS-485 标准中规定数据信号采用差分传输方式,也称为平衡传输。它使用一对双绞线,将其中一根线定义为 A,另一根线定义为 B。通常情况下,发送驱动器 A、B 之间的正电平为+2～+6V,是一个逻辑状态,负电平为-2～-6V,是另一个逻辑状态。另有一个信号地 C,在 RS-485 接口电路中还有一个"使能"端,"使能"端用于控制发送驱动器与传输信号线的断开与连通。当"使能"端无效时,发送驱动器处于高阻状态,即它是有别于逻辑"1"与"0"的第三态。

接收端也有与发送端相对应的规定,收、发端通过平衡双绞线将发送端 A 与接收端 A

相连、发送端 B 与接收端 B 相连。当在接收端 AB 之间有大于＋2V 的电平时输出逻辑"1"，小于－2V 时输出逻辑"0"。

但 RS-485 总线在抗干扰、自适应、通信效率等方面仍存在缺陷，一些细节的处理不当常会导致通信失败甚至系统瘫痪等故障，因此需要采取一些措施来提高 RS-485 总线运行的可靠性。主要有以下几个措施。

① 接口电路的硬件设计中，需要考虑总线匹配。总线匹配有两种方法：一种是加匹配电阻，在总线两端的差分端口 A 与 B 之间跨接一个 120Ω 的匹配电阻，以减少由于不匹配而引起的反射及吸收噪声，有效地抑制了噪声干扰，如图 8-7 所示。但匹配电阻要消耗较大电流，不适用于功耗限制严格的系统；另一种比较省电的匹配方案是 RC 匹配，利用一只电容 C 隔断直流成分，可以节省大部分功率。但电容 C 的取值是个难点，需要在功耗和匹配质量间进行折中。

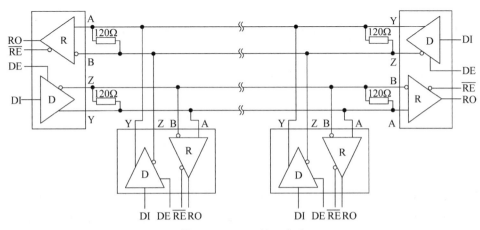

图 8-7　RS-485 接口电路

② RO 及 DI 端配置上拉电阻。异步通信数据以字节的方式传送，在每一字节传送之前，先要通过一个低电平起始位实现握手，为防止干扰信号误触发 RO(接收器输出)产生负跳变，使接收端进入接收状态，建议 RO 外接 10kΩ 的上拉电阻。

③ 保证系统上电时 RS-485 芯片处于接收状态，对于收发控制端建议采用嵌入式微处理器引脚通过反相器进行控制，不宜采用嵌入式微处理器引脚直接进行控制，以防止嵌入式微处理器的总线在上电时被干扰。

④ 采用光电隔离等技术。在某些工业控制领域，由于现场情况十分复杂，各个 RS-485 节点之间存在很高的共模电压。虽然 RS-485 接口采用的是差分传输方式，但其只具有一定的抗共模干扰能力，当共模电压超过 RS-485 接收器的极限接收电压时，即大于＋12V 或小于－7V，接收器就无法正常工作，严重时甚至会烧毁芯片。解决此类问题的方法是通过 DC-DC 将系统电源和 RS-485 收发器的电源隔离；通过光耦芯片将信号隔离，彻底消除共模电压的影响。

8.2.2　MODBUS 协议

MODBUS 协议(又称为 MODBUS 通信规约)是一种基于 RS-232/RS-485 标准(也可基于其他底层网络协议上，如 IEEE 802.3 协议)的通信规范，可以看成一种应用层协议。

MODBUS 协议最早是由 MODICON(施耐德电气)公司提出的,目前,已经被许多智能仪器仪表公司、电子控制器公司广泛采用。MODBUS 协议有两种模式,即 MODBUS ASCII 模式和 MODBUS RTU 模式。

MODBUS ASCII 模式又称为美国信息交换码模式,它主要用于通信数据量较少的场合,且采用文本形式通信。在 MODBUS ASCII 模式中,每个信息中的一字节参数用两个 ASCII 码传输。例如,若信息中需要的参数为 0x84,那么发送时则要发送两字节的字符,一字节是 0b0111000(即字符"8"的 ACSII 码,数据位为 7 位),另一字节是 0b0110100(即字符"4"的 ACSII 码,数据位为 7 位)。

MODBUS RTU 模式又称为远程终端模式,它主要用于通信数据量较大的场合,且数据信息为二进制形式。或者说,MODBUS RTU 模式的通信,其每个信息中的一个参数字节不做处理,采用其原值对应的二进制形式传输。例如,若信息中需要的参数为 0x84,那么发送时则直接发送的是 0b10000100。MODBUS RTU 模式比 MODBUS ASCII 模式的通信效率要高,下面主要介绍 MODBUS RTU 模式的协议格式及应用。

1. MODBUS RTU 协议格式

一个 MODBUS RTU 模式的数据帧格式如图 8-8 所示。

地址 (8位)	功能命令 (8位)	数据 (N个字节,即$N×8$位)	CRC校验 (16位)

图 8-8　MODBUS RTU 模式的数据帧格式

在图 8-8 中,数据帧的第一字节是地址。地址信息为 8 位,地址值为 0~255,它是主机用来标识从设备的。在一个网络中,从设备的地址必须是唯一的。第二字节是功能命令,它用来通知被寻址的从设备执行何种操作功能。从第三字节开始是数据信息,数据信息通常会有多字节。最后两字节是 16 位的 CRC 校验码,校验码的低 8 位排在帧格式中的高字节,校验码的高 8 位排在帧格式中的低字节。

例 8-1　某一个智能仪表中,主机获取智能仪表参数的具体数据帧格式如图 8-9 所示。该数据帧要求 1 号智能仪表(即网络中的 1 号从设备),把其采集到的 3 个参数发送给主机。

0x01	0x03	0x00	0x25	0x00	0x03	0x14	0x00

图 8-9　一个具体的 MODBUS RTU 数据帧

在图 8-9 中,站地址信息为 0x01;功能命令为 0x03(智能仪表厂家规定的功能码);数据信息有 4 字节,是从数据帧中第 3 字节开始,到第 6 字节为止,其中,第 3 和第 4 字节是需要读取的参数所存放的首地址(智能仪表厂家规定的,该首地址为 0x0025),第 5 字节和第 6 字节是需要读取的参数个数(此数据帧中是 0x0003,即 3 个参数);最后两字节是 CRC 校验码(此数据帧中为 0x0014)。

1 号智能仪表接收到主机发来的该数据帧,则会响应,回送图 8-10 所示的数据帧给主机。

0x01	0x03	0x06	0x08	0x2C	0x08	0x2A	0x08	0x2C	0x94	0x4E

图 8-10　智能仪器回送的数据帧

图 8-10 所示的回送的数据帧中,站地址信息仍为 0x01;功能命令仍为 0x03;第 3 字节是回送的数据信息字节数(此数据帧中是 0x06,即 6 字节);是从数据帧中第 4 字节开始,到第 9 字节为止,是返回的 3 个参数的值(此数据帧中分别是 0x082C、0x082A、0x082C);最后两字节是 CRC 校验码(此数据帧中为 0x4E94)。

2. 错误校验方法

在 MODBUS RTU 模式的数据帧格式中,错误校验采用 CRC 校验,CRC 校验码为 16 位。发送方将需要校验的字节,通过 CRC 校验算法计算出来,然后添加到发送方数据帧的最后两字节中,与其他信息字节一起发送。接收方在接收到数据帧后,再重新用 CRC 校验算法计算出校验码,然后与接收到数据帧中的校验码进行比较,若不一致则通信中信息出现了错误。

CRC 校验算法的步骤如下。

① 预设一个 16 位的变量(汇编指令程序中则预设一个 16 位寄存器),使其初值设为全"1",该变量(或寄存器)称为 CRC 变量(或 CRC 寄存器)。

② 把数据帧中需要进行校验的第一字节,与 CRC 变量(或 CRC 寄存器)中的低字节进行异或运算,然后把运算结果存入 CRC 变量(或 CRC 寄存器)。

③ 把 CRC 变量(或 CRC 寄存器)右移一位,最高位补"0"。

④ 对移出的位进行判断,若为"0",则直接重复第③步,即再进行 CRC 变量(或 CRC 寄存器)右移一位;若为"1"则把 CRC 变量(或 CRC 寄存器)与常量 0xA001 进行异或运算。

⑤ 重复第③和第④的步骤,直到把一字节中的 8 位均右移完。

⑥ 再把后续字节,按照第②~⑤的步骤进行计算,直到所有字节处理完成,最后在 CRC 变量(或 CRC 寄存器)中存储的值就是 CRC 校验码。

8.3　CAN 总线网络接口

CAN 总线是目前流行的几类现场总线标准之一,是一种有效地支持分布式控制和实时控制的串行通信网络。它在汽车电子、工业过程控制等领域得到了非常广泛的应用。

8.3.1　CAN 总线协议

CAN 总线是一种同步串行总线,它采用了短消息报文,每一帧有效字节为 8 个,当节点出错时,可自动关闭,抗干扰能力强,可靠性高。CAN 总线主要特性有以下几个。

① 多主站依据优先权进行总线访问。

② 无破坏性的基于优先权的仲裁。

③ 借助接收滤波的多地址帧传送。

④ 远程数据请求。

⑤ 发送期间若丢失仲裁或由于出错而被破坏的帧可自动重发。

⑥ 暂时错误和永久性故障节点的判断以及故障节点的自动脱离。

1. 物理层

CAN 总线使用位串行数据传输,它可以 1Mb/s 的速率在双绞线上传输信息,最长距离可达 40m。物理介质也可以采用光缆,并且 CAN 总线标准支持多主控器。

CAN 总线上每个节点内部都是以"与"方式连接到总线的驱动器和接收器上,如图 8-11 所示。在 CAN 总线上,逻辑 1 被称为隐性的,逻辑 0 被称为显性的。总线上任何一个节点中的驱动器,其电平为 0 时都将使总线的电平为 0。当所有节点都传送 1 时,总线被称为处于隐性状态,当一个节点传送 0 时,总线处于显性状态。数据以数据帧的形式在网络上传送。

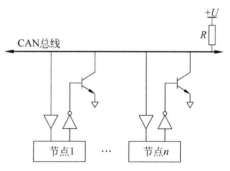

图 8-11　CAN 总线的物理结构

2. 数据链路层

CAN 总线网的体系结构遵循 ISO/OSI 模型,但进行了优化。其体系结构采用 3 层结构,即物理层、数据链路层和应用层。CAN 总线网上的每个节点均可以随时发送消息报文,并且每个节点可设置优先权等级,其数据传输控制采用载波侦听多路存取/消息优先仲裁(CSMA/AMP)机制。为了提高 CAN 总线网上信息传输的实时性能,CAN 总线采用短消息报文,每一帧报文有效字节数为 8 个,当节点出错时,可自行关闭,从而提高了整个网络的可靠性。

CAN 总线网的数据链路层又分为逻辑链路控制(LLC)子层和介质访问控制(MAC)子层。LLC 子层的数据帧由 3 个位域组成,即标识符域(11 位)、数据长度码(DLC)域(4 位)和数据域(0~8B,每字节为 8 位),如图 8-12 所示。MAC 子层的数据帧由 7 个位域组成,即帧起始域(1 位"1"信号)、仲裁域(12 位)、控制域(两位保留位+DLC 域)、数据域(0~64 位,即 8B)、CRC 校验域(16 位)、ACK 域(2 位)和帧结束域(7 位"0"信号),如图 8-13 所示。

标识符域	DLC域	LLC数据域

图 8-12　LLC 数据帧格式

帧起始域	仲裁域	控制域	数据域	CRC校验域	ACK域	帧结束域

图 8-13　MAC 数据帧格式

CAN 数据帧以一个 1 开始,以 7 个 0 结束。分组中的第一个域包含目标地址,该域被称为仲裁域。目标识别符长度是 11 位,如果数据帧被用来从标识符指定的设备请求数据时,RTR 位(远程传输请求位)被置成 0。当 RTR 为置成 1 时,分组被用来向目标标识符写入数据,如图 8-14(a)所示。控制域提供一个标识符扩展和 4 位数据域长度,在它们之间有一个 1,如图 8-14(b)所示。数据域的范围是 0~64B,这取决于控制域中给定的值。数据域后发送一个 CRC 校验用于错误检测。ACK 域被用于发出一个是否帧被正确接收的标识信号:发送端把一个隐性位("1")放入 ACK 域的 ACK 插槽中;如果接收端检测到错误,它就强制该值变为显性位("0")。如果发送端在 ACK 插槽中发现了一个 0 在总线上,它就知道必须重发。ACK 插槽的后面跟分隔符,如图 8-14(c)所示。

CAN 总线的控制使用 CSMA/AMP 技术,这种方法带有消息优先仲裁机制。当一个

图 8-14　CAN 数据帧的几个域

节点在标识域中监听到一个显性位而它试图发送一个隐性位时,它停止传输。标识符域还起优先权标识作用,全 0 的标识符具有最高优先权。

远程帧通常用于从另一个节点请求数据,请求者将 RTR 位置为 0 来指示一个远程帧,标识符域中指定的节点将对具有该请求的数据帧作出响应。在远程帧中节点没有办法发送数据。例如,不能使用标识符来标识设备,也不能采用参数来说明设备中的哪个参数是你想要的。相反地,每个数据请求必须有自己的标识符。

图 8-15 展示了一个典型的 CAN 控制器的体系结构。控制器实现物理层和数据链路层协议。既然 CAN 是一种总线,它就不需要网络层的服务来建立端到端的连接。当仲裁丢失而必须重发报文时,由应用层控制何时重新发送报文。

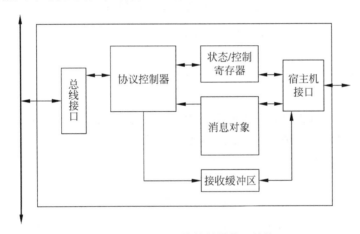

图 8-15　CAN 总线控制器体系结构

8.3.2　CAN 总线接口设计示例

Zynq 芯片内部并没有专用的 CAN 总线接口控制器,因此,它需要通过 SPI 接口来外接一个 CAN 总线控制器,才能实现其连接 CAN 总线网的需要。

例 8-2　在以 Zynq 芯片为核心的嵌入式系统中,设计一个 CAN 总线接口电路,CAN 总线控制器采用 MCP2510 芯片来实现,该芯片完成了链路层以下的功能。MCP2510 芯片的使用可参考该芯片的说明文档。

图 8-16 是符合示例 8-2 要求的电路图,图中的 MCP2510 芯片是一种带有 SPI 接口的 CAN 总线控制器,它支持 CAN 技术规范 V2.0A/B 版本,同时具有接收滤波和信息管理的功能。MCP2510 可通过 SPI 接口与微处理器芯片进行数据传输,最高数据传输速率可达

5Mb/s。微处理器借助 MCP2510 芯片与 CAN 总线网上的其他单元通信。MCP2510 内含 3 个发送缓冲器、两个接收缓冲器。同时还具有灵活的中断管理能力,这些特点使得微处理器控制对 CAN 总线上的通信操作变得非常简便。

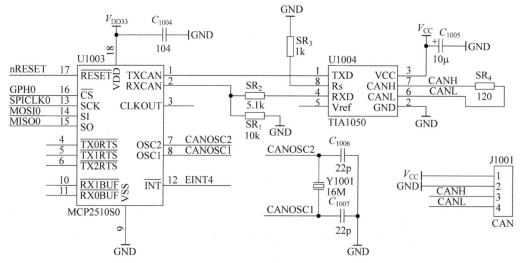

图 8-16　CAN 总线接口电路示例

从图 8-16 中可以看到,电路设计时可以采用 Zynq 芯片 PS 部分的 SPI 功能引脚,连接到 MCP2510 芯片上。即:MISO0 功能引脚连接到 MCP2510 芯片的 SO 引脚;MOSI0 功能引脚连接到 MCP2510 芯片的 SI 引脚;SPICLK0 功能引脚连接到 MCP2510 芯片的 SCK 引脚。

CAN 总线的通信软件设计分为两个层次:一是底层通信,主要完成 CAN 总线的链路连接;二是高层通信,主要是设计好的通信协议保证通信不会陷入死锁,实现应用逻辑上的安全通信。下面主要对底层通信程序进行介绍。

底层通信模块的功能主要包括 Zynq 芯片与 MCP2510 的 SPI 通信接口初始化,以及对 MCP2510 控制器的 CAN 总线通信控制。由于 Zynq 芯片的 SPI 可以工作于 4 种模式,但是 MCP2510 的 SPI 接口只支持其中的两种。因此,初始化时应该将 Zynq 的 SPI 接口配置为 MCP2510 支持的模式工作。此例中,配置为正常模式的中断方式。

CAN 总线控制器 MCP2510 负责完成总线通信协议的物理层和数据链路层功能,通信控制程序只需在发送/接收模块中写入相应的配置参数即可。要发送时,只需将发送的内容写入发送缓冲区并触发一次发送请求,即完成一次发送;当总线收发器收到数据时,启动一次微处理器芯片的外部中断,然后通过 SPI 串行口访问 MCP2510 控制芯片的寄存器进行读操作。

底层通信模块,主要通过中断方式来实现。本例中采用外部中断 EINT4 响应 MCP2510 的中断,并且配置 MCP2510 的控制器处于中断允许模式,发送器工作于正常模式,使能接收、发送、错误中断。在接收/发送中断服务程序中,设置两个缓冲区,采用循环队列处理,用来缓存要发送或接收的数据。在此中断服务程序中,只完成将数据缓冲区和通信收发器的缓冲寄存器之间的数据传递,而对数据的处理交给高层的通信模块来完成。

中断方式处理 CAN 总线数据接收/发送的流程如图 8-17 所示。由于接收、发送、通信出错的中断请求信号是共用的,因此需根据 CAN 控制器中的状态寄存器 ICOD 值来判断,确定中断服务程序中的程序分支。

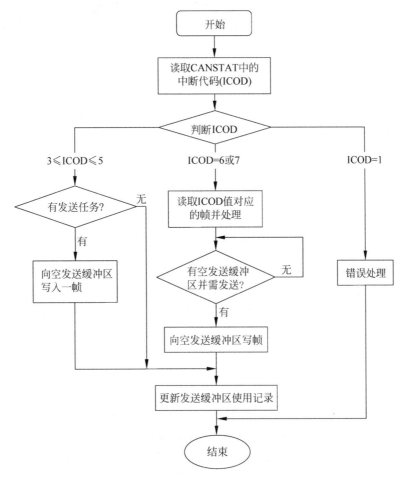

图 8-17　中断方式实现 CAN 总线数据接收/发送流程框图

8.4　以太网通信接口

由于 Internet 的快速发展及普及,使得可达 Internet 的嵌入式系统的需求越来越多。虽然 Internet 并不太适合实时任务,但为非实时地交互信息提供了很好的手段,尤其可以使嵌入式系统方便地与其他计算机系统进行交互。可达 Internet 的嵌入式系统目前广泛地应用于大型监视系统、嵌入式系统远程配置及升级等方面。

为使嵌入式系统可以接入 Internet 就必须做好以下两方面的准备。

① 在硬件上,要给嵌入式系统设计一个以太网接口电路。

② 在软件上,要提供相应的通信协议。

8.4.1 以太网接口电路

微处理器芯片内部通常没有专用的以太网接口控制器,因此,它需要通过并行总线来外接一个以太网控制器,才能实现其连接以太网的需要。图 8-18 是微处理器芯片连接 RTL8019 芯片来实现的以太网接口功能框图,图 8-19 所示为一个具体的网络接口电路。

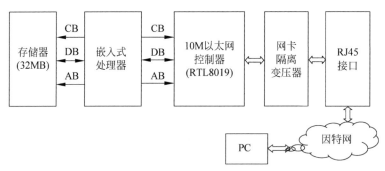

图 8-18 以太网接口功能框图

以太网接口控制器芯片 RTL8019AS 是一个根据 IEEE 802.3 的 MAC 层(媒体访问控制)协议标准设计的以太网接口控制器。它除了具有接受物理介质上的串行数据和发送串行数据到物理介质的功能外,还具有 MAC 层的控制功能,如产生 MAC 帧的 CRC 校验和、根据相应的校验方式检验输入数据等。其内部的协议逻辑阵列能够实现 IEEE 802.3 协议,包括 CSMA/CD 协议的冲突随机退避、装帧(加帧头)、拆帧(去帧头)和实现接收同步。其主要特性有以下几个。

① 支持 8 位、16 位数据总线。

② 全双工通信,收、发可同时达到 10Mb/s 的速率,具有睡眠模式,以降低功耗。

③ 内置 16KB 的 SRAM,用于收、发缓冲,降低对主处理器的速度要求。

RTL8019AS 芯片的内部数据链路划分为远程 DMA(remote DMA)通道和本地 DMA(local DMA)通道两个部分。本地 DMA 完成控制器与网线上的数据交换,远程 DMA 完成主处理器收发数据任务。当主处理器要向网上发送数据时,先将一帧数据通过远程 DMA 通道送到 RTL8019AS 芯片中的发送缓存区,然后发出传送命令。RTL8019AS 芯片在完成上一帧的发送后,再完成此帧的发送。接收时,RTL8019AS 芯片接收到的数据通过 MAC 比较、CRC 校验后,由 FIFO 存到接收缓冲区,收满一帧后,以中断或寄存器标志的方式通知主处理器进行读取。

在图 8-19 中,RTL8019 芯片的 16 位数据总线与微处理器的低 16 位数据线连接,其地址被设计为 0x20000000 开始,另外,微处理器芯片还需控制 RTL8019 芯片的 AEN、IOWR、IORB、RSTDRV 等引脚。RTL8019 芯片与 RJ45 接口之间还需连接一个网络变压器,起到电平转换及电气隔离的作用。

8.4.2 网络协议软件实现

例 8-3 本示例中,设计实现了基于图 8-19 所示以太网接口硬件环境的协议栈。所实现的协议栈结构如图 8-20 所示,它实现的是一个精简的 TCP/IP 子集,相关协议的说明及其数据包格式可参考计算机网络相关的书籍,本书中就不再叙述。

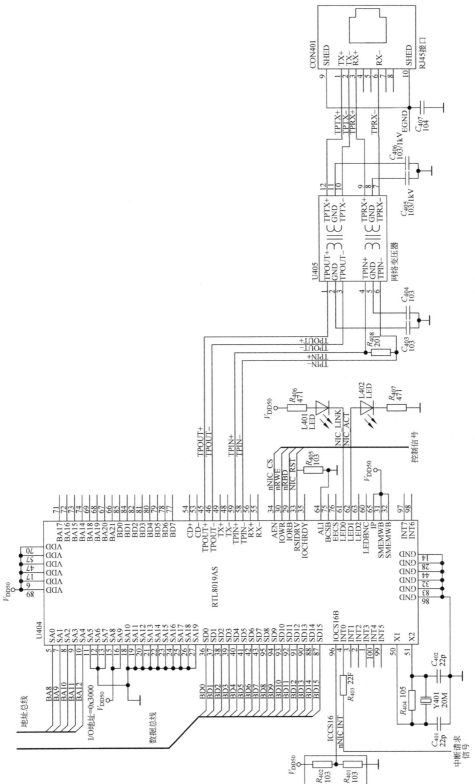

图 8-19 基于 RTL8019 芯片的以太网接口电路

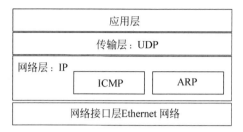

图 8-20　实现的协议栈结构

1. 网络接口层实现

RTL8019AS 芯片的数据帧采用的是 IEEE 802.3 协议中所规定的格式,物理信道上的收发操作均使用这个帧格式。其中,前导序列、帧起始位、CRC 校验由硬件自动添加或删除,与上层软件无关。值得注意的是,收到的数据包格式并不是 IEEE 802.3 帧的真子集,而是图 8-21 所示的格式。

接收状态	下一页指针	以太网帧长度	DA	SA	TYPE	DATA	FCS
8b	8b	16b	48b	48b	16b	≤1500B	32b

图 8-21　RTL8019AS 接收包的帧格式

明显地,RTL8019AS 自动添加了接收状态、下一页指针、以太网帧长度 3 个数据成员(共 4B)。这些数据成员的引入方便了驱动程序的设计,体现了软硬件互相配合协同工作的设计思路。当然,发送数据包的格式是 IEEE 802.3 帧的真子集。

1) RTL8019 初始化

RTL8019AS 芯片内部有两块 RAM,一块 16KB 的 RAM,用于缓存接收和发送的数据;一块 32B 的 RAM,用于存放网卡物理地址。下面的程序是完成对 RTL8019 初始化:

```
#include "struct.h"                    //struct.h 中定义了需要的结构(struct.h 见附录)
//定义从 RTL8019 输入或向 RTL8019 输出 1 字节
#define inb(port) ( * (volatile unsigned char * )(port))
#define outb(x, port) ( * (volatile unsigned char * )(port+WR))=(unsigned char)(x)
extern INT8U temp;
extern INT8U my_hwaddr[];
extern INT8U my_ipaddr[];
extern INT8U broadcast_hwaddr[];
extern INT8U gateway_ipaddr[];
extern INT8U my_subnet[];
extern INT8U outbuf[];
extern INT8U inbuf[];
extern INT8U recFrame;
extern INT8U my_hwaddr[];
// ***********************************************************************
// ** 函数名:init_8019(),无参数,无返回值
// ** 功　能:网卡初始化,接收发给自己的帧,并同时接收广播
// ***********************************************************************
void init_8019(void)
{
```

```
txd_buffer_select＝0x00;                  //设置两个接收缓冲区的第一个
//设置本地物理地址:00-01-02-03-04-05
my_hwaddr[0]＝0x00;
my_hwaddr[1]＝0x01;
my_hwaddr[2]＝0x02;
my_hwaddr[3]＝0x03;
my_hwaddr[4]＝0x04;
my_hwaddr[5]＝0x05;
//设置本地 IP:219.230.104.10
my_ipaddr[0]＝0xdb;
my_ipaddr[1]＝0xe6;
my_ipaddr[2]＝0x68;
my_ipaddr[3]＝0x0a;
//设置广播地址
broadcast_hwaddr[0]＝0xff;
broadcast_hwaddr[1]＝0xff;
broadcast_hwaddr[2]＝0xff;
broadcast_hwaddr[3]＝0xff;
broadcast_hwaddr[4]＝0xff;
broadcast_hwaddr[5]＝0xff;
//设置默认网关地址 219.230.104.1
gateway_ipaddr[0]＝0xdb;
gateway_ipaddr[1]＝0xe6;
gateway_ipaddr[2]＝0x68;
gateway_ipaddr[3]＝0x1;
//设置子网掩码 255.255.255.0
my_subnet[0]＝0xff;
my_subnet[1]＝0xff;
my_subnet[2]＝0xff;
my_subnet[3]＝0x0;
wait.buf＝0;
wait.ipaddr[0]＝0x00;
wait.ipaddr[1]＝0x00;
wait.ipaddr[2]＝0x00;
wait.ipaddr[3]＝0x00;
wait.proto_id＝0x00;
wait.len[0]＝0x00;
wait.len[1]＝0x00;
wait.timer＝0x000;
//复位
reset();
//初始化 0 页中的相关寄存器
page(0);
outb(0x21,NE_CR);                        //NE_CR 是 RTL8019 内部的寄存器,下同
delay_ms(100);                           //延时,下同
//数据配置寄存器初始化
outb(0xc8,NE_DCR);
delay_ms(100);
//清除远程 DMA 数据长度
outb(0x00,NE_RBCR0);
delay_ms(100);
```

```
    outb(0x00,NE_RBCR1);
    delay_ms(100);
    //初始化时断开网络
    outb(0xe4,NE_RCR);                       //接收配置寄存器,初始化时写入 0xe4
    delay_ms(100);
    outb(0xe2,NE_TCR);                       //发送配置寄存器,初始化时写入 0xe2
    delay_ms(100);
    //接收缓冲区初始化
    outb(0x4c,NE_PSTART);                    //接收缓冲区首页
    delay_ms(100);
    outb(0x80,NE_PSTOP);                     //接收缓冲区尾页
    delay_ms(100);
    outb(0x4c,NE_BNRY);                      //接收
    delay_ms(100);
    outb(0x40,NE_TPSR);                      //发送缓冲区首页
    delay_ms(100);
    //清除所有中断标志及设置屏蔽位
    outb(0xff,NE_ISR);
    delay_ms(100);
    outb(0x00,NE_IMR);
    delay_ms(100);
    //初始化 1 页中的相关寄存器
    page(1);
    outb(0x4c,NE_CURR);                      //接收缓冲环写指针
    delay_ms(100);
    outb(0x00,NE_MAR0);                      //多播地址
    delay_ms(100);
    outb(0x00,NE_MAR1);
    delay_ms(100);
    outb(0x00,NE_MAR2);
    delay_ms(100);
    outb(0x00,NE_MAR3);
    delay_ms(100);
    outb(0x00,NE_MAR4);
    delay_ms(100);
    outb(0x00,NE_MAR5);
    delay_ms(100);
    outb(0x00,NE_MAR6);
    delay_ms(100);
    outb(0x00,NE_MAR7);
    delay_ms(100);
    outb(my_hwaddr[5],NE_PAR5);              //写物理地址 00-01-02-03-04-05
    delay_ms(100);
    outb(my_hwaddr[4],NE_PAR4);
    delay_ms(100);
    outb(my_hwaddr[3],NE_PAR3);
    delay_ms(100);
    outb(my_hwaddr[2],NE_PAR2);
    delay_ms(100);
    outb(my_hwaddr[1],NE_PAR1);
    delay_ms(100);
```

```
    outb(my_hwaddr[0],NE_PAR0);
    delay_ms(100);
    page(0);
    delay_ms(100);
    outb(0xc4,NE_RCR);                    //c4=接收广播和发给自己的包
    delay_ms(100);
    outb(0xe0,NE_TCR);
    delay_ms(100);
    outb(0x22,NE_CR);                     //这时让芯片开始工作
    delay_ms(100);
    temp=inb(NE_CR);
    outb(0xff,NE_ISR);                    //清除所有中断标志位
    delay_ms(100);
    outb(0x01,NE_IMR);
    delay_ms(100);
    //设置接收中断,其中断请求信号连接到 S3C2440 的 EINT8
    pISR_EINT0=(int)rcve_frame;
    rGPGCON = (rGPGCON|0x2)&0xfffffffe;
    rGPGUP = 0x0;
    rEXTINT1=0x4;
    rINTMSK=rINTMSK&(~(BIT_GLOBAL|BIT_EINT8));
}
```

2) 数据帧的发送和接收

数据帧发送的总体思路:先将待发送的数据包送入网卡接口芯片空的发送缓冲区中,等待上一次的数据包正确传送完毕后,再发送本数据包。以太网包长度最小为 60B,最大为1514B,需要发送的数据包先存放在发送缓冲区中。具体的数据帧发送步骤如下。

① 为发送的数据添加以太网源物理地址。

② 若发送缓冲空,则控制远程 DMA 进行写操作。

③ 将发送的数据送入 RTL8019AS 芯片发送缓冲区中。

④ RTL8019AS 芯片控制把发送缓冲区的数据加上必要的头数据发送到网线上。

数据帧接收的总体思路:在 RTL8019AS 初始化完成后,查询相关寄存器,判断是否接收到新包,并判断接收的新包是否传输正确,若正确则返回做进一步处理,若错则丢弃该数据包。具体的数据帧接收步骤如下。

① 读出 RTL8019AS 的 BNRY 值和 CURR 值

② 判断网卡是否接收到新包,是则继续;否则返回。

③ 读取一包的前 18B:4B 的头部,6B 目的地址,6B 源地址,2B 协议类型。

④ 根据接收状态、下一页指针、长度,判断读入的数据包是否正确,若正确则继续执行;若错则丢弃该包。

⑤ 判断协议类型,如果为 IP 包或 ARP 包,继续读取剩余的以太网数据。

发送或接收程序代码如下:

```
// ********************************************************************
// ** 函数名:send_frame()
// ** 参  数:发送缓冲,发送的字节数。发送长度最小为 60B,最大为 1514B
// ** 功  能:网卡发送数据包
```

```
// *************************************************************************
void send_frame(INT8U outbuf[], INT16U len)
{
    INT8U i;
    INT16U ii;
    page(0);
    delay_ms(100);
    if(len < 60)
    {//填充数据域
        for(i=59;i>len-1;i--)
        {
            outbuf[i]=0x20;
        }
        len=60;
    }
    //确定用哪个接收缓冲区
    txd_buffer_select=!txd_buffer_select;
    if(txd_buffer_select==0x00)
    {
        outb(0x40,NE_RSAR1);
        //delay_ms(100);
    }
    else
    {
        outb(0x46,NE_RSAR1);
        //delay_ms(100);
    }
    outb(0x00,NE_RSAR0);
    //delay_ms(100);
    i=len>>8;
    outb(i,NE_RBCR1);
    //delay_ms(100);
    i=len&0xff;
    outb(i,NE_RBCR0);
    //delay_ms(100);
    outb(0x12,NE_CR);                          //启动远程 DMA 写
    //delay_ms(100);
    for   (ii=0;ii<len;ii++)
    {
        outb(outbuf[ii],NE_DMA);
    }
    for(i=0;i<16;i++)
    {
        for(ii=0;ii<1000;ii++)
        {
            if ((inb(NE_CR)&0x04)==0) break;
        }
        if ((inb(NE_TSR)&0x01)!=0) break;
        outb(0x3e,NE_CR);
    }
    if(txd_buffer_select==0x00)
```

```
    {
        outb(0x40, NE_TPSR);                    //启动发送
    }
    else
    {
        outb(0x46, NE_TPSR);
    }
    i=len >> 8;
    outb(i, NE_TBCR1);                          //发送地址高位
    i=len&0xff;
    outb(i, NE_TBCR0);
    outb(0x3e, NE_CR);
}
// *********************************************************************
// ** 函数名:eth_send()
// ** 参数:发送缓冲地址、目的物理地址、帧类型、字节数(未包括以太网首部)
// ** 功能:以太网发送函数。添加以太网首部并调用网卡的发送函数
// *********************************************************************
void eth_send(INT8U outbuf[], INT8U hwaddr[], INT8U ptype[2], INT16U len)
{
    ETH_HEADER * eth;                           //ETH_HEADER 是 struct.h 中定义的结构体
    INT8U i;
    eth = (ETH_HEADER * )outbuf;
    //填写以太网首部
    for(i=0;i < 6;i++)
    {
        eth-> dest_hwaddr[i]=hwaddr[i];
    }
    for(i=0;i < 6;i++)
    {
        eth-> source_hwaddr[i]=my_hwaddr[i];
    }
    eth-> frame_type[0]=ptype[0];
    eth-> frame_type[1]=ptype[1];
    send_frame(outbuf, len + 14);               //增加了 14B 的以太网首部
}
// *********************************************************************
// ** 函数名:__ irq rcve_frame()。无参数,无返回值
// ** 功  能:数据包接收函数,采用中断方式。只接收 ARP、IP 包
// **        修改全局变量 recFrame 来标识(ARP=0x06,IP=0x08)
// *********************************************************************
void __ irq rcve_frame(void)
{
    INT8U bnry, curr, next_page;
    INT8U lenH, lenL;
    INT16U len;                                 //len=(lenH << 8)+lenL
    INT8U i;
    outb(0xff, NE_ISR);                         //清中断
    delay_ms(100);
    page(0);
    delay_ms(100);
```

```
bnry＝inb(NE_BNRY);
page(1);
delay_ms(100);
curr＝inb(NE_CURR);
page(0);
 if(curr＝＝0)
{
    recFrame＝0x00;
    outb(0xff,NE_ISR);
    delay_ms(100);
    rI_ISPC＝BIT_EINT0;
    return;
}
bnry＝bnry+1;
if(bnry>0x7f){
    bnry＝0x4c;
}
if(bnry!＝curr) {
    page(0);
    outb(bnry,NE_RSAR1);
    outb(0x00,NE_RSAR0);
    outb(0x00,NE_RBCR1);
    outb(0x12,NE_RBCR0);
    outb(0x0a,NE_CR);
    i＝inb(NE_DMA);
    next_page＝inb(NE_DMA);
    lenL＝inb(NE_DMA);
    lenH＝inb(NE_DMA);
    len＝(lenH << 8)+(lenL&0xff);
    //判断收到的包长度是否有效
    if((len < 60)|(len > 1514))
    {
        bnry＝next_page;
        if (bnry < 0x4c) bnry＝0x7f;
        outb(bnry,NE_BNRY);
        delay_ms(100);
        recFrame＝0x00;
        outb(0xff,NE_ISR);                    //清中断
        delay_ms(100);
        rI_ISPC＝BIT_EINT0;                    //清除外部中断对应未决位
        return;                               //读的过程出错
    }
    //接收整个数据帧
    outb(bnry,NE_RSAR1);
    outb(0x00,NE_RSAR0);
    outb(lenH,NE_RBCR1);
    outb(lenL,NE_RBCR0);
    outb(0x0a,NE_CR);
    for(i＝0;i < len;i++) {
        inbuf[i]＝inb(NE_DMA);
    }
```

```
        bnry=next_page;
        if (bnry<0x4c) bnry=0x7f;
        outb(bnry,NE_BNRY);
        delay_ms(100);
        //确定数据帧类型
        if((inbuf[12]==0x08)&&(inbuf[13]==0x06))
         {
        recFrame=0x06;
        arp_rcve(inbuf);
        outb(0xff,NE_ISR);                          //清中断
            delay_ms(100);
        rI_ISPC=BIT_EINT0;                          //清除外部中断对应未决位
        return;
        }
        //是广播但不是 ARP
  if((inbuf[0]==0xff)&&(inbuf[1]==0xff)&&(inbuf[2]==0xff)&&(inbuf[3]==0xff)&&
  (inbuf[4]==0xff)&&(inbuf[5]==0xff)&&(inbuf[12]==0x08)&&(inbuf[13]==0x00))
        {
        recFrame=0x00;
        outb(0xff,NE_ISR);                          //清中断
            delay_ms(100);
        rI_ISPC=BIT_EINT0;                          //清除外部中断对应未决位
            return;
         }
        if((inbuf[12]==0x08)&&(inbuf[13]==0x00)) //IP=0x0800 而且是发给自己的
         {
            recFrame=0x08;
            ip_rcve(inbuf);
            outb(0xff,NE_ISR);                      //清中断
            delay_ms(100);
            rI_ISPC=BIT_EINT0;                      //清除外部中断对应未决位
            return;
        }
        recFrame=0x00;
        outb(0xff,NE_ISR);                          //清中断
        delay_ms(100);
        rI_ISPC=BIT_EINT0;                          //清除外部中断对应未决位
        return;
     }
        recFrame=0x00;
    //清中断标志
    outb(0xff,NE_ISR);
    delay_ms(100);
    rI_ISPC=BIT_EINT0;                              //清除外部中断对应未决位
    return;
  }
```

2. 网络层实现

上面的网络层协议中,除了需要实现 IP 的发送、接收函数外,还需要实现 ARP(地址解析协议)和 ICMP(Internet 控制报文协议)等相关函数。由于篇幅所限,本书没有给出所有

相关协议的函数代码,仅给出了 IP 报文发送函数和接收函数的源代码示例。在 IP 层发送数据时,需要完成以下工作。

① 创建 IP 数据报,作用是为上一层报文添加 IP 头,并对 IP 头进行校验,修改数据报长度值。一个 ICMP 报文或 UDP 报文产生后,均通过该函数添加 IP 头。

② 调用以太网发送函数,发送完整的 IP 数据报。

下面是 IP 数据报发送函数的源代码示例:

```
#include "ip.h"
#include "struct.h"                          //定义了一些程序需要用到的结构体
...                                          //省略了其他一些需包含的头文件
extern INT8U outbuf[];
extern INT8U my_ipaddr[];
extern WAIT wait;
// ********************************************************************
// ** 函数名:ip_send()
// ** 参数:ip 地址、协议类型、数据包长度
// ** 其中:proto_id(协议类型)=ICMP_TYPE/IGMP_TYPE/TCP_TYPE/UDP_TYPE
// ** 功能:IP 数据报发送函数,完成填写 IP 首部、解析 IP 地址
// ** 若 ARP 缓存中有该 IP 地址则立即发送;否则发送 ARP 请求并等待
// ********************************************************************
void ip_send(INT8U ipaddr[4], INT8U proto_id, INT16U len)
{
    IP_HEADER * ip;
    INT8U * hwaddr;
    static INT16U ip_ident;
    INT8U packet_type[2];
    INT16U sum;
    int i;
    ip_ident=ip_ident+1;
    ip = (IP_HEADER *)(outbuf + 14);          //指向 IP 首部
    ip-> ver_len = 0x45;
    ip-> type_of_service = 0;
    ip-> total_length[0]=(20+len)>>8;
    ip-> total_length[1]=(20+len)&0xff;
    ip-> identifier[0]=ip_ident>>8;
    ip-> identifier[1]=ip_ident&0xff;
    ip-> fragment_info[0]=0x40;
    ip-> fragment_info[1]=0x00;
    ip-> time_to_live=32;
    ip-> protocol_id=proto_id;
    ip-> header_cksum[0]=0;
    ip-> header_cksum[1]=0;
    for(i=0;i<4;i++)
    {
            ip-> source_ipaddr[i]=my_ipaddr[i];
    }
    for(i=0;i<4;i++)
    {
            ip-> dest_ipaddr[i]=ipaddr[i];
```

```
    }
    sum=～cksum(outbuf+14,20);                    //求校验和
    ip—>header_cksum[0]=sum>>8;
    ip—>header_cksum[1]=sum&0xff;
    hwaddr=arp_resolve(ip—>dest_ipaddr);
    if(hwaddr==0)
    {
        wait.buf=outbuf;
        for(i=0;i<4;i++)
        {
            wait.ipaddr[i]= ip—>dest_ipaddr[i];
        }
        wait.proto_id=proto_id;
        wait.len[0]=len>>8;
        wait.len[1]=len&0xff;
        wait.timer=ARP_TIMEOUT;
        return;
    }
    packet_type[0]=0x08;
    packet_type[1]=0x00;
    //调以太网发送函数,完成 IP 数据报发送.eth_send()函数中又调用了 send_frame()函数
    eth_send(outbuf,hwaddr,packet_type,20+len);
}
```

若接收到一个 IP 数据报文,IP 数据报接收函数首先需校验其传输的正确性。如果传输出错,则丢弃该数据报;如果传输正确,则判断协议类型分别处理。例如,若为 1,则调用 ICMP 软件函数进行处理;若为 17,则调用 UDP 软件函数进行处理。

```
// ***********************************************************************
// ** 函数名:ip_rcve()
// ** 参数:接收到的数据包
// ** 功能:IP 数据报接收函数
// ***********************************************************************
void ip_rcve(INT8U inbuf[])
{
    IP_HEADER * ip;
    INT16U header_len, payload_len;
    INT8U i;
    ip = (IP_HEADER*)(inbuf + 14);
    //确认目的地址是不是本 IP
    if((ip—>dest_ipaddr[0]!=my_ipaddr[0])|(ip—>dest_ipaddr[1]!=my_ipaddr[1])|(ip—>
dest_ipaddr[2]!=my_ipaddr[2])|(ip—>dest_ipaddr[3]!=my_ipaddr[3])){
            return;
    }
    header_len=4 * (0x0f&ip—>ver_len);
    payload_len=(ip—>total_length[0]<<8)+ip—>total_length[1]-eader_len;
    if(cksum(inbuf+14,header_len)!=0xffff) {
        return;
    }
    if((ip—>ver_len>>4)!=0x04) {
        return;
```

```
        }
    if ((((ip-> fragment_info[0]&0xff)!=0)&&((ip-> fragment_info[1]&0x3f)!=0))//fragmented
msg rcvd {
            return;
        }
    if (header_len > 20)
    {
        for(i=0;i< payload_len;i++) {
                (inbuf + 34)[i]=(inbuf + 14 + header_len)[i];
            }
        header_len = 20;
        ip-> ver_len = 0x45;
        ip-> total_length[0]=(20 + payload_len)>> 8;
        ip-> total_length[1]=(20 + payload_len)&0xff;
    }
    //根据协议类型的不同调用不同的处理函数
    switch (ip-> protocol_id)
    {
        case 1://ICMP
                icmp_rcve(inbuf,payload_len);
                break;
        case 17://UDP_TYPE:
                udp_rcve(inbuf,payload_len);
                break;
        case 6://TCP_TYPE:
                tcp_rcve(inbuf,payload_len);
                break;
        default:
                break;
    }
}
```

3. 传输层实现

由于 TCP 中节点间连接的建立、拆除以及数据传输过程中的流控、确认等比较复杂,因此,对于资源有限、传输数据量相对较小的分布式嵌入式系统而言,传输层仅实现 UDP,而且 UDP 比较适合实时数据的传输。由于 UDP 是一个不可靠、无连接数据包交付服务协议,它只是把数据报的分组从一个站点发送到另一个站点,但并不保证该数据报能到达另一端,任何必需的可靠性必须由应用程序来提供。UDP 的格式可参考计算机网络相关的书籍。

下面是 UDP 数据发送程序的代码,程序中用到的结构体,在 struct.h 头文件中已定义(struct.h 见附录)。另外,程序还用到了计算校验和的函数。

```
#include "struct.h"
#include "udp.h"
extern INT8U outbuf[];
extern INT8U my_ipaddr[4];
// ***********************************************************************
// ** 函数名:udp_send()
// ** 参数:data[]:UDP 数据;dest_ipaddr[]:目的 ip;source_port:源端口;dest_port:目的端口
```

```
// **       len:数据长度
// **功能:UDP 发送函数,完成填写 UDP 首部
// ****************************************************************
void udp_send(INT8U data[],INT8U dest_ipaddr[],INT8U source_port[],INT8U dest_port[],
INT16U len)
    {
        INT32U sum;
        INT16U result;
        INT16U i;
        UDP_HEADER * udp;
        IP_HEADER * ip;
        udp=(UDP_HEADER *)(outbuf+34);
        ip=(IP_HEADER *)(outbuf+14);
        //填写 UDP 首部
        udp-> dest_port[0]=dest_port[0];
        udp-> dest_port[1]=dest_port[1];
        udp-> source_port[0]=source_port[0];
        udp-> source_port[1]=source_port[1];
        udp-> length[0]=(8+len)>>8;
        udp-> length[1]=(8+len)&0xff;
        udp-> checksum[0]=0;
        udp-> checksum[1]=0;
        for(i=0;i<len;i++)
        {
            (&(udp-> msg_data))[i]=data[i];
        }
        //填写 UDP 伪头标
        ip-> dest_ipaddr[0]=dest_ipaddr[0];
        ip-> dest_ipaddr[1]=dest_ipaddr[1];
        ip-> dest_ipaddr[2]=dest_ipaddr[2];
        ip-> dest_ipaddr[3]=dest_ipaddr[3];
        ip-> source_ipaddr[0]=my_ipaddr[0];
        ip-> source_ipaddr[1]=my_ipaddr[1];
        ip-> source_ipaddr[2]=my_ipaddr[2];
        ip-> source_ipaddr[3]=my_ipaddr[3];
        //求校验和
        sum=(INT32U)cksum(outbuf+26,16+len);
        sum=sum+(INT32U)0x0011;                    //协议类型码,0x0011 代表 UDP
        sum=sum+(INT32U)((udp-> length[0]<<8)+udp-> length[1]);
        result=(INT16U)(sum+(sum >> 16));
        result=(INT16U)(sum);
        udp-> checksum[0]=(~result)>>8;
        udp-> checksum[1]=(~result)&0xff;
        ip_send(dest_ipaddr,UDP_TYPE,8+len);
    }
```

　　下面是 UDP 数据接收处理程序的代码,程序中用到的结构体在 struct.h 头文件中已定义(struct.h 见附录)。另外,程序还用到了计算校验和的函数。

```
// ****************************************************************
// ** 函数名:udp_rcve()
```

```
// ** 参数：接收到的数据包、数据长度
// ** 功能：处理接收到的 UDP 数据报，进行必要的校验，交付不同的端口处理
// ***************************************************************************
void udp_rcve(INT8U inbuf[] , INT16U len)
{
    INT16U result;
    UDP_HEADER * udp;
    IP_HEADER * ip;
    INT32U sum;
    INT16U length;
    INT16U port;
    udp=(UDP_HEADER * )(inbuf+34);
    ip=(IP_HEADER * )(inbuf+14);
    length=(udp->length[0]<<8)+udp->length[1];
    if(len < length)
    {
        return;
    }
    //如果校验和为 0，则不需要校验
    if(udp->checksum!=0)
    {
        sum = (INT32U)cksum(inbuf+26 ,8+length);
        sum=sum+(INT32U)0x0011;
        sum=sum+(INT32U)length;
        result=(INT16U)(sum+(sum >> 16));
        if(result!=0xffff)                          //检验出错
        {
            return;
        }
    }
    port=(udp->dest_port[0]<<8)+udp->dest_port[1];
    //根据不同的端口号，调用不同的应用
    switch(port)
    {
        case 9999:                                  //由 LED 显示收到的数据
            leddisp(7,8);
            break;
        default:                                    //否则发送端口不可到达报文
            dest_unreach_send(inbuf, ip->source_ipaddr);
            break;
    }
}
```

8.4.3　工业以太网

工业以太网主要是指应用于工业企业生产控制领域的以太网，其底层协议是基于 IEEE 802.3 协议以及 TCP/IP，而在应用层会采用适合控制信号传输的应用协议。由于企业管理层的办公信息传输网络通常是基于以太网来构建的，为了便于生产管理信息与企业管理层网络无缝连接，因此，在企业车间的生产自动化系统中，其网络结构也会采用以太网，

以便实现"管控一体化"。

但是,工业以太网由于应用于工业控制领域,而传统的以太网主要是面向管理信息传输需求来设计的,因此,若要将其应用于工业控制领域,需要根据工业环境来改进传统的以太网。需要改进的方面主要有以下几个。

1. 传输延时的不确定性

传统应用于管理层的以太网,由于采用的冲突处理机制是"载波侦听/随机后退"的机制,即当以太网上有两个及以上站点同时发送信息,使信息在通信线路上产生冲突时,各冲突站点必须随机地延迟一段时间,然后重新发送报文。当网络比较堵塞时,就会发生有的报文长时间发送不出去,从而造成通信延时的不确定性。因此,传统的以太网实时性能不高。

为了改进"传输延时不确定性",工业以太网交换机将网络冲突域细分到交换端口,每个端口是一个冲突域,而与其他端口隔离开,相互之间不会影响,从而减少冲突概率。网络拓扑上采用星型结构,即工业以太网交换机在数据链路层将网络端口分为许多物理上相互隔离,但逻辑上相互连通的通信信道,各个站点独享信道,避免了网络传输冲突。

2. 传输的可靠性

传统的以太网具有超时重发机制,因此,会引起某个故障站点占据总线不停地重发数据,使得其他站点传输失败而无法传输数据。为了提高工业以太网传输的可靠性,需要采用以下可靠性设计技术。

① 采用冗余设计技术。通常工业以太网采用环形冗余结构。网络中有两个通信环路:主环路用于平时的数据传输;副环路用于备份,这样就可以大大提高工业以太网的可靠性。

② 采用设备智能管理技术。工业以太网中需要配置网络监控软件,实时地对网络中设备进行在线监控及诊断,一旦发现异常现象,及时隔离故障站点并报警。

3. 互操作性

互操作是指不同厂家生产的智能设备,能够通过应用层协议进行数据交换,以便相互之间能够进行控制,或者功能用途相似的职能设备可以相互替换。互操作性是开放式系统的一个优点,它方便了用户进行系统集成。

解决工业以太网的互操作性,就是解决应用层协议的规范性。现阶段在工业企业的控制领域,广泛使用以下几种主要的工业以太网协议架构。

1) MODBUS TCP/IP 架构

在 8.2.2 节中,已经介绍了 MODBUS 协议,它是施耐德公司推出的,被许多智能仪器设备厂商广泛支持的协议。它以一种简单的方式,直接将 MODBUS 数据帧嵌入到 TCP 数据帧中,从而使 MODBUS 协议与以太网、TCP/IP 相结合,形成了 MODBUS TCP/IP。

在设计企业控制系统时,利用 MODBUS TCP/IP,可以在智能设备或仪器中设计一个嵌入式 Web 服务器,并把实时数据嵌入到网页中,而在客户端仅使用浏览器软件就可以监测智能设备或仪器的状态,以及设置参数。

2) ProfiNet 协议架构

ProfiNet 协议由德国西门子公司推出,它是将 Profibus 协议与互联网技术相结合,形成了 ProfiNet 协议。该协议的底层协议是以太网及 TCP/IP,应用层采用 RPC/DCOM 完成站点间的网络寻址。

3) Ethernet/IP 架构

Ethernet/IP 由 ODVA（Open Devicenet Vendors Assocation）和 Control Net International 组织推出，适合应用于工业企业环境的网络通信协议。Ethernet/IP 的底层采用标准的以太网及 TCP/IP，应用层采用 CIP(Control and Information Protocol)。

本 章 小 结

嵌入式系统的应用中，联网的方式有许多种，既有有线的又有无线的。所涉及的网络协议也有许多种，具体设计时，采用何种通信协议及网络接口，要视具体的应用需求而定。本章主要介绍有线的联网方式及其协议。

（1）异步串行通信协议 RS-485 及其接口电路，实现成本低，电路及软件设计相对简单，但其通信速率不高，适合应用于传输数据量不大的场合，如在工业控制中的应用。本章详细介绍了 RS-485 总线接口电路，并介绍了 MODBUS 协议。

（2）CAN 总线是广泛用在工业控制、汽车电子等领域的通信总线，它采用了载波侦听/优先仲裁的总线冲突解决机制，可以保证实时信息的及时传输。本章详细介绍了 CAN 总线接口电路，并介绍了其软件处理流程。

（3）以太网接口是嵌入式系统可达 Internet 的桥梁，本章详细介绍了以太网电路接口以及基于此接口的 TCP/IP 栈的实现。

习 题 8

1. 选择题

（1）下面描述 RS-485 通信总线的语句中，错误的是（　　）。

    A. 通信双方的波特率应该是相同的

    B. 通信双方必须用同一个时钟源来控制发送/接收

    C. RS-485 标准中规定数据信号采用差分传输方式，它使用一对双绞线

    D. 微处理器芯片的通信信号引脚需要经过电平转换才能接到 RS-485 接口上

（2）串行通信的类型有异步串行通信和同步串行通信之分，下面所列出的串行通信总线中，不是同步串行总线的是（　　）。

    A. CAN 总线   B. SPI 总线   C. I^2C 总线   D. RS-485 总线

（3）MODBUS 协议是一种基于 RS-232/RS-485 标准或者基于其他底层网络协议上的通信协议，它是（　　）层的协议。

    A. 链路   B. 网络   C. 传输   D. 应用

（4）下面描述语句中，错误的是（　　）。

    A. MODBUS 协议有两种模式：MODBUS ASCII 模式和 MODBUS RTU 模式

    B. MODBUS ASCII 模式又称美国信息交换码模式

    C. 在 MODBUS ASCII 模式中，参数 0x84 发送时其发送的值是 0b10000100

D. MODBUS 协议也可以基于 IEEE 802.3 协议之上

（5）CAN 协议总线是嵌入式系统中广泛使用的一类总线，有关其特征的说明语句中，错误的是（　　）。

　　A. CAN 总线中，逻辑 1 是显性的信号，逻辑 0 是隐性的信号

　　B. CAN 总线的冲突解决机制是载波侦听多路存储/消息优先仲裁

　　C. CAN 总线的链路层分成了 LLC 和 MAC 子层

　　D. CAN 总线采用短消息报文，每一帧报文有效字节数为 8 个

（6）CAN 协议体系结构采用 3 层结构，即物理层、数据链路层和应用层。数据链路层又分为 LLC 子层和 MAC 子层。其中，MAC 子层的数据帧中，起始位之后紧接着的是（　　）域。

　　A. 仲裁　　　　　　　B. 数据　　　　　　　C. 控制　　　　　　　D. 校验

（7）下面有关嵌入式系统网络的描述语句中，错误的是（　　）。

　　A. 用于嵌入式系统的组网协议有许多种

　　B. 嵌入式系统的网络可以采用有线介质，也可以采用无线介质

　　C. 嵌入式系统的组网方式只能采用异步串行通信的方式

　　D. 选择哪种嵌入式系统网络的通信协议通常会根据应用场合来确定

（8）现场总线网实际上是一个非常广泛的概念，它泛指一类用于工业企业生产环节中，具有实时性强，并进行分布式控制生产设备工作的网络。下面列出的总线，不属于现场总线网采用的网络通信协议的是（　　）。

　　A. RS-232　　　　　B. CAN　　　　　　　C. Profibus　　　　　D. LON Works

（9）下面描述工业以太网的语句中，错误的是（　　）。

　　A. 工业以太网的底层协议是基于 RS-485 总线协议

　　B. 工业以太网主要应用于工业企业生产控制领域，其信息传输的实时性要求高

　　C. 传统以太网的超时重发机制在工业以太网中需要改进

　　D. MODBUS TCP/IP 架构可以作为工业以太网应用层协议架构

（10）下面有关多路复用技术的描述语句中，错误的是（　　）。

　　A. 所谓时分多路复用是指多个信源信息，按照规定的先后顺序分时使用同一个信道

　　B. 频分多路复用是将每个信源信号调制在不同频率的载波上，然后在同一传输线路上进行发送

　　C. 码分多路复用采用信号编码相互正交的特性而实现在一条传输通道上传输多个信源信号

　　D. 波分多路复用是将两种及两种以上不同波长的电信号耦合在一起，然后在一条双绞线中进行传输的技术

2. 填空题

（1）异步串行通信传输时，一次数据传输是以起始位开始，以停止位结束。一次传输的数据位数最多为＿＿＿＿＿＿＿＿。

（2）在一个信道中能够传输多个信源信息的技术即称为＿＿＿＿＿＿＿＿技术，又称为多路复用技术，其目的是提高信道的利用率。

（3）CAN 总线的 MAC 子层的数据帧中,分组中的第一个域包含了目标地址,该域被称为_____,该域的字符长度是 11 位。

（4）MODBUS ASCII 模式中,每个信息中的一字节参数用两个 ASCII 码传输。如信息中传输的参数为 0x84,那么发送时则要发送两字节的信息,其中,一字节是_____,另一字节是_____。

（5）以 RS-485 总线进行连接的通信系统中,为了防止总线冲突,系统开机运行初始时,必须通过控制方向信号,保证系统中只有一个站点处在发送状态,其他站点均处在_____。

（6）CAN 总线上每个节点内部是以_____连接到总线的驱动器和接收器上。在 CAN 总线上,逻辑 1 被称为隐性的,逻辑 0 被称为显性的。

第9章　无线通信网络接口

无线通信(传输)是借助自由空间的电磁波来传播信息,它不需要在终端之间连接传输线,省去了通信线路的架设工作,同时,无线通信允许通信终端在一定的范围内移动,不需要固定位置。因此,与有线通信相比,无线通信具有成本较低、网络易于扩展、便于移动终端组网等特点。本章将介绍几种广泛使用的无线通信及其组网技术,如 WiFi、ZigBee、4G、NB-IoT 等。

9.1　无线通信网络概述

由于无线通信技术在组网方面具有便捷性,因此,无线通信网络在许多场合得到了使用,特别是在不便于布线的应用领域,如便携式计算机联网、移动物体联网等应用场合。本节将介绍无线通信的基本原理以及无线通信网络的分类等。

9.1.1　无线通信原理

无线通信技术是发送方把信息加载到无线电波信号上,然后利用电波信号在自由空间上传播信息的技术。一个无线通信系统的组成如图 9-1 所示。

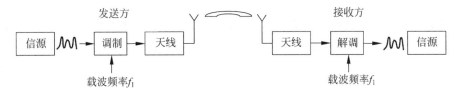

图 9-1　无线通信系统的组成示意图

如图 9-1 所示,无线通信系统中,数据信号是由发送方的信源发出,并与载波频率进行调制后通过导线传输到天线,然后天线将调制后的数据信号作为一系列电磁波发射到空气中。电磁波在空气中传播,直到它到达接收方的天线,再由接收方的天线将电磁波转换成相关数据信号的电流,再经过解调还原成原始数据信号。在无线通信系统中,发送方天线和接收方天线上的收/发器必须调整为相同的频率。下面对无线通信中经常使用的术语进行介绍。

1. 无线频谱

无线通信中的无线电波,实际上是由电子和能量组成的电磁波,它是能量波的一种形式。无线频谱就是指用于无线通信的一段无线电波的频率范围。无线电波按照频率(或波长)来分类,可以分成中波、短波、超短波和微波等波段,如图 9-2 所示。

图 9-2 显示,不同波段的电磁波,由于其传播特性不同,因此,分别应用于不同的通信系统。例如,中波波段的无线电波主要沿地面传播,绕射性强,适用于广播和海上通信。短波

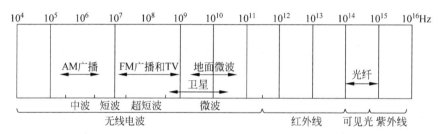

图 9-2　电磁波的波段分布

波段的无线电波具有较强的电离层反射能力,适用于环球通信。超短波波段的无线电波以及微波波段的无线电波,它们的绕射能力较差,只能作为视距或超视距的中继通信。

微波通信是指借助一种 300MHz～300GHz 波段的无线电波进行的信息传输,它在空间主要做直线传播。利用微波进行远距离通信时主要依靠地面微波站进行接力通信,微波站的中继距离一般为 50km 左右。微波通信的另一种途径是借助人造卫星进行接力通信,此时中继站就安装在通信卫星上,这种通信方式也称为"卫星通信"。卫星通信的特点是通信距离远,频带很宽,容量很大,信号受到的干扰也较小,通信比较稳定。当然卫星通信的技术比较复杂,成本比较高。微波通信的应用非常广泛,如手机的移动通信即是微波通信的一种应用。

由于无线电波是在空气中传播的,因此,很难限制其传播的区域。为此,世界上所有参与无线通信的国家,在联合国机构组织 ITU(International Telecommunication Union,国际电信联盟)的协调下,就无线远程通信标准达成了协议。该标准确定了国际无线服务的规范,包括频率分配、无线电设备使用的信号传输方式和协议、无线传输设备、卫星轨道等。

2. 天线

天线是无线通信中用来辐射和接收无线电波的装置,是一种变换器。在无线通信时,发送方将要发送的信息调制成高频振荡的电流,然后经过馈电设备输给发送方的天线,由天线将高频振荡电流转换成电磁波向周围空间辐射。在接收方,空间传播过来的电磁波被接收方天线转变成高频振荡的电流,再经过馈线设备传送到接收机上。

天线的种类有许多种,分类的方式也是多种多样。下面根据在嵌入式系统中经常涉及的天线分类方式来介绍几种天线。

(1) 按照工作性质分,天线可分为发射天线和接收天线。顾名思义,发射天线是发送方用于将高频振荡电流转换成辐射电磁波的天线;接收天线是接收方用于感应电磁波并将其转换为高频振荡电流的天线。

(2) 按照方向性质分,天线可分为定向天线和全向天线。定向天线即是其所辐射的电磁波将沿着一个单独的方向进行传播的天线,这种天线主要用在点对点的无线通信连接中,如卫星和其地面站的无线通信用的就是定向天线。全向天线即是其所辐射的电磁波将向所有方向传播,且所有方向上传播的电磁波,其强度和清晰度是相同的,这种天线主要用在有许多接收器都必须能够接收到信号的场合,如手机基站的发射天线即是全向天线。

(3) 按照使用场合分,天线可分为手持设备天线、车载天线、基地天线等。手持设备天线就是用于手持式移动通信设备上的天线,如手机上的天线、对讲机上的天线等,这类天线常见的有橡胶天线和拉杆天线。车载天线就是用于安装在汽车内通信设备上的天线,这类天线常见的有吸盘天线。基地天线就是用于通信基地台的天线,在通信系统中起非常关键的作用,这类天线常见的有六环阵天线、八环阵天线等。

(4) 按照天线所处位置分,天线可分为内置天线和外置天线。内置天线通常是放置在设备的机壳内部,而外置天线则是放置在机壳的外部,内置天线客观上必然比外置天线发射能量要弱。

无线通信系统中,天线的架设需要考虑的重要因素是发射信号的传输距离,要确保信号在足够远的地方其能量还足够强,使接收方天线能清晰地解析出信号。正确的天线位置是无线通信系统性能最佳的一个重要保证,因此,天线架设应尽量远离地面和建筑物,并尽量架设在高处。即使是内置天线,也要尽量远离设备的“参考地”,因为,天线和“参考地”之间,将会吸收天线辐射出的电磁波大部分的能量,从而导致天线无法顺利发出电磁波。例如,在手机中,手机的电路板就是手机的“参考地”,因此,应该让手机天线尽量远离电路板,这是提高手机天线发射效率的关键。

3. 反射、散射和衍射

无线通信系统中,理想的信号传输路径是从发射器直接到接收器,这种传播被称为“视线(Line Of Sight,LOS)”传播。视线传播使用很少的能量,就能将信号传输到接收方。但是,由于空气是无制导的传输介质,这就使得发射器与接收器之间的路径是不清晰的,无线电波不会沿着一条直线进行传播。当无线电波在空中传播遇到障碍物(如大楼)时,无线电波就可能被障碍物吸收,或者绕过障碍物继续传播,从而发生反射、散射或衍射的现象。具体会发生哪种现象取决于障碍物的形状。

信号反射是指无线电波在传播途中,遇到障碍物后产生了向相反方向传播的无线电波。形象地说,就是无线电波遇到障碍物后被“弹回”。无线电波传播途中遇到障碍物后会不会发生反射,这取决于波长和障碍物的尺寸大小,若障碍物的尺寸大于无线电波的波长,那么,就会产生反射现象。例如,无线局域网中,无线电波的波长为 $1\sim10\mathrm{m}$,因此,房间内的墙壁、天花板等都会使其产生反射。

信号散射是指无线电波在传播途中,遇到障碍物后产生了向许多方向扩散传播的现象。散射现象通常发生于障碍物的尺寸小于无线电波波长的时候,或者障碍物表面不光洁,比较粗糙的时候,如野外的树木、路边的路灯杆等均会使得手机信号产生散射。

信号衍射是指无线电波在传播途中,遇到障碍物后会分解为次级波,次级波继续在它们分解的方向上传播的现象。衍射现象通常发生于障碍物中有缝隙,或者有孔洞,或者障碍物有锐利边角的情况下。形象地说,衍射现象就是无线电波在传播途中,其原来的传播方向被障碍物“打碎”,散射至几个不同的方向继续传播。

另外,空气中的环境状态,如雨、雾、雪等,也能导致无线电波在传播途中产生反射、散射或衍射的现象。

由于反射、散射或衍射的影响,载有信号的无线电波将会沿着多个传播路径到达接收器,这样传播的信号称为“多路径信号”,如图 9-3 所示。

无线电波的多路径传播特性,既是一个优点又是一个缺点。一方面,可以使无线电波信号更容易到达接收器,如在室内环境中,无线电波信号依赖于墙壁、天花板以及家具等物体进行反射或衍射现象,使得无线电波信号最终传输到接收器;另一方面,由于无线电波信号通过多路径到达接收器,并且是不同时间到达,因此,会产生信号干扰及衰落。

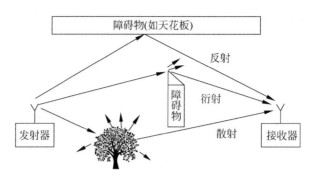

图 9-3　多路径信号传播的示意图

4. 窄带信号、宽带信号及扩频

窄带信号是指无线电波的发射器所发射的信号,其能量主要集中在一个非常小的频谱范围内,即其频谱范围远小于其中心频率,信号能量主要集中在中心频率附近。与窄带信号相反,宽带信号是指无线电波的发射器所发射的信号,其能量分布在比较宽的频谱范围内。

扩频就是扩展频谱(Spread Spectrum)的简称,它是一种无线电波信号的传输方式。通常采用扩频技术进行的无线电波信号传输,其信号占有的频带宽度远远大于传输时必需的最小带宽。扩频技术主要有 3 种方法,即直序扩频、跳频扩频和跳时扩频。

直序扩频又称为直接序列扩展频谱(Direct Sequence Spread Spectrum,DSSS,简称DS),它是一种高抗干扰的,并具有高安全性的无线传输方式。它是将数据信号的各位分别进行编码,并把它们分布到整个频带上进行传输,在接收端再将接收到的数据位重新组合,还原成原始数据信号。直序扩频技术广泛地应用在军事通信以及高端民用产品中,如信号基站、蜂窝手机等场合。

跳频扩频又称为频率跳变扩展频谱(Frequency Hopping Spread Spectrum,FHSS),它指的是使用多个频率的无线电波来传输同一信号。即一个信号在传播时,不同的时间段使用不同的频率无线电波。或者说,信号在传播时,不会持续地停留在一个固定的频率范围内,发送器和接收器同步地在频带中的几个不同频率之间变换,以不同的频率发送和接收信息。

跳时扩频又称为时间跳变扩展频谱(Time Hopping Spread Spectrum,THSS),它指的是使用多时隙来发射信息,使发射信号在时间轴上离散地跳变。即先把时间轴划分成许多时隙(或称为时间片),由多个时隙组成一个跳时的时间帧。在一个时间帧内,哪个时隙发射信号由扩频码序列来控制。跳时扩频技术主要用于时分多址(TDMA)的通信系统中。

扩频通信有许多优点,主要如下。

① 抗干扰能力强。由于扩频信号通常不可预测,且带宽很宽,使得信噪比很低,噪声的干扰强度被削弱,从而抑制了干扰。

② 保密性好。通常扩频通信系统的发射端采用伪随机码进行扩频,经过调制后的信号类似随机噪声,在接收端只能采用相同的扩频码才能恢复原始信号。若不知道扩频码要恢复原始信号是很困难的,而扩频码是伪随机码,未被授权的他人是难以获得扩频码的。

③ 抗衰落性好。由于扩频通信系统的信号频谱被扩展变宽,所以扩频通信系统具有潜在的抗频率选择性衰落的能力。

9.1.2　无线通信网络结构

无线通信网络与有线通信网络相比,最大的不同是传输介质不同,它与有线网络的用途是相似的,是有线通信的补充及备份。无线通信网络可分为近距离的无线通信网络(如无线局域网 WiFi、ZigBee 等),以及利用公众移动通信实现的远距离无线通信网络(如 4G 网络、GPRS 网络等)。

1. 无线局域网结构

无线局域网(Wireless Local Area Networks,WLAN)是借助无线电波进行数据传输的局域网,其工作原理与有线局域网基本相同,最大的优点是能方便地移动通信终端的位置或改变网络的组成。

无线局域网结构主要有两种:一种是无中心的网络拓扑结构(又称自组织网络,即 Ad-Hoc 网络);另一种是有中心的网络拓扑结构(又称为有基础结构的网络,通常指的就是 WiFi)。

无中心的拓扑结构网络(自组织网络 Ad-Hoc)是由一组无线终端以自组织、多跳移动通信的方式构成,是一种无线对等局域网,如图 9-4 所示。

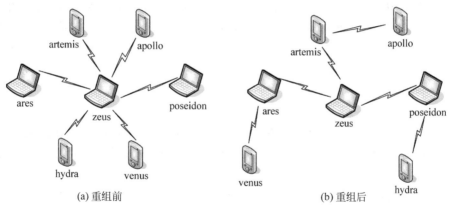

图 9-4　无中心的拓扑结构网络

图 9-4 所示的自组织网络中,所有通信终端均是对等的,可以自由地在一定区域内移动,相互之间具有动态搜索、定位和恢复连接的能力,并且不需要使用无线接入点。无线自组织网络是一种物联网,被广泛地使用在军事侦察、环境探测等领域。

有中心的网络拓扑结构通常不能完全脱离有线网络,它只是有线网络的补充,其网络结构如图 9-5 所示。

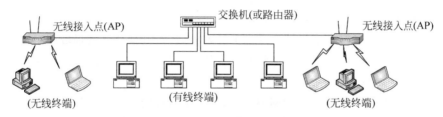

图 9-5　有中心的网络拓扑结构

从图 9-5 中可以看到,每个通过无线接入网络的通信终端,需要在通信终端中使用无线网卡,以及在外部使用无线接入点等设备。无线接入点(Wireless Access Point,WAP)的作用是,提供从无线通信终端对有线局域网的访问,或者从有线局域网对无线通信终端的访问。实际上它就是一个无线交换机或无线 Hub,相当于手机通信中的"基站"。无线接入点把通过导线传送过来的电信号转换成为无线电波发射出去,或接收无线电波转换成导线上的电信号,使得无线通信终端相互之间,或者无线通信终端与有线局域网之间可以相互访问。WAP 的室外覆盖距离通常可达 100～300m,室内一般仅为 30m 左右(如果墙壁又厚又多,距离还要缩短)。目前许多 WAP 都可支持多台(30～100 台)终端接入,它还提供数据加密、虚拟专网、防火墙等功能,使用十分方便。

构建无线局域网的无线技术有许多种,下面列举几种主要的无线组网技术。

(1) WiFi 技术。WiFi(Wireless Fidelity)是无线局域网联盟的一种标识。WiFi 技术所采用的协议是 802.11 系列协议,包含了 802.11b、802.11a、802.11g 和 802.11n 等,其传输速率已经可达 108Mb/s,有效传输距离可达 100m。WiFi 网络已经广泛地使用于办公室、家庭、公共场所等地方。

(2) 蓝牙(Bluetooth)技术。蓝牙技术是由总部在瑞典的爱立信公司首先提出的,后来由 IEEE 组织将其作为国际标准 802.15 协议的基础。它是一种短距离的无线通信组网技术,工作频率为 2.4GHz,传输速率可达 1Mb/s,传输距离可达 10m。蓝牙技术采用分散式网络结构以及快速跳频技术和短信息包技术,支持点对点、一点对多点的通信。该技术已被广泛地使用在笔记本计算机、智能手机、掌上计算机等移动通信终端上,完成主机与外围设备(如蓝牙耳机等)之间的连接。

(3) ZigBee 技术。ZigBee 技术也是一种短距离的无线通信组网技术,与蓝牙技术类似,是基于 IEEE 802.15.4 协议基础上研发的。其工作频率为 2.4GHz,传输速率为 250kb/s,传输距离为 10～75m。ZigBee 技术具有低功耗、方便使用的特点,被广泛地使用在物联网领域。

(4) RFID 技术。RFID(Radio Frequency IDentification)技术又称为射频识别技术。它是利用射频信号来传输信息,实现非接触式的信息传递。RFID 产品所采用的工作频率有 125～134kHz(低频段)、13.56MHz(高频段)和 860～960MHz(超高频段),不同频段的 RFID 产品有不同的特性。RFID 技术广泛地应用于工业自动化、智能交通、大型物流管理等领域,作为身份自动识别的载体。

(5) UWB 技术。UWB(Ultra WideBand)技术又称超宽带无线接入技术,它是利用纳秒级至皮秒级的窄脉冲来传输信息,不需要使用载波信号。UWB 技术能在 10m 的范围内,实现的传输速率可达几百兆比每秒至几吉比每秒,其优点是传输速率高、功耗低、抗干扰性强。其在智能家庭、无绳电话等场合得到应用。

除了上面介绍的几种构建无线局域网的技术外,还有其他的无线局域网组网技术,在此就不再一一列举了。在 9.2 节中将介绍几种无线局域网的接口设计方法。

2. 无线广域网结构

无线广域网是相对于无线局域网而言的,通常是指利用无线通信技术,连接分布在较大地理范围内的通信终端而组成的网络。典型的如 4G 公众网络、窄带物联网(NB-IoT)等。

4G 通信网络由移动终端(如手机)、基站、移动电话交换中心等组成。其中,各个基站发射的无线电波覆盖区域既相互分割,又彼此有所交叠,整个移动通信网络的结构就类似于蜂窝一样,如图 9-6 所示。因此,移动通信网络又称为蜂窝式移动通信网络。

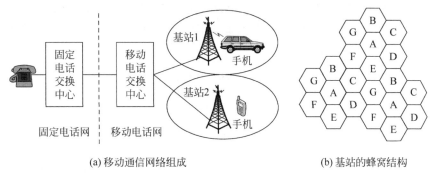

(a) 移动通信网络组成　　　　　　　　(b) 基站的蜂窝结构

图 9-6　移动通信网络的结构

窄带物联网(Narrow Band Internet of Things,NB-IoT)是利用蜂窝式移动通信技术来使万物进行互联的网络,是物联网的一种重要联网技术,它仅使用大约 180kHz 的带宽。NB-IoT 可以把分布范围非常广的物体,以很低的功耗连接成无线广域网。图 9-7 是窄带物联网的一个典型应用的网络结构,它适合于智能路灯管理、路面智能停车系统、家庭智能抄表系统等领域。

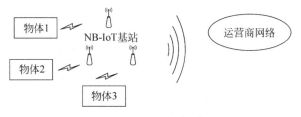

图 9-7　窄带物联网的结构

在后续的 9.3 节中,将详细介绍窄带物联网的接口设计技术。在 9.4 节中,将详细介绍 4G 网络。

9.2　无线局域网接口设计

前面已经提到,无线局域网的联网技术有许多种,本节将只介绍 WiFi 网络接口、ZigBee 网络接口、RFID 网络接口的设计方法。

9.2.1　WiFi 网络接口设计

WiFi 作为一种无线联网技术,已经广泛地嵌入在各种智能设备(如智能手机、数码相机、平板电视、数字音响设备以及智能控制仪表等)中,用来使这些智能设备通过无线的方式接入计算机网络,以便传输信息。WiFi 技术中采用的通信协议标准是 IEEE 802.11,其无线电波使用的频段是 2.4GHz 和 5.8GHz 两个频段。下面介绍 WiFi 网络接口设计时所涉及的原理及技术。

1. IEEE 802.11 协议介绍

WiFi 网络采用的协议主要是 IEEE 802.11 的系列协议。其中最早使用的是 IEEE 802.11b 协议，随后使用了 IEEE 802.11a 协议和 IEEE 802.11g 协议，再后来，为了进一步实现高带宽、高质量的无线局域网，又推出了 IEEE 802.11n 等协议。表 9-1 列出了这些协议的工作频率、带宽以及扩频方式等。

表 9-1　IEEE 802.11 的系列协议

协议名称	工作频率/GHz	带宽/MHz	扩频方式	速率 /(Mb·s⁻¹)	备　　注
初始 802.11	2.4	20	DSSS/FHSS		1997 年推出，未具体使用
802.11b	2.4	22	DSSS	11	1999 年推出，满足数据传送要求
802.11a	5.8	20	OFMD	54	1999 年推出，满足语音图像传输
802.11g	2.4	22	DSSS/OFMD	54	2003 年推出，满足语音图像传输
802.11n	2.4/5	40	DSSS/OFMD	108	2009 年推出，满足高带宽高质量

IEEE 802.11 协议是在 1997 年推出的，后来又进行了若干次的修订，以满足越来越高的应用需求。相对于 IEEE 802.3 协议，所有 IEEE 802.11 系列协议中，主要定义了物理层和链路层的规范。也就是说，IEEE 802.11 系列协议与 IEEE 802.3 协议大部分类似，IEEE 802.11 系列协议物理层定义的传输介质是无线介质，而 IEEE 802.3 协议物理层定义的传输介质是有线介质，从无线网卡传输的数据包携带的是无线报文头部，从有线网卡传输的数据包携带的是有线报文头部，若去除两种数据包的包头和尾部，其他域的数据是相同的。

IEEE 802.11 协议链路帧的数据包有 3 种类型，即数据信息的数据包（简称数据数据包）、控制信息的数据包（简称控制数据包）和管理信息的数据包（简称管理数据包）。

数据数据包是用来封装网络层传输来的数据，如 IP 数据包。即通常把网络层的数据包作为其数据域，然后再加上链路层的包头和尾部等信息组成链路层的数据数据包。它负责在网络中各站点间传输数据。

控制数据包是用来协助数据数据包的传输，即负责区域的清空、信道的获取以及载波监听的维护，并于收到数据时予以正面应答，借此促进工作站间数据传输的可靠性，提供无线介质的访问控制信息。它又可分成以下几类。

① 请求发送（Request To Send）数据包，即 RTS 帧。

② 清除发送（Clear To Send）数据包，即 CTS 帧。

③ 应答数据包，即 ACK 帧。

④ PS-Poll 数据包，用于当一个移动站点从省电模式中激活时，与接入点联络的控制帧，以获取任何缓存的帧。

管理数据包是用来管理网络中站点加入或退出无线网络，以及管理 AP（接入点）之间的转移、关联等功能。管理数据包主要包括以下几类。

① 信标（Beacon）数据包，即 Beacon 帧。它是无线网络设备中，按指定间隔定时发送的无线信号，用于定位与同步，以便声明某无线网络的存在。

② 探测请求数据包，即 Probe Request 帧。该帧用于移动终端扫描其所处区域内有哪些 WiFi 网络。

③ 探测应答数据包，即 Probe Response 帧。该帧用于对 Probe Request 帧的应答。即

当 Probe Request 帧所探测的无线网络与之兼容,无线网络用 Probe Response 帧响应。

④ 身份认证请求数据包,即 Authenticate Request 帧。该帧用于发送身份认证信息。

⑤ 身份认证应答数据包,即 Authenticate Response 帧。该帧用于对身份认证请求数据包的响应。

⑥ 解除认证数据包,即 Deauthentication 帧。该帧用于终结一段身份认证关系。

⑦ 联网请求数据包,即 Association Request 帧。该帧用于移动终端扫描到兼容的 WiFi 网络并通过身份认证后申请联入该网络。

⑧ 联网应答数据包,即 Association Response 帧。该帧用于 WiFi 网络对移动终端所发的 Association Request 帧进行响应。

⑨ 解除关联和认证数据包,即 Dissassociate 帧。该帧用于终结一段联网及身份认证关系。

上面仅介绍了 IEEE 802.11 协议数据包的功能,数据包的具体结构及通信控制流程可参考 802.11 协议的相关文档。

2. WiFi 模块的种类

在嵌入式系统中设计 WiFi 网络功能电路时,通常会选用 WiFi 模块,并完成微处理器与 WiFi 模块的接口电路设计。目前,在市场上有许多厂商提供 WiFi 模块,下面列举几个主要的厂商及其 WiFi 模块。

(1) 高通公司。高通公司于 1985 年成立,总部设在美国加利福尼亚州,是电信设备核心芯片的著名提供商,所提供的 WiFi 模块有 AR9285、AR9331、QCA4002/4004 等。其中,QCA4002/4004 模块整合了嵌入式微处理器和单芯无线 SOC,采用了动态功率调整的低功耗技术,符合 IEEE 802.11n 协议,可运行在 2.4GHz 和 5GHz 两个频段。适合应用于消费类电子产品以及工业智能仪器仪表中。

(2) 博通公司(Broadcom Corporation)。博通公司的总部也设在美国加利福尼亚州,于 1991 年成立,也是电信设备核心芯片及模块的著名提供商,所提供的 WiFi 模块主要有 BCM4329、BCM4330、BCM4390 等。其中,BCM4390 模块符合 IEEE 802.11b/g/n 协议,可工作于 2.4GHz 频段,可以支持 SDIO(50MHz,4bit 或 1bit)、SPI、UART、I^2C 等总线接口。适合应用于家庭消费类电子产品,以及安防产品中。

(3) 得州仪器(TI)公司。得州仪器公司的总部设在美国得克萨斯州,于 1947 年创办,是世界上著名的电子元器件提供商,在模拟电路和数字信号处理电路方面领先世界。其提供的 WiFi 模块主要有 TI CC3200、WL1831、WL1833 等。其中,WL1833 可工作于 2.4GHz 和 5GHz 频段,符合 IEEE 802.11b/g/n 协议。

(4) 联发科技公司。联发科技公司成立于 1997 年 5 月,总部位于中国台湾地区,公司专注于无线通信及数字多媒体技术等,也是 WiFi 模块的主要提供商。联发科技所提供的 WiFi 模块如 MT7681,它内部有一个 32 位的 MCU(微控制器),支持 802.11b/g/n 协议,工作在 2.4GHz 和 5GHz 频段,并提供 UART、GPIO 的接口。可用于智能家电、智能插座、智能仪表等设备中,完成无线组网。

(5) 新岸线公司。新岸线公司是总部位于北京的民营高科技公司,于 2004 年成立,公司致力于无线通信技术的研发。新岸线公司所提供的 WiFi 模块主要有 NL6621,它内部集成了一个 Cortex-M3 核。WiFi 可工作于 2.4GHz 频段,符合 IEEE 802.11b/g/n 协议。

(6) 乐鑫公司。乐鑫信息科技公司总部位于上海,于 2008 年成立,是国内 WiFi 模块的提供商之一。乐鑫公司所提供的 WiFi 模块主要有 ESP8266、ESP8285 等，其中，ESP8266 内部集成了一个 MCU。其 WiFi 可工作于 2.4GHz 频段，符合 IEEE 802.11b/g/n 协议。

3. WiFi 模块内部结构

无论 WiFi 模块是由哪个厂商提供，大部分 WiFi 模块产品都具有类似的结构。WiFi 模块中的主要电路是射频电路，该电路又包括无线收发器、功率放大器、低噪声放大器、滤波器及天线等。图 9-8 是典型的 WiFi 模块中的射频电路框图。

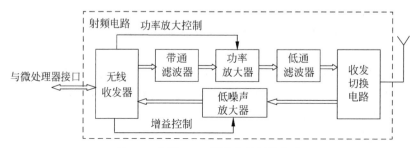

图 9-8　典型 WiFi 模块中的射频电路

如图 9-8 所示，电路中的无线收发器通常需要与微处理器进行连接，控制对收发信息的读写操作。发送信号时，当无线收发器收到一个需要发送的信息后，收发器会输出一个小功率的射频信号，这个信号经过滤波及放大，然后通过收发切换电路输出给天线，由天线将其无线信号辐射到空间。接收信号时，由天线感应空中的无线电波信号，通过收发切换电路传输给低噪声放大器，经放大后的信号再传输给无线收发器进行处理，然后输出给微处理器。

在嵌入式系统中设计 WiFi 接口，设计者主要关注的是如何控制 WiFi 模块的读写。而 WiFi 模块中的重要部件就是无线收发器芯片，因此，对无线收发器的性能及参数进行了解，有助于 WiFi 接口的设计。一个典型的无线收发器芯片主要有以下几个技术参数。

① 所支持的协议，如 IEEE 802.11b 或者 IEEE 802.11n 等。

② 工作频段，如 2.4GHz 或 5GHz，或者同时支持这两个频率（即双频）。

③ 传输速率，如 150Mb/s、300Mb/s 等。注，速率与通路的带宽有关。

④ 收发通路，如二收二发（2T2R），即有两条收、发通路。

⑤ 供电电压，如 3.3V 或 5V。

4. WiFi 模块的接口模式

在嵌入式系统中，利用 WiFi 模块所设计的 WiFi 网络接口，可以将 TTL 电平信号或者串口信号等转换成符合 WiFi 网络协议标准的信号，使得嵌入式系统可以联入 WiFi 网络。不同厂商提供的 WiFi 模块，其与微处理器之间的接口模式通常有所不同，但一般有以下几种接口模式。

① UART 串口模式。

② SPI 接口模式。

③ I^2C 接口模式。

④ SDIO 接口模式等。

其中，UART 串口模式是最为常用的 WiFi 接口模式。它通过 UART 接口与微处理器实现数据交互，采用 AT 命令方式和数据透传方式来控制 WiFi 模块的操作，即可以通过 AT 命令方式来对 WiFi 模块进行各种参数设置，然后通过数据透传方式把串口传输来的数据透明地传输给 WiFi 模块指定的设备。

AT(Attention)命令是电信领域常用的,用于数据终端设备(DTE)向数据通信设备(DCE)发送控制操作的命令。典型的数据终端设备如 PC、手机等;典型的数据通信设备如调制解调器、WiFi 模块等。

AT 命令的格式均是以"AT"开头,以< CR >(即回车符,C 语言中用符号:\r)结束,命令后面还要加上< LF >(即换行符,C 语言中用符号:\n)。

例如,修改串口波特率的 AT 命令为:AT+IPR=< value >< CR >。

若 value 参数的值为 115 200,那么串口的波特率就被设置为 115 200b/s。

AT 命令中的其他命令在此就不一一列举了,其详细说明可参考相关 AT 命令手册。

5. WiFi 接口设计

下面以 ESP8266 WiFi 模块(上海乐鑫公司推出)为例,来介绍 WiFi 模块与 Zynq 微处理器芯片之间的接口设计。

ESP8266 WiFi 模块可支持 IEEE 802.11b/g/n 协议,并内置 TCP/IP 栈,工作频段为 2.412~2.484GHz。可通过 UART 接口与微处理器连接,并可进行 GPIO 控制信号、PWM 控制信号输出。ESP8266 WiFi 模块的外形及引脚分布如图 9-9 所示。

(a) 外形及引脚　　　　　　　　(b) 模块中的核心芯片

图 9-9　ESP8266 WiFi 模块的外形及引脚分布

从图 9-9(a)中可以看到,ESP8266 WiFi 模块的引脚共有 30 条,具体的引脚功能说明如表 9-2 所示。

表 9-2　ESP8266 WiFi 模块的引脚说明

引脚序号	引脚名称	备　　注	引脚序号	引脚名称	备　　注
1	A0	ADC(10 位的模数转换)	2	D0	GPIO16
3	RSV	保留	4	D1	GPIO5
5	RSV	保留	6	D2	GPIO4

续表

引脚序号	引脚名称	备　注	引脚序号	引脚名称	备　注
7	SD3	GPIO10	8	D3	GPIO0
9	SD2	GPIO9	10	D4	GPIO2
11	SD1	SPI MOSI/GPIO8	12	3V3	+3.3V 电源
13	CMD	SPI CS0/GPIO11	14	GND	地
15	SD0	SPI MISO/GPIO7	16	D5	GPIO14
17	CLK	SPI CLK/GPIO6	18	D6	GPIO12
19	GND	地	20	D7	GPIO13
21	3V3	+3.3V 电源	22	D8	GPIO15
23	EN	芯片使能	24	RX	UART 的 RXD/GPIO3
25	RST	复位	26	TX	UART 的 TXD/GPIO1
27	GND	地	28	GND	地
29	Vin	4.5~9V 电源	30	3V3	+3.3V 电源

ESP8266 WiFi 模块与微处理器连接是通过 UART 串口来进行,如图 9-10 所示。微处理器通过 UART 串口给 ESP8266 WiFi 模块发送 AT 命令,模块内部再根据命令进行相应的操作,并给予数据反馈。编写 ESP8266 WiFi 模块的驱动程序时,可以采用 4.2 节中介绍的 UART 串口发送程序(send_Char())和接收程序(rec_Char())。

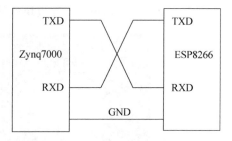

图 9-10　ESP8266 WiFi 模块的接口

ESP8266 WiFi 模块的驱动程序主要包括对其的初始化程序以及数据发送和接收程序。初始化程序的主要工作包括以下内容。

① 设置串口通信参数,如波特率、数据位数、校验位等。

② 设置 WiFi 模块的名称、密码等。

③ 设置 WiFi 模块的工作模式,如 AP 模式、STA 模式等。

④ 设置 WiFi 模块联网的参数,如 IP 地址、端口号、网络层协议等。

上面的参数设置可以通过发送函数 send_Char() 来循环发送相关的 AT 命令。编写 AT 命令发送程序时,可以定义一些数组来存储需发送的 AT 命令字符。下面列举了几个 AT 命令对应的数组定义:

```
//定义 AT 命令对应的数组
//设置 ESP8266 WiFi 模块的工作模式,此处工作模式为 AP 模式
U8 ESP_CWMODE[] = "AT + CWMODE = 2 \r \n";
//设置 ESP8266 WiFi 模块的名称、密码等
U8 ESP_CWSAP[] = "AT + CWSAP = \" FuYide\ ", \" 123456\ " \r \n";
//设置 ESP8266 WiFi 模块的 IP 地址、端口号等,此处 IP 为 202.119.20.45,端口为 6000
U8 ESP_CIPSTA[] = "AT + CIPSTART = \" TCP\ ", \" 202.119.20.45 \ ", 6000 \r \n";
    ⋮
```

9.2.2　ZigBee 网络接口设计

ZigBee 技术是一种短距离、低速率、低功耗的无线自组网技术,其底层协议是基于 IEEE 802.15.4 局域网协议,所采用的频段是 2.4GHz,数据传输速率为 10～250kb/s,适合应用于传输数据量不大、功耗要求低的无线通信领域。

1. ZigBee 组网原理

ZigBee 网络是一种以协调器为核心的自组网,网络中的其他节点,可以自由加入和退出。一个 ZigBee 网络中只能有一个协调器节点。协调器是指发起组建 ZigBee 网络的组织者,一旦网络组建好,协调器就不是必需的。

ZigBee 网络中的节点分为两种类型,即全功能(Full Function Device,FFD)节点和精简功能(Reduced Function Device,RFD)节点。能作为协调器的节点必须满足以下条件。

① 该节点应该是 FFD 节点。

② 该 FFD 节点还没有加入其他 ZigBee 网络。

FFD 节点可提供全部的 IEEE 802.15.4 协议中所规定的 MAC 层功能,它可以进行信息的发送和接收,还具有网络路由器的功能。而 RFD 节点只提供部分的 IEEE 802.15.4 协议中所规定的 MAC 层功能,它不能作为协调器节点和路由节点。典型的 ZigBee 网络结构如图 9-11 所示。

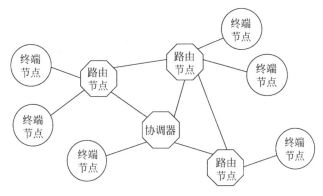

图 9-11　典型的 ZigBee 网络结构

ZigBee 网络协议可分为 4 层,即物理层、介质访问控制层(MAC 层)、网络层和应用层。其中,IEEE 802.15.4 标准定义了物理层和 MAC 层的规范,网络层和应用层的规范由 ZigBee 联盟定义。

IEEE 802.15.4 标准的物理层规定的频段是免费开放的,在美国采用 915MHz、欧洲采用 868MHz,其他国家和地区采用 2.4GHz。在 2.4GHz 频段上提供 16 个速率为 250kb/s 的信道,传输距离为 10～100m。为了防止干扰,各信道采用直接序列扩频技术。

IEEE 802.15.4 标准的 MAC 层,沿用了 802.11 系列标准的 CSMA/CA(即载波侦听多路访问/冲突避免)方式。该方式在数据传输前,先检查信道是否有传输冲突,若无冲突则传输数据;若有冲突则延时一段时间后再重新传输。

网络层标准方面,ZigBee 联盟规定 ZigBee 网络的拓扑结构可以采用星型和网状型,也可以采用两者的组合。网络中 FFD 节点具备控制器功能,可以提供路由及交换功能;而

RFD 节点只能传送数据给 FFD 节点,或者从 FFD 节点接收数据。

一个 ZigBee 网络的组建,需要经过以下步骤。

① 由一个 FFD 节点作为协调器发起组网。即某一个 FFD 节点通过主动扫描(即发送信标请求命令),若在一定的扫描时间内没有检测到信标,则该 FFD 节点可以判断其所在区域内不存在其他协调器,因此,其可以作为协调器来组建自己的 ZigBee 网络,并不断地产生信标,然后广播出去。

② 进行信道扫描。利用能量扫描和主动扫描的方式,选择一个可用的信道,最好使得该信道中的其他 ZigBee 网络最少。

③ 设置网络 ID。由网络协调器来确定一个网络标识符,该标识符的值(即 ID 值)应该不大于 0x3FFF,并且要保证该 ID 在所使用的信道上是唯一的。

④ 完成上述步骤后,即组建好一个 ZigBee 网络,可以等待其他节点的加入。其他节点加入网络时,可以选择一个信号最强的 FFD 节点作为父节点(包括协调器)来加入网络。

2. ZigBee 接口设计

在嵌入式系统中设计 ZigBee 网络的接口,通常是选用 ZigBee 模块来进行。ZigBee 模块的种类有很多,下面以某公司的 F8913D 型号 ZigBee 模块为例,来介绍 ZigBee 模块与 Zynq 微处理器芯片之间的接口设计。图 9-12 是 F8913D ZigBee 模块外形和引脚排列。表 9-3 是 F8913D ZigBee 模块的引脚功能说明。

(a) F8913D ZigBee 模块外形　　(b) F8913D ZigBee 模块的引脚排列

图 9-12　F8913D ZigBee 模块外形及引脚排列

表 9-3　F8913D ZigBee 模块的引脚功能

序 号	引脚名称	备　注	序 号	引脚名称	备　注
1	V_{CC}	电源的正极	11	D2	ADC/GPIO
2	DOUT	UART 的 TXD	12	CTS	UART 的 CTS
3	DIN	UART 的 RXD	13	SLEEP/ON	睡眠唤醒
4	RD/DE	RD/DE	14	AVDD	参考电压
5	RST	模块的复位引脚	15	Associate	连接指示
6	D4	GPIO 引脚	16	RTS	UART 的 RTS
7	D3	GPIO 引脚	17	DD	调试数据引脚
8	保留	保留的引脚	18	DC	调试时钟引脚
9	SLEEP_RQ	睡眠控制	19	D1	ADC/GPIO
10	GND	电源的地	20	D0	ADC/GPIO

从表 9-3 中可以看到,F8913D ZigBee 模块具有 UART 接口的引脚,可以采用 UART 接口方式与微处理器连接,并且 F8913D 模块还提供 5 路 GPIO(D0~D4),它们均支持数据量的输入与输出,其中,3 路 GPIO(D0~D2)还支持 A/D 信号转换。

采用 UART 方式所设计的 F8913D ZigBee 模块与 Zynq 芯片接口电路如图 9-13 所示,这样就可以使得以 Zynq 芯片为核心的嵌入式系统具有 ZigBee 射频通信功能。

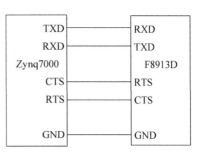

图 9-13　F8913D ZigBee 模块的接口

在设计 F8913D ZigBee 模块接口驱动软件时,可以采用 4.2 节中介绍的 UART 串口发送程序(send_Char())和接收程序(rec_Char())来发送相关的 AT 命令,通过 AT 命令来设置参数,如网络 ID、信道选择、MAC 地址等,并可通过 AT 命令来完成数据的发送和接收。具体的驱动程序代码在此就不再一一赘述。

9.3　无线广域网接口设计

无线广域网是指利用无线通信技术,连接分布在较大地理范围内的通信终端而组成的网络。典型的无线广域网有 4G 公众网络、窄带物联网(NB-IoT)等。下面主要介绍 4G 网络和窄带物联网的接口设计。

9.3.1　4G 网络接口设计

4G(4rd Generation)网络指的是第四代个人移动通信网络。整个移动通信网络的结构类似于蜂窝,如图 9-6 所示。网络中有移动终端(如手机)、基站、移动电话交换中心等。其中,移动终端即是嵌入式系统。本节将主要介绍嵌入式系统中如何设计具有 4G 网络功能的通信接口。

1. 移动通信网络的发展

个人移动通信网络经历了许多代的发展,具体如下。

(1) 第一代个人移动通信网络在 20 世纪 80 年代的中期开始实用,采用的是模拟传输和频分多址(FDMA)技术,主要提供的是模拟话音通信业务,而不能提供数据业务以及漫游等服务。这个时期移动通信网络称为 1G 网络,其移动通信终端(即手机)就是俗称的"大哥大"。

(2) 第二代个人移动通信网络(2G)在 20 世纪 90 年代的初期开始研发,其采用数字传输技术,使用频段为 900MHz/1800MHz。除提供数字话音通信业务外,还可提供低速数据(短消息)业务,但其传输速率低,还无法传输图像等信息,且不提供发送电子邮件、运行应用软件等服务。在 21 世纪初,我国广泛使用的 GSM(Global System for Mobile Communication,全球移动通信系统)就是第二代个人移动通信网。

(3) 第三代个人移动通信网络(3G)在 2000 年 5 月公布其通信标准,其所采用的技术标准主要有三大类,即中国提交的 TD-SCDMA(时分-同步码分多址接入)技术、美国提交的

CDMA2000 技术、欧洲提交的 WCDMA(宽带码分多址)技术。3G 网络采用的频段是 1885～2025MHz 和 2110～2200MHz,数据传输速率比 2G 网有大幅提高,通常可达几个 Mb/s,除提供数字话音通信业务外,还可以较高质量地进行多媒体通信,包括数据通信和图像通信等。2008 年,3G 网络在中国正式运营。我国的三大电信运营商分别支持 3 种技术标准,即中国移动 3G 网络采用的是 TD-SCDMA 技术、中国电信 3G 网络采用的是 CDMA2000 技术、中国联通 3G 网络采用的是 WCDMA 技术。3 种不同标准的网络是互通的,但终端设备(手机)并不兼容。

(4) 第四代个人移动通信网络(4G)于 2010 年在国外某些国家(如韩国、瑞典等)开通运营。2013 年 12 月,我国工信部宣布中国移动、中国电信、中国联通三大运营商开始运营 4G 网络。4G 网络是在 3G 网络的基础上发展起来的,它把 3G 和 WLAN 融为一体。传输速率能达到 100Mb/s 以上,是 3G 网络传输速率的 50 倍,能够满足传输高质量视频图像的要求。

随着技术的不断发展,5G 网络时代也在快速到来。5G 网络的传输速率更快,可达到 10Gb/s,是 4G 网络速率的 100 倍。5G 网络时代将是一个万物互联的时代。

2. 4G 接口设计

在嵌入式系统中设计 4G 网络的接口,通常是选用 4G 模块来进行。4G 模块的种类有很多,下面以某公司 USR-G402tf 型号的 4G 模块为例,来介绍 4G 模块与 Zynq 微处理器芯片之间的接口设计。

4G 模块是一个内部集成有射频、基带等功能芯片的小电路板,可以完成 4G 信号的发射、接收、基带信号处理和音频信号处理等功能,并具有与微处理器连接的接口。USR-G402tf 模块即是这样的 4G 模块,其外形及引脚排列如图 9-14 所示。

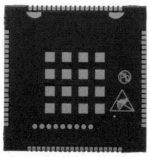

图 9-14　USR-G402tf 型号的 4G 模块外形及引脚排列

图 9-14 给出的是 USR-G402tf 模块的 LCC 封装引脚排列,引脚共有 80 个,但其中有许多引脚未使用。引脚的名称及功能说明如表 9-4 所示。

表 9-4　USR-G402tf 模块的引脚功能

引 脚 序 号	引 脚 名 称	输 入 输 出	引脚电压/V	备　　　注
1	NC			保留
2	RESET_N	I	1.8	系统复位信号
3	GND			电源地
4	NC			保留
5	VREF_1V8		1.8	参考电压 1.8V
6	CODEC_CLK			时钟信号(26MHz)

续表

引 脚 序 号	引 脚 名 称	输 入 输 出	引脚电压/V	备　　　注
7～8	NC			保留
9	GND			电源地
10	NC			保留
11	GND			电源地
12～19	NC			保留
20	GND			电源地
21	GND			电源地
22	VDD_MAIN		3.8	电源
23	USB_DM			USB 数据信号 D-
24	USB_DP			USB 数据信号 D+
25～30	NC			保留
31	GND			电源地
32	SPI_MISO	I	1.8	SPI 的 MISO
33	SPI_MOSI	O	1.8	SPI 的 MOSI
34	SPI_CLK	O	1.8	SPI 的时钟
35	SPI_CS	O	1.8	SPI 的选择
36	GND			电源地
37	UIM_CLK	O	1.8/3.0	SIM 卡时钟信号
38	UIM_DATA	I/O	1.8/3.0	SIM 卡数据信号
39	UIM_RST	O	1.8/3.0	SIM 卡复位信号
40	VREG_RUIM		1.8/3.0	SIM 卡电源
41	UIM_DETECT	I	1.8	SIM 卡测试信号
42	PCM_DOUT	O	1.8	PCM 数据输出
43	PCM_DIN	I	1.8	PCM 数据输入
44	PCM_CLK	O	1.8	PCM 时钟
45	PCM_SYNC	O	1.8	PCM 接口同步信号
46	GND			电源地
47～48	NC			保留
49	GND			电源地
50～51	VDD_MAIN		3.8	主电源
52	GND			电源地
53～60	NC			
61	GND			电源地
62	MAIN_ANT	RF		无线射频主天线接口
63	GND			电源地
64～66	NC			
67	UART_RXD	I	1.8	串口的接收
68	UART_TXD	O	1.8	串口的发送
69～77	NC			
78	GND			电源地
79	DIV_ANT	RF		无线射频分集天线接口
80	GND			电源地

USR-G402tf 模块的主电源是 3.8V,提供有天线接口(包括主天线和分集天线)、PCM 数据语音信号接口、SIM 卡接口、USB 接口、SPI 接口和 UART 接口等。其中,与嵌入式系统的主机可以采用 UART、SPI 和 USB 接口连接,并通过这些接口与主机完成数据交互。与 WiFi 模块和 ZigBee 模块等相同,USR-G402tf 模块也支持 AT 命令,可以用 AT 命令来控制该模块进行联网、发送数据和接收数据等操作。具体的 AT 命令格式在此就不再一一赘述了。

9.3.2　窄带物联网

随着技术的不断发展,万物互联是必然的趋势。9.2 节中介绍的 ZigBee 等短距离无线通信网络,仅能构建覆盖区域有限的物联网络。而 4G 这样的移动蜂窝网络技术,由于其网络覆盖面积广,将成为支撑万物互联的主要连接技术。窄带物联网(Narrow Band Internet of Thing,NB-IoT)即是构建于移动蜂窝网络上的,但只占用其中大约 180kHz 的带宽。下面对窄带物联网的相关知识进行介绍。

1. 窄带物联网概述

窄带物联网(NB-IoT),又称为低功耗广域网,它支持低功耗设备基于移动蜂窝网络数据连接技术来构建物与物相连的广域网。NB-IoT 具有以下几个特点。

(1)覆盖面广。NB-IoT 的无线辐射功能比现有网络增益 20dB,相当于覆盖区域能力提高了 100 倍。

(2)节点容量大。具备海量节点的连接能力。在同一个基站的情况下,比现有无线网络的接入数提高 50～100 倍。

(3)功耗低。每个 NB-IoT 的终端模块的待机时间可长达 10 年。这是因为 NB-IoT 主要聚焦于小数据量、低速率、间歇性的传输应用,功耗可以做到非常小。

(4)NB-IoT 的终端模块成本低。这是因为 NB-IoT 无线重新建网,射频和天线基本是复用的,并且低速率、低带宽、低功耗的需求本身就可以给芯片和模块制造带来低成本的优势。

典型的 NB-IoT 应用网络功能结构如图 9-15 所示。

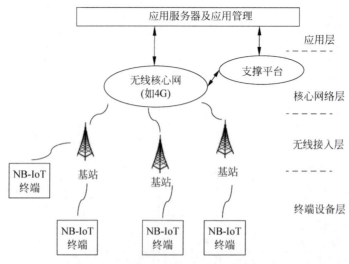

图 9-15　典型的 NB-IoT 应用网络功能结构

图 9-15 显示,典型的 NB-IoT 应用网络的功能结构可以划分为 4 层,即终端设备层、无线接入层(由若干基站组成)、核心网络层和应用层。

终端设备层是由各应用系统中具有 NB-IoT 网络接口功能的智能终端组成,如智能抄表系统中的智能水表、智能电表、智能煤气表等。

无线接入层是由一个或多个基站(eNB)组成。eNB 是窄带物联网(NB-IoT)中组成移动蜂窝小区的基本单元,是移动通信网络架构中的一部分。它主要完成智能终端与移动通信核心网络之间的消息和数据传输。智能终端必须在基站信号辐射范围内才能进行数据传输。

核心网络层,它包括核心网及支撑平台。NB-IoT 的核心网与蜂窝移动通信网络(如 4G 网络)的核心网逻辑单元基本是相同的,但增加了服务能力开放功能(Service Capability Exposure Function,SCEF)单元等,并在数据传输、功耗优化、协议优化、业务能力等方面进行了改进和增强。NB-IoT 的核心网络层负责移动性、安全、连接交换的管理,支持拥塞控制与流量调度,支持计费功能等。

应用层包括应用服务器以及应用服务管理平台等,它是各种应用的 IoT 数据汇聚点,并根据各种应用需求,对数据进行分析、管理等。

上述的 4 层功能中,其中终端设备层的智能终端即是一种嵌入式系统,在该嵌入式系统需要设计 NB-IoT 网络的接口。

2. NB-IoT 的接口设计

在嵌入式系统中设计 NB-IoT 网络的接口,通常选用 NB-IoT 模块来进行。下面以 BC95 模块为例来介绍 NB-IoT 模块与微处理器芯片之间的接口设计。

BC95 模块是某公司以华为 NB-IoT 网络芯片(型号为 Boudica120)为核心开发的 NB-IoT 模块,它是一款高性能、低功耗的模块,其外形及其引脚分布如图 9-16 所示。

BC95 模块内置有无线通信协议(3GPP Rel-13),可以与三大移动运营商(移动、电信、网通)的蜂窝移动通信网建立通信。在载波频率为 15kHz 时,下行传输速率为 24kb/s,上行传输速率为 15.625kb/s。

BC95 模块共有 94 条引脚,其中,LCC 封装的引脚有 54 个,LGA 封装的引脚有 40 个,这些引脚功能被分成几组,主要功能分组有串口功能引脚、USIM 卡接口引脚、天线(RF)接口引脚和电源供电引脚等。

其中,BC95 模块的串口引脚分组有两个:一个为主串口;另一个为调试串口。主串口的引脚是 TXD(数据发送,引脚序号为 30)、RXD(数据接收,引脚序号为 29)、RI(振铃指示,引脚序号为 34),该串口可以用于 AT 命令的通信和数据的传输。调试串口的引脚是 DBG_TXD(引脚序号为 20)、DBG_RXD(引脚序号为 19),该串口用于查看日志信息,并进行软件调试。

典型的 BC95 模块通过串口与嵌入式系统主机连接的电路如图 9-17 所示。

在图 9-17 中,电阻的阻值为 1kΩ。当主机系统的电平为 3.3V 或 3V 时,在主机与 BC95 模块之间的串口信号线上,必须串联上 1kΩ 的电阻,以便降低串口的功耗。

上面仅介绍串口引脚功能及其接口电路,其他引脚功能及电路可参考 BC95 硬件设计手册。

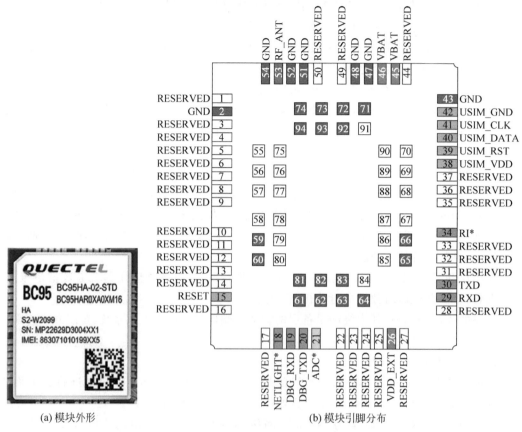

(a) 模块外形　　　　　　　　(b) 模块引脚分布

图 9-16　BC95 模块的外形及引脚分布

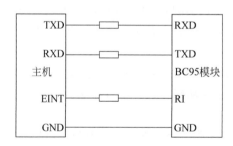

图 9-17　BC95 模块与嵌入式系统主机串口连接的电路

本 章 小 结

　　嵌入式系统与无线通信技术的结合,使得计算无处不在。无线通信由于具有不需要在通信终端之间连接传输线,且通信终端可以在一定的范围内移动等优点,使得无线通信接口在嵌入式应用系统中显得越来越重要。无线通信及其组网技术有许多种,本章选取了几种广泛使用的无线通信及其组网技术进行了介绍,如 WiFi、ZigBee、4G、NB-IoT 等。

习　题　9

1. 选择题

(1) 下面描述无线通信技术的语句中,错误的是(　　)。

　　A. 无线通信是将信源发出的数据信号与载波频率进行解调后由天线发射到空间

　　B. 无线通信省去了通信线路的架设,因此通信成本较低

　　C. 无线电波在空气中传播时很难限制其传播的区域

　　D. 无线通信的接收方由天线将电磁波转换成相关数据信号的电流

(2) 无线电波在传播途中会遇到障碍物,从而发生不同的传播现象。当无线电波遇到障碍物后会分解为次级波,次级波继续在它们分解的方向上传播的现象称为(　　)。

　　A. 反射　　　　　　　B. 发射　　　　　　　C. 散射　　　　　　　D. 衍射

(3) 无线电波按照频率(或波长)来划分,可以分成中波、短波、超短波和微波等波段。4G 通信网络中,其所采用的无线电波波长属于(　　)波段。

　　A. 超短波　　　　　　B. 微波　　　　　　　C. 中波　　　　　　　D. 短波

(4) 扩频是一种无线电波信号的传输方式,扩频通信有许多优点。下面列出的(　　)不是扩频通信的优点。

　　A. 抗干扰能力强　　　　　　　　　　B. 抗衰落性好

　　C. 实时性好　　　　　　　　　　　　D. 保密性好

(5) 无线通信网的结构包括无中心的网络拓扑结构(又称自组织网络)和有中心的网络拓扑结构(又称有基础结构网络)。下面列出的(　　)是无中心的网络拓扑结构。

　　A. WiFi 网络　　　　　　　　　　　B. 4G 网络

　　C. NB-IoT 网络　　　　　　　　　　D. Ad-Hoc 网络

(6) WiFi 网络是常见的无线组网技术,其采用的通信协议标准是(　　)。

　　A. IEEE 802.3　　　　　　　　　　B. IEEE 802.11

　　C. IEEE 802.15　　　　　　　　　　D. IEEE 802.4

(7) ZigBee 网络协议可分为 4 层,即物理层、介质访问控制层(MAC 层)、网络层和应用层。其中,ZigBee 联盟定义了(　　)规范。

　　A. 物理层和链路层　　　　　　　　　B. 物理层和网络层

　　C. 链路层和网络层　　　　　　　　　D. 网络层和应用层

(8) 在嵌入式系统中设计 4G 网络接口电路时,常采用 4G 模块,通常 4G 模块(如 USR-G402tf 型号的模块)中包含有许多功能电路。下面列出的(　　)不是 4G 模块中包含的功能。

　　A. 基带电路　　　　B. 射频电路　　　　C. UART 接口　　　　D. LCD 接口

(9) 下面描述窄带物联网(NB-IoT)的语句中,错误的是(　　)。

　　A. 窄带物联网是构建于移动蜂窝网络上的,但只占用其中大约 180kHz 的带宽

　　B. 窄带物联网主要应用于高速率的物与物联网场合

　　C. 窄带物联网是一种网络覆盖面积广的物联网

　　D. 窄带物联网的功耗低,每个窄带物联网的终端模块待机时间可长达 10 年

（10）下面描述天线的语句中,错误的是(　　　)。

    A. 天线是无线通信中用来辐射和接收无线电波的装置,是一种变换器

    B. 接收方的天线把空间传播过来的电磁波转变成高频振荡的电流

    C. 定向天线辐射的电磁波将向所有方向传播

    D. 室外天线架设应尽量远离地面和建筑物,并尽量架设在高处

2. 填空题

（1）无线电波发射器所发射的信号,若其频谱范围远小于其中心频率,信号能量主要集中在中心频率附近,那么,这样的无线信号称为_____信号。

（2）一个典型的 NB-IoT 应用网络的功能结构可以划分为 4 层,即_____、无线接入层（由若干基站组成）、核心网络层和应用层。

（3）ZigBee 网络是一种以协调器为核心的_____,网络中的其他节点,可以自由加入和退出。一个 ZigBee 网络中只能有_____协调器节点。

（4）AT 命令是电信领域常用的,用于_____向数据通信设备发送控制操作的命令。在 WiFi 模块、4G 模块等通信模块中可以用 AT 命令来控制它们的操作。

（5）IEEE 802.11 协议链路帧的数据包有 3 种类型的,即数据信息的数据包、_____的数据包和管理信息的数据包。

（6）跳频扩频又称为频率跳变扩展频谱（FHSS）,它指的是使用_____频率的无线电波来传输同一信号。

第 10 章　软硬件协同设计示例

软硬件协同设计是嵌入式系统中一种新的设计方法。在 1.3.1 节中已经介绍了这种方法的基本概念,并且在后续章节中也介绍了全可编程芯片(如 Zynq 系列芯片)的硬件结构,以及基于该芯片的各种接口设计。本章将以一个视频图像采集及处理系统为例,来进一步讨论软硬件协同设计方法。

10.1　示例系统的总体设计

本章示例的要求是设计一个图像处理系统,该系统主要包括图像采集和存储、图像的软硬件协同加速处理以及图像传输等三部分功能。本节首先针对 Zynq 芯片的特点和系统的功能要求,对系统的软硬件功能划分进行了介绍;然后介绍了图像处理系统的硬件总体结构;最后介绍了系统软件的总体结构。

10.1.1　系统软硬件功能划分

系统的软硬件功能划分,就是针对系统需要实现的功能,根据开发平台的资源和特点,划分哪些功能由软件部分实现,哪些功能由硬件部分实现。这里所说的"软件实现的功能",指的是基于 Zynq 芯片的 PS(Processing System)部分,并利用 C 语言编程而实现的功能;"硬件实现的功能"指的是基于 Zynq 芯片的 PL(Programmable Logic)部分,即 FPGA 部分,利用 Verilog 语言所设计实现的逻辑模块功能。图 10-1 是示例系统的组成结构。

如图 10-1 所示,本示例的图像处理系统是基于 Zynq 芯片的 PS 部分和 PL 部分来实现的,系统划分为前端、中端和后端三大功能模块。前端模块在图 10-1 中由①所在的虚线区域表示,中端模块在图 10-1 中由②所在的虚线区域表示,后端模块在图 10-1 中由③所在的虚线区域表示。

前端模块所实现的功能,包括图像采集、图像格式转换以及转换后的图像在 FPGA 中存储等功能。中端模块所实现的功能,包括把采集到的图像数据从 BRAM 传送到 DDR 存储器中(利用 Zynq 芯片的 AXI-DMA 功能),以及图像滤波、特征提取等处理(采用 C 语言编程实现),并完成图像处理算法的加速处理(利用 FPGA 逻辑电路实现)。后端模块所实现的功能,包括通过 VGA 完成图像数据实时显示、通过 UART 将图像数据传输到上位机等功能。

对于上述所需实现的系统功能,具体的软硬件功能划分如下。

前端模块的图像采集、图像格式转换、存储控制等功能,以及后端模块的图像在 VGA 上显示控制等功能,均利用 Zynq 芯片的 PL 部分(即 FPGA 部分)来设计实现,并且中端模块的图像处理算法加速,也利用 PL 部分设计实现。这些功能的实现即是由硬件部分实现的功能。

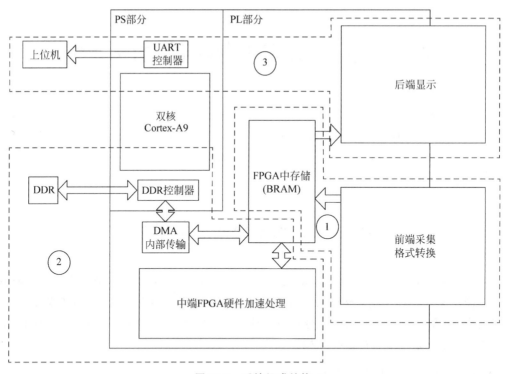

图 10-1　系统组成结构

　　而中端模块的图像处理算法(不适合加速部分),和采用 AXI-DMA 方式控制的图像数据传输等功能,以及后端模块通过 UART 接口将图像数据传输到上位机的控制等功能,均利用 Zynq 芯片的 PS 部分来设计实现。这些功能的实现即是由软件部分实现的功能。

10.1.2　系统硬件总体结构

　　图 10-2 是示例系统的硬件结构。下面按照前端模块、中端模块和后端模块 3 个功能模块来介绍各个模块的硬件结构。

　　1. 前端模块的硬件结构

　　如图 10-2 所示,前端模块的硬件结构中包括 Ov5620 摄像头控制模块、Ov5620 命令配置模块、图像数据格式转换模块和图像数据存储控制模块。

　　图像信息的采集是前端模块的主要功能,硬件设计时选用了 Ov5620 摄像头作为图像信息获取的传感器。根据 Ov5620 摄像头的特性,硬件电路上则设计了 Ov5620 摄像头控制模块和 Ov5620 命令配置模块,来读取摄像头的图像信息和发送命令。由于 Ov5620 摄像头中的命令寄存器采用了 I²C 总线时序,因此,Ov5620 命令配置模块中采用 GPIO 端口相关引脚来模拟 I²C 总线的 SCL、SDA 信号时序,从而控制 Ov5620 摄像头中命令寄存器的读写。而 Ov5620 摄像头控制模块则控制生成摄像头的图像输出时序,以便获取原始图像数据。

　　图像数据格式转换模块则是控制 RAW 的图像数据格式到 RGB 格式的转换。这是因为 Ov5620 采集到的原始图像数据的格式是 10 位的 RAW 格式,因此,需要将它转换为 RGB 格式,以便后续处理和显示。具体实现时,为了节省存储资源,又将 RGB 格式的彩色

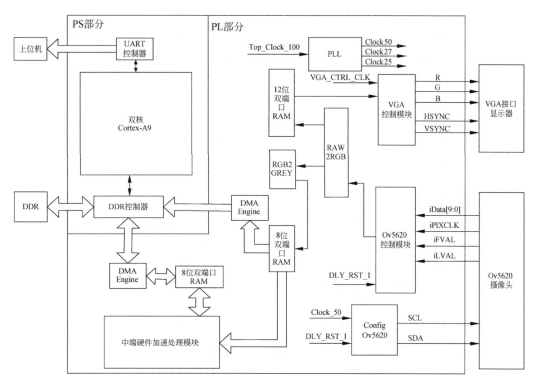

图 10-2　示例系统的硬件结构

图转换为 GREY 格式的灰度图。

图像数据存储控制模块用来控制 RGB 格式图像及 GREY 格式图像的存储。RGB 格式图像用在 VGA 接口的显示器上显示,GREY 格式图像用在算法加速处理。设计时,利用 Zynq 芯片内部的 BRAM 资源分别生成一个 8 位双端口 RAM 和一个 12 位双端口 RAM,分别用来存储 8 位的 GREY 灰度图像和 12 位的 RGB 图像(注:R、G、B 三原色各占 4 位)。最终,GREY 灰度图像数据通过 AXI-DMA 传输到 DDR 存储器中存储。

2. 中端模块的硬件结构

中端模块的硬件结构中包括 DMA 传输控制模块和图像硬件加速处理模块。而图像处理算法中不适合加速处理的,则采用 C 语言编程实现(即纯软件实现)。

DMA 传输控制模块用于控制图像数据在 BRAM 和 DDR 之间传输。设计时,利用 AXI-DMA 的 IP 核,在 FPGA 中实现 DMA 控制器,以便控制图像数据在 BRAM 和 DDR 之间传输。所实现的 DMA 控制器中的寄存器,还需利用 C 语言编程进行配置。

图像硬件加速处理模块是利用 PL 部分的 FPGA 来实现,即利用 FPGA 便于实现硬件并行处理的特点,来提高算法中多重循环运算的执行速度,从而提高了图像处理算法的运行速度。

3. 后端模块的硬件结构

后端模块的硬件结构中包括 VGA 显示控制模块和 UART 传输控制模块。这两个功能模块的设计,其作用主要是用来观察所采集的图像信息,以及观察图像处理后的效果。

VGA 显示控制模块是利用 PL 部分的 FPGA 来实现。其根据系统提供的 25MHz 的时钟信号,来产生 VGA 显示器所需要的场同步信号(VSYNC)、行同步信号(HSYNC),并产生所需显示的像素点在 12 位双端口 RAM 中的地址,通过该地址读取对应像素点的 R、G、B 颜色值(每个颜色值各 4 位)。VSYNC 信号、HSYNC 信号以及 R、G、B 三色信号,将提供给 VGA 显示器,控制其完成图像的显示。

UART 传输控制模块是利用 PS 部分的现有 UART 接口来实现。该 UART 接口是一个全双工的异步接收和发送器,支持软件可编程。即其波特率和数据格式均可编程设定。利用 C 语言编程,可以完成 UART 接口相关寄存器的初始化,并控制数据的发送和接收,以便完成将图像数据传送到上位机。

10.1.3　系统软件总体结构

示例系统的软件功能,指的是基于 Zynq 芯片的 PS 部分,并利用 C 语言编程而实现的功能。设计时,利用 Vivado 工具软件中的 SDK 来进行软件程序开发。从 SDK 开发界面的角度来看,示例系统的软件结构由下向上分为 3 个层次,即平台初始化层、板级支持包(BSP)层和应用层,如图 10-3 所示。

在图 10-3 中,平台初始化层完成 Zynq 芯片中 PS 部分的定制,并对 PL 部分所扩展的逻辑功能进行初始化。板级支持包(BSP)层完成对 PS 部分的 Arm Cortex A9 核进行初始化,建立及完善示例系统软件运行的基本环境。其中主要包括以下内容。

① 初始化 CPU 内部寄存器。

② 设定 RAM 工作时序。

③ 时钟驱动设置。

④ 串口驱动设置。

⑤ 完善 Cache 和内存管理单元的驱动。

⑥ 指定程序起始运行位置。

⑦ 完善中断管理及中断异常向量设置。

⑧ 完善系统总线驱动。

图 10-3　示例系统的软件结构

应用层完成示例系统的应用功能,包括控制图像采集、处理以及在 VGA 显示器上显示、通过串口把图像数据传输给上位机等。应用层程序的主函数设计如下:

```
//示例系统的应用程序 main()函数,函数中根据开发板上的 8 个拨码开关来选择功能处理
int main() {
init_platform();                                    //初始化硬件平台
init_uart();                                        //初始化与上位机通信的串口
init_axi_dma(unsigned int * p);                     //初始化 AXI-DMA 传输通道
while (1) {
Data = XGpio_DiscreteRead(&Gpio_sw, SW_CHANNEL);    //读取键盘,判断完成何种操作
if(Data!=0&&Data!=1&&Data!=2&&Data!=4&&Data!=8&&Data!=16&&Data!=
32&&Data!=64&&Data!=128){
        printf("error!\n");
    }
```

```
        else
        {
            XGpio_DiscreteWrite(&Gpio_led, LED_CHANNEL, Data);      //LED 灯起指示作用
            switch((int)Data)
            {
                case 1:          //采集图像
                {
                printf("sw====%d\n",(int)Data);
                printf("doing k1 ……………………\n");
                init_axi_dma_simple((unsigned int *) AXI_DMA_BASE);
                printf("doing k1 finish!!\n");
                XGpio_DiscreteWrite(&Gpio_led, LED_CHANNEL, 0);
                while (Data)
                {
                    Data = XGpio_DiscreteRead(&Gpio_sw, SW_CHANNEL);
                }
                break;
                }
                case 2:              //传回原图,图像数据传回 DDR
                case 4:              //图像 FPGA 硬件加速处理
                case 8:              //软件图像处理
                case 16:             //目标检测
                case 32:             //目标匹配
                case 64:             //保留
                case 128:            //回传处理结果,数据传回至上位机
                default:
            }//end switch
        }
    }//end while
    cleanup_platform();
    return 0;
}
```

10.1.4　系统运行的总流程

图 10-4 是示例系统的工作总流程图。

图 10-4 中显示,示例系统的工作流程如下。

① 系统上电或复位后,运行固化在 Zynq 芯片内部 ROM 中的 BootROM 代码,完成初始化系统,并加载应用程序。BootROM 的功能在 6.1.3 节中已经介绍。

② 加载 system. bit 二进制比特流文件到 FPGA 中,用来完成时钟、BRAM、AXI-DMA以及各个 FPGA 硬件功能模块的初始化。system. bit 文件是利用 FPGA 设计工具通过系统级设计、创建顶层模块、综合、实现等步骤生成的。

③ 初始化 Ov5620 摄像头模块。利用 GPIO 模拟 I^2C 总线时序,根据 SCCB(Serial Camera Control Bus)协议对 Ov5620 摄像头的相应控制寄存器进行设置,并启动摄像头采集图像数据。

④ 采集一幅图像数据,并进行图像格式的转换。即将 10 位基于 Bayer 模板的 RAW 格式图像,转换为 RGB 格式图像,然后再将 RGB 格式图像转换为 8 位的 GREY 格式图像。

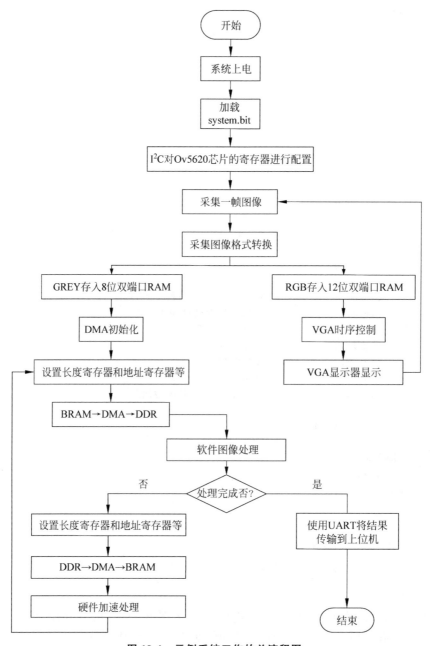

图 10-4　示例系统工作的总流程图

⑤ 根据图像格式的不同分别处理。对于 RGB 格式图像，将 3 个基色分量的高 4 位组合在一起，形成 12 位的图像信息存储于 12 位的双端口 RAM 中，然后输出到 VGA 时序控制模块，控制 VGA 显示器显示一幅图像；对于 8 位 GREY 格式图像存储于 8 位的双端口 RAM 中，然后再初始化 AXI-DMA 的相关寄存器，控制 BRAM 到 DDR 存储器之间的图像数据传输，完成图像的处理算法，并把处理后的图像传输到上位机，以便观察处理结果。

10.2　前端模块的详细设计

10.1 节的总体设计中,已经确定前端模块所实现的功能为图像采集、图像格式转换以及转换后的图像在 FPGA 中存储等功能。下面对这些功能模块的详细设计及实现进行介绍。

10.2.1　图像采集功能的实现

本示例系统中选用 Ov5620 摄像头模块作为图像信息获取的传感器。该摄像头模块具有一个 SCCB 端口,用于访问模块中的内部寄存器,以便设置 Ov5620 的操作命令。通常需要设置的操作命令包括主/从模式、帧速率设定、曝光控制、窗口大小设定、输出格式、对比度控制和亮度控制等。

SCCB 是简化的 I^2C 协议,信号线也分别是 SCL 和 SDA,其时序和 I^2C 总线的时序也相同。图 10-5 是写入 3 字节的命令和数据到 Ov5620 控制寄存器的时序图。

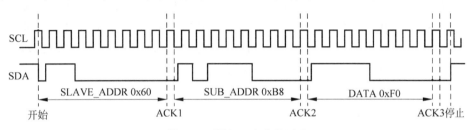

图 10-5　写入 3 字节的时序

图 10-5 所示的时序共向 Ov5620 发送 3 字节命令和数据。第一字节是发送命令信号 0x60,作为从设备的地址;第二字节是发送命令信号 0xB8,作为 Ov5620 内部寄存器的地址;第三字节是 0xF0,作为需要写入寄存器的配置参数。通过上面 3 字节信息的发送,可以向从地址为 0x60 的 Ov5620 摄像头模块内部寄存器(地址为 0xB8)写入一个配置参数 0xF0。

图像采集功能模块的具体实现,是利用 Verilog 语言设计一个 Ov5620 摄像头的配置模块(模块名称为 I^2C_OV5620_Config)和一个图像采集控制模块(模块名称为 COMS_Capture)。

图 10-6 是 Ov5620 摄像头的配置模块(I^2C_OV5620_Config)的 RTL 级结构。

在图 10-6 中,Ov5620 摄像头配置模块包含 3 个子功能模块,即 I^2C_CLOCK_Gen 子模块、Config_Data_LUT 子模块和 I^2C_Controller 子模块。

I^2C_CLOCK_Gen 子模块负责产生 I^2C 总线时钟信号 I^2C_SCLK 所需的频率。由于 I^2C_OV5620_Config 子模块的输入时钟 iCLK 的频率为 50MHz,而 I^2C 总线的传输速率设计为 100kb/s,即 I^2C_SCLK 信号的频率为 100kHz。因此,需要通过分频的方式得到 I^2C_SCLK 信号的频率。

Config_Data_LUT 子模块是一个查找表,保存有 Ov5620 摄像头内部寄存器的地址和配置的数据。查找表内数据是 16 位的,方便对不同地址的寄存器进行灵活配置,从而控制摄像头的不同工作状态。

I^2C_Controller 子模块是摄像头配置模块的核心部分,完成图 10-5 所示的 I^2C 总线命

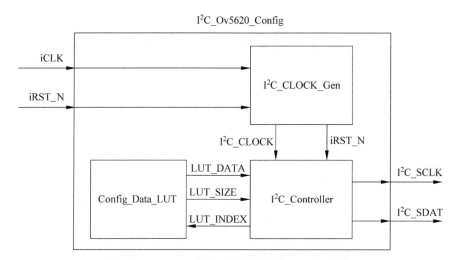

图 10-6　Ov5620 摄像头配置模块的 RTL 级结构

令发送时序的产生。即生成时序中的开始位和停止位,并与 1 字节命令信号以及从 Config_ Data_LUT 查找表中获得的两字节数据,合并成一个 I^2C 命令时序进行传输。传输完成后, LUT_INDEX 信号加 1,以便寻址 Config_Data_LUT 查找表中的下一个 2 字节数据。实现 I^2C_Controller 子模块功能的关键 Verilog 代码如下:

```
case (SD_COUNTER)
    6'd0  : begin ACK1=0; ACK2=0; ACK3=0; SDO=1; SCLK=1; end   //置 SCL 为高电平
    //产生时序中的开始位
    6'd1  : begin SD=I2C_DATA;SDO=0;end                        //置 SDA 由高变低
    6'd2  : SCLK=0;                                            //置 SCL 为低电平
    //传送 SLAVE ADDR 命令信号,8bit,即 1B
    6'd3  : SDO=SD[23];
        :  :                                //省略了 8 位命令信号中其他几位的传送语句
    6'd10 : SDO=SD[16];
    6'd11 : SDO=1'b1;                       //ACK1
    //传送 SUB ADDR 地址信号,8bit,即 1B
    6'd12 : begin SDO=SD[15]; ACK1=1'b1; end
    6'd13 : SDO=SD[14];
        :  :                                //省略了 8 位地址信号中其他几位的传送语句
    6'd19 : SDO=SD[8];
    6'd20 : SDO=1'b1;                       //ACK2
    //传送 DATA 配置数据信号,8bit,即 1B
    6'd21 : begin SDO=SD[7]; ACK2=1'b1; end
    6'd22 : SDO=SD[6];
        :  :                                //省略了 8 位配置数据信号中其他几位的传送语句
    6'd28 : SDO=SD[0];
    6'd29 : SDO=1'b1;                       //ACK3
    //产生时序中的停止位
    6'd30 : begin SDO=1'b0; SCLK=1'b0; ACK3=1'b1; end
    6'd31 : SCLK=1'b1;                      //SCL 为高电平
    6'd32 : begin SDO=1'b1; end             //SDA 由低变高
endcase
end
```

Ov5620 摄像头的配置模块主要是控制对 Ov5620 摄像头模块内部寄存器的参数设置,即控制图像窗口大小(即分辨率)、图像输出格式、曝光率、对比度、亮度等参数的设置。而控制图像数据的采集是由图像采集控制模块(模块名称为 COMS_Capture)来完成的。图 10-7 是图像采集控制模块 COMS_Capture 的 RTL 级结构。

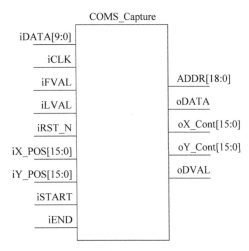

图 10-7　图像采集控制模块的 RTL 级结构

如图 10-7 所示,图像采集控制模块左边连接的是 Ov5620 摄像头模块,其中,信号线 iCLK、iFVAL 和 iLVAL 对应着 Ov5620 的 PCLK(像素同步)、VSYNC(场同步)和 HREF(行同步)信号引脚,这 3 个信号确保了接收有效和准确的图像数据。

另外,与 Ov5620 摄像头模块连接的信号还有 iRST(复位信号)、iSTART(开始采集信号)和 iEND(结束采集信号)等 3 个控制信号,这些控制信号控制图像采集的开始和停止以及 10 位原始图像数据的输入信号 iDATA[9:0]、有效数据窗口的起始横纵坐标信号 iX_POS[15:0] 和 iY_POS[15:0]。

如图 10-7 所示,图像采集控制模块右边的信号有 ADDR[18:0]、oDATA[9:0]、oDVAL、oX_Cont[15:0] 和 oY_Cont[15:0]。其中,ADDR[18:0] 是地址信号,用于指示所采集的图像像素数据的存储单元,因为本示例系统中所采集的图像大小设置为 640×480,所以 19 位的地址就能满足存储容量要求; oDATA[9:0] 是数据信号,用于传送 10 位的有效原始图像数据; oDVAL 是控制信号,用于指示图像数据输出有效; oX_Cont[15:0] 和 oY_Cont[15:0] 用于表示所采集的当前像素水平坐标和垂直坐标。

图像采集控制模块将根据 Ov5620 的图像采集时序来控制图像数据的采集。其采集时序如图 10-8 所示。

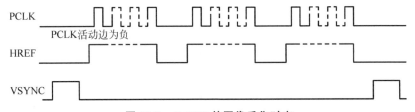

图 10-8　Ov5620 的图像采集时序

在图 10-8 中,VSYNC 信号是场同步信号,指示一帧图像的有效数据开始输出; HREF 是行同步信号,指示一行像素的有效数据开始输出; PCLK 是像素同步信号,指示一个像素的有效数据开始输出。因此,在设计图像采集控制模块时,判断 VSYNC 为上升沿时,开始一帧图像数据的采集; 判断 HREF 为上升沿时,开始一行像素的数据采集; 判断 PCLK 时钟信号有效时,就采集一个像素点的图像数据; 直到一帧图像数据采集完成,再进行下一帧图像数据的采集。

图 10-9 是本示例系统中所设计的一帧图像数据的采集流程。流程中,模块内部定义的

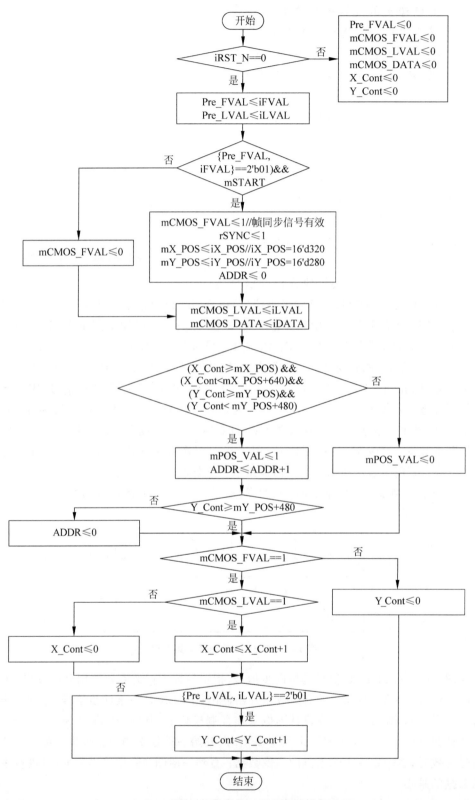

图 10-9　图像采集模块中一帧像素的采集流程

变量 mSTART 表示控制图像采集的开始；变量 X_POS 和变量 Y_POS 表示 Ov5620 摄像头实际的图像开窗起点横坐标和纵坐标；变量 X_Cont 和变量 X_Cont 表示整个图像窗口（2592×1944）的横坐标和纵坐标，这两个变量与 oX_Cont 和 oY_Cont 对应，方便格式转换模块中判断像素点坐标的奇偶。

10.2.2　图像格式转换功能的实现

本示例系统中，Ov5620 摄像头采集的原始图像 RAW 是 Bayer 格式的，由于在后续功能中需要使用其他图像格式文件，因此，需要设计一个图像格式转换子模块。该模块将完成 RAW 转换为 RGB 格式，并完成 RGB 格式转换为 GREY 格式。

1. RAW 转 RGB

Ov5620 摄像头模块通过光电感应所获得的图像数据，其单个像素上只感应一种颜色，这样的原始图像数据称为 RAW 的图像数据，其颜色的排列如图 10-10 所示。

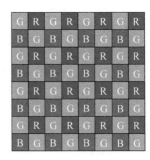

图 10-10 中显示，Bayer 格式的彩色图像，其特点是：奇数行为绿色和红色交替出现，偶数行为蓝色和绿色交替出现；奇数列为绿色和蓝色交替出现输出，偶数列为红色和绿色交替出现。

但是，示例系统的后端模块中，需要将采集到的图像通过 VGA 显示器进行显示，因此，就需要将 Bayer 格式的 RAW 图像转换成 RGB 格式图像。本示例中，选用邻

图 10-10　Ov5620 摄像头模块的 RAW（Bayer 格式）图像示意图

域插值算法来实现 Bayer 格式到 RGB 格式的转换。所设计的转换模块名称为 RAW2RGB，其 RTL 级顶层结构如图 10-11 所示。

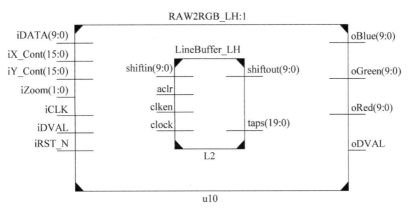

图 10-11　RAW2RGB 转换模块的 RTL 级顶层结构

在图 10-11 中，左边信号为输入信号，包括 iDATA[9:0]、iX_Cont[15:0]、iY_Cont[15:0]、iDVAL、iCLK、iRST_N 等。右边信号为输出信号，包括 oBlue[9:0]、oGreen[9:0]、oRed[9:0]、oDVAL 等。

其中，输入信号 iDATA[9:0]为图像采集控制模块输出的 10 位 Bayer 格式的 RAW 图像数据；iX_Cont[15:0]和 iY_Cont[15:0]用来表示当前原始图像的横坐标和纵坐标；iDVAL 为图像采集控制模块输出的图像数据有效信号；iCLK 对应于摄像头的输出像素同

步信号 PCLK。

输出信号 oBlue[9:0]、oGreen[9:0] 和 oRed[9:0] 为格式转换后输出的 10 位 RGB 真彩色信号；oDVAL 为转换完成后输出的有效信号。

具体实现 RAW2RGB 转换模块时，采用 Verilog 语言来设计，所实现的代码如下：

```
//RAW2RGB 实现的 Verilog 关键代码
always@(posedge iCLK or negedge iRST_N)
begin
    if (!iRST_N)
        begin
            rRed<=0;   rGreen<=0;   rBlue<=0;
        end
    else if ({iY_Cont[0],iX_Cont[0]} == 2'b00)        //2'b11
        begin
            rRed<=wData1_d1;   rGreen<=wData1+wData0_d1;   rBlue<=wData0;
        end
    else if ({iY_Cont[0],iX_Cont[0]} == 2'b01)        //2'b10
        begin
            rRed<=wData1;   rGreen<=wData1_d1+wData0;   rBlue<=wData0_d1;
        end
    else if ({iY_Cont[0],iX_Cont[0]} == 2'b10)        //2'b01
        begin
            rRed<=wData0_d1;   rGreen<=wData0+wData1_d1;   rBlue<=wData1;
        end
    else if ({iY_Cont[0],iX_Cont[0]} == 2'b11)        //2'b00
        begin
            rRed<=wData0;   rGreen<=wData0_d1+wData1;   rBlue<=wData1_d1;
        end
end
```

上述 RAW2RGB 转换模块代码中，定义了一个行计数器 iY_Cont 和一个列计数器 iX_Cont。行计数器 iY_Cont 和列计数器 iX_Cont 中，分别记录了有效图像的行数和列数，iY_Cont 中的最大值是 640，iX_Cont 中的最大值是 480。然后，根据 iY_Cont、iX_Cont 值的最后一位，来判断所标记的像素点所在行列的奇偶，再根据像素点所在行列的奇偶，确定插值转换的计算值，最后生成该像素点的 RGB 三原色。

2. RGB 转 GREY

为了方便采集到的图像在后续的滤波以及算法加速中的处理，需要把 RGB 格式的图像再转换为 GREY 格式的灰度图像。RGB 格式的图像转换为 GREY 格式的图像主要有 3 种算法，即基础算法、整数算法、整数移位算法。

基础算法是采用了以下公式的转换算法：

$$\mathrm{Grey} = R \times 0.299 + G \times 0.587 + B \times 0.114$$

整数算法是将基础算法中的系数取整，即将转换公式变为

$$\mathrm{Grey} = \frac{R \times 299 + G \times 587 + B \times 114}{1000}$$

这样取整后，即采用了整数运算，可以避免算法中的浮点运算，从而提高了算法的运算速度。但整数算法中，所有系数均扩大了 1000 倍，因此，最后还需要除 1000。

整数移位算法是将整数算法中的除法改为移位操作。也就是说，将除运算改为右移若干位的操作，右移一位，相当于除 2。但这样改进的算法会带来一定的误差，只要误差精度能满足实际要求即可。例如，整数移位算法，若精度为 16 时，可以用下面的公式：

$$\text{Grey} = (R \times 19595 + G \times 38469 + B \times 7472) \gg 16$$

在本示例中，采用精度为 7 的整数移位算法来进行转换，就能得到较为理想的转换效果。具体用 Verilog 实现 RGB 格式图像转换为 GREY 格式图像的语句如下：

assign grey ＝ (mCMOS_R×38 ＋ mCMOS_G×75 ＋ mCMOS_B×15) ≫ 7;

10.2.3　图像存储功能的实现

本示例中，将利用 Zynq 芯片 PL 部分的内部存储资源 BRAM，定制图像数据存储所需的双端口 RAM 存储器，并且可根据需要来设置存储器的位宽和深度等参数。示例系统中采用了以下两种方式来定制双端口 RAM 存储器。

① 定制图像采集传输，以及图像显示中用到的双端口 RAM，利用了 Xilinx 公司提供的 IP 核，将其配置成具有两个时钟信号(CLK)，并配置成简单双端口 RAM(Simple Dual Port RAM)。对简单双端口 RAM 的读写，分别采用不同的时钟信号。

② 定制中端硬件加速处理模块所用到的双端口 RAM，采用了 Verilog 语言来将 BRAM 例化为双端口同步读 RAM。

1. 图像采集及显示中用到的双端口 RAM 定制

定制该双端口 RAM 时，利用 Vivado 中的 IP CORE Generator 工具生成一个简单双端口 RAM 的存储模块，配置两个时钟信号，并将其位宽配置成 12 位或 8 位，深度均配置为 307 200 个存储单元(对应于图像的大小为 640×480)。12 位的双端口 RAM 用于图像采集模块中，存储经过格式转换后的 12 位 RGB 格式图像(R、G、B 三原色各占 4 位二进制值)。8 位的双端口 RAM 用于存储 GREY 格式的灰度图像。所生成的简单双端口 RAM(12 位的)，其 RTL 级顶层结构如图 10-12 所示。

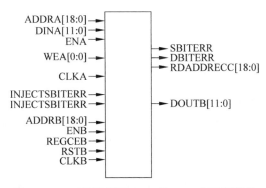

图 10-12　12 位双端口 RAM 的 RTL 级顶层结构

图 10-12 中显示，12 位双端口 RAM 的数据输入信号 DINA[11:0]有 12 根，用于输入 12 位的图像数据。时钟信号 CLKA 为摄像头模块的像素同步信号 PCLK，用于控制图像像素数据的存储，即通过双端口 RAM 的 A 端口写入图像数据到存储单元，单元的地址信号由 ADDRA[18:0]确定。

图 10-12 中显示,12 位双端口 RAM 的数据输出信号 DOUTB[11:0]也有 12 根,用于输出 12 位的图像数据。时钟信号 CLKB 与 VGA 显示器控制模块的时钟信号 VGA_CTRL_CLK 相连,用于保持与 VGA 显示器控制时钟的同步。

8 位双端口 RAM 的 RTL 级顶层结构与图 10-12 类似,只是数据位为 8 位,即数据输入信号为 DINA[7:0],数据输出信号为 DOUTB[7:0]。并且,时钟信号 CLKB 与 12 位的 CLKB 用途不同。在 8 位双端口 RAM 中,CLKB 与 AXI 总线上的时钟信号 ACLK 相连,作为 AXI-DMA 操作的工作时钟,用于控制图像数据到 DDR 存储器的传输。

2. 中端硬件加速用到的双端口 RAM 定制

中端硬件加速模块中用到的双端口 RAM,其作用是临时存储图像数据,以便用 FPGA进行算法加速时作为图像数据的缓存区。下面是设计该双端口 RAM 的 Verilog 程序代码:

```verilog
//Verilog 实现的同步读写双端口 RAM 的模块
module xilinx_dual_port_ram_sync #(
        parameter ADDR_WIDTH = 32,              //地址线最大宽度
        DATA_WIDTH = 8,                         //数据位宽度
        LENGTH = 307200                         //一幅 640×480 图像的大小
)
(       input   wire    clk,
        input   wire    we,
        input   wire    [ADDR_WIDTH-1:0] addr_a, addr_b,
        input   wire    [DATA_WIDTH-1 :0] din_a,
        output  wire    [DATA_WIDTH-1 :0] dout_b
        );
        reg [DATA_WIDTH-1:0] ram [LENGTH -1:0];
        reg [ADDR_WIDTH-1:0] addr_b_reg;
        always @(posedge clk)
        begin
           if (we)
                ram[addr_a] <= din_a;           //写操作
           addr_b_reg <= addr_b;
        end
        assign dout_b = ram[addr_b_reg];        //读操作
        endmodule
```

上述代码所实现的双端口 RAM,其数据宽度为 8 位,端口 a 作为输入,通过它写入图像数据到 RAM 中;端口 b 作为输出,通过它读取 RAM 中存储的图像数据。RAM 的容量大小是 307200B,读写时采用的地址信号均为 32 位。

10.3　中端模块的详细设计

10.1 节的总体设计中,确定中端模块需实现的功能为图像数据的 DMA 传输(即将图像数据从双端口 RAM 中传送到 DDR 存储器中)、图像滤波以及图像处理算法的加速处理等。下面对这些功能模块的详细设计及实现进行介绍。

10.3.1　DMA 传输控制模块实现

利用 Zynq 芯片来完成图像处理算法的实现,可以充分体现软硬件协同设计的优点。也就是说,可以充分利用 Zynq 芯片内部 PS 和 PL 各自的特点,来实现图像处理算法中不同步骤的功能。例如,图像处理算法中,通常会涉及大量数据的并行运算,这些运算可以利用 PL 中的 FPGA 来实现,以便提高这些运算的处理速度,而其他不能并行处理的功能,则利用 C 语言编程,然后将程序运行在 PS 上来实现,这样可以提高整个图像处理的速度。

要在 PS 和 PL 之间,协同地完成图像处理算法中各步骤的工作,需要进行高速的数据交互。本示例系统(图 10-2)采用 AXI-DMA 来控制高速数据交互。借助 AXI-DMA 控制器,可以将图像数据在 DDR 存储器与双端口 RAM 之间高速传输。DDR 存储器可以由 PS上运行的 C 语言程序来读写,而双端口 RAM 可以由 PL 来控制读写。

本示例系统采用 Xilinx 公司提供的 AXI-DMA IP 核来生成 DMA 控制器,并在 PL 部分的 FPGA 上实现。实现时,根据实际需要,利用 Xilinx 的设计工具软件 Vivado 对 AXI-DMA 的具体功能、参数以及传输方式进行配置。生成后的 AXI-DMA 控制器内部结构示意图如图 10-13 所示。

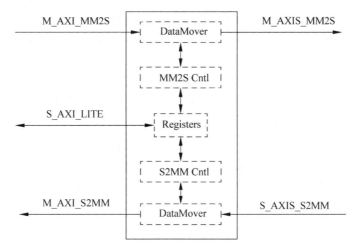

图 10-13　AXI-DMA 内部结构示意图

如图 10-13 所示,AXI-DMA 内部有两个 DMA 通道,一个是 MM2S 通道,另一个是S2MM 通道,并且这两个通道是相互独立的。MM2S 通道控制数据从存储器(本示例系统中为 DDR)到外设(本示例系统中为双端口 RAM)的 DMA 传输;S2MM 通道控制数据从外设(本示例系统中为双端口 RAM)到存储器(本示例系统中为 DDR)的 DMA 传输。端口S_AXI_LITE(AXI4-Lite 从接口)用于 DMA 控制器中的寄存器设置,包括初始化、状态以及管理寄存器的设置。

图 10-14 是示例系统中利用 AXI-DMA 控制图像数据传输的结构框图。

在图 10-14 中,AXI-DMA 控制器的一端连接外设(图中的 top_stream_ip 模块),另一端与 DDR 进行交互。与 DDR 的交互是通过总线互联矩阵 AXI-Interconnect_1 和 AXI-Interconnect_2 进行的,它们分别与 PS 部分的 M_AXI_HP0 和 M_AXI_GP0 端口连接,从而与 PS 端的 DDR 控制器连接。

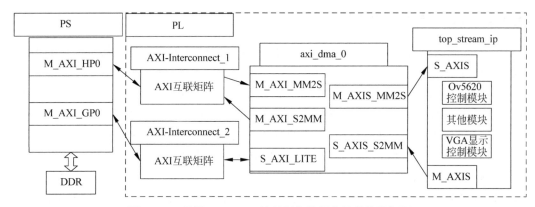

图 10-14　利用 AXI-DMA 控制图像数据传输的结构框图

连接到 M_AXI_HP0 端口的互联矩阵 AXI-Interconnect_1,同时与 axi_dma_0（AXI-DMA 的一个实例）模块的 M_AXI_MM2S 和 M_AXI_S2MM 端口相连。该通道用于传输图像数据,因此,采用 AXI_HP 高速端口。axi_dma_0 模块中的 M_AXI_MM2S 端口用于完成从 DDR 中接收数据,M_AXI_S2MM 端口用于完成向 DDR 发送数据。

连接到 M_AXI_GP0 端口的互联矩阵 AXI-Interconnect_2,同时与 axi_dma_0 模块的 S_AXI_LITE 端口相连,该通道主要用于 PS 部分用 C 语言代码来设置 AXI-DMA 的控制寄存器,由于传输控制命令参数,因此,采用 AXI_GP 低速端口。

在图 10-14 中,top_stream_ip 模块是 AXI4-Stream 类型的外设。该模块是顶层模块,其中包括前端的 Ov5620 摄像头图像采集模块、原始图像格式转换模块、BRAM 数据存储模块以及中端的硬件加速模块和后端的 VGA 显示图像控制模块等。

axi_dma_0 模块中的 M_AXIS_MM2S 端口用于完成向 top_stream_ip 模块发送数据,M_AXIS_S2MM 端口用于完成从 top_stream_ip 接收数据。

top_stream_ip 模块的端口定义是根据 AXI 总线规范来进行的,需要有发送和接收两个方向的端口。其端口的定义如下:

```verilog
//Verilog 语句定义的 top_stream_ip 模块中的端口列表
module top_stream_ip
(
    ACLK,                  //连接系统 AXI 总线的时钟
    ARESETN,               //低电平有效复位信号
    S_AXIS_TREADY,         //作为从设备向 AXI-DMA 发出准备好接收数据的信号
    S_AXIS_TDATA,          //作为从设备接收 AXI-DMA 发送的数据
    S_AXIS_TLAST,          //作为从设备接收 AXI-DMA 发出的是否是最后一个数据的信号
    S_AXIS_TVALID,         //作为从设备接收 AXI-DMA 发出的数据有效信号
    M_AXIS_TVALID,         //作为主设备向 AXI-DMA 发出发送数据有效信号
    M_AXIS_TDATA,          //作为主设备向 AXI-DMA 发出数据
    M_AXIS_TLAST,          //作为主设备向 AXI-DMA 发出是否是最后一个数据的信号
    M_AXIS_TREADY,         //作为主设备接收 AXI-DMA 发出的准备接收数据的信号
    M_AXIS_TKEEP           //作为主设备向 AXI-DMA 发出当前发送的一个数据有效的信号
);
```

按照 AXI 总线规范规定,AXI 总线上的主设备和从设备之间进行通信,首先需要建立"握手"信号,如图 10-15 所示。

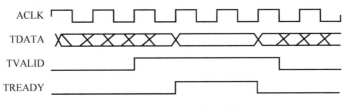

图 10-15 AXI-DMA"握手"信号

图 10-15 显示,当主设备的数据准备好时,会发出并且维持 TVALID 信号,表示数据线(TDATA)上数据有效。当从设备准备好接收数据时,会发出并且维持 TREADY 信号有效。只有当 TVALID 和 TREADY 信号均有效时,DMA 数据传输才开始,并一直传输数据,直到主设备撤销 TVALID 信号或者从设备撤销 TREADY 信号时 DMA 数据传输才终止。

在启动 DMA 传输前,需要基于 PS 部分用 C 语言代码来设置 AXI-DMA 的控制寄存器,主要是设置相关的地址参数。本示例系统中,DDR 存储器的地址空间是从 0x00000000 到 0x1FFFFFFF;AXI-DMA 模块的基地址为 0x40400000,在 C 语言编写的程序中,可根据基地址和偏移量来设置 AXI-DMA 的控制寄存器。下面是用 C 语言编写的,用于初始设置 MM2S 通道的代码。

```
//初始设置 MM2S 通道的 C 语言代码
# define AXI_DMA_BASE 0x40400000                //AXI-DMA 模块的基地址
# define MM2S_DMACR 0                           //MM2S 控制寄存器偏移量
# define MM2S_DMASR 1                           //MM2S 状态寄存器偏移量
# define MM2S_SA 6                              //MM2S 地址寄存器偏移量
# define MM2S_LENGTH 10                         //MM2S 长度寄存器偏移量
void config_axi_dma (unsigned int * p)          //DMA 寄存器配置
{
    * (p+MM2S_DMACR) = 0x04;                    //复位 MM2S 通道
    while( * (p+MM2S_DMACR)&0x04);
        * (p+MM2S_DMACR)=1;                     // start DMA
    while(( * (p+MM2S_DMASR)&0x01));            //读状态寄存器
        * (p+MM2S_SA) = (unsigned int )sendram;  //源地址
    * (p+MM2S_LENGTH) = sizeof(sendram);        //写长度寄存器,启动
    //检查状态寄存器,判断 DMA 传输是否完成
    while (!(AXI_DMA_BASE + MM 2S_DMASR) & 0x1000);
}
```

上述 C 语言程序代码是用于设置 MM2S 通道的相关寄存器,对于 S2MM 通道的相关寄存器的设置,与此类似,就不再叙述。

10.3.2 中值滤波模块实现

中值滤波是图像处理中常用的、非线性的除噪滤波算法,它能够滤除绝大部分脉冲噪声,但同时还能够保护目标图像的边缘信息。本示例系统中,采用了图 10-16 所示的三值排序快速中值滤波算法。

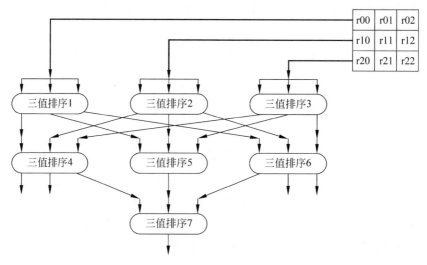

r00	r01	r02
r10	r11	r12
r20	r21	r22

图 10-16　三值排序快速中值滤波算法示意图

三值排序中值滤波算法的关键是三值排序,即通过比较 3 个输入的数据,按比较后的大小顺序输出最小值、中间值和最大值。其比较逻辑如图 10-17 所示。

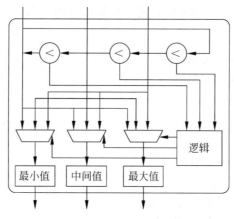

图 10-17　三值排序比较逻辑

下面是用 Verilog 语言编写的三值排序比较逻辑,3 个被比较的数据在 r00、r01、r02 中存放。

```
//三值排序逻辑的 Verilog 关键代码
Process:
begin
case (stage)
    0:
    begin
        if(r00 > r01)
        begin   r00 <=r01; r01 <=r00; end        //交换 r00 和 r01 两个寄存器的像素值
        stage  <= 1;   state  <= Process;
    end
    1:
```

```
      begin
         if(r01 > r02)
         begin   r01 <= r02; r02 <= r01; end        //交换 r01 和 r02 两个寄存器的像素值
         stage   <= 2;   state   <= Process;
      end
      2:
      begin
         if(r00 > r02)
         begin   r00 <= r02; r02 <= r00; end        //交换 r00 和 r02 两个寄存器的像素值
         stage   <= 3;   state   <= Process;
      end
      3:                                            //三值排序后 r00、r01、r02 按升序排列
      begin
         d_out <= r01[7:0];                         //输出中间值
         out_valid <= 1;
         state <= Write;
      end
   endcase
   end                                              //end Process1
```

从图 10-16 中可以看到,一个完整的三值排序中值滤波算法中,每 3 行的操作可以并行,即图 10-16 中的三值排序 1、三值排序 2、三值排序 3 可以并行操作;三值排序 4、三值排序 5、三值排序 6 也可以并行操作。一个 3×3 点阵的三值排序中值滤波仿真波形如图 10-18 所示。

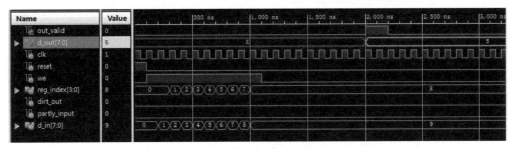

图 10-18 3×3 点阵的三值排序中值滤波仿真波形

从图 10-18 中可以看到,当 3×3 点阵的 9 个像素数据输入后开始进行排序,9 个时钟周期后就可以得到排序后的结果,这比用纯软件的方式实现排序(如冒泡排序)速度要快许多。

10.3.3 直方图均衡化模块实现

在图像处理中,直方图均衡化(Histogram Equalization)是把一幅已知灰度级的图像变换成为一幅具有均匀灰度概率分布的新图像。从对比度增强的角度来看,直方图均衡化隐含的假设是输入直方图的峰值包含感兴趣的信息并且对峰值间的对比度不感兴趣,通过散开像素来减少峰值的平均高度,从而增强图像的对比度。

本示例系统中,实现直方图均衡化算法的过程是:首先通过 AXI-DMA 将图像数据从 DDR 传输到双端口 RAM 中,并统计直方图每个灰度级出现的次数。其中双端口 RAM 作为 FPGA 中图像数据的帧缓存,然后由统计值得到查找表。最后利用查找表得到 RAM 中每个像素均衡化后图像的像素,并通过 AXI-DMA 传送回 DDR。下面是利用 Verilog 语言

实现直方图均衡化的部分关键代码：

```verilog
//直方图均衡化实现的 Verilog 关键代码
case (state)
    Idle:
        if (S_AXIS_TVALID == 1)
        begin
            state <= Read_Inputs;
            nr_of_reads <= NUMBER_OF_INPUT_WORDS - 1;
        end
    Read_Inputs:                                    //从 AXI-DMA 接收图像数据
        if (S_AXIS_TVALID == 1)
        begin
            if(addr_a==0)   in_valid <= 1;
            din_a[7:0] <= S_AXIS_TDATA[7:0];        //将接收的数据存入 8 位双端口 RAM
            hist[S_AXIS_TDATA[7:0]]<=hist[S_AXIS_TDATA[7:0]]+1;    //统计直方图
            addr_a <= addr_a + 1;
            if (nr_of_reads == 0)
                begin
                    state <= Hist;
                    nr_of_writes <= NUMBER_OF_OUTPUT_WORDS - 1;
                end
            else
                begin
                    state <= Read_Inputs;
                    nr_of_reads <= nr_of_reads - 1;
                end
        end
    Hist:                                           //由统计直方图得到查找表
        if (cnt_1 >=256)
            state <= Write_Outputs;
        else
            begin
                h_sum <=h_sum+hist[cnt_1];
                lut[cnt_1]<=255 * h_sum/(WIDTH * HIGHT);
                cnt_1 <=cnt_1+1;
                state <= Hist;
            end
    Write_Outputs:                      //通过查找表得到均衡化后的图像,并将图像数据写回
        if (M_AXIS_TREADY == 1)
            begin
                if (nr_of_writes == 0)
                    state <= Idle;
                else
                    begin
                        out_valid <= 1;
                        sum[7:0] <= lut[dout_b[7:0]];
                        addr_b <= addr_b + 1;
                        state <= Write_Outputs;
                        nr_of_writes <= nr_of_writes - 1;
                    end
            end
endcase
```

中端模块的图像处理算法中,还有一些图像处理算法可以利用 FPGA 来进行加速处理,如基于 Sobel 算子的图像边缘特征算法、LBP 算子(图像局部纹理描述算子)的提取算法等。由于篇幅有限,就不再一一介绍其加速处理的设计。

10.4　后端模块的详细设计

10.1 节的总体设计中,确定后端模块需实现的功能为:利用 VGA 进行图像数据的实时显示和通过 UART 将图像数据传输到上位机等功能。下面对这些功能模块的详细设计及实现进行介绍。

10.4.1　VGA 显示控制实现

在具有 VGA 接口的显示器上显示一幅图像,其显示控制模块需要产生行同步信号和场同步信号,以及输出红、绿、蓝 3 种颜色的数据信号。本示例系统中,图像的像素点阵选择为 640×480,图像扫描频率选择为 60Hz。

VGA 显示控制模块是通过逐行扫描方式控制图像信号在显示器上显示,具体的场扫描信号与行扫描信号的时序关系如图 10-19 所示。

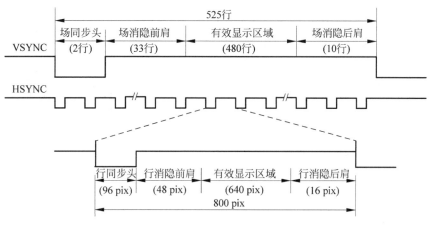

图 10-19　场扫描信号与行扫描信号的时序关系

从图 10-19 中可以看到,一个场周期的扫描信号由 2 行的场同步头、33 行的场消隐前肩、480 行的有效数据显示区域和 10 行的场消隐后肩组成。而一个行周期的扫描信号由 96 个像素时间同步头、48 个像素行消隐前肩、640 个有效像素数据显示区域和 16 个像素行消隐后肩组成。因此,每场扫描信号对应 525 个行周期,每个显示行包括 800 个像素时钟周期,那么 VGA 显示控制模块需要的时钟频率为 525×800×60Hz,即 25MHz。

根据 VGA 显示控制模块需要实现的基本时序,本示例系统中,采用 Verilog 语言来设计 VGA 显示控制模块所产生 vga_hsync 和 vga_vsync 同步信号,并根据当前需显示的像素点,来产生该像素点图像数据所在存储单元(12 位的双端口 RAM 中)的地址 frame_addr,利用此地址从 12 位的双端口 RAM 中读取出要显示的图像数据,然后将 vga_hsync 和 vga_vsync 同步信号以及图像数据的 3 个颜色信号输出给 VGA 显示器,控制彩色图像的显示。

本示例系统中所设计的 VGA 显示控制模块的 RTL 结构如图 10-20 所示。

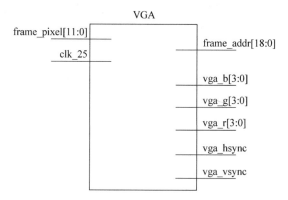

图 10-20　VGA 显示控制模块 RTL 结构

实现图 10-20 所示的 VGA 显示控制模块，其具体的流程如图 10-21 所示。在具体实现该模块时，需要定义一些寄存器变量，其中 v_Cnt 为行计数寄存器，h_Cnt 为行像素点计数寄存器，frame_pixel 存储从 12 位双端口 RAM 读出的 R、G、B 信息，vga_r、vga_g、vga_b 为输出给 VGA 显示器的 3 个颜色信号。

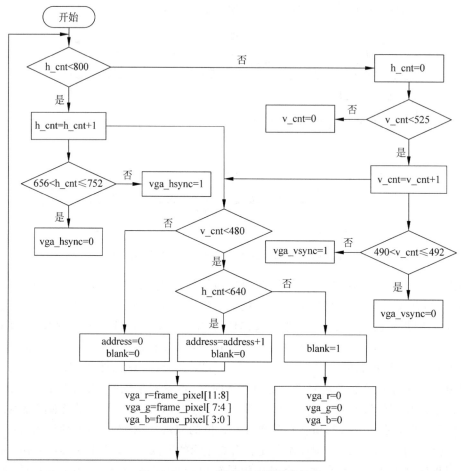

图 10-21　VGA 显示控制模块的流程

10.4.2 UART 传输图像数据的实现

本示例系统中,为了更加清晰地查看摄像头采集到的图像,设计了一个通过 UART 串口,将摄像头采集到的,暂时存储在开发板内存中的图像数据传输到 PC 中,以便生成图像文件进行查看。

具体实现 UART 串口时,利用了 Zynq 芯片 PS 部分的 UART 接口,并且利用 C 语言对该串口进行驱动编程,完成 UART 串口的初始化以及图像数据的发送等。所实现的 C 语言代码如下:

```
//用 C 语言实现的 UART 串口初始化代码
int initUart()                                    //UART 的初始化
{
    int Status;
    Config = XUartPs_LookupConfig(XPAR_XUARTPS_0_DEVICE_ID);
    if (NULL == Config) {return 1;}
    Status = XUartPs_CfgInitialize(&Uart_Ps, Config, Config->BaseAddress);
    if (Status != XST_SUCCESS) {return 1;}
    XUartPs_SetBaudRate(&Uart_Ps, 115200);        //设置波特率为 115200
    return 0;
}
//实际调用,将图像数据发送到上位机
void show_recvbuffer()
{
    int i;
    unsigned int status;
    for (i = 0; i < sizeofbuffer;)
    {
        status = XUartPs_Send(&Uart_Ps, &recvram[i], 1);
        if (status != 0){ i++;}
    }
}
```

本 章 小 结

嵌入式系统的应用需求是多种多样的,并且要求也越来越复杂,本章基于软硬件协同设计的方法,以一个视频图像采集及处理系统为例,详细地介绍了一个嵌入式系统从设计需求的描述,到整体系统的最终实现所需进行的开发工作。设计中,把视频图像采集及处理系统分成了前端模块、中端模块和后端模块 3 个部分,并详细进行了软硬件功能划分,分配了 PS 部分、PL 部分分别实现的功能。通过该示例进一步展示了软硬件协同设计方法的优点及其应用。

习 题 10

1. 选择题

(1) 在一个视频图像采集及处理系统的设计中,下面描述软件功能和硬件功能的语句中，错误的是（　　　）。

    A. 基于 Zynq 芯片的 PS 部分，并利用 C 语言编程而实现的功能称为软件功能

    B. 基于 Zynq 芯片的 PS 部分，并利用 Verilog 语言编程而实现的功能称为软件功能

    C. 基于 Zynq 芯片的 PL 部分，并利用 Verilog 语言所设计实现的功能称为硬件功能

    D. 基于 Zynq 芯片的 FPGA，并利用 Verilog 语言所设计实现的功能称为硬件功能

（2）在某视频图像采集及处理系统，采用了 Ov5620 摄像头模块作为图像信息获取的传感器。该摄像头模块具有一个 SCCB 协议端口。实际上 SCCB 协议是简化的（　　　）协议。

    A. RS-232   B. SPI   C. I^2C D. CAN 总线

（3）Ov5620 摄像头模块通过 SCCB 端口接收命令，如帧速率设定、曝光控制、窗口大小设定、亮度控制等。若在具体实现时利用 Zynq 芯片的 PL 部分来生成 SCL 和 SDA 信号的时序，那么应采用（　　　）语言编程。

    A. Verilog   B. C++   C. Java   D. VB

（4）利用 Zynq 芯片来完成图像处理算法的实现，可以充分体现软硬件协同设计的优点。下面描述语句中，错误的是（　　　）。

    A. PS 和 PL 有各自特点，可根据图像处理算法中不同步骤的功能需求选择使用

    B. 图像处理算法中涉及大量数据的并行运算，这些运算利用 PL 来处理会提高速度

    C. PS 适合处理不能并行处理的功能

    D. PS 和 PL 之间不需要进行数据交互

（5）某视频图像采集及处理系统中，设计了一个 AXI-DMA 控制器，用于在 DDR 存储器与双端口 RAM 之间高速传输。下面语句中，错误的是（　　　）。

    A. AXI-DMA 控制器是在 PL 部分的 FPGA 上实现的

    B. 可采用 Xilinx 公司提供的 AXI-DMA IP 核来生成 AXI-DMA 控制器

    C. AXI-DMA 内部有 MM2S 通道和 S2MM 通道，这两个通道不能相互独立

    D. MM2S 和 S2MM 通道均可控制数据的 DMA 传输，且传输方向可不一致

2. 填空题

（1）某图像处理系统被划分为前端、中端和后端三大功能模块。前端模块所实现的功能，包括图像采集、图像格式转换以及转换后的图像在 FPGA 中存储等功能。图像采集使用 Ov5620 摄像头，其采集到的原始图像格式是 10 位的＿＿＿＿＿＿＿格式。

（2）Bayer 格式的 RAW 图像，其特点是：奇数行为＿＿＿＿＿＿＿交替出现，偶数行为蓝色和绿色交替出现；奇数列为＿＿＿＿＿＿＿交替出现输出，偶数列为红色和绿色交替出现。

（3）RGB 格式的图像转换为 GREY 格式的图像，其基础算法的公式是＿＿＿＿＿＿＿。

（4）在启动 DMA 传输前，需要基于＿＿＿＿＿＿＿、用 C 语言代码来设置 AXI-DMA 的控制寄存器，主要是设置相关的地址参数。

（5）后端模块的硬件结构中包括 VGA 显示控制模块和 UART 传输控制模块。VGA 显示控制模块是利用 PL 部分的 FPGA 来实现。其根据系统提供的 25MHz 的时钟信号，来产生 VGA 显示器所需要的＿＿＿＿＿＿＿和行同步信号。

附　　录

头文件 struct. h

```
// ********************************************************************
  #说明：struct.h中定义了以太网通信程序所需的数据结构
  // ********************************************************************
  # ifndef _STRUCT_H
  # define _STRUCT_H
  # define ICMP_TYPE          1
  # define IGMP_TYPE          2
  # define TCP_TYPE           6
  # define UDP_TYPE           17
  # define ARP_REQUEST        0x01
  # define ARP_RESPONSE       0x02
  # define RARP_REQUEST       0x03
  # define RARP_RESPONSE      0x04
  # define DIX_ETHERNET       1
  # define IEEE_ETHERNET      6

  typedef struct
  {
     INT8U flag;
     INT8U ipaddr[4];
     INT8U hwaddr[6];
     INT8U timer;
  }ARP_CACHE;

  typedef struct
  {
     INT8U  * buf;
     INT8U ipaddr[4];
     INT8U proto_id;
     INT8U len[2];
     INT8U timer;
  }WAIT;

  typedef struct
  {
     INT8U hardware_type[2];
     INT8U protocol_type[2];
     INT8U hwaddr_len;
     INT8U ipaddr_len;
     INT8U message_type[2];
     INT8U source_hwaddr[6];
     INT8U source_ipaddr[4];
```

```
    INT8U dest_hwaddr[6];
    INT8U dest_ipaddr[4];
}ARP_HEADER;

typedef struct
{
   INT8U dest_hwaddr[6];
   INT8U source_hwaddr[6];
   INT8U frame_type[2];
}ETH_HEADER;

typedef struct
{
    INT8U ver_len;
    INT8U type_of_service;
    INT8U total_length[2];
    INT8U identifier[2];
    INT8U fragment_info[2];
    INT8U time_to_live;
    INT8U protocol_id;
    INT8U header_cksum[2];
    INT8U source_ipaddr[4];
    INT8U dest_ipaddr[4];
}IP_HEADER;

typedef struct
{
    INT8U msg_type;
    INT8U msg_code;
    INT16U checksum;
    INT16U identifier;
    INT16U sequence;
    INT8U echo_data;
} PING_HEADER;

typedef struct
{
    INT8U msg_type;
    INT8U msg_code;
    INT16U checksum;
    INT32U msg_data;
    INT8U echo_data;
} ICMP_ERR_HEADER;

typedef struct
{
    INT8U source_port[2];
    INT8U dest_port[2];
    INT8U length[2];
    INT8U checksum[2];
    INT8U msg_data;
```

```
}UDP_HEADER;

typedef struct
{
    INT8U source_port[2];
    INT8U dest_port[2];
    INT8U sequence[4];
    INT8U ack_number[4];
    INT8U flags[2];                    //头标长(4bit)＋保留(6bit)＋码位(6bit)
    INT8U window[2];
    INT8U checksum[2];
    INT8U urgent_ptr[2];
    INT8U options;
}TCP_HEADER;

typedef struct
{
    INT8U flag;
    INT8U ipaddr[4];
    INT8U port[2];
    INT32U his_sequence;
    INT32U my_sequence;
    INT32U old_sequence;
    INT8U his_ack[4];
    INT8U timer;
    INT8U inactivity;
    INT8U state;
}CONNECTION;

#endif
```

参 考 文 献

［1］ 符意德,徐江.嵌入式系统原理及接口技术[M].2 版.北京：清华大学出版社,2013.
［2］ 陆佳华,江舟,马岷.嵌入式系统软硬件协同设计实战指南——基于 Xilinx Zynq[M].北京：机械工业出版社,2013.
［3］ Zynq-7000 All Programmable SoC Technical Reference Manual UG585(v1.9.1). November 19,2014.
［4］ Vivado Design Suite Tutorial：Designing with IP UG939(v2015.2). June 24,2015.
［5］ Arm 公司. Arm Architecture Reference Manual.
［6］ Arm 公司. Arm Cortex A9 MPCore Technical Reference Manual.
［7］ 符意德.嵌入式系统设计原理及应用[M].2 版.北京：清华大学出版社,2010.

图 书 资 源 支 持

感谢您一直以来对清华版图书的支持和爱护。为了配合本书的使用,本书提供配套的资源,有需求的读者请扫描下方的"书圈"微信公众号二维码,在图书专区下载,也可以拨打电话或发送电子邮件咨询。

如果您在使用本书的过程中遇到了什么问题,或者有相关图书出版计划,也请您发邮件告诉我们,以便我们更好地为您服务。

我们的联系方式:

地　　址:北京市海淀区双清路学研大厦 A 座 714

邮　　编:100084

电　　话:010-83470236　010-83470237

客服邮箱: 2301891038@qq.com

QQ: 2301891038 (请写明您的单位和姓名)

- -

资源下载:关注公众号"书圈"下载配套资源。

资源下载、样书申请

书 圈

获取最新书目

观看课程直播